자연이 전하는 메시지

자연이 전하는 메시지

초판 1쇄 인쇄 2013년 10월 17일
초판 1쇄 발행 2013년 10월 23일

지은이 임 경 채
펴낸이 손 형 국
펴낸곳 (주)북랩
출판등록 2004. 12. 1(제2012-000051호)
주소 서울시 금천구 가산디지털 1로 168, 우림라이온스밸리 B동 B113, 114호
홈페이지 www.book.co.kr
전화번호 (02)2026-5777
팩스 (02)2026-5747

ISBN 979-11-5585-053-4 03420 (종이책)
979-11-5585-054-1 05420 (전자책)

이 도서의 국립중앙도서관 출판시도서목록(CIP)은 서지정보유통지원시스템 홈페이지(http://seoji.nl.go.kr)와 국가자료공동목록시스템(http://www.nl.go.kr/kolisnet)에서 이용하실 수 있습니다.
(CIP제어번호 : 2013020620)

자연이 전하는 메시지

임경채 지음

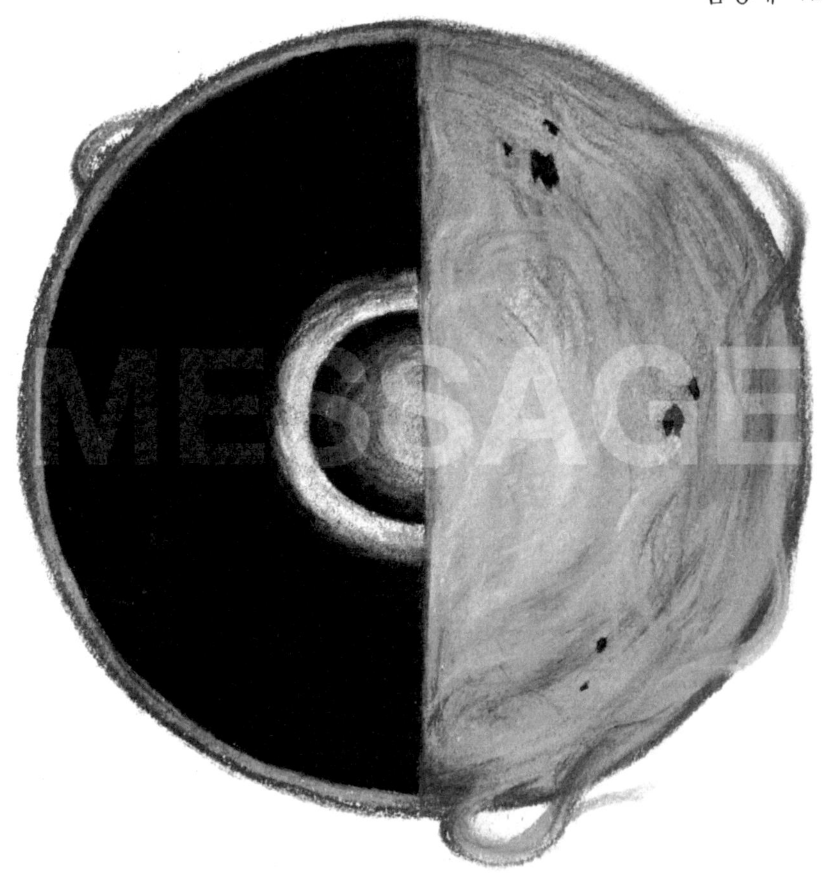

목차

1부

제1장 선각자가 전하는 메시지 / 10

제2장 바다가 들려주는 메시지 / 29

제3장 태양이 전하는 메시지 / 36

제4장 쌍소멸이 전하는 우주생성의 메시지 / 42

제5장 빅뱅을 암시하는 메시지 / 45

제6장 우주 생성과 팽창 / 51

제7장 태양의 내부가 전하는 메시지(흑점과 홍염) / 56

2부

제8장 태양계의 생성 / 60

제9장 태양의 내부 구조와 물질 생성 시스템 / 76

제10장 태양계의 행성들 / 85

제11장 지구의 조석력이 전하는 메시지 / 89

제12장 지구 생태계가 전하는 메시지 / 98

제13장 빛이 전하는 메시지 / 102

3부

제14장 태양계가 전하는 빅뱅과 우주생성 / 108

제15장 빛이 전하는 메시지 / 118

제16장 천체운동이 전하는 메시지 / 140

4부

제17장 천체운동이 전하는 메시지 / 158

제18장 중력이 전하는 메시지 / 167

5부

제19장 되풀이되는 선각자들이 전하는 메시지 / 205

제20장 천체가 전하는 메시지, 우주의 시작과 끝 / 233

6부

제21장 쌍소멸이 전하는 메시지,
우주의 소멸과 우주의 재탄생 / 264

제22장 물질과 중력과 빛과 운동이 전하는 메시지 / 277

7부

제23장 물질과 중력과 빛과 운동이 전하는 메시지 / 311

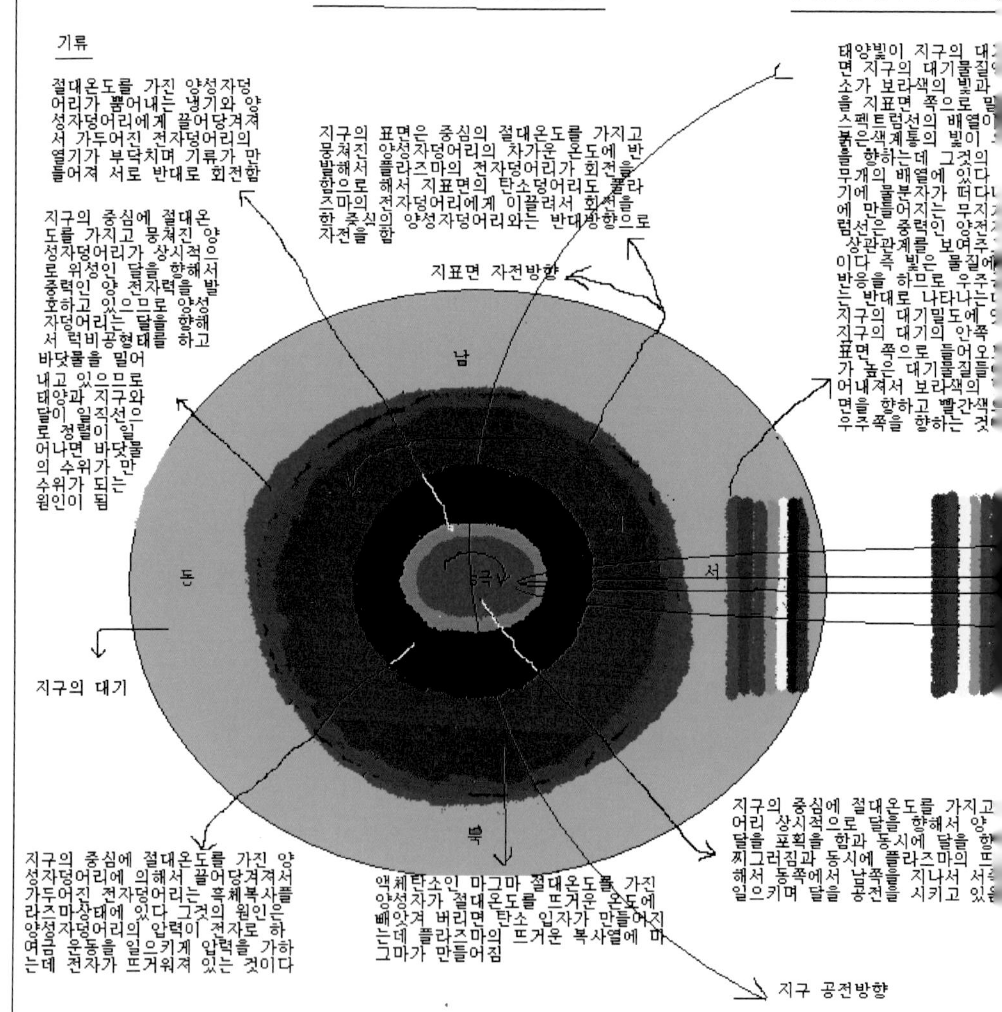
s극 천공에서 바라본 지구의 단면도
중력인 양 전자력에 의한
기류
절대온도를 가진 양성자덩어리가 뿜어내는 냉기와 양성자덩어리에게 끌어당겨져서 가두어진 전자덩어리의 열기가 부닥치며 기류가 만들어져 서로 반대로 회전함
지구의 표면은 중심의 절대온도를 가지고 뭉쳐진 양성자덩어리의 차가운 온도에 반발해서 플라즈마의 전자덩어리가 회전을 함으로 해서 지표면의 탄소덩어리도 플라즈마의 전자덩어리에게 이끌려서 회전을 한 중심의 양성자덩어리와는 반대방향으로 자전을 함
태양빛이 지구의 대
면 지구의 대기물질
소가 보라색의 빛과
을 지표면 쪽으로 밀
스펙트럼선의 배열이
붉은색계통의 빛이
을 향하는데 그것의
무개의 배열에 있다
기에 물분자가 떠다
에 만들어지는 무지
럼선은 중력인 양전
상관관계를 보여주
이다 즉 빛은 물질에
반응을 하므로 우주
는 반대로 나타나는
지구의 대기밀도에
지구의 대기의 안쪽
표면 쪽으로 들어오
가 높은 대기물질들
어내져서 보라색의
면을 향하고 빨간색
우주쪽을 향하는 것
지구의 중심에 절대온도를 가지고 뭉쳐진 양성자덩어리가 상시적으로 위성인 달을 향해서 중력인 양 전자력을 발호하고 있으므로 양성자덩어리는 달을 향해서 럭비공형태를 하고 바닷물을 밀어내고 있으므로 태양과 지구와 달이 일직선으로 정렬이 일어나면 바닷물의 수위가 만수위가 되는 원인이 됨
지표면 자전방향
남
동
s극
서
북
지구의 대기
지구의 중심에 절대온도를 가진 양성자덩어리에 의해서 끌어당겨져서 가두어진 전자덩어리는 흑체복사플라즈마상태에 있다 그것의 원인은 양성자덩어리의 압력이 전자로 하여금 운동을 일으키게 압력을 가하는데 전자가 뜨거워져 있는 것이다
액체탄소인 마그마 절대온도를 가진 양성자가 절대온도를 뜨거운 온도에 빼앗겨 버리면 탄소 입자가 만들어지는데 플라즈마의 뜨거운 복사열에 마그마가 만들어짐
지구의 중심에 절대온도를 가지고
어리 상시적으로 달을 향해서 양
달을 포획을 함과 동시에 달을
찌그러짐과 동시에 플라즈마의
해서 동쪽에서 남쪽을 지나서 서
일으키며 달을 공전을 시키고 있
지구 공전방향

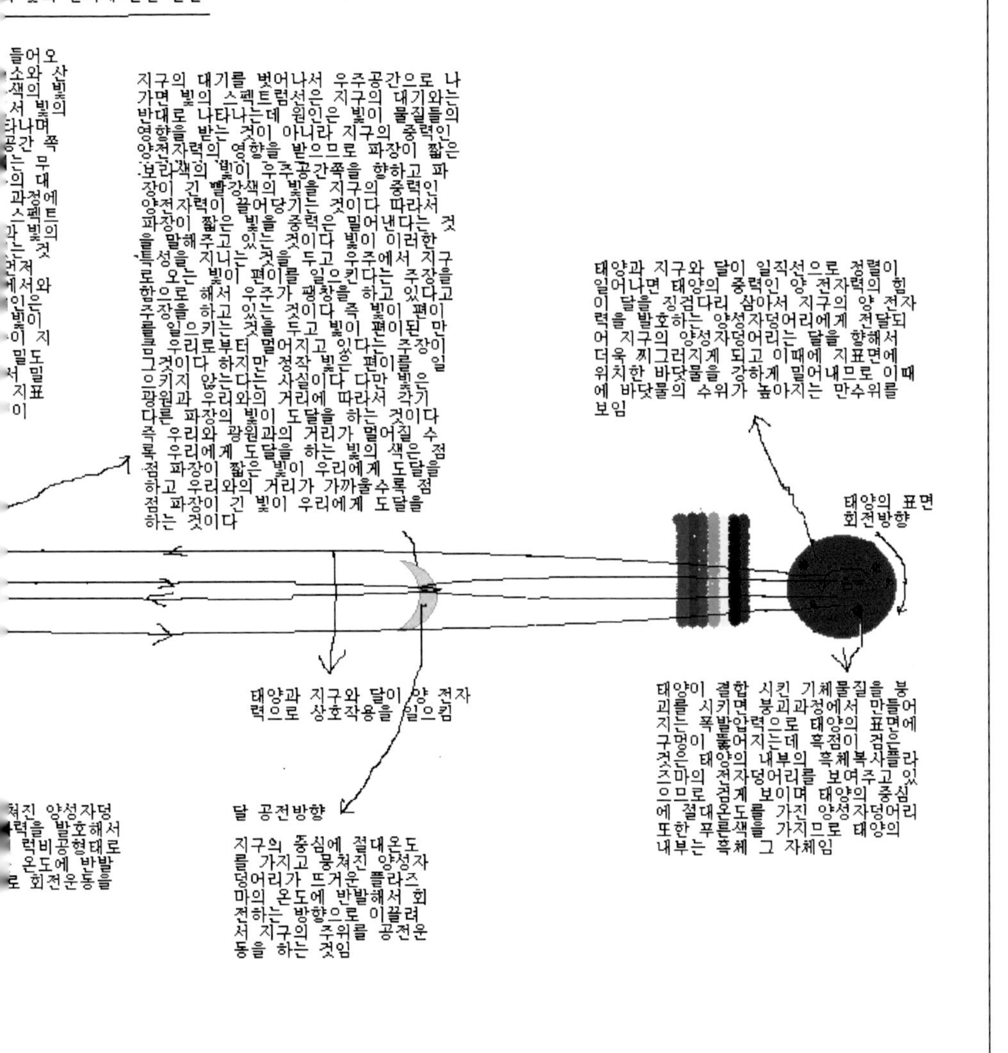
빛의 편이에 관한 진실
지구의 대기를 벗어나서 우주공간으로 나가면 빛의 스펙트럼선은 지구의 대기와는 반대로 나타나는데 원인은 빛이 물질들의 영향을 받는 것이 아니라 지구의 중력인 양전자력의 영향을 받으므로 파장이 짧은 보라색의 빛이 우주공간쪽을 향하고 파장이 긴 빨강색의 빛을 지구의 중력인 양전자력이 끌어당기는 것이다 따라서 파장이 짧은 빛을 중력은 밀어낸다는 것을 말해주고 있는 것이다 빛이 이러한 특성을 지니는 것을 두고 우주에서 지구로 오는 빛이 편이를 일으킨다는 주장을 함으로 해서 우주가 팽창을 하고 있다고 주장을 하고 있는 것이다 즉 빛이 편이를 일으키는 것을 두고 빛이 편이된 만큼 우리로부터 멀어지고 있다는 주장이 그것이다 하지만 정작 빛은 편이를 일으키지 않는다는 사실이다 다만 빛은 광원과 우리와의 거리에 따라서 각기 다른 파장의 빛이 도달을 하는 것이다 즉 우리와 광원과의 거리가 멀어질 수록 우리에게 도달을 하는 빛의 색은 점점 파장이 짧은 빛이 우리에게 도달을 하고 우리와의 거리가 가까울수록 점점 파장이 긴 빛이 우리에게 도달을 하는 것이다
태양과 지구와 달이 일직선으로 정렬이 일어나면 태양의 중력인 양 전자력의 힘이 달을 징검다리 삼아서 지구의 양 전자력을 발호하는 양성자덩어리에게 전달되어 지구의 양성자덩어리는 달을 향해서 더욱 찌그러지게 되고 이때에 지표면에 위치한 바닷물을 강하게 밀어내므로 이때에 바닷물의 수위가 높아지는 만수위를 보임
태양의 표면 회전방향
태양과 지구와 달이 양 전자력으로 상호작용을 일으킴
태양이 결합 시킨 기체물질을 붕괴를 시키면 붕괴과정에서 만들어지는 폭발압력으로 태양의 표면에 구멍이 뚫어지는데 흑점이 검은 것은 태양의 내부의 흑체복사플라즈마의 전자덩어리를 보여주고 있으므로 검게 보이며 태양의 중심에 절대온도를 가진 양성자덩어리 또한 푸른색을 가지므로 태양의 내부는 흑체 그 자체임
달 공전방향
지구의 중심에 절대온도를 가지고 뭉쳐진 양성자덩어리가 뜨거운 플라즈마의 온도에 반발해서 회전하는 방향으로 이끌려서 지구의 주위를 공전운동을 하는 것임

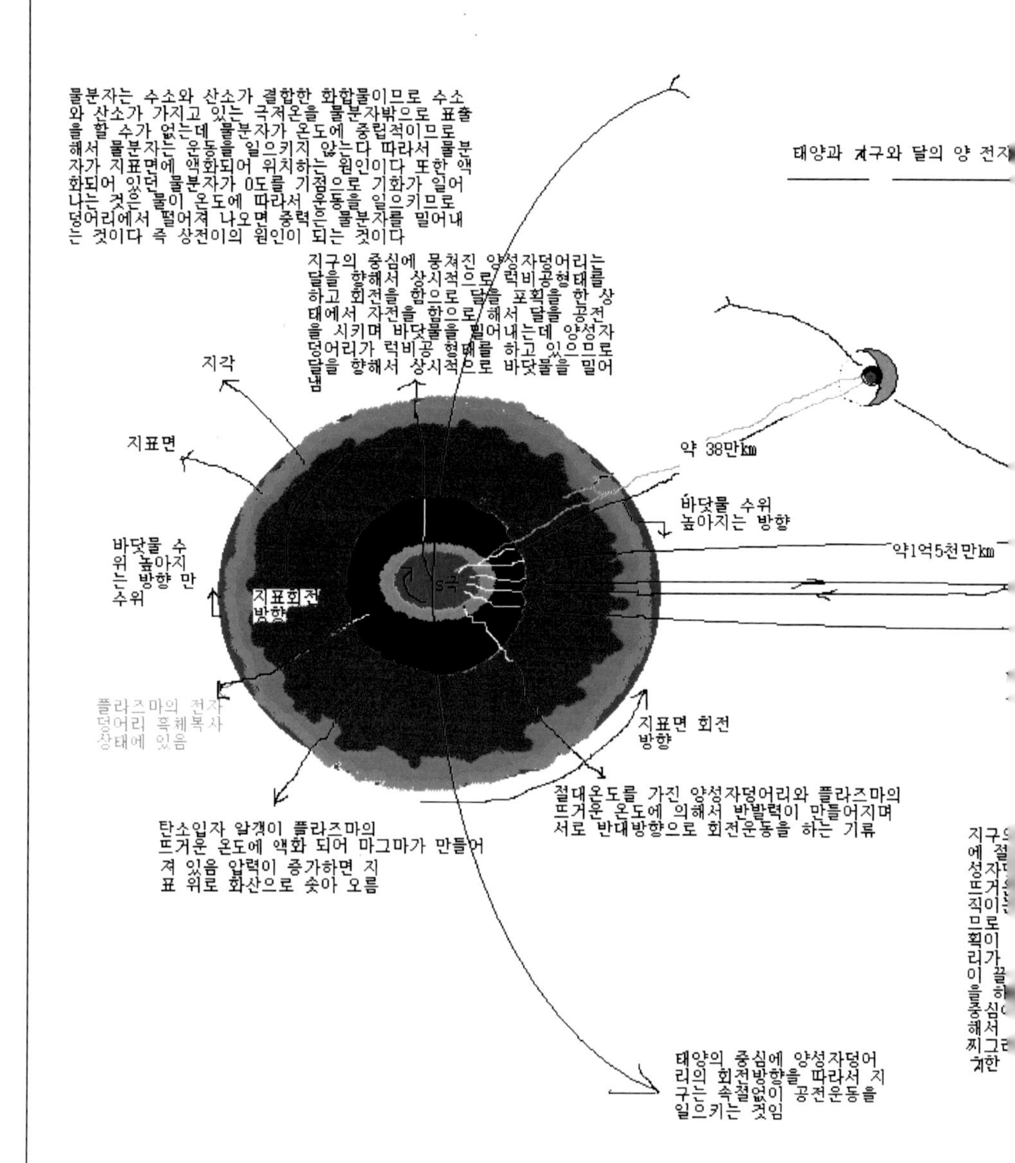
물분자는 수소와 산소가 결합한 화합물이므로 수소와 산소가 가지고 있는 극저온을 물분자밖으로 표출을 할 수가 없는데 물분자가 온도에 중립적이므로 해서 물분자는 운동을 일으키지 않는다 따라서 물분자가 지표면에 액화되어 위치하는 원인이다 또한 액화되어 있던 물분자가 0도를 기점으로 기화가 일어나는 것은 물이 온도에 따라서 운동을 일으키므로 덩어리에서 떨어져 나오면 중력은 물분자를 밀어내는 것이다 즉 상전이의 원인이 되는 것이다
태양과 지구와 달의 양 전
지구의 중심에 뭉쳐진 양성자덩어리는 달을 향해서 상시적으로 럭비공형태를 하고 회전을 함으로 달을 포획을 한 상태에서 자전을 함으로 해서 달을 공전을 시키며 바닷물을 밀어내는데 양성자덩어리가 럭비공 형태를 하고 있으므로 달을 향해서 상시적으로 바닷물을 밀어냄
지각
지표면
약 38만㎞
바닷물 수위 높아지는 방향
바닷물 수위 높아지는 방향 만수위
지표회전 방향
S극
약1억5천만㎞
플라즈마의 전자덩어리 흑체복사 상태에 있음
지표면 회전 방향
절대온도를 가진 양성자덩어리와 플라즈마의 뜨거운 온도에 의해서 반발력이 만들어지며 서로 반대방향으로 회전운동을 하는 기류
탄소입자 알갱이 플라즈마의 뜨거운 온도에 액화 되어 마그마가 만들어져 있음 압력이 증가하면 지표 위로 화산으로 솟아 오름
태양의 중심에 양성자덩어리의 회전방향을 따라서 지구는 속절없이 공전운동을 일으키는 것임

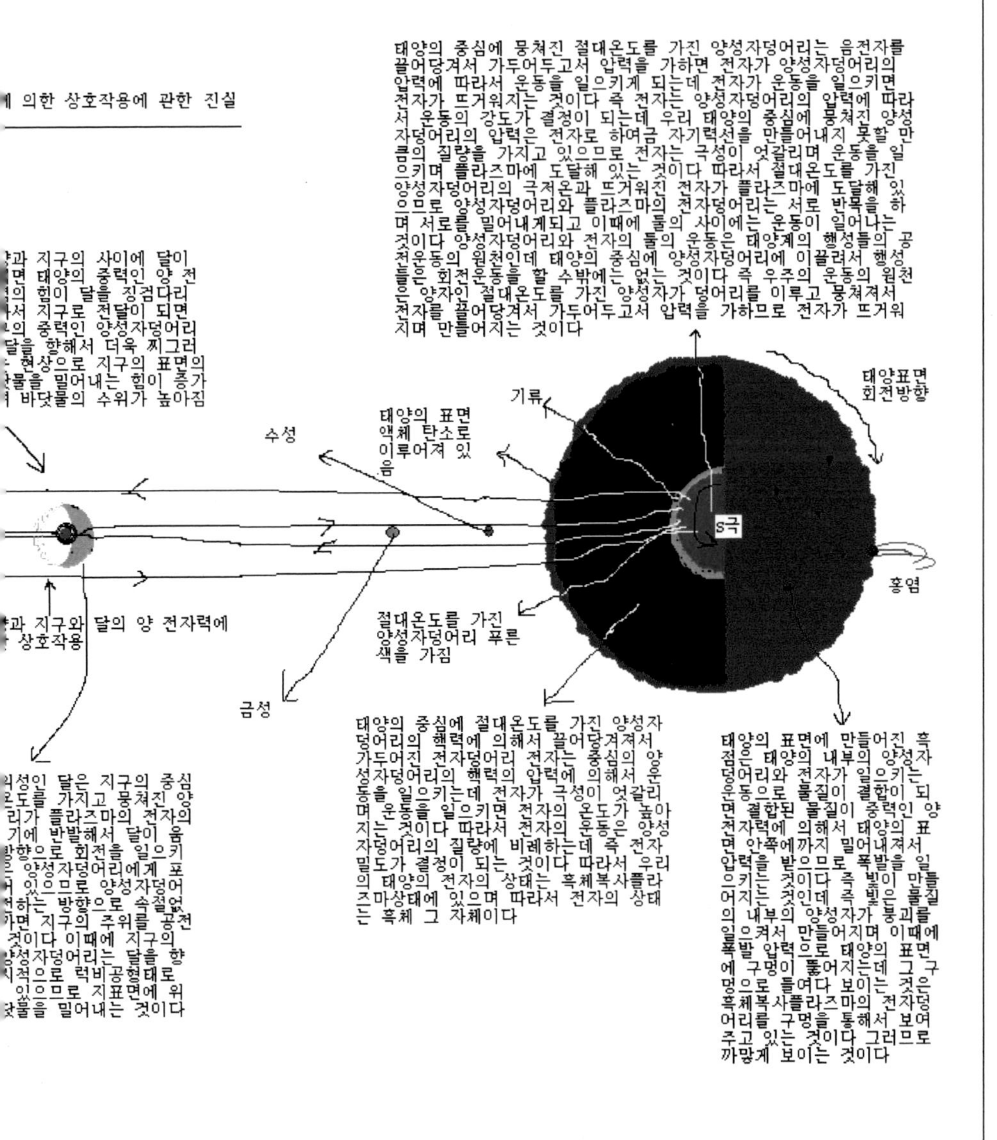
의한 상호작용에 관한 진실
태양의 중심에 뭉쳐진 절대온도를 가진 양성자덩어리는 음전자를 끌어당겨서 가두어두고서 압력을 가하면 전자가 양성자덩어리의 압력에 따라서 운동을 일으키게 되는데 전자가 운동을 일으키면 전자가 뜨거워지는 것이다 즉 전자는 양성자덩어리의 압력에 따라서 운동의 강도가 결정이 되는데 우리 태양의 중심에 뭉쳐진 양성자덩어리의 압력은 전자로 하여금 자기력선을 만들어내지 못할 만큼의 질량을 가지고 있으므로 전자는 극성이 엇갈리며 운동을 일으키며 플라즈마에 도달해 있는 것이다 따라서 절대온도를 가진 양성자덩어리의 극저온과 뜨거워진 전자가 플라즈마에 도달해 있으므로 양성자덩어리와 플라즈마의 전자덩어리는 서로 반목을 하며 서로를 밀어내게되고 이때에 둘의 사이에는 운동이 일어나는 것이다 양성자덩어리와 전자의 둘의 운동은 태양계의 행성들의 공전운동의 원천인데 태양의 중심에 양성자덩어리에 이끌려서 행성들은 회전운동을 할 수밖에는 없는 것이다 즉 우주의 운동의 원천은 양자인 절대온도를 가진 양성자가 덩어리를 이루고 뭉쳐져서 전자를 끌어당겨서 가두어두고서 압력을 가하므로 전자가 뜨거워지며 만들어지는 것이다
과 지구의 사이에 달이
면 태양의 중력인 양 전
의 힘이 달을 징검다리
서 지구로 전달이 되면
의 중력인 양성자덩어리
달을 향해서 더욱 찌그러
현상으로 지구의 표면의
물을 밀어내는 힘이 증가
바닷물의 수위가 높아짐
태양표면
회전방향
기류
태양의 표면
액체 탄소로
이루어져 있
음
수성
S극
홍염
과 지구와 달의 양 전자력에
상호작용
절대온도를 가진
양성자덩어리 푸른
색을 가짐
금성
태양의 중심에 절대온도를 가진 양성자덩어리의 핵력에 의해서 끌어당겨져서 가두어진 전자덩어리 전자는 중심의 양성자덩어리의 핵력의 압력에 의해서 운동을 일으키는데 전자가 극성이 엇갈리며 운동을 일으키면 전자의 온도가 높아지는 것이다 따라서 전자의 운동은 양성자덩어리의 질량에 비례하는데 즉 전자밀도가 결정이 되는 것이다 따라서 우리의 태양의 전자의 상태는 흑체복사플라즈마상태에 있으며 따라서 전자의 상태는 흑체 그 자체이다
태양의 표면에 만들어진 흑점은 태양의 내부의 양성자덩어리와 전자가 일으키는 운동으로 물질이 결합이 되면 결합된 물질이 중력인 양전자력에 의해서 태양의 표면 안쪽에까지 밀어내져서 압력을 받으므로 폭발을 일으키는 것이다 즉 빛이 만들어지는 것인데 즉 빛은 물질의 내부의 양성자가 붕괴를 일으켜서 만들어지며 이때에 폭발 압력으로 태양의 표면에 구멍이 뚫어지는데 그 구멍으로 들여다 보이는 것은 흑체복사플라즈마의 전자덩어리를 구멍을 통해서 보여주고 있는 것이다 그러므로 까맣게 보이는 것이다
성인 달은 지구의 중심
도를 가지고 뭉쳐진 양
리가 플라즈마의 전자의
기에 반발해서 달이 움
향으로 회전을 일으키
양성자덩어리에게 포
있으므로 양성자덩어
하는 방향으로 속절없
면 지구의 주위를 공전
것이다 이때에 지구의
성자덩어리는 달을 향
적으로 럭비공형태로
있으므로 지표면에 위
물을 밀어내는 것이다

자연이 전하는 메시지

1부

제1장 선각자가 전하는 메시지

자연은 있는 그대로를 우리에게 보여주는 메시지라는 전제하에 글의 주제를 정하고 자연을 심도 있게 물리적이고 합리적이며 철학적으로 접근하기 위해서 필자가 임의로 제목을 정한 것이다. 우리 인류의 역사 속에서는 언제나 그랬듯이 손으로는 헤아릴 수도 없고 머리로도 헤아리기가 어려울 만큼의 선각자들이 출현했었다는 것은 입으로 전해져오는 역사와 기록된 역사 속에서 우리는 배워서 알고 있다. 따라서 우리들의 뇌는 역사의 기록과 기록되어 함축된 진리를 깨우치고자 무던히 애를 쓰고 있다는 것은 여러분 모두가 알고 있는 사실일 것이다. 따라서 이 장에서는 '자연이 우리에게 무엇을 전하고 있는가'와 '자연이 전하는 메시지를 우리는 얼마나 이해하고 있는가'를 조명하고 자연을 대하는 우리들의 인식을 조명하는 동시에 필자의 생각과 이해를 가미하고자 자연이 전하는 메시지라는 글을 통해서 자연을 보다 심도 있게 조명을 하여 보고자 함이다.

우리는 오래전부터 자연은 무엇이며 또한 자연은 어디에서 시작되었으며 어떠한 과정을 통해서 어디로 가는 것일까를 생각하고 의문을 가지며 평생을 반신반의하면서 생을 마쳤다. 따라서 자연에 대한 우리들의 생각은 우리가 자아를 가지기 시작한 그 순간부터 시작되었고 자연에 대한 의문은 그 순간부터 증폭되었다고 필자는 이야기하고 싶다. 그 의문을 풀어보기 위해서 선행되어야 할 것은 앞에서도 이야기하였지만, 과거로부터 전해져오고 기록에 의해서 우리가 배웠던 선각자들의 이야기를 빼놓을 수는 없다는 데에는 모두가 동의할 것이다.

뉴턴은 프린키피아를 후대에 남긴 물리학자이다. 뉴턴을 단순히 물리학자라고 이야기를 한다면 그렇다. 뉴턴이 남다른 혜안으로 자연을 해부하고 자연이 만들어내는 현상을 설명하는 데에 성공한 물리학자라는 데에는 이견이 없을 것이다. 다만 뉴턴이 단순하게 물리적인 현상만을 설명하였을까? 아니다. 뉴턴은 물리학자이기 전에 의문학자였다는 것이다. 즉 자연이 만들어내는 어떤 현상을 바라보며 '왜?'라는 의문부호를 달고 사고를 하였다는 것이다. 다시 말해서 뉴턴의 생애에서 의문부호를 빼고는 생각할 수조차 없다는 것이다.

뉴턴은 사과가 나무에서 떨어지는 현상을 보고 사과가 나무에서 땅으로 떨어지는 것이라는 생각을 하기에 앞서 왜 사과는 나무에서 떨어지는 것일까를 생각을 하였을 것이다. 즉 '왜?'라는 의문을 갖지 않았다면 사과가 나무에서 떨어지는 현상, 즉 중력현상을 이해하지 못했을 것이라는 데에는 이견이 없으리라. 뉴턴은 사과가 나무 위에서 땅으로 떨어지는 현상을 중력이라고는 생각 못 하고 단순하게 지구의 가장자리로 떨어지는 사과를 지구가 끌어당기는 것이라고 생각을 하게 됨으로써 종국에는 그 현상을 만유인력이라 했다. 만유인력이라는 것의 골자는 큰 것이 작은 것을 끌어당기며 작은 것 또한 큰 것을 끌어당김으로 해서 완성이 된다고 믿었다. 즉 지구의 표면 위에서 일어나는 현상을 넘어서 우주에서 일어나는 일들까지를 통틀어서 만유인력이라 했던 것이다.

그런데 이 만유인력으로는 설명되지 않는 현상으로 인해서 거의 2백 년의 시간이 지나가는 동안에 만유인력을 능가하는 물리학의 진전이 일어나지 않았다. 시간은 그렇게 시냇물이 흘러서 강을 이루고 종국에는 바다로 흘러가서 융화가 일어나듯이 우리들의 사고도 앞서 살다간 선각자들의 생각들이 모여서 물리학의 진전이 일어나는 것으로 생각하는 일이 거짓말처럼 우리에게 다가왔는데 그것은 1900년 초에 아인슈타인의 출현이다. 따라서 뉴턴이 지구에서 살다간 시간과 물리학이 진전이 일어나는 시간은 어떤 일정한 패턴을 보인다는 것이다. 즉 우리 인간들이 진화하고 있는 것이다. 오늘날의 과학은 정말이지 눈이 부실만큼 발전에 발전을 거듭하고 있다. 그럼에도 불구하고 물리학은 100여 년 전에 출연한 중력이론 이후 진전이 더는 일어나지 않고 있다는 것이다. 즉 아인슈타인이라는 걸출한 물리학자가 세상에 출연한 이후에 더는 물리학은 진전이 일어나지 못하고 있다는 것이다. 따라서 이 장에서는 아인슈타인 이후에 더는 진전이 일어나지 않는 물리학에 대한 이야기부터 하기로 하자.

우리는 아인슈타인이 출연한 이후에 과학은 일취월장해서 괄목할 만한 진전을 이루고 있는 것을 부정할 이는 없다는 데에는 동의한다. 왜냐하면 아인슈타인이 주장했던 이론을 뛰어넘을 만한 물리이론이 출연하지 않고 있기 때문으로 풀이되는데 현재의 과학문명은 아인슈타인의 물리이론인 일반상대성이론에 기초하고 있기 때문이다. 물론 이와 때를 같이해서 양자역학 또한 출연하였는데 양자역학은 미시세계를 조명하는 이론이다. 물론 아인슈타인의 이론인 일반상대성이론은 거시세계의 이론임은 두말이 필요치 않으리라. 그런데 미시세계를 조명하는 양자역학과 거시세계를 조명하는 일반상대성이론은 물과 기름처럼 겉돌고 있다는 사실이다. 우리는 그동안 무던히도 이 둘의 이론을 합치를 시켜보고자 부단히 노력하였지만 수포로 돌아가서 오늘에 이르고 있는 것이 사실이다. 이에 필자는 이 장에서 왜? 둘의 이론이 물리적이고 합리적이고 철학적으로 합병되지를 못하는가를 조명하고 어떻게 하면 둘의 이론을 합치시킬 수가 있는지 필자의 생각을 이야기하여 보고자 함이다.

먼저 일반상대성이론에 대한 것을 이야기하고 양자역학을 들여다보기로 하자. 아인슈타인은 뉴턴의 만유인력에 대해서 의문을 가졌던 것으로 생각되는데 아인슈타인 또한 뉴턴이 했던 것처럼 의문부호를 달고 살았을 것은 불문가지이다, 라는 것이 필자의 생각이다. 물론 필자가 아인슈타인의 생각을 정확하게 알 수는 없지만, 자연현상에 대한 의문부호를 달고 살아온 필자와 별반 다르지 않았으리라 생각되어 적어보는 것이다. 따라서 아인슈타인은 뉴턴의 만유인력으로는 설명할 수 없는 부분을 집중적으로 사고하였을 것으로 추정되는데 그 과정에서 일반상대성이론을 완성하였을 것이라는 데에는 이론의 여지가 없는 것이다.

필자 또한 일반상대성이론과 양자역학에 대한 생각으로 평생을 보냈으므로 해서인데 앞에서도 이야기를 하였지만 앞서 간 선각자들의 생각을 읽지 않고는 물리학의 진전은 요원한 이야기가 될 것이므로 해서다. 따라서 물리학의 진전을 이루려고 한다면 당연히 일반상대성이론과 양자역학의 토대 위에서 사고 개진을 하여야만 물리학의 진전이 일어날 것이라는 이야기를 하고 있는 것이다. 이에 필자는 아인슈타인의 이론이 무엇이 옳은 주장이고 무엇이 틀린 주장인가를 자연현상에 입각해서 조목조목 따져보고 물리학이 나아갈 바를 제시하고자 함이다.

먼저 일반상대성이론의 주요 골자를 들여다보자 아인슈타인은 뉴턴의 만유인력의 토대 위에서 생각하기를 만유인력이 자연을 설명함에 있어서 다분히 포괄적이라는 데에서 출발을 하였을 것이라는 것이다. 왜냐하면 뉴턴의 만유인력은 필자가 보기에도 너무나 포괄적으로 광범위한 것이었기 때문인데 단순히 물체가 물체를 끌어당긴다는 주장은 단편적으로 맞는 주장이지만 이 주장을 세분화를 시켜보면 만유인력으로는 설명이 불가능한 부분에 생각을 집중했을 것이라는 것이다. 다시 말해서 아인슈타인은 뉴턴의 만유인력을 확장시킨 것이다. 즉 만유인력으로는 설명이 불가능한 부분과 여기에 더해서 만유인력은 중력이라는 생각을 하기에 이른 것이다. 따라서 아인슈타인의 일반상대성이론은 만유인력에 기초한 확장이론인 것이다.

그렇다면 만유인력에 의해서 확장된 일반상대성이론을 들여다보자. 일반상대성이론에서의 주장은 중력을 상호작용으로 보았다. 즉 물질과 물질이 상호작용을 한다고 주장을 한 것이다. 일반상대성이론에서의 이러한 주장은 뉴턴에 만유인력과 크게 벗어나 보이지 않는 주장이라는 사실이다. 하지만 일반상대성이론은 부수적으로 토를 달았는데 그것이 빛과 곡률을 이론에 끌어들여서 대성공을 거둔 케이스라는 것이다. 즉 물질과 물질이 상호작용을 한다고 주장한 부분은 뉴턴의 만유인력의 범위를 크게 벗어난 주장이 아니고 거의 대동소이한 주장에 불과한 주장이라는 것이다. 하지만 일반상대성이론에 토를 달았던 주장인 빛과 곡률은 뉴턴의 만유인력의 범위를 벗어난 주장이라는 데에서 일반상대성이론이 학계의 관심을 가지게 되고 뒤이어서 빛에 관한 주장이 증명이 됨으로 해서 일반상대성이론과 아인슈타인은 일약 스타덤에 오르게 된 것이다.

여기까지가 일반상대성이론과 아인슈타인에 대해 필자가 알고 있는 부분인데 여기에서 짚고 가야 할 것은 빛에 관한 것을 제외하고 물질과 물질이 상호작용을 한다는 주장과 물체의 주위에 만들어진다는 곡률은 확인이 되지 않고 오늘에 이르고 있다는 사실이다. 다시 말해서 증거 만능주의의 물리학계에서 확인되지 않은 현상을 두고 인정을 해버린 중대한 오류를 범하고 있다는 사실이다' 물론 물리학계에서는 무엇이 오류이고 무엇이 옳지 않은 주장인가를 검증을 할 수도 없으므로 해서이기도 하지만 빛에 대한 검증이 증거로 채택이 됨으로 해서 물질과 물질의 상호작용과 곡률에 대한 주장도 덤으로 옳은 주장이라고 인정을 하여 버린 것이다. 따라서 아인슈타인은 물리학계로부터 물리학의 신으로 추앙을 받게 되었던 것이다.

하지만 정작 아인슈타인이 일반상대성이론으로 밝혀낸 것은 공간에서의 빛이 휘어진다는 주장밖에는 옳은 것이 없었다는 사실이다. 즉 물질과 물질이 상호작용을 하고 물체의 주위에는 물체가 가지는 질량에 따라서 곡률이 만들어진다는 주장은 옳지 않은 주장에 불과하다는 사실이다. 왜냐하면 물질과 물질은 상호작용을 일으켜서 중력을 만들어내지 않기 때문이다. 다만 물질은 물질에 대해서는 열역학법칙에 따라서 온도에 반응만을 한다는 사실이다. 즉 물질과 물질은 중력을 만들어내지 못하고 열역학법칙에 따라서 이합집산을 할 뿐이라는 사실이다. 따라서 일반상대성이론에서 주장하는 물질과 물질이 상호작용에 의해서 중력이라는 힘을 만들어낸다고 하는 주장은 틀린 주장이라는 것이다. 즉 만유인력이라는 그것의 범위를 벗어나지 못한 주장에 불과하다는 것이다. 그럼에도 불구하고 물리학계에서는 중력이 빛을 끌어당기며 중력이 강한 별의 주위에서는 빛이 휘어질 것이라는 주장을 검증을 받음으로 해서 물질과 물질의 상호작용과 곡률이라는 주장 또한 검증되지 못했음에도 불구하고 물리학계에서 받아들여진 케이스인 것이다. 따라서 아인슈타인의 일반상대성이론은 현재에도 진행형인 것이다. 즉 미완의 이론이라는 것이다.

자, 필자가 아인슈타인의 일반상대성이론을 미완의 이론이라고 주장을 하였는데 그것을 해부하여 보기로 하자. 먼저 아인슈타인은 뉴턴의 만유인력이다, 라는 주장에서 한발 더 진전된 주장을 하였다는 것은 변함없는 주지의 사실이다. 다만 아인슈타인은 뉴턴의 만유인력에 근거해서 일반상대성이론을 개진하였다는 것은 틀림이 없다는 것인데 만유인력이 물체와 물체가 서로를 끌어당긴다고 주장을 한 데에 반해서 일반상대성이론에서는 만유인력을 중력으로 표현을 하고 있다는 사실이다. 즉 만유인력은 물체와 물체가 서로 끌어당긴다는 주장만 있을 뿐으로 물체가 물체를 밀어내서 거리를 만들어내고 있는 부분은 설명을 하고 있지 못하다는 사실이다. 이러한 만유인력을 아인슈타인은 중력이라고 표현을 했던 것이다. 즉 그것이 만유인력과 일반상대성이론과의 차이점이다.

다시 말해서 만유인력은 단편적으로 물체가 물체를 끌어당기는 현상만을 설명을 한 데에 반해서 일반상대성이론은 물체와 물체가 거리를 유지하고 있는 현상을 일반상대성이론으로 중력이라고 명명을 한 것이다. 이것이 만유인력과 일반상대성이론과의 차이일 뿐이다. 하지만 정작 일반상대성이론에서도 중력을 무엇이 만들어내고 있는가는 설명을 못하고 있다는 것이다. 즉 중력이라는 것의 실체를 명확하게 규명을 못하고 두루뭉술하게 중력이라고 표현을 했던 것이며 따라서 중력을 무엇이 만들어내는가는 아직은 미궁에 빠져 있는 것이다. 하나 더 부연을 하자면 아인슈타인은 중력현상을 만유인력과 비슷하게 물질과 물질이 상호작용을 한다고 주장을 했던 것은 중력의 실체는 모르므로 뉴턴의 만유인력처럼 포괄적 의미를 부여했던 것이다. 즉 중력을 만들어내는 별과 별이 물질로 이루어져 있으므로 그러한 주장을 했던 것으로 보인다는 것이다. 따라서 별이 물질이 뭉쳐져서 만들어진 것으로 믿었기 때문으로 풀이가 되는 것이다.

여기에서 중요한 문제는 정작 물질의 정의를 어떻게 내려두고 있는 것이냐 하는 것이다. 즉 지금까지의 물질에 관한 정의는 어떻게 정의를 하고 있는 것이냐이다. 즉 입자냐 물질이냐 하는 정의가 그것이다. 다시 말해서 물질이라면 양자가 전자를 포획하고 있다면 그것을 우리는 물질이라고 명명을 하고 있다는 것이다. 그렇다면 기체는 조건이 없이 물질이라는 결론이다. 다음은 고체이다. 고체를 우리는 무엇으로 명명하고 있는가 하는 것인데 이것 또한 우리는 물질이라고 명명하고 있다는 사실이다. 다만 고체는 고체가 가지는 성질에 따라서 전자를 가지는 범위가 천차만별이지만 그래도 전자를 가지고 있는 고체라고 한다면 우리는 그것을 물질이라고 명명하고 있다는 것이다.

그렇다면 전자를 전혀 가지고 있지 않은 것을 우리는 무엇이라고 명명하고 있느냐이다. 우리는 그것을 입자라고 명명하고 있는 것이다. 즉 탄소가 여기에 해당이 되는데 흙과 암석 다이아몬드가 그것이다. 이것을 통틀어서 우리는 탄소라고 하는데 탄소는 고체이지만 전자를 가질 수가 없는 물질이라는 것이다. 하지만 탄소인 이것조차도 우리는 물질이라고 명명하고 있다는 사실이다. 그렇다면 모든 것이 물질이라는 이야기냐 하는 딜레마에 빠져들게 되는데 탄소도 전자를 가지고 있다고 한다면 그것은 당연히 물질의 범주에 속할 것이다. 하지만 전자를 전혀 가지고 있지 않은 탄소라고 한다면 그것은 물질이 아니라 입자다 하는 것이다. 즉 전자를 가지고 있는 것이라면 물질이 되고 전자를 가지고 있지 못한 것을 우리는 탄소라고 명명하고 있는 것이다.

하지만 탄소를 세분화를 시키면 탄소는 물질이 아니라 입자라는 것을 알 수가 있다. 왜냐하면 탄소가 덩어리를 이루고 있다고 하여도 그것은 물질이 아니라는 이야기가 되는데 이유는 탄소덩어리는 부서트리면 입자로 부서지기 때문이다. 즉 먼지보다도 더 작은 입자로 경수소 내부의 양성자보다도 더 작은 입자로 이미 부서져 있기 때문이다. 그러므로 탄소는 입자라고 하는 것이다. 따라서 별인 물체덩어리는 물질과 탄소가 공존하고 있는데 이것을 아인슈타인은 별이 물질덩어리이므로 물질과 물질은 상대적으로 상호작용을 하는 의미로 일반상대성이라고 주장을 했던 것이다.

여기에서 중요한 문제는 중력의 실체다. 우리의 지구를 보자. 우리의 지구는 여러 가지의 기체와 고체 탄소가 한데 뭉쳐져서 덩어리를 만들어내고 있는데 우리가 살고 있는 지구라는 덩어리가 중력을 만들어내고 있는 것을 볼 수가 있는데 지구의 중력을 과연 무엇이 만들어내고 있느냐이다. 만유인력이나 일반상대성이론은 중력을 무엇이 만들어내는 것이라고 명확하게 밝히지 못하고 있다. 즉 중력을 두루뭉술하게 포괄적 의미를 부여해서 물질과 물질이 상호작용을 해서 중력이 만들어지는 것이라고 주장을 하고 있다는 것이다. 또한 항성이나 행성 혹은 위성조차도 물질이 뭉쳐져서 만들어져 있으므로 중력은 뭉쳐진 물질덩어리에 의해서 만들어지는 것이라고 주장을 하기에 이른 것이다.

일반상대성이론의 주장이 그러하므로 중력의 실체를 자연이 전하는 메시지를 통해서 하나하나 조명을 하여 보기로 하자. 먼저 항성이나 행성 위성은 왜 물체를 끌어당기는 것일까, 하는 것이다. 즉 사과가 왜 지구의 표면으로 끌어당겨지느냐 하는 것이다. 그런데 왜 기체물질들은 하나같이 끌어당기지 않고 밀어내는 것일까 하는 것이다. 우리의 태양계 내의 행성들은 하나같이 고체물질은 끌어당기고 기체물질들은 밀어내고 있다는 사실이다. 심지어 태양조차도 기체는 밀어내고 고체는 끌어당기는데 이것은 왜 그럴까? 과연 물질이 물질을 끌어당기는 것일까? 하는 것이다.

만약에 일반상대성이론이 주장을 하는 바대로 물질이 물질을 끌어당기고 밀어내고 하는 것이라면 왜 기체는 밀어내고 고체만을 끌어당길까 하는 점이다. 연속선상에서 우주의 별인 덩어리들이 만들어진 원인이 우주가 생성되기 전에 고체물질이나 기체물질로 있다가 서로를 끌어당겨서 우주가 만들어졌다? 아니다. 그럴 리가 없다. 왜냐하면 그러한 추론은 물리적으로나 추상적으로나 타당성이 없다. 왜냐하면 빅뱅으로부터 우주가 시작되었다는 주장에 위배되기 때문이다. 일단 빅뱅이 일어난 것을 부정을 하면 안 된다는 것이다. 빅뱅은 여러 경로를 통해서 검증된 이론이다. 따라서 빅뱅에 바탕을 두고서 빅뱅 이후의 이론을 전개하는 것이 옳다는 것이다. 그러므로 뉴턴의 만유인력이나 아인슈타인의 일반상대성이론은 빅뱅이론이 정착되기 전에 출연한 이론이므로 완성되지 않은 미완의 이론인 것이다. 따라서 둘의 이론을 검증하고 이어서 중력의 실체를 규명을 하여 보자는 것이다.

우리는 지구라는 행성에 살면서 지구 밖으로 무시로 드나들 수가 없으므로 지구의 대기 밖에서 일어나는 자연현상에 대해서는 규명을 하기가 쉽지 않은 상황이다. 하여 우주를 상대로 이론이 출현하면 검증을 하기가 쉽지가 않다는 데에 문제가 있는데 우리가 자유롭게 지구의 대기를 벗어나서 이론의 검증활동을 활발하게 진행이 되지 않으므로 우리는 추론을 통해서 우주에 대한 이론을 만들어낼 수밖에는 없다는 데에서 우주론이 오류를 가질 수밖에는 없다는 것이다. 따라서 검증할 수가 없는 이론을 제기할 때에는 앞과 뒤가 맞아떨어져야만 한다는 데에 동의를 하는 것이다. 하여 지구에서 일어나는 중력현상을 열거하고 과연 중력이라는 초유의 현상이 어떤 매개체에 의해서 만들어지고 발호하는가를 알아보기로 하자.

먼저 지구의 대기를 보면 질소와 산소라는 둘의 기체가 지표면으로부터 약 15km의 거리에까지 널리 분포를 하고 있는 것을 알 수가 있는데 이것은 왜 그럴까? 하는 의문부터 가져보아야만 할 것으로 생각이 되므로 그것의 의미를 알아보기로 하자. 우선 질소와 산소는 기체이다. 이 둘의 기체는 어떤 원인으로 지구의 대기를 이루고 있는 것일까? 하는 것인데 질소와 산소의 기체성분을 나열을 하자면 질소는 양자가 7개 중성자가 14개와 전자 7개가 서로 결합을 한 불연성 냉 기체이다. 불연성 냉 기체라는 의미는 불에 연소되지 않으면서도 기체질소 자체가 냉기를 발산을 하고 있다는 사실이다. 산소 또한 질소와 거의 대동소이하게 기체이지만 산소는 질소하고는 전혀 딴판으로 행동을 한다는 것이다. 즉 불연성이 아니고 불을 몰고 다닌다는 점이다. 따라서 둘은 생성되기 전 환경이 매우 달랐다는 의미를 부여할 수 있는데 이것은 왜 그럴까? 하는 것과 둘의 기체가 보여주고 있는 것은 또 다른 면이다. 즉 질소는 산소보다는 질량이 작다는 것이다. 이에 반해서 산소는 질소보다는 질량이 크다. 물론 둘의 기체가 거의 비슷한 질량을 가지고는 있지만 그것만으로는 둘의 기체를 설명할 수가 없다.

그렇다면 무엇이 문제가 되기에 둘의 기체는 판이하게 다른 행보를 보이고 있는 것일까 하는 점이다. 먼저 질소는 질소 외부로 표출을 하는 온도가 -197도 정도다. 이에 반해서 산소는 -215도 정도를 외부로 표출을 하고 있다는 점이다. 그렇다면 질소와 산소가 가지고 있는 온도와 중력과의 상관관계는 무엇이기에 지구의 중력은 질소와 산소를 대기로 밀어내두고 있느냐가 이 논쟁의 쟁점이다. 즉 질소와 산소 아르곤과 오존이 지구에 존재하는 기체물질 가운데 질량이 가장 크다.

자, 그렇다면 질소와 산소보다는 질량이 작은 기체물질을 보자. 지구에는 수많은 기체가 존재하므로 먼저 지구에 존재하는 기체는 경수소 중수소 삼중수소 헬륨3 헬륨4와 산소, 질소가 있다. 대표적인 기체만을 나열을 하였는데 사실은 나열한 기체보다 훨씬 많은 기체물질이 지구에는 존재하고 있지만 소량이므로 위에 나열한 기체들이 중력에게 보이는 반응을 살펴보기로 하자.

먼저 수소를 들여다보자. 수소는 한마디로 가연성 기체물질이다. 수소의 주위에 가연성 물질이 존재한다면 수소는 언제라도 분열을 일으킨다는 사실이다. 또한 수소는 질소와 산소처럼 극저온을 수소 외부로 표출한다는 점이다. 여기에서 잠깐 되뇌이고 가기로 하자. 무엇을 되뇌이냐 하면 왜 물리학자라는 사람들은 기체가 가지고 있는 온도에 대한 의문은 도외시 하고 있는 것이냐이다. 왜? 어떻게 기체물질들은 하나같이 극저온의 온도를 물질외부로 표출을 하느냐를 두고 아무도 이론을 제기하는 물리학자가 없다는 것이다. 이 같은 것은 왜? 그럴까 하는 것이다. 왜냐하면 자연이 전하는 메시지를 아무도 거들떠보지 않는 것은 물리학자로서의 자세가 아니라는 것이 필자의 생각이므로 해서인데 기체물질들이 표출하는 극저온을 두고 왜 어떤 이유로 해서 기체물질들은 극저온을 가지게 된 것이며 또한 기체물질들은 왜 극저온을 물질외부로 표출을 하고 있느냐 하는 것이 의문인데 이러한 자연이 전하는 메시지를 지금까지는 아무도 의문을 제기함과 동시에 여기에 대한 논문을 단 한 편도 볼 수가 없는 현실을 어떻게 설명을 해야만 할까 하는 것이다. 이것은 일종의 직무유기가 아닐까 하는 생각을 하여 보았다. 여기에는 치명적인 물리이론에 있다는 것을 알기까지에는 근 40년의 시간이 지난 뒤에 그 이유와 원인을 알 수 있었는데 그것이 양자역학과 일반상대성이론에 있다는 것을 말이다.

말이 나온 김에 양자역학을 들여다보고 가기로 하자. 양자론은 지금까지 많은 물리 이론들에 반영되어서 현대과학을 선도한 이론이라는 데에 이견이 없으리라는 것 또한 필자의 생각이라는 것을 앞서서 밝히고 양자역학이 무엇이 문제인가를 짚어보기로 하자. 먼저 양자역학의 주요골자는 미시세계에서 일어나는 일을 조명하는 일이다. 즉 보이지도 잡히지도 않는 작은 세계의 일을 조명을 하는 것이라서 대단히 어렵고 복잡하며 또한 추론에 의지하게 되고 논쟁덩어리라는 것은 모두가 알고 있는 사실이다. 사실 양자역학이 출현하면서 만들어진 것이 물질의 근본을 알기 위해서 기계가 만들어졌는데 그것이 입자가속기이다. 이때 만들어진 입자가속기는 진화에 진화를 거듭해서 어지간한 경제 규모를 갖춘 국가에서는 입자가속기를 운용을 하지 않는 나라가 없을 정도로 현재에는 많은 나라에서 운용이 되고 있는 것이 현실이다. 하지만 우리들의 염원인 물질의 근본을 입자가속기로 알기에는 무리라는 것이 필자의 생각이다. 왜냐하면 입자가속기로는 물질이 무엇으로 이루어져 있는가를 알 수가 없기 때문이다.

지금부터 왜 입자가속기로는 물질의 근본에 도달할 수가 없는가를 알아보기로 하자. 그러려면 양자역학을 들여다보아야 무엇이 문제인가를 알 수가 있을 것이다. 양자역학에서는 양자에게 포획된 전자가 운동을 일으키는 문제에 대해서 논쟁에 논쟁을 거듭하다가 결론이 났는데 그것이 불확정성이다. 즉 양자에게 포획된 전자는 운동을 일으키는데 전자가 운동을 일으키는 동안에는 전자의 위치를 추적 또는 측정을 할 수가 없다는 것으로 결론이 난 것이다. 그런데 왜 유독 양자에게 포획된 전자가 일으키는 운동에 초점이 맞추어져 논쟁을 벌였는가 하는 것인데 이에 대해서 필자의 견해는 다르다. 왜냐하면 왜 양자역학에서는 유독 운동하는 전자에 대해서 논쟁을 벌여서 전자를 측정을 하니 못하니 측정기의 문제니 인간의 감성문제니 하다가 결국에는 운동하는 전자의 위치를 측정을 할 수가 없으니 불확정성이다 하고 못을 박아버린 사건이다. 필자가 이 같은 상황을 사건이라고 표현을 하였는데 여기에는 그럴만한 이유가 있다. 모두가 알고 있듯이 양자와 전자는 둘이 만나면 무엇이(양자와 전자) 먼저랄 것도 없이 서로를 끌어당기는 존재들이다. 즉 양자가 전자를 포획을 하느냐 아니면 전자가 먼저 다가가느냐 또는 둘이 똑같이 서로를 끌어당기느냐 하는 문제를 두고 보어는 이것을 상보성의 문제라고 보았다는 사실이다. 이것을 두고 보어와 아인슈타인은 끝없는 논쟁을 벌였는데 아인슈타인은 양자론을 옹호하는 물리학자들을 상대로 고독한 논쟁을 벌여야만 했는데 이때 양자역학옹호론자들이 대거 보어의 손을 들어줌으로 해서 논쟁의 결말은 보어가 승리를 거두게 된다.

이때 아인슈타인이 주장한 내용은 양자역학에서의 불확정성이라는 주장에 동의할 수 없다는 것이었다. 왜냐하면 아인슈타인은 우주가 양자역학에서의 불확정성이론처럼 불확정적이지 않다는 주장이다. 즉 아인슈타인은 우주는 정확하게 움직이는 시계처럼 확정적이라는 주장을 펴서 논쟁을 하였다는 것이다. 맞다. 필자 또한 아인슈타인의 주장에 동의를 한다. 왜냐하면 양자역학이 잘못된 주장을 하고 있기 때문이기도 하지만 우주에서 불확정적인 것은 아무것도 없다는 필자의 강한 신념 때문이기도 하다. 왜냐고 반문을 한다면 그것의 답은 측정기의 문제이든 우리 인간들의 감성문제이든 아무런 문제가 되지 않기 때문이다. 왜냐하면 개구리가 우물에 갇혀서 바깥세상을 보지 못한다고 해서 바깥세상이 없는 것이 아니기 때문이다. 따라서 측정기든 감성이든 그것은 개구리의 문제일 뿐으로 바깥세상은 존재하고 있기 때문이다. 즉 우리들의 사고의 문제일 뿐으로 자연이 전하는 메시지를 올곧게 받아들이면 문제는 해결이 된다는 것이다. 즉 양자역학이 문제가 있다는 것이 필자의 생각이다.

그것의 문제를 알아보기로 하자. 양자역학에서는 유독 양자에게 포획된 전자가 일으키는 운동에만 초점을 맞추고서 논쟁을 하였느냐에 있는데 그것이 양자역학의 한계라고 필자는 생각을 하고 있는바 양자역학의 한계를 설명하기로 하자. 양자역학에서는 운동하는 전자가 전자 임의로 운동을 하고 있는지와 아니면 양자가 전자를 운동을 시키고 있는가를 알아보지도 않았다는 사실이다. 즉 하나부터 열까지 아니 백에서 천까지 모두 운동하는 전자의 위치를 측정하여 양자에게 포획된 전자가 어디에 위치하는가를 알고자 부단한 노력을 하고 논쟁을 거듭하였음에도 불구하고 전자만의 문제로 낙인을 찍어서 불확정성이다 했던 것이다. 즉 논쟁의 각도가 빗나가 있었던 것이다. 이것은 매우 중대한 문제로 양자역학이라는 이론을 불확정성이다 하고 종지부를 찍어서 잘못된 결론을 내리고 우리들로 하여금 물질의 근본에 도달하려는 염원을 여지없이 꺾어버린 이론이 양자역학의 불확정성이론이라고 필자는 생각한다.

그것의 결론에 초간편으로 도달을 해보자. 자, 여기에 양자가 한 개가 있다. 그 양자를 우리는 입자다, 라고 명명하고 있는데 물론 전자 또한 입자다. 따라서 양자와 전자가 결합을 일으키기 전 상태를 우리는 입자라고 명명하고 있다는 것이다. 이때 양자에게 전자가 한 개가 다가와서 양자는 전자를 끌어당겼다. 이때 양자에게 끌어당겨져서 포획된 전자와 양성자를 우리는 둘이 결합을 일으키면 우리는 이것을 물질이라고 명명하고 있다는 사실이다. 즉 양성자인 입자와 전자인 입자가 따로 있는 것을 우리는 입자라 하고 둘이 결합을 하면 물질이라고 한다는 사실이다.

자, 양성자는 입자로 있다가 입자인 전자를 끌어당겨서 포획을 했다. 이것을 우리는 양성자의 전자포획이라고 하고 이때 양자가 전자에게 행한 힘 즉 전자포획을 양자가 발호하는 핵력이라고 명명하고 있다. 이때 양성자는 전자보다는 약 1,800여 배가 큰 질량을 가지고서 강력한 핵력을 만들어내며 전자를 끌어당겨서 포획을 하는 것이다. 이때 전자는 양자의 핵력에 끌려가며 양자에게 포획이 되는데 양자의 극성에 의해서 전자의 극성이 포획이 된다는 사실이다. 즉 양자가 전자를 포획함에 있어서 극성이 없다는 상상을 하지 말자. 왜냐하면 우주에 산재해 있는 별들이 모두 극성을 가지고 있기 때문이다. 따라서 미시세계의 입자이지만 당연히 양자와 전자는 극성을 가지고 있기 때문인데 이유는 하나하나의 양자와 전자가 뭉쳐져서 별을 이루고 있으므로 양자와 전자는 당연히 극성을 가지고 있는 것이다. 이때 양자의 극성에 의해서 포획된 전자가 가진 질량은 양자에 비례해서 매우 작은 질량을 가지고 있다는 것이다. 즉 전자의 질량은 양자의 질량에 비례해서 1,800여 배나 작은 질량을 가지고 있는 것이다. 양자와 전자의 질량은 이미 측정이 끝이나 증명되어 있는 사실이다.

그렇다면 양자에게 포획된 전자가 과연 전자의 임의로 운동을 일으킬 수가 있다는 것이냐 하는 문제가 대두가 될 것은 불문가지이다. 왜냐하면 양자가 가진 극성과 전자가 가진 극성에 따라서 핵력과 척력으로 둘은 결합을 하였는데 어떻게 1,800배나 작은 질량을 가진 전자가 양자의 허락 없이 운동을 일으킬 수가 있다는 것이냐 하는 문제이다. 즉 1kg의 무게를 가진 토끼가 1,800kg의 무게를 가진 코끼리와 줄로 묶여서 토끼가 움직이는 방향으로 코끼리가 끌려가며 움직이게 된다는 주장과 다름이 없다는 괴리를 어떻게 설명을 할 것이냐 하는 것이다. 이때 양자인 코끼리는 사냥꾼에게 쫓기는 상황에 있는데 과연 토끼가 이끄는 방향으로 코끼리가 순순히 따라가며 사냥꾼에게 쫓기게 될 것이라는 주장을 양자역학에서는 하고 있는 것이다. 필자가 비유를 하여 보았는데 믿고 믿지 않고는 여러분의 상상에 맡기고 따라서 양자에게 포획된 전자는 전자의 임의로는 운동을 일으킬 수가 없다는 결론에 도달을 하게 되는 것이다.

그렇다면 양자역학에서는 양자에게 포획된 전자가 운동을 일으키는데 전자의 그 운동을 어떻게 설명을 할 것이냐 하는 문제에 부닥트리게 되는데 이렇게 생각을 해보자. 사냥꾼에게 쫓기는 양자 코끼리가 포획된 전자 토끼를 끌고서 도망을 치는 것이라고. 즉 양자가 운동을 일으키는 것이다. 양자가 전자를 끌고서 운동을 일으킬 수밖에는 없는 조건이 양자가 가지고 있는 온도에 있다는 것을 말이다. 즉 양자가 가지고 있는 극저온은 지표면에서의 상온과 양자의 극저온으로 하여금 맹렬히 운동을 일으키게 만드는 사냥꾼과도 같은 것이다.

자, 생각을 해보자. 앞에서도 이야기를 하였지만 지구에 존재하는 기체물질들은 하나같이 극저온을 물질 외부로 표출을 하고 있는 사실을 직시해야만 할 것이다. 즉 양자가 전자를 포획을 한 상태에서 일으키는 운동은 양자가 가지고 있는 극저온에 있다는 것을 말이다. 따라서 양자역학에서는 전자가 일으키는 운동에 대해서만 논쟁을 하였는데 양자가 운동을 일으키는 것이라는 것의 주장을 들어본 적이 필자는 없다는 사실이다. 즉 양자에게 포획된 전자는 조건 없이 운동을 일으키며 전자의 운동은 전자의 임으로 일으키고 있다는 것과 전자가 운동을 하는 동안에는 전자의 위치를 확정지을 수 없으며 따라서 전자의 위치를 표시를 할 수가 있는 것은 확률로밖에는 표시를 할 수가 없다는 요지의 주장을 했던 것이다. 하지만 모두 틀린 주장이다. 물론 전자가 운동을 하는 동안에는 전자의 위치를 확정지을 수가 없다는 것은 옳은 주장이다. 하지만 운동을 일으키는 주체가 전자가 아니고 양자라면 문제는 달라지는 것이다. 즉 운동하는 전자를 멈추게 하는 방법이 있으므로 전자의 위치를 측정할 수 있다는 이야기가 되는 것이다.

그것의 요지는 그렇다. 양자에게 포획된 전자가 운동을 일으키는 원인이 양자에게 있으므로 양자의 운동 조건을 물질 외부에서 맞추어주는 일이다. 즉 물질 내부의 양자가 극저온을 가지고 있으므로 해서 물질 외부로 극저온을 표출한다는 것은 앞에서 이야기를 하였는데 물질이 표출하는 온도에 준하는 물질 외부의 온도를 맞추어주면 물질 내부의 양자는 물질 외부로부터 온도에 공격을 받지 않아도 되고 따라서 물질 내부의 양자는 운동을 멈추게 될 것이다. 이때 측정기를 가지고 전자의 위치를 측정하면 될 일이다 하는 것이다. 따라서 전자의 위치를 측정할 수 있으므로 전자의 위치를 측정할 수가 없고 확률로밖에는 표시할 수밖에 없다는 양자역학의 주장은 틀린 주장이라는 것이다.

따라서 양자역학이 주장하는 전자의 위치를 측정을 하느냐 측정을 할 수가 없느냐 하는 주장은 무용지물이 되고 따라서 양자역학의 불확정성이론의 무용론이 대두가 되는 대목이다. 왜냐하면 운동하는 전자의 위치를 측정을 하느냐 못하느냐는 중요한 것이 아니라는 이야기인 것이다. 정작 중요한 것은 운동하는 전자의 위치가 아니라 물질의 근본이기 때문이다.

이렇듯이 양자역학은 미시세계의 물질의 근본을 조명하는 과정에서 조명의 각도가 틀어짐으로 해서 물질의 근본에 접근하는 방법론 가운데 최악의 선택을 하게 되고 그로 인해서 모두의 염원인 물질의 근본에 접근을 할 수 없었던 것이다. 따라서 미시세계에서 벌어지고 있는 현상과 물질의 근본을 알고자 하는 염원이 불확정성이론에 봉인되어 모두의 사고가 움직일 수조차 없었다는 것이 필자의 생각이다. 앞에서도 이야기를 하였지만 기체물질을 이루고 있는 물질내부의 양자인 양성자는 극저온을 가지고 있는 것을 알았다. 이것은 왜 극저온을 가지고 있는 것일까? 하는 것이다. 도대체 양성자 그것의 정체가 무엇이기에 양성자는 극저온을 가지고 있느냐 하는 것이다. 이것에 대한 미스터리를 밝히는 것이 물질의 근본을 알 수가 있다는 데에는 이견이 없다는 생각이다. 즉 물질의 근본을 알고자 하는 모두의 염원이 물질의 내부에 존재하는 양성자가 왜 극저온을 가지고 있으며 그 양성자가 어떻게 어떤 과정으로 생성되었으며 어떻게 진화를 하여 오늘에 이르고 있는가를 알게 된다면 우리는 물질의 근본을 알게 되지 않을까 하는 것이다.

양자역학에 대해서 알아보았는데 앞에서 하던 이야기를 하기로 하자. 지구의 대기를 이루고 있는 질소와 산소를 지구의 중력은 왜 밀어내서 대기를 이루고 있는 것이냐 하는 것이다. 물론 지구에는 수많은 기체물질들이 존재를 하지만 유독 무거운 기체들만 밀어낸다는 사실이다. 중력의 이러한 행동을 어떻게 설명을 해야만 할까? 왜 중력은 유독 무거운 기체물질들만을 밀어낸다는 사실을 말이다.

그런데 물리학자들은 이상한 주장을 하는데 그것이 가벼운 기체들에 대한 주장이다. 왜냐하면 질소와 산소보다는 상대적으로 가벼운 기체인 수소와 헬륨이 대기로 밀어내지는 현상을 말하는 것이다. 지구의 대기에는 수소와 헬륨은 존재하지 않는다는 사실이다. 즉 지구의 대기는 수소와 헬륨을 대기로 밀어내지 않는다는 말이 되는 것이다. 그럼에도 불구하고 물리학자들은 수소와 헬륨이 지구의 대기를 이루는 산소와 질소보다는 가벼우므로 대기로 떠오른다고 주장을 하고 있기 때문이다. 이러한 주장은 무언가 핀트가 빗나간 주장이라는 것이 필자의 생각이다. 왜냐하면 수소와 헬륨은 질소와 산소보다 질량에서 매우 작은 질량을 가지고 있기 때문이다. 즉 지구의 중력은 기체물질의 질량이 클수록 더욱 멀리에까지 밀어내는 특성을 보이고 있기 때문이다. 그 예가 오존을 지구의 중력은 거의 성층권에까지 밀어내두고 있는 것을 들 수가 있는데 모두가 알고 있듯이 오존은 기체산소 3개가 전기적 결합으로 산소 질량의 3배다. 따라서 지구의 중력은 오존을 질소와 산소보다는 거의 3배의 거리에까지 밀어내두고 있는 것이다. 즉 질량이 큰 기체물질일수록 지구의 중력은 더 멀리에까지 밀어낸다는 것을 알 수가 있다는 것인데 왜 지구의 중력은 질량이 작은 수소와 헬륨을 밀어내서 거의 오존이 밀어내진 거리에까지 밀어내고 있느냐 하는 것이다. 따라서 물리학자들은 수소와 헬륨을 지구의 중력은 성층권까지 밀어내고 있는 것으로 알고 있으며 물리학자들의 주장대로 실지로 수소와 헬륨은 오존층까지 밀어내는 것으로 보인다는 사실이다.

그렇다면 무엇이 잘못된 주장이라는 것이냐 하는 것인데 여기에는 우리가 알지 못하는 사실이 존재하고 있다. 우리는 흔히 수소풍선이나 헬륨풍선을 보게 되는데 이 풍선들은 상시적으로 지구의 대기로 떠오른다는 사실이다. 하지만 수소와 헬륨이 그러한 것은 풍선이나 기구에 담겨졌을 때에 그러한 일이 일어나고 만약에 수소와 헬륨이 풍선이나 기구에 가두어지지 않고 수소와 헬륨이 개별적인 낱개의 기체로 지표면에 노출시키면 수소와 헬륨은 대기로 떠오르지 않는다는 사실이다. 이것은 왜 그럴까? 물리학자들의 주장대로라면 수소와 헬륨은 풍선이나 기구에 담겨지거나 아니면 낱개로 있거나 지표면으로부터 밀어내져서 대기로 떠올라야 물리학자들이 주장하는 바가 충족이 된다는 사실이다. 하지만 정작 수소와 헬륨을 풍선이나 기구에 일정한 압력으로 담았을 때에만 대기로 떠오른다는 사실이다. 이것을 어떻게 해석을 해야만 할까?

그것의 증거에 대해서 설명을 해 보자. 우리는 흔히 화학공장에서 폭발사고가 일어나는 것을 목격한다. 그것은 석유나 화학물질을 정제하는 과정에서 배관을 지나가던 수소가스가 압력이 발생하는 과정에서 플랜트 배관을 뚫고 밖으로 누출되는 경우가 간혹 일어나는 사고가 발생을 하는데 이때 수소가스가 지구의 대기로 밀어내지지 않고 바람이 없는 날은 고스란히 누출이 일어나는 현장에 고이는 것이다. 그러다가 어떤 화기가 접근을 하면 고여 있던 수소가스가 폭발을 일으키는 경우다.

다시 말해서 물리학자들의 주장대로라면 누출된 수소는 누출된 곳 현장에 있어서는 안 되는 것이다. 왜냐하면 수소는 지구의 대기보다는 가벼우므로 지구의 대기로 누출이 일어나는 족족 떠올라야 옳다. 하지만 누출된 수소는 지구의 대기로 떠오르지 않고 지표면에 고이는 것이다. 따라서 폭발을 일으키는 원인이 되는 것이다. 이것을 어떻게 설명을 할 것인가? 수소와 헬륨이 이러한 것을 물리학계에서는 설명을 못 하고 있다. 다만 수소와 헬륨을 풍선이나 밀폐된 용기에 담았을 때에만 지구의 대기물질인 산소나 질소보다는 가벼우므로 대기로 떠오르는 것이라는 주장을 하고 있는 것이다.

여기에서 한 가지 짚고 갈 부분이 있다. 우리는 기구가 하늘을 날아오르는 것을 목격하게 되는데 이것은 어찌된 것인가? 모두가 알고 있다시피 기구 즉 밀폐되어 헬륨이나 수소를 가두어둔 기구를 이용하는 것인데. 이 수소와 헬륨이 낱개로 있을 때에는 떠오르지 않고 뭉쳐서 갇혀 있을 때에는 떠오르는 것이다. 이것을 어떻게 설명을 할 것이냐 하는 것이다. 물론 물리학자들은 기구가 떠오르는 것을 설명을 하고 있다. 그런데 수소나 헬륨에 대한 설명이 아니고 질소와 산소에 대해서 설명을 하고 있는 것이다. 즉 기구 내부의 질소와 산소를 불을 이용해서 뜨겁게 달구어주면 질소와 산소가 지구의 대기보다는 가벼워지므로 기구가 떠오른다는 주장을 하고 있다는 것이다. 과연 그럴까?

여기에는 우리가 알지 못하는 자연이 전하는 메시지가 함축되어 있다는 것이 필자의 생각이다. 왜냐하면 질소와 산소를 불을 이용해서 뜨겁게 달구어준다고 하여도 질소와 산소는 달구어지기 전의 질소와 산소보다 가벼워지지 않는다는 사실이다. 즉 물리학자들의 설명이 잘못되었다는 것이다. 다만 기구의 내부에서 질소와 산소가 뜨겁게 달구어지면 질소와 산소가 가벼워지는 것은 아니고 질소와 산소가 불에 달구어진 만큼 운동량이 증가되고 증가된 운동량만큼의 기구의 체적공간이 좁아지므로 기구가 부풀어 오르는 것이다. 즉 질소와 산소가 뜨거워지면서 부풀어 오르면 기구 내부에서 질소와 산소의 체적공간이 상대적으로 좁아지게 되고 이에 질소와 산소는 마찰을 일으키는 것이다. 기구 내부에서 질소와 산소가 마찰을 일으키게 되면 기구는 팽창을 하게 되는데 이때 기구 내부에 갇혀 있는 질소와 산소는 하나의 물질처럼 행동을 하게 되고 이때 지구의 중력은 기구 내부에서 하나의 물질처럼 행동을 하고 있는 질소와 산소를 밀어내게 되고 이에 기구는 지구의 대기로 떠오르는 것이다. 즉 지구의 중력이 질소와 산소 오존을 밀어내서 지구의 대기로 만든 것처럼 수소와 헬륨이 담겨져 있는 기구를 대기로 밀어내는 것이다.

그러므로 수소와 헬륨이 지구의 대기인 질소와 산소보다 가벼워서 지구의 대기로 떠오르는 것이 아니고 수소와 헬륨을 밀폐된 공간에서 압력을 높여주면 수소와 헬륨은 공간의 압력에 따라서 서로 부딪치게 되고 수소와 헬륨은 맹렬히 부딪치며 운동을 일으키게 되는 것이다. 이때 지구의 중력은 기구 내부에서 맹렬히 운동을 일으키는 수소와 헬륨을 하나의 질량이 큰 기체물질로 인식을 하는 것이다. 따라서 지구의 중력은 수소와 헬륨이 담겨져 있는 기구를 밀어내서 거리를 만들어내는 것이다. 이것이 중력이다. 그러므로 물리학자들이 주장하는 수소와 헬륨이 지구의 대기물질인 질소와 산소보다 가벼우므로 대기로 떠오른다는 주장은 잘못된 주장이라고 하는 것이다.

또한 수소와 헬륨이 지표면에 고이는 현상에 대한 설명을 하기로 하자. 모두가 알고 있듯이 수소와 헬륨은 매우 작은 질량을 가지고 있으므로 지구의 대기로 밀어내지지 못하는데 원인은 지구의 중력에 있다. 자, 여기서 생각을 해보자. 앞에서도 이야기를 하였지만 지구의 중력은 질량이 큰 질소와 산소를 밀어내서 대기로 만들어두고 있다. 이때 질소와 산소의 질량은 수소의 7배와 8배에 이른다는 사실이다. 또한 헬륨의 질량보다 3배 반과 4배에 이른다는 것이다. 따라서 지구의 중력은 질소와 산소를 지표면으로부터 약 10km에서 15km에까지 밀어내두고 있다.(지구의 지표면이 울퉁불퉁하므로)

이때 지구의 중력이 수소를 밀어내는 거리는 수소의 질량에 따라서 지표면 안쪽 즉 땅속이 되고 헬륨은 지표면이 되는 것이다. 물론 헬륨도 지표면 안쪽이지만 이해를 돕기 위해서 필자가 임의로 정한 거리이다. 즉 수소와 헬륨을 질량에 따라서 거리를 만든 것이다. 다만 수소와 헬륨이 가지고 있는 온도(수소와 헬륨이 물질 외부로 표출하는 온도)에 따라서 지표면의 상온과 부닥트리며 일으키는 운동량이 증가하므로 헬륨은 지표면 수소는 지표면 안쪽이라는 이야기가 되는 것이다. 물론 수소와 헬륨의 질량의 차이는 배가 되므로 수소는 지표면 안쪽에까지 헬륨은 지표면 위까지 지구의 중력은 수소와 헬륨을 밀어내는 것이다.

우리는 화재가 발생하는 것을 흔히 볼 수가 있는데 화재가 발생하면 탄소가 발생하고 그 탄소는 대기로 올라가는데 이것은 지구의 중력이 탄소를 밀어내므로 탄소가 대기로 솟아오르는 것이다. 왜 탄소가 대기로 밀어내지느냐 하면 탄소가 만들어지는 과정에서 뜨겁게 달구어져 있기 때문에 탄소가 운동을 일으키므로 탄소가 지구의 대기물질인 질소와 산소와 맹렬히 부닥트리게 되고 이때 지구의 중력은 지구의 대기인 질소와 산소를 밀어내므로 덤으로 지구의 중력은 탄소가 밀어내지는 것이다. 따라서 지구의 대기물질인 질소와 산소가 지구의 대기에 밀도가 매우 높게 분포를 하고 있으므로 일어나는 일이다 하는 것이다.

만약에 지구에 대기가 없다면 화재가 발생해서 탄소가 생성되어도 탄소를 밀어내지 못할 것이다. 이것이 중력이다. 따라서 일반상대성이론에서 주장한 물질과 물질이 상호작용으로 뜨거운 탄소를 대기로 밀어내는 것이라고는 생각되지 않는다는 것이다. 즉 중력은 물질과 물질이 상호작용으로 만들어내는 것이 아니라 중력을 발호하는 주체는 따로 있다는 강력한 메시지인 셈이다.

제2장 바다가 들려주는 메시지

지구의 표면에는 물이 바다를 이루고 널리 분포를 하고 있는데 물 분자는 지구의 대기인 질소와 산소보다도 질량이 크다는 것은 모두가 알고 있는 사실이다. 즉 질소의 질량보다는 25%가 크고 산소보다는 20%가 크다. 하지만 지구의 중력은 물 분자를 지표면에 끌어당겨서 액화를 시켜두고 있는데, 왜 물은 지구의 표면에서 액화되어 바다를 이루고 있는 것이냐가 매우 궁금한 대목이다. 또한 물은 왜 지구에 많이 있는 것일까? 하는 생각은 거의 모두가 한 번쯤은 해 보았을 것이다. 그럼에도 불구하고 물리학자들의 주장을 쉽게 받아들이지 못했던 시절이 생각나는 것을 어쩌랴.

따라서 물리학자들의 주장을 나열을 해 보고 우리 모두의 동의를 구해보고자 물에 대한 이야기를 하기로 하자. 물은 기체이면서도 액체이고 때로는 고체이다. 즉 물은 온도에 따라서 액체로 때로는 고체로 때로는 기체로 변신을 하는데 물이 그러한 것은 어찌된 것일까? 물이 그러한 행보를 보이는 데에 대해서 물리학자들의 변은 속 시원하게 밝혀주고 있지가 않다는 데에서 문제가 있다 할 것이다. 즉 물은 온도에 따라서 기체로 갔다가 액체로 갔다가 고체로 갔다가를 반복을 하는 것이라는 대답만 돌아온다는 것이다. 물이 왜 온도에 따라서 그러한 행보를 보이는가를 정확하게 물리적으로 정답을 제시하지 못하고 물은 온도에 따라서 그렇게 움직이는 것이라는 대답만 돌아온다는 것이다. 물에 대해서 조금만 깊이 있는 사고를 해본 사람이라면 물이 왜 존재해야만 하며 어떤 경로로 물이 생성되어 존재할까에 대해 생각해 보았을 것이다.

자, 그렇다면 물은 과연 어디에서 만들어져서 어떻게 지구에 존재를 하는 것이냐가 매우 궁금할 것이다. 이에 대해서 물리학자들은 물은 지구가 만들었다고 주장하고 있는 것이 사실이다. 즉 지구가 생성될 때에 우주 공간에 흩어져 있던 우주 먼지와 물질들이 결합되면서 지구로 뭉쳐지는 과정에서 물이 증기 형태로 솟아올라 대기를 이루다가 지표면의 온도차에 의해서 응결되어 비가 되어 내리다 보니 물이 바다를 이루게 된 것이라는 주장을 하고 있는 것이다. 참으로 참담하고 황당한 주장을 물리학자들은 하고 있는데 도무지 앞과 뒤가 맞아 떨어지지 않는 주장을 하고 있는 것이다. 왜냐하면 물은 결합된 질량으로 보아서 지구가 가진 질량으로는 결합시킬 수 없는 물질이기 때문이다. 따라서 물리학자들이 하고 있는 주장은 0.0001%도 타당성이 없다는 것을 미리서 밝혀 두고자 한다.

자, 그렇다면 물을 해부하여 보자. 물은 모두가 알고 있다시피 산소 원자 한 개와 수소 원자 두 개가 결합을 하였는데 결합의 조건이 수소와 산소가 포획한 전자껍질을 벗어버리고 양자결합을 한 것이 아니라 산소는 산소가 포획한 전자를 그대로 두고 수소 또한 포획한 전자를 그대로 두고 전기적 결합을 한 화합물이다. 따라서 물은 여타의 기체물질들과는 상이한 행보를 보인다는 사실이다. 즉 우리가 알고 있는 기체물질들인 수소, 헬륨, 산소, 질소, 아르곤과 같은 기체물질들과는 다르다는 것인데 그것이 물은 극저온을 물 분자 밖으로 표출을 하지 않는다는 사실이다. 즉 물은 온도에 중립을 지킨다는 것이다. 이것이 물이 여타의 기체들과는 상이하게 다른 점이다. 따라서 물이 기체로 혹은 고체로 혹은 액체로 변신을 하는 것이다.

하지만 물 분자 내부를 이루는 산소와 수소는 개별적으로 분리하여 놓으면 여타의 기체와 같이 극저온을 물질 외부로 표출을 한다는 사실이다. 따라서 물은 양자적 결합이 아닌 전기적 결합에 의해서 극저온을 가지고는 있지만 물 외부로 극저온을 표출할 수가 없는 것이다. 원인으로는 산소 원자의 전자껍질 밖에서 수소 원자 두 개가 회전운동을 일으키며 물 분자 외부로 극저온을 표출하는 것을 철저하게 차단을 하는 것으로 보이며, 그로 인해서 물은 물외부의 온도에 민감하게 반응을 일으키는 것이다. 만약에 물이라는 화합물이 전기적 결합을 하지 않고 양자적 결합을 했다면 물은 물 내부에 가지고 있는 극저온을 물외부로 표출을 하였을 것이다. 그렇게 되면 물이 지구의 표면에 액화되어 바다를 이루는 일은 일어나지 않고 물은 질소나 산소처럼 지구의 대기로 밀어내져서 떠다닐 것은 불문가지이다.

물은 분자화가 일어나면 기체처럼 행동을 하는데 여기에는 이유가 있다. 즉 수증기가 그것인데 액화된 물을 뜨겁게 달구어주면 액화된 물은 액화된 덩어리에서 떨어져 나온다. 이것은 물 분자가 운동을 일으키는 것이다. 즉 물 분자가 뜨겁게 달구어지면 액화된 덩어리에서 떨어져 나오는 원인은 물 분자가 뜨거워지며 운동을 일으키는데 물은 물 분자 외부의 온도에 반응해서 물이 운동을 일으키는 것이다. 이때 지구의 중력은 운동을 일으키는 물 분자를 물 분자가 가진 질량에 따라서 대기로 밀어내는 것이다. 만약에 물 분자가 뜨거워지며 운동을 일으킨다고 하여도 지구의 중력이 운동하는 물 분자를 밀어내지 않는다면 물 분자는 액화된 물과 붙어 있을 것이다.

즉 물 분자가 대기로 떠오르는 원인이 지구의 중력이 물 분자를 밀어냄으로 해서 물 분자는 하늘로 떠올라서 구름이 된다는 이야기가 그것이다. 즉 중력이 물 분자를 밀어내서 구름을 만들고 하늘에 떠있는 구름은 지구의 대기를 떠돌다가 기압을 만나면 응결되어 비로 혹은 눈으로 내리게 되는데 비나 눈이 지표면으로 내려오는 것은 비나 눈을 이루는 내부의 물 분자가 운동을 멈춤으로(물 분자의 운동량 저하) 해서 서로를 끌어당겨서(액화되어) 질량이 증가를 하는 것이다. 질량이 증가된 물 분자는 운동을 일으킬 수가 없으므로 지구의 중력은 뭉쳐진 비나 눈을 양자로만 보는 것이다. 따라서 지구의 중력은 운동을 멈춘 비나 눈을 끌어당겨서 지표면으로 안착을 시키는 것이다. 이것이 물이 상전이를 일으키는 원인이다.

만약에 지구에 중력이 없다고 한다면 물은 상전이를 일으킬 수가 없다. 물의 상전이에 대해서 물리학자들은 단순하게 양력이라는 주장을 하고 있는데 어불성설이다. 왜냐하면 지구의 중력이 없다면 양력이(태양빛 복사열) 있어도 물이 상전이를 일으키지 않는다는 것이다. 일례를 하나 더 들어보자. 비행기가 활주로를 박차고 하늘로 떠오르는 데 있어서 물리학자들은 양력에 의해서 비행기가 떠오르는 것이라고 주장을 하고 있다.

여기에서 중요한 문제는 비행기가 떠오르는 데에는 양력은 필요가 없다는 것이다. 지구의 중력이 비행기를 떠오르게 만드는 것이다. 그것에 대한 이야기를 하고 가자. 자 생각을 해보자. 지구의 중력이 없다면 지구의 대기도 없다. 즉 지구의 대기를 이루고 있는 질소와 산소를 밀어내서 대기를 만들어내지 못할 것이기 때문이다. 또 지구에 중력이 없는데 태양빛이 지구를 달군다고 하여도 지표면에 위치한 질소와 산소는 지구의 대기로 떠오르지 않는다는 것이다. 즉 지구의 중력이 대기를 만들어내고 있으므로 비행기의 날개를 떠받치는 것은 질소와 산소라는 이야기가 되는 것이다. 즉 지구의 대기인 질소와 산소의 밀도가 비행기의 날개를 떠받쳐서 비행기가 하늘을 날아갈 수가 있는 것이다.

이것을 두고 물리학자들은 양력에 (태양력 복사열) 의해서 비행기가 떠오르는 것이다, 하는 결론을 도출하고 있는데 잘못된 결론이라는 것이 필자의 생각이다. 왜냐하면 태양력이(복사열) 거의 미치지 못하는 해왕성 천왕성도 기체를 대기로 밀어내두고 있기 때문이며 만약에 태양이 빛을 방사하는 것을 멈춘다고 하여도 지구의 대기는 존재할 것이다. 물론 지구의 표면은 빙하기가 도래를 할 것이지만 말이다.

그것에 대한 이야기를 하고 가기로 하자. 지구가 대기를 이루는 원인은 물론 대기를 이루는 질소와 산소에게 있는데 질소와 산소가 물질 외부로 표출하는 온도에 있는 것이다. 만약에 질소와 산소가 표출하는 온도가 극저온이 아니고 물처럼 온도를 표출을 하지 못한다고 가정을 하면 질소와 산소가 지구의 대기를 만들어낼 수가 없는 것이다. 즉 질소와 산소는 액화되어 물과 같이 지표면으로 끌어당겨질 것이기 때문이다.

물에 대한 이야기를 하는 와중에 이야기가 잠시 옆으로 흘렀는데 물이 지구의 표면에서 일으키는 운동을 알아보자. 우리의 지구는 360도의 자전속도가 약 24시간이고. 태양의 주위를 도는 공전 속도는 약 365일이다. 필자가 '약' 자를 앞에 붙인 이유는 공전과 자전이 필자가 이야기한 24시간과 365일이라는 시간이 정확하지 않기 때문이다. 여기에 지구의 자전축이 약 23.5도 정도가 기울어져서 축을 중심으로 회전을 하는데 이것을 자전이라고 하고, 지구는 자전을 하는 가운데에

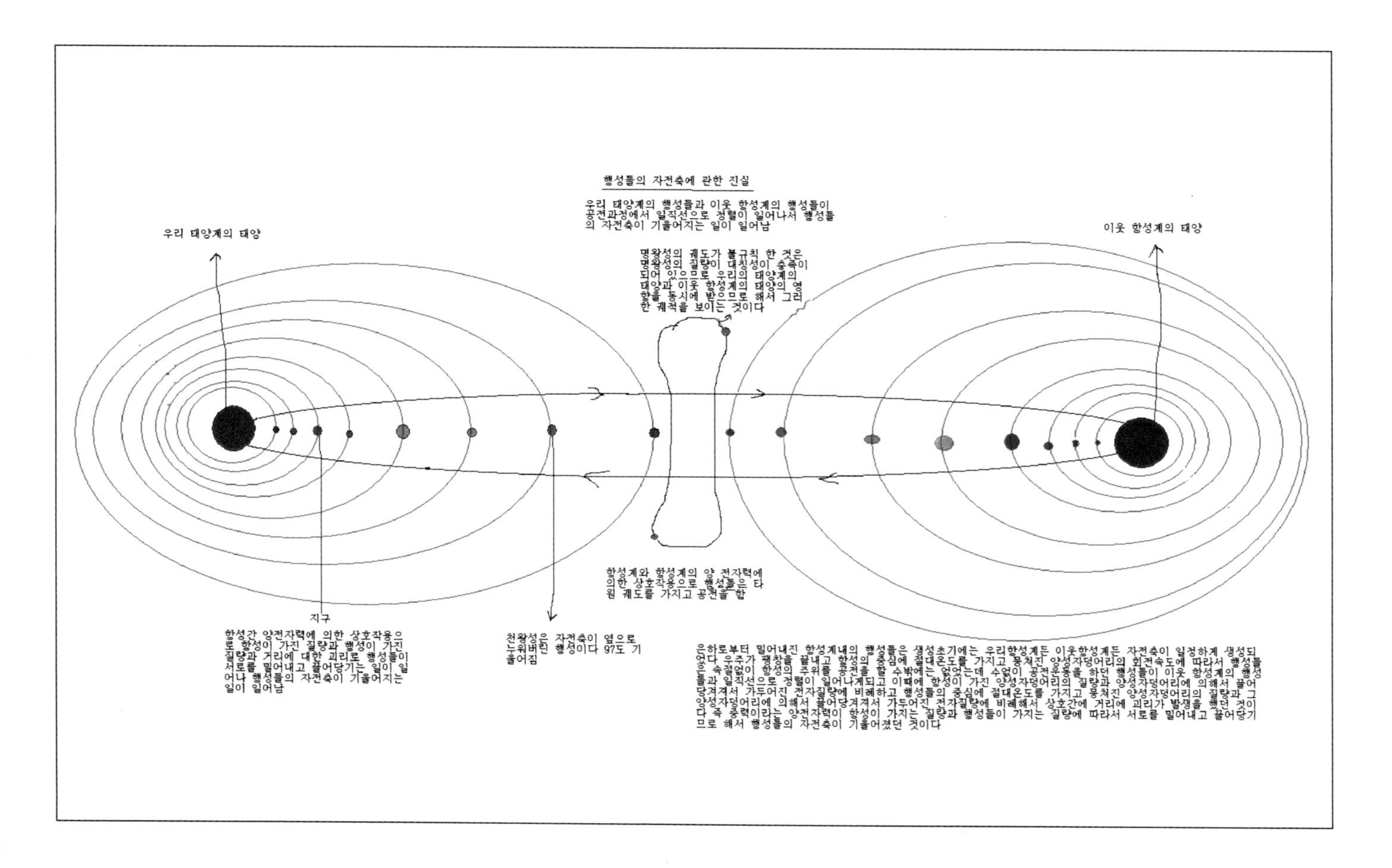
행성들의 자전축에 관한 진실
우리 태양계의 행성들과 이웃 항성계의 행성들이 공전과정에서 일직선으로 정렬이 일어나서 행성들의 자전축이 기울어지는 일이 일어남
우리 태양계의 태양
이웃 항성계의 태양
명왕성의 궤도가 불규칙 한 것은 명왕성의 질량이 대칭성이 충족이 되어 있으므로 우리의 태양계의 태양과 이웃 항성계의 태양의 영향을 동시에 받으므로 해서 그러한 궤적을 보이는 것이다
항성계와 항성계의 양 전자력에 의한 상호작용으로 행성들은 타원 궤도를 가지고 공전을 함
지구
항성간 양전자력에 의한 상호작용으로 항성이 가진 질량과 행성이 가진 질량과 거리에 대한 괴리로 행성들이 서로를 밀어내고 끌어당기는 일이 일어나 행성들의 자전축이 기울어지는 일이 일어남
천왕성은 자전축이 옆으로 누워버린 행성이다 97도 기울어짐
은하로부터 밀어내진 항성계내의 행성들은 생성초기에는 우리항성계든 이웃항성계든 자전축이 일정하게 생성되었다 우주가 팽창을 끝내고 항성의 중심에 절대온도를 가지고 뭉쳐진 양성자덩어리의 회전속도에 따라서 행성들은 속절없이 항성의 주위를 공전을 할 수밖에는 없었는데 수없이 공전운동을 하던 행성들이 이웃 항성계의 행성들과 일직선으로 정렬이 일어나게되고 이때에 항성이 가진 양성자덩어리의 질량과 양성자덩어리에 의해서 끌어당겨져서 가두어진 전자질량에 비례하고 행성들의 중심에 절대온도를 가지고 뭉쳐진 양성자덩어리의 질량과 그 양성자덩어리에 의해서 끌어당겨져서 가두어진 전자질량에 비례해서 상호간에 거리에 괴리가 발생을 했던 것이다 즉 중력이라는 양전자력이 항성이 가지는 질량과 행성들이 가지는 질량에 따라서 서로를 밀어내고 끌어당기므로 해서 행성들의 자전축이 기울어졌던 것이다

서 태양의 주위를 공전하는데 약 365일 동안에 360도를 태양의 주위를 돌아서 제자리로 온다. 이것이 지구의 공전이다.

이때 지구의 표면에서는 바다를 이루는 물이 움직이는데 이것이 약 12시간을 주기로 24시간에 두 번을 움직여서 이것을 우리는 조석력이라고 명명하고 있다. 즉 밀물과 썰물을 이야기를 하고 있는 것인데 조석력은 왜 일어나는 것일까? 하는 것이다. 지금부터 360여 년 전에 뉴턴은 밀물과 썰물을 두고 월력이라 했다. 즉 지구의 위성인 달이 지구의 표면에 액화되어 있는 물을 끌어당김으로 해서 바닷물이 움직이는 것이라고 주장해서 세상 사람들이 뉴턴의 주장을 받아들여서 월력이라고 했던 것이다. 그리고 오늘날에는 뉴턴이 주장했던 월력이라는 주장에 다소의 변화가 일어나서 월력과 지구의 자전 속도에 의한 원심력이 더해지고 여기에 태양력이 더해져서 밀물과 썰물에 대한 주장이 나오고 있다는 사실이다.

하지만 필자가 밀물과 썰물을 관찰한 결과는 지금까지의 주장이 터무니없는 주장이라는 것이다. 왜냐하면 지구의 질량에(중력) 의해서 물은 지구의 표면에 액화되어 위치하고 있다. 달은 지구의 중력에 의해서 지구와의 거리를 약 38만 km의 거리에서 지구의 주위를 약 29일 동안에 한 바퀴를 공전을 하고 있다. 이때 달이 밀어내진 거리는 지구가 가진 질량과 달이 가진 질량이 상호작용에 의해서 서로를 끌어당기고 서로를 밀어내서 38만km라는 거리를 유지하고 있는데 달이 지구의 표면에 위치한 바닷물을 하루 24시간 동안에 두 번 끌어당겨서 움직이게 만든다는 것은 어림없다는 것이다. 즉 달이 가진 질량이 지구의 표면에 위치한 바닷물을 끌어당기기에는 작은 질량을 가지고 있다는 것과 지구와 달과의 거리가 너무 멀다는 것이 필자의 생각이다.

여기에는 이유가 있다. 달이 가진 질량에 관계없이 달이 지구의 중력만큼의 중력을 가지고 있다고 한다면 이해할 수 있겠지만 달은 지구의 중력의 6분의 1 수준이다. 따라서 달이 가진 중력이 지구의 표면에 위치한 바닷물을 움직이기에는 달이 가진 질량이 너무나 작다는 사실이다. 따라서 지구의 표면에서 일으키는 밀물과 썰물에 달이 가진 중력의 영향력은 약 6분의 1 수준이라는 것이다. 그것의 이유는 그렇다.

지구의 중력은 달을 약 38만km의 거리에 밀어내두고 있다. 이때 물의 위치는 지구의 표면에 위치하므로 달과의 거리는 약 38만km의 거리에 있다. 즉 달에 중력의 범위 밖에 물이 위치하는 것이다. 이때 지구의 중력은 달을 향하고 있는데 물의 입장에서는 지구의 표면에 위치함으로 해서 지구에 중력의 범위보다 너무 가까이에 있는 것이다. 따라서 물은 지구의 중력의 영향을 받는데 그 방향이 달을 향하는 것이다. 즉 지구의 중력은 상시적으로 달을 향해서 달을 포획하고 있으므로 바닷물은 지구의 중력이 달을 향해서 밀어내고 있는데 이때 지구의 지표가 자전을 함으로 해서 그 주기가 약 12시간을 나타내고 있는 것이다. 이때 바닷물의 수위가 날짜가 지나감에 따라서 올라갔다가 다시 내려가고 다시 올라가서 만수위를 보이는 것은 지구와 달과 태양의 중력삼각함수가 작용을 하고 있는 것이다. 즉 지구와 달과 태양이 각도에 따라서 물의 수위가 낮아지다가 높아지고 높아지다가 낮아지고를 반복을 하는 것이다.

또한 지구와 태양 사이에 달이 끼이거나 달이 지구보다 태양으로부터 멀리에 배치되고 일직선으로 정렬이 일어나면 바닷물의 수위가 최고조에 달하는 이유는 태양의 중력이 달을 징검다리 삼아서 지구에 전달되면 지구의 중력이 배가되므로 지구의 중력은 달을 향해서 증가된 중력의 힘으로 바닷물을 밀어내는 것이다. 따라서 바닷물의 수위가 만수위를 보이는 이유다. 12시간의 주기는 지구의 중력이 상시적으로 달을 향하고 있음으로 해서이고 지구의 지표면의 자전 속도에 따라서 약 12시간이라는 주기가 나타나는 것이다. 즉 중력은 가까운 물체에게 제일 많은 힘이 작용을 함으로 해서 일어나는 일이다 하는 것이다. 이것을 두고 월력이니 원심력이니 했던 것은 중력의 실체를 알 수가 없었으므로 빚어진 해프닝이다 하는 것이 필자의 생각이다.

따라서 바닷물을 움직이게 만드는 주체는 지구의 중력이다. 지구의 중력이 주체가 되고 달에게 상시적으로 지구의 중력이 향하고 있으므로 바닷물이 달을 향해서 움직이는 것처럼 보였을 것이다. 따라서 눈에 보이는 물의 움직임은 물을 달이 끌어당기는 것으로 보였을 것이다.

자, 물에 대한 이야기를 이어가기로 하자. 물이 온도를 물 외부로 표출을 할 수 없다는 이야기는 앞에서 하였다. 또한 물은 지구의 질량으로는 결합시킬 수 없다는 것 또한 이야기를 하였는데 그렇다면 물은 어떻게 지구에 집중되어 있을 수 있을까가 궁금하지 않을 수가 없다. 즉 태양계 내의 행성들을 들여다보면 물은 지구에 집중되어 있다는 것을 알 수가 있는데 거기에는 그럴만한 원인이 있었을 것이라는 것이 필자의 생각이다. 즉 태양계가 생성되기 시작을 하던 때에 태양이 생성되기 위해서 질량이 뭉쳐지는 과정에서 우리의 지구가 태양의 주위에서 뭉쳐지고 있었던 것이다. 이때 태양계 내의 행성들은 태양으로부터 가까운 행성들은 태양에게 전자를 수탈을 당했던 것이다. 따라서 수성, 금성, 지구, 화성, 목성, 토성까지가 태양의 전자수탈구역 내에서 뭉쳐지고 있었던 것이다. 하여 수성과 금성은 일찌감치 부족한 전자질량으로 인해서 탄소화가 진행이 되었던 것이다. 뒤이어서 지구가 46억 년 전부터 탄소화가 진행이 일어난 것이다. 화성도 지구와 거의 같은 시기에 탄소화로의 진행이 일어났으며 목성은 지금으로부터 약 20억 년 전에 탄소화가 진행이 일어나서 목성의 대기의 안쪽에는 오래전에 지표면이 생성되어 있으며 토성은 현재에 이르러서야 탄소화가 진행이 일어나 지표면이 생성이 되고 있는 것이다. 그것의 증거는 행성의 대기의 색에서 찾을 수가 있다. 행성이 탄소화가 진행이 일어나면 행성의 대기의 색은 붉은색이 나타나는데 목성과 토성의 대기의 색이 붉은색을 나타내고 있는 것이다.

제3장 태양이 전하는 메시지

지금으로부터 약 137억 년 전에 공간에는 빅뱅이 일어났다. 빅뱅은 공간이 대폭발을 일으킨 것을 말하는데 물리학자들은 아무것도 없는 공간에서 갑자기 빅뱅이 일어났다고 주장을 하고 있는 것이다. 즉 바늘 끝보다도 작은 단일한 면적에서 빅뱅이 일어났다고 주장하고 있는 것이다. 물리학자들의 그러한 주장은 우주가 아닌 자연이 전하는 메시지를 이해를 한다면 주장할 수 없는 내용이라는 데에 필자는 동의한다. 왜냐하면 우주는 불확실성과 불확정성적이 아니기 때문이다.

앞에서도 이야기를 하였지만 아인슈타인과 보어의 논쟁에서 보았듯이 필자는 아인슈타인의 손을 들어주었다. 보어가 주장했던 상호보완적이라는 상보성은 옳은 주장이다. 하지만 불확정성은 아니기 때문이다. 따라서 아인슈타인의 주장대로 신은 우주를 상대로 주사위 놀음을 하지 않는다는 주장에 필자는 동의하기 때문이다. 우주가 은하계가 태양계가 지구가 우리들이 유령이라는 말과 다름이 없는 주장을 물리학자라는 사람들이 빅뱅을 두고 이야기를 하고 있는 것이다. 어떻게 그러한 주장을 할 수가 있다는 것이냐 하는 것인데 필자의 생각은 물리학자들이 중력의 실체를 정확하게 모르며 물질의 근본을 모르며 빛의 정체를 모르며 운동의 근원의 실체를 모르므로 그와 같은 주장을 할 수가 있었을 것으로 필자는 이해를 하고 있다.

물리학에서 중요한 문제가 자연에 대해서 우주에 대해서 추론을 할 수는 있지만 그 추론을 모두에게 옳은 주장이라고 강요를 하여서는 안 된다는 것이다. 왜냐하면 또 다른 추론이 허용되지 않기 때문이다. 또한 자연에 대한 추론에 있어서 앞과 뒤가 맞아떨어져야만 하며 순리적이어야 하며 가능성의 연속선상에 있어야만 한다는 것이 필자의 생각이다. 따라서 빅뱅이론에서 주장하는 바늘 끝보다도 좁은 면적에서 현재의 우주를 생성시킬 만큼의 빅뱅이 일어났다는 주장은 순리와 연속성에서 맞지 않는 주장이라는 것이다. 즉 비합리적이라는 것이다. 바늘 끝과 같은 면적에서 어떻게 현재의 우주가 생성될 만큼의 에너지가 함축될 수가 있다는 것이냐 하는 것이다. 너무나도 추상적이므로 필자는 동의할 수가 없는 것이다.

빅뱅은 분명하게 일어났지만 어떤 경로로 빅뱅에 도달을 하였는가는 아직은 알 수가 없다는 것이 필자의 생각이다. 따라서 빅뱅 이후에 우리 우주가 생성된 이야기를 하고 자연이 전하는 메시지를 경청하여 보기로 하자. 사실 빅뱅이 무엇에 의해서 일어났는가를 알아야만 추론이고 진리고 가능하다는 것이 필자의 생각이다. 따라서 우주가 생성이 되려면 무엇에 의해서 어떻게 빅뱅에 도달했는가를 추론을 하여보기로 하자.

하여 빅뱅에 대한 추론이 전제되려면 현재의 자연의 메시지를 분석하고 어떤 결론에 도달을 하여야만 가능하다는 것이다. 따라서 현재의 우주에서 에너지의 흐름을 분석하고 에너지가 어디로 가고 있으며 그 에너지는 무엇인가를 분석하고 우주생성 조건이 무엇인가를 추론하여 보기로 하자. 자, 에너지는 과연 무엇이냐 하는 것인데 지구에 존재하는 에너지는 크게 두 가지로 구분이 되고 세분화를 하면 수십 가지에 이르는데 그것을 알아보자.

먼저 크게 에너지를 구분을 하자면 양자에너지와 전자에너지다. 이것을 세분화하면 석유, 가스, 석탄 다음으로 나무가 그것이다. 그렇다면 양자에너지와 전자에너지를 제외하면 나머지 에너지들은 2차 에너지들이다. 즉 양자가 전화하여 2차 에너지가 생성된 것이다. 여기에서 중요한 문제는 전자인 전기에너지를 제외하고 양자에너지는 끝없는 변신에 변신을 거듭한다는 사실이다. 양자에너지인 빛 에너지는 지구의 대기로 들어오면 지구의 대기인 질소와 산소에게 갇혀서 지표면에서 빛이 진화를 하는데 그것이 생물체로 진화한다. 진화된 생물체는 2차 에너지원인데 그것이 풀과 나무이다. 나무를 말려서 수분을 제거하고 땔감으로 쓰게 되면 탄소를 배출하면서 에너지를 얻을 수 있는 것이다.

또 다른 에너지는 빛에너지가 동물체로 진화를 해서 생성된 동물성기름이 그것이다. 동물성기름 또한 연소를 시키게 되면 불꽃을 얻을 수 있고 또한 탄소를 만들 수 있으며 또 다른 에너지인 석유나 가스 석탄을 연소시키면 어김없이 탄소를 배출하게 되는데 이것은 왜 그럴까? 왜 모두 하나같이 탄소를 배출을 하는 것일까 하는 것이다.

여기서 하나 생각을 해볼 수 있는 것은 탄소가 배출이 되는 에너지 연소는 불완전연소가 되기 때문이라는 것이다. 따라서 에너지를 완전연소를 시키면 빛만 생성이 되고 탄소는 생성되지 않을 것이라는 상상을 가능하게 하는 대목이다. 즉 우주를 바라볼 때에 항성이 에너지를 연소시키는 것은 거의 완전연소를 시키고 있다는 생각을 하게 되는데 그것이 필자만의 생각일까? 하는 것이다.

따라서 추론을 확장하여서 사고를 하게 되면 항성의 질량이 클수록 방사되는 빛의 파장이 긴 빛을 방사를 한다는 점이다. 즉 질량이 작은 항성에서 방사되는 빛은 파장이 짧은 빛을 방사를 하므로 불완전연소이고 점차적으로 항성의 질량이 클수록 방사되는 빛은 점점 파장이 긴 빛을 방사를 한다는 사실이다. 따라서 추론의 결론은 항성의 질량이 정말 큰 항성일수록 파장이 거의 없는 빛을 방사를 하고 있는 것으로 보아서 에너지의 연소의 경중은 항성이 가지는 질량에 좌우된다는 생각을 떨쳐버릴 수 없다는 점이다. 이러한 생각이 필자만의 생각일까?

지구에서 우리가 알고 있고 실험으로 증명된 에너지 연소실험을 우주로 끌고 나가서 대입한다는 것이 무리일까 하는 것이다. 그렇다면 빛이 가지는 파장은 무엇인가. 필자는 여기에 주목을 하고 빛의 스펙트럼을 분석해 보았는데 빛은 약 1,800여 가지의 파장을 가지는 것으로 추정이 된다. 즉 파장이 짧은 빛은 보라색이고 점차적으로 보라색보다는 파장이 길어질수록 남색, 파란색, 초록색, 노란색, 주황색, 빨간색 쪽으로 가다가 종국에는 백색의 빛으로 방사가 된다는 점이다. 이것을 어떻게 해석해야 할까?

빛이 보라색이 제일 파장이 짧은 빛이라는 것은 모두가 알고 있는 사실이다. 따라서 필자는 이렇게 생각을 정리를 해보았다. 빛이라는 보라색의 빛이 만들어지는 것은 에너지가 빛으로 전화를 하기 전 상태의 물질에 주목을 하였는데 그것은 물질 내부의 양자인 양성자가 온도를 가지고 있음으로 해서이며 그 온도가 뜨거운 온도가 아니고 차가운 온도를 가지고 있음으로 해서 항성이 가지는 질량에 따라서 물질을 붕괴시키게 되면 만들어지는 빛이 보라색 즉 파장이 짧은 빛이 만들어지는 것이라는 생각을 하기에 이른 것이다.

필자가 그러한 생각을 하게 된 이유는 지구의 대기를 이루는 질소와 산소가 물질 외부로 표출하는 극저온에 근거해서 추론을 하게 된 것이다. 따라서 만들어진 빛이 파장이 짧다면 빛으로 전화하기 전 물질의 상태를 보여주고 있는 것이라는 데에까지 도달을 하게 된 것이다. 예를 들면 경수소를 붕괴시키면 만들어지는 빛은 보라색의 빛에 가까운 파장을 가진 빛이 만들어질 것이고, 헬륨을 붕괴시키면 보라색과 붉은색의 파장을 가진 빛이 만들어지고, 산소를 붕괴시켜서 빛을 만들면 보라색과 푸른색 계열의 빛과 노란색 계열의 빛과 빨간색 계열의 빛이 50% 대 50%로 만들어지고, 만약에 질소를 붕괴시켜서 빛을 만들면 전체 빛의 75% 이상이 노란색이나 붉은색 계열의 빛이 만들어질 것이라는 것이다. 즉 빛은 물질의 상태에 따라서 만들어지는 것이라는 결론에 도달을 하였던 것이다.

이러한 추론도 하여 보았는데 항성이 가진 질량은 질량에 따라서 결합을 시키는 물질이 질량에 따라서 결정이 된다는 것과 결합된 물질을 붕괴시켜서 빛으로 만들면 결합된 물질의 상태에 따라서 만들어지는 빛은 물질 상태에 준하는 파장을 가진 빛이 만들어지는 것이라는 추론이 그것이다. 따라서 지구의 화산과 목성과 토성은 탄소화가 진행 중에 있는 행성이라는 것을 알게 된 것이다. 즉 행성이 가지는 질량이 턱없이 부족함으로 해서 빛을 만들기는커녕 물질이 탄소화로의 진행이 일어나서 지표면이 만들어지는 것이라고 말이다. 필자의 이러한 추론이 억측일까? 하는 점이다.

또한 필자는 이러한 생각을 해 보았는데 빛이 파장을 가지는 것은 빛이라는 에너지가 불연속적인 양자입자 알갱이라는 것은 이미 밝혀진 바이므로 빛이 파장을 만들어내는 것은 빛의 굵기가 아닐까 하는 점이다. 즉 빛은 굵기에 따라서 파장이 다르다는 것을 말이다. 예를 들면 경수소 내부의 양성자 질량과 보라색의 파장을 가진 빛의 알갱이의 질량 대비 양성자 질량은 1,800%이고 보라색의 빛의 알갱이는 질량이 100% 정도가 아닐까 하는 추론이 그것이다. 즉 극저온을 가진 양성자가 붕괴를 일으키게 되면 파장이 짧은 굵은 빛으로 쪼개지는 것으로 말이다. 따라서 경수소보다는 상위 물질인 헬륨이 붕괴를 일으켜서 빛으로 전화를 한다고 가정해 보면 보라색의 빛이 만들어지지만 경수소가 붕괴되어 만들어지는 보라색이 가지는 파장보다는 긴 파장을 가진 보라색의 빛이 만들어지는 것이라는 것을 말이다. 즉 경수소 내부의 극저온을 가진 양성자가 붕괴되어 만들어지는 보라색의 굵기는 1800% 대비 100%라고 가정을 하고 헬륨 내부의 양성자가 붕괴되어 만들어지는 보라색의 빛의 굵기는 1800% 대비 50%의 굵기가 아닐까 하는 추론이 그것이다. 왜냐하면 경수소 내부의 양성자질량이 100이라고 가정하고 헬륨 내부의 양성자 질량이 50이라면 만들어지는 빛은 물질 상태에 따라서 빛 알갱이가 굵고 가늘고 한다는 이야기인 것이다.

만약에 필자의 추론이 옳다고 한다면 빛은 왜 파장을 가지고 부서질까 하는 의문이 뒤따르는데 빛은 왜 잘게 혹은 굵게 부서지며 파장을 만들어내는 것일까? 하는 점이다. 다시 양자역학으로 되돌아가서 입자와 전자가 만들어내는 피날레를 들여다보자. 양자역학이 출현하고 물질의 근본을 알고자 만들어진 입자가속기에 대한 이야기를 잠깐 하고 가기로 하자.

이 입자가속기는 물질의 근본을 알기 위해서 입자를 가속시킨 뒤에 강력한 속도와 에너지로 입자를 벽에 부닥트리게 되는데 이때 입자가 부서지면서 만들어지는 입자 가운데 반입자라는 것이 만들어진다. 물리학자들은 벽에 부닥트려서 입자가 궤적을 그리고 사라지는 현상을 분석하고 반입자라 하였는데 그것에 대한 설명을 먼저 하고 가기로 하자.

앞에서도 이야기를 하였지만 양자는 극성을 가지고 있고 음전자 또한 극성을 가지고 있다. 입자가속기 속에서 물리학자들이 목격한 입자가 서로 반대 방향으로 궤적을 그리며 사라진 것은 반입자가 아니다. 둘은 똑같은 양자 입자이다. 그런데 왜 둘의 입자는 서로를 밀어내며 반대 방향의 궤적을 그리는 것이냐 하면 이 반입자가 반대 방향으로 궤적을 그리는 것은 양자 입자들은 거의 같은 질량으로 같은 극성끼리 부닥트렸던 것이다. 즉 음전자인 전자가 자기력선을 만들어 낼 때에 같은 극은 밀어내고 다른 극은 끌어당기는 것과 마찬가지로 양자입자 또한 극성을 가지고 있기 때문이다.

따라서 양자입자가 가속기 속에서 가속되어 벽에 부닥트리며 부서질 때에 양자 입자가 극성이 같은 쪽으로 둘이 만나면 서로를 밀어내는 궤적을 남기는 것이다. 이것을 두고 물리학자들은 반입자라고 했던 것인데 그것은 반입자가 아니라 같은 양자 입자인데 둘의 질량이 대칭성을 가지므로 서로 같은 극끼리 부닥치면 서로 반대 방향으로 궤적을 그리며 사라지는 것이다. 이때 양자 입자가 같은 극으로 부닥트리는 것이 아니라 서로 다른 극끼리 부닥트리면 둘의 양자 입자는 소멸을 하는데 소멸을 하는 것처럼 보이는 것이다.

이때 입자가속기 속에서 만들어지는 입자 가운데 음전자와의 질량대칭성을 가진 양자 입자를 우리는 양전자라 한다. 이 양전자가 음전자를 만나면 둘은 쌍소멸이라는 것을 일으키게 되는데 이때 둘의 조건은 질량이 같다는 점이다. 즉 음전자질량과 양자 입자의 질량이 같다는 이야기가 되는 것이다. 이것을 우리는 양전자라고 명명하고 있다는 것이다. 이 양전자가 입자가속기에서 만들어지는데 양전자의 질량이 음전자의 질량과 같다면 둘은 만나면 대전되어 쌍소멸이라는 것을 일으킨다. 둘의 전하들이 쌍소멸을 일으키게 되면 우주의 그 무엇으로부터도 간섭을 받지 않는다는 사실이다. 또한 우주의 그 무엇으로도 쌍소멸 상태의 둘의 전하를 끄집어낼 수가 없다는 것이다. 따라서 물리학자들은 둘의 전하가 쌍소멸을 하는 것이라고 명명하고 있다는 점이다.

이에 대해서 필자의 견해는 다르다. 둘의 전하들은 쌍소멸을 하는 것이 아니라 쌍소멸이 되는 것처럼 보이기만 할 뿐 둘의 전하들은 질량대칭성을 가지고 대전되어 공간에 고스란히 쌓여간다는 것이다. 즉 미래의 에너지원이 되기 위해서 공간이라는 창고에 차곡차곡 쌓여가는 것이다. 따라서 공간은 미래에 일어날 빅뱅의 에너지원이 될 것이라는 이야기가 그것이다. 즉 우주가 순환할 것이라는 이야기가 되는 것이다.

제4장 쌍소멸이 전하는 우주생성의 메시지

앞장의 말미에 쌍소멸에 대한 필자의 추론을 피력하였다. 이에 필자의 추론이 옳다고 한다면 쌍소멸은 빅뱅의 단초를 제공할 것이라는 데에 동의를 하는데 그것이 그렇다. 우리는 극저온 상태에서 일어나는 현상에 주목을 하면 어떤 물질은 극저온에 노출을 시키면 초전도현상을 일으킨다는 것을 실험을 통해서 알고 있다. 즉 액체질소가 표출하는 온도가 -197도 정도인 것은 모두가 알고 있는 사실이다. 질소가 표출하는 극저온에 초전도체인 양자덩어리를 노출을 시키면 초전도체 내에서 전기전도성은 극대화되는데 이에 대해서 쿠퍼라는 물리학자가 주장하기를 초전도체를 흐르는 전자가 쌍을 지어 소위 어깨동무를 하면서 도체 내를 흐르므로 전기저항이 0이 된다는 주장을 펴서 노벨상을 받았다.

그런데 이에 대해서 즉 쿠퍼쌍에 대해서 필자의 견해는 다르다. 초전도체를 흐르는 전자가 쌍을 지어서 앞으로 나아가므로 전기저항이 제로가 된다는 주장은 아니기 때문이다. 필자가 초전도실험을 해 본 결론은 도체를 흐르는 전자가 쌍을 지어서 나아가는 것이 아니라 초전도체 내부로 전자인 전류가 들어오면 초전도체가 가지는 질량에 따라서 전자를 도체 밖으로 밀어내는 것이다. 즉 전자는 초전도체 내에서 밀어내지면 전자는 서로 다른 극을 끌어당겨서 자기력선을 만들어내는데 이때 암페어에 의해서 전류를 계속해서 흘려보내면 전자는 자기력선을 타고 도체 밖에서 회전운동을 일으키며 흐르는 것이다.

이 같은 현상은 양자인 초전도체가 극저온에 노출이 되면 도체인 양자가 전자를 밀어내서 거리를 만들어내는 것이다. 따라서 전자는 자기력선을 만들며 초전도체 내부를 흐르는 것이 아니고 도체 외부로 뛰쳐나가서 자기력선을 만들면서 암페어에 의해서 밀려나가는 것이다. 따라서 도체 내부에서 전기저항은 사라지는 것이다.

필자는 이 같은 현상을 질량대칭성소실이라고 명명하였다. 질량대칭성소실이란 양자와 전자와의 사이에는 질량이 같아야만 하는데 초전도체인 양자는 극저온에 노출이 되는 순간부터 수많은 양자가 뭉쳐져 있지만 양자가 개별적인 성질이 사라지는 것이다. 즉 초전도체는 극저온에 노출이 되면 수많은 양자가 한 개의 양자처럼 행동을 하는데 이때 전자와의 질량대칭성이 커지는 것이다. 따라서 양자 하나의 질량과 전자와의 질량이 1,800 대 1인 경우에는 0.000001cm의 거리를 만든다고 가정하면 초전도체인 양자가 극저온에 노출이 되면 수많은 양자가 하나의 양자로 행동을 하게 되고 이때 양자 수만큼의 질량이 커지므로 전자와의 깨진 질량대칭성이 상상을 초월해서 커지는 것이다. 따라서 초전도체인 양자는 전자를 밀어내는데 양자의 질량과 전자의 질량에 비례해서 전자와의 거리를 만들게 되는 것이다.

이때 초전도체 내로 들어온 전자는 양자로부터 달아날 수가 없다. 그것의 증거는 기체물질에서 찾을 수가 있는데 기체물질 내부의 양성자는 전자를 포획해서

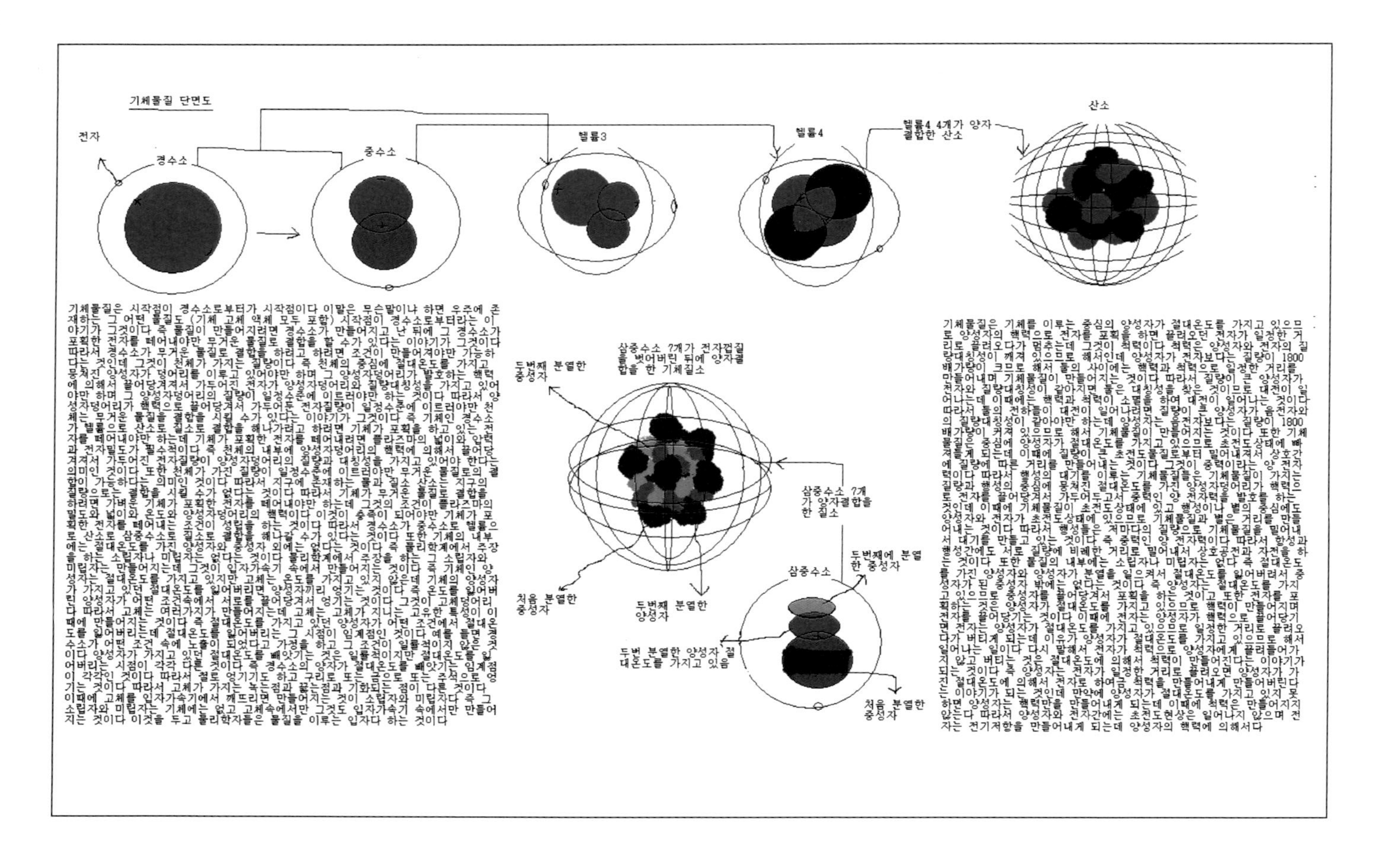

기체물질 단면도
전자
경수소
중수소
헬륨3
헬륨4
헬륨4 4개가 양자
결합한 산소
산소
기체물질은 시작점이 경수소로부터가 시작점이다 이말은 무슨말이냐 하면 우주에 존재하는 그 어떤 물질도 (기체 고체 액체 모두 포함) 시작점이 경수소로부터라는 이야기가 그것이다 즉 물질이 만들어지려면 경수소가 만들어지고 난 뒤에 그 경수소가 포획한 전자를 떼어내야만 무거운 물질로 결합을 할 수가 있다는 이야기가 그것이다 따라서 경수소가 무거운 물질로 결합을 하려고 하려면 조건이 만들어져야만 가능하다는 것인데 그것이 천체가 가지는 질량이다 즉 천체의 중심에 절대온도를 가지고 뭉쳐진 양성자가 덩어리를 이루고 있어야만 하며 그 양성자덩어리가 발호하는 핵력에 의해서 끌어당겨져서 가두어진 전자가 양성자덩어리와 질량대칭성을 가지고 있어야만 하며 그 양성자덩어리의 질량이 일정수준에 이르러야만 하는 것이다 따라서 양성자덩어리가 핵력으로 끌어당겨서 가두어둔 전자질량이 일정수준에 이르러야만 천체는 무거운 물질을 결합을 시킬 수가 있다는 이야기가 그것이다 즉 기체인 경수소가 헬륨으로 산소로 질소로 결합을 해나가려고 하려면 기체가 포획을 하고 있는 전자를 떼어내야만 하는데 기체가 포획한 전자를 떼어내려면 플라즈마의 넓이와 압력과 전자밀도가 필수적이다 즉 천체의 내부에 양성자덩어리의 핵력에 의해서 끌어당겨져서 가두어진 전자질량이 양성자덩어리의 질량과 대칭성을 가지고 있어야 한다는 의미인 것이다 또한 천체가 가진 질량이 일정수준에 이르러야만 무거운 물질로의 결합이 가능하다는 의미인 것이다 따라서 지구에 존재하는 물과 질소 산소는 지구의 질량으로는 결합을 시킬 수가 없다는 것이다 따라서 기체가 무거운 물질로 결합을 하려면 가벼운 기체가 포획한 전자를 떼어내야만 하는데 그것의 조건이 플라즈마의 밀도와 넓이와 온도와 양성자덩어리의 핵력이다 이것이 충족이 되어야만 기체가 포획한 전자를 떼어내는 조건이 성립을 하는 것이다 따라서 경수소가 중수소로 헬륨으로 산소로 삼중수소로 질소로 결합을 해나갈 수가 있다는 것이다 또한 기체의 내부에는 절대온도를 가진 양성자와 중성자 외에는 없다는 것이다 즉 물리학계에서 주장을 하는 소립자나 미립자는 없다는 것이다 물리학계에서 주장을 하는 그 소립자와 미립자는 만들어지는데 그것이 입자가속기 속에서 만들어지는 것이다 즉 기체인 양성자는 절대온도를 가지고 있지만 고체는 온도를 가지고 있지 않은데 기체의 양성자가 가지고 있던 절대온도를 잃어버리면 양성자끼리 엉기는 것이다 즉 온도를 잃어버린 양성자가 어떤 조건속에서 서로를 끌어당겨서 엉기는 것이다 그것이 고체덩어리다 따라서 고체는 여러가지가 만들어지는데 고체는 고체가 지니는 고유한 특성이 이때에 만들어지는 것이다 즉 절대온도를 가지고 있던 양성자가 어떤 조건에서 절대온도를 잃어버리는데 절대온도를 잃어버리는 그 시점이 임계점인 것이다 예를 들면 경수소가 어떤 조건 속에 노출이 되었다고 가정을 하고 그 조건이 일률적이지 않은 것이다 양성자가 가지고 있던 절대온도를 빼앗기는 것은 일률적이지만 절대온도를 잃어버리는 시점이 각각 다른 것이다 즉 경수소의 양자가 절대온도를 빼앗기는 임계점이 각각인 것이다 따라서 철로 엉기기도 하고 구리로 또는 금으로 또는 주석으로 엉기는 것이다 따라서 고체가 가지는 녹는점과 끓는점과 기화되는 점이 다른 것이다 이때에 고체를 입자가속기에서 깨뜨리면 만들어지는 것이 소립자와 미립자다 즉 그 소립자와 미립자는 기체에는 없고 고체속에서만 그것도 입자가속기 속에서만 만들어지는 것이다 이것을 두고 물리학자들은 물질을 이루는 입자다 하는 것이다
두번째 분열한
중성자
삼중수소 ?개가 전자껍질
을 벗어버린 뒤에 양자결
합을 한 기체질소
처음 분열한
중성자
두번째 분열한
양성자
삼중수소 ?개
가 양자결합을
한 질소
두번째에 분열
한 중성자
삼중수소
두번 분열한 양성자 절
대온도를 가지고 있음
처음 분열한
중성자
기체물질은 기체를 이루는 중심의 양성자가 절대온도를 가지고 있으므로 양성자의 핵력으로 전자를 포획을 하면 끌려오던 전자가 일정한 거리로 끌려오다가 멈추는데 그것이 척력이다 척력은 양성자와 전자의 질량대칭성이 깨져 있으므로 해서인데 양성자가 전자보다는 질량이 1800배가량이 크므로 해서 둘의 사이에는 핵력과 척력으로 일정한 거리를 만들어내며 기체물질이 만들어지는 것이다 따라서 질량이 큰 양성자가 전자와 질량대칭성이 같아지면 둘은 대칭성을 찾은 것이므로 대전이 일어나는데 이때에는 핵력과 척력이 소멸을 하여 대전이 일어나는 것이다 따라서 둘의 전하들이 대전이 일어나려면 질량이 큰 양성자가 음전자와의 질량대칭성이 같아야만 하는데 양성자는 음전자보다는 질량이 1800배가량이 커져 있으므로 해서 기체물질이 만들어지는 것이다 또한 기체물질은 중심에 양성자가 절대온도를 가지고 있으므로 초전도상태에 빠져들게 되는데 이때에 질량이 큰 초전도물질로부터 밀어내져서 상호간에 질량에 따른 거리를 만들어내는 것이다 그것이 중력이라는 양 전자력이다 따라서 행성의 대기를 이루는 기체물질들은 기체물질이 가지는 질량과 행성의 중심에 뭉쳐진 절대온도를 가진 양성자덩어리가 핵력으로 전자를 끌어당겨서 가두어두고서 중력인 양 전자력을 발호를 하는 것인데 이때에 기체물질이 초전도상태에 있고 행성이나 별의 중심에도 양성자와 전자가 초전도상태에 있으므로 기체물질과 별은 거리를 만들어내는 것이다 따라서 행성들은 저마다의 질량으로 기체물질을 밀어내서 대기를 만들고 있는 것이다 즉 중력인 양 전자력이다 따라서 항성과 행성간에도 서로 질량에 비례한 거리로 밀어내서 상호공전과 자전을 하는 것이다 또한 물질의 내부에는 소립자나 미립자는 없다 즉 절대온도를 가진 양성자와 양성자가 분열을 일으켜서 절대온도를 잃어버려서 중성자가 된 중성자 밖에는 없다는 것이다 즉 양성자는 절대온도를 가지고 있으므로 중성자를 끌어당겨서 포획을 하는 것이고 또한 전자를 포획하는 것은 양성자가 절대온도를 가지고 있으므로 핵력이 만들어지며 전자를 끌어당기는 것이다 이때에 전자는 양성자가 핵력으로 끌어당기면 전자는 양성자가 절대온도를 가지고 있으므로 일정한 거리로 끌려오다가 버티게 되는데 이유가 양성자가 절대온도를 가지고 있으므로 해서 일어나는 일이다 다시 말해서 전자가 척력으로 양성자에게 끌려들어가지 않고 버티는 것은 절대온도에 의해서 척력이 만들어진다는 이야기가 되는 것이다 즉 양성자는 전자가 일정한 거리로 끌려오면 양성자가 가진 절대온도에 의해서 전자로 하여금 척력을 만들어내게 만들어버린다는 이야기가 되는 것인데 만약에 양성자가 절대온도를 가지고 있지 못하면 양성자는 핵력만을 만들어내게 되는데 이때에 척력은 만들어지지 않는다 따라서 양성자와 전자간에는 초전도현상은 일어나지 않으며 전자는 전기저항을 만들어내게 되는데 양성자의 핵력에 의해서다

전자와의 거리를 유지하고 있는 것은 모두가 알고 있는 사실이다. 즉 기체물질은 초전도 상태에 있는 것이다. 따라서 전자를 포획한 양자가 극저온을 가지고 있으므로 전자를 극저온의 핵력으로 전자를 포획을 하는 것이다. 이때 물질 내부의 양성자는 핵력으로 전자를 끌어당기므로 전자는 양성자의 핵력에 끌려가다가 일정한 거리에 도달하면 전자가 척력을 만들어버리는 것이다. 따라서 양성자와 전자와의 사이에는 거리가 만들어지는데 이것이 질량대칭성소실이다.

질량대칭성소실은 양자와 전자 사이에 질량의 차이로 인해서 핵력과 척력으로 서로를 끌어당기고 밀어내지만 서로 대전될 수가 없는데 이것이 질량대칭성소실이다. 그것의 증거는 또 있다. 앞에서도 이야기를 하였지만 양전자와 음전자가 서로 대전이 일어나는 것은 서로의 질량이 대칭성을 갖기 때문이다. 따라서 기체물질들이 전자를 포획하면 기체물질이 만들어지는 이유가 그것이다. 즉 빅뱅으로 양자와 전자와의 사이에 질량대칭성이 깨져버린 것이 우주가 생성된 원인이 되었다는 이야기가 되는 것이다. 즉 빅뱅의 압력으로 양전자가 1,800여 개가 뭉쳐지며 음전자보다는 질량이 1,800배가 커져버린 것이다. 따라서 양성자가 만들어지며 전자와의 질량대칭성이 깨져버린 것이다. 그로 인해서 양성자와 전자가 만나면 서로를 끌어당기지만 질량대칭성이 깨진 관계로 둘은 기체로 만들어지며 초전도상태에 빠져버리는 것이다.

제5장 빅뱅을 암시하는 메시지

지금까지 자연이 전하는 메시지를 해석하였더니 빅뱅의 전조가 있으므로 빅뱅의 이야기를 하기로 하자. 앞에서도 이야기를 하였지만 빅뱅에 도달하려면 빅뱅에 준하는 에너지가 모여야만 가능하다는 것이 필자의 생각이다. 빅뱅 이론을 주장하는 물리학자들은 바늘 끝과 같은 단일한 면적에서 상상할 수가 없는 에너지가 만들어지며 팽창을 한 것이라고 주장을 한다는 사실이다.

그런데 여기에서 중요한 문제는 없는 것은 없다는 것이다. 반대로 있는 것 또한 없어지지 않는다는 사실이다. 없는 것을 있는 것으로 만들어본들, 있지 않고 있는 것을 없는 것으로 만들어본들 없어지지 않는다는 이야기다. 그러나 수학은 다르다. 수학에서는 없는 것이 있는 것으로 있는 것이 없는 것으로 만들어진다는 사실이다. 따라서 자연을 해석하고자 할 때에는 수학을 이용해서는 안 된다는 것이다. 왜냐하면 자연을 해석할 때에 수학의 숫자를 대입을 해서 해석을 하면 자연이 전하는 메시지는 해석을 할 수가 없어서인데 자연이 왜곡되는 것이다. 따라서 오류를 가진 이론이 출현하게 되고 오류를 가진 이론이 세상에 나와서 하는 일은 오류를 확대재생산을 하는 것이다. 따라서 사고가 추상적이고 허황된 사고로 치우쳐진다는 것이다. 다만 자연이 전하는 메시지를 수학을 대입해서 해석하고자 할 때에는 이미 해석이 이루어진 자연에 대해서 수학을 이용해서 조명을 하는 것이다. 수학의 용도는 그것이다. 즉 타당성 있는 이론이 출연을 하면 이때 수학의 숫자를 이용해서 부분적으로 조명을 하는 것이 수학의 명제다 하는 것이다.

각설하고 빅뱅의 전조에 대한 이야기를 이어가자. 앞에서도 이야기를 하였지만 빅뱅의 전조는 공간이다. 즉 우리가 존재하는 우주가 없다고 해도 공간은 존재한다는 사실이다. 우리가 보기에는 텅 비어있는 공간으로 보이지만 항성, 행성, 은하, 그 모든 것이 없다고 하여도 공간은 존재하고 있다는 것이다. 이때의 공간은 아무 일도 일어나지 않았으므로 고요함 그 자체다. 그렇게 공간은 정중동의 시간을 보내고 있었다는 것인데 그 시간은 우리 우주의, 우리 은하의, 우리 태양계의, 우리 지구의 시간이 아니다. 공간의 시간이 있었는데 그 시간은 우리 지구의 시간과는 다르지만 공간이 존재하고 있으므로 우리 지구의 시간으로 공간의 시간을 환산할 수가 있었는데 그 시간은 지구의 시간으로 수십억 년? 아니면 수백억 년, 아니면 수천억 년이 흘렀을지도 모른다. 그렇게 공간은 존재하고 있었다. 그 공간에는 시간과 또 다른 한 가지가 있었는데 그것이 온도다. 우리 우주의 아버지 우주가 생성되어 소멸이 일어난 공간 즉 빛이 없는 공간 그 공간에 온도가 있었다는 것이다.

그러고는 아무것도 없을 것만 같은 공간에 또 다른 무언가가 있었는데 그것이 우리 우주의 아버지 우주가 소멸되면서 남겨진 전하들이 질량대칭성을 가지고 대전되어 쌍소멸 상태의 전자쌍이 공간에 가득 채워져 있었던 것이다. 이때 공간에서는 빛이 있어도 그 빛은 앞으로 나아갈 수가 없었다는 것인데 이유는 대전되어 가득 채워진 쌍소멸 상태의 전하들에게 부닥쳐서 빛이 있었다고 하여도 그 빛은 앞으로 나아갈 수가 없었을 것이라는 이야기다. 즉 빛이 산란을 일으켰을 것이라는 이야기다.

그러한 공간에는 시간이 지나감에 따라서 온도는 끝없이 아래로 치우치고 있었다는 것인데 그러다가 어느 정점에 온도가 도달을 하자 공간에는 이상한 일들이 일어났는데 그것이 온도에 의해서 일어나는 초전도현상이다. 이때 일어나는 초전도는 상상할 수 없는 속도를 보이며 대전되어 쌍소멸 상태의 전하들이 서로를 밀어내서 양전하는 양전하들끼리 뭉쳐지고 음전하는 음전하들끼리 뭉쳐지며 거대한 에너지 덩어리로 뭉쳐졌던 것이다. 그러다가 우리 우주가 생성이 될 만큼의 에너지가 뭉쳐질 때의 공간의 온도가 -273.16에 도달했던 것이다. 이때 둘의 거대한 전하 덩어리들은 서로를 향해서 달려가서 부딪쳤는데 이것이 빅뱅이다. 둘의 전하 덩어리들이 부닥트리자 공간은 일순간에 상상할 수 없이 높은 온도로 치솟았는데 빅뱅을 주장하는 학자들의 주장에 따르면 그 온도가 약 10조 도에 이르렀을 것으로 추정을 하고 있다는 사실이다. 믿거나 말거나 사실 필자도 그 정도의 온도가 생성되지 않았을까 하고 상상을 하여는 보았지만 그 온도를 알 수는 없다는 것이 필자의 생각이다.

어쨌거나 그렇게 빅뱅이 일어났다. 둘의(양전자덩어리와 음전자덩어리) 전하 덩어리들이 서로를 향해서 달려가서 부닥치자 온도가 높아지기 전에 만들어진 압력은 상상을 할 수가 없이 높았는데 이때 양전자에게 일이 일어났다는 사실이다. 그 일이 무엇이냐 하면 양전자가 빅뱅의 압력으로 1,800여 개가 뭉쳐지며 납작하게 만두피처럼 펴져버린 것이다.(우리의 태양계의 공간에서만) 양전하 1,800여 개가 압력으로 만두피처럼 펴지고 난 뒤인 찰라 의 순간에 공간의 온도가 갑자기 높아지자 공간에 존재하던 -273.16도의 온도인 절대온도가 갈 곳을 잃어버

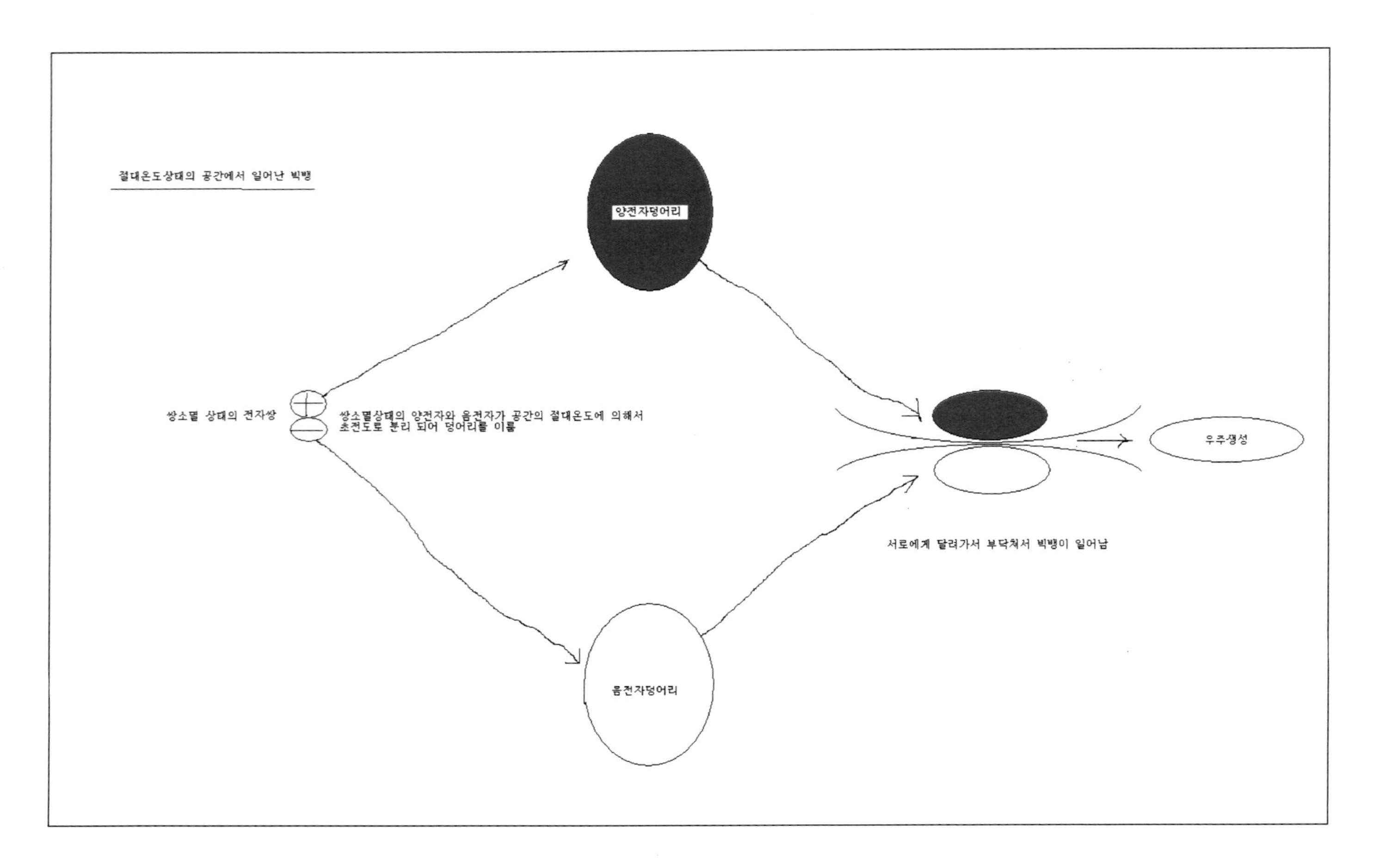
절대온도상태의 공간에서 일어난 빅뱅
양전자덩어리
쌍소멸 상태의 전자쌍
쌍소멸상태의 양전자와 음전자가 공간의 절대온도에 의해서
초전도로 분리 되어 덩어리를 이룸
음전자덩어리
우주생성
서로에게 달려가서 부닥쳐서 빅뱅이 일어남

리는 일이 일어났던 것이다.

여기에서 잠시 뻥튀기 기계를 상상해보자. 뻥튀기 기계에 옥수수를 넣고 가열을 하면 기계안쪽에는 압력이 만들어지는데 그 압력은 질소와 산소가 가열되어 운동을 일으키는 것이다. 질소와 산소는 가열되면 가열될수록 운동량은 증가하게 되고 질소와 산소는 옥수수의 몸으로 파고들어가면서 운동을 일으키게 되는데 이때 기계의 문을 순간적으로 개봉하면 기계 안쪽의 질소와 산소는 기계 바깥의 기압과 부닥치게 되고 이때 기계 안쪽에서 운동을 하면서 옥수수의 몸속으로 파고들었던 질소와 산소가 기압의 차이로 뛰어나오는 것이다. 이때 옥수수 몸속에 스며있던 질소와 산소는 기계 밖에 기압과의 차이로 뛰어나오는데 튀어나오는 속도가 빠르게 뛰어 나오는 것이다. 즉 기압을 일으키는 산소와 질소의 운동량만큼 옥수수는 부풀어지는 것이다. 이것이 뻥튀기 기계의 실체다.

이 뻥튀기 기계와 다를 바 없이 빅뱅의 압력은 양전하로 하여금 1,800여 개가 뭉쳐지며 만두피처럼 납작하게 펴버렸던 것이다. 뒤이어서 공간은 빅뱅의 압력으로 음전하 덩어리가 산산이 부서지며 음전하가 운동을 일으키자 공간은 순간적으로 10조 도의 온도에 도달했던 것이다. 그때 공간에 존재하던 절대온도가 갈 곳을 찾지 못하고 만두피를 뒤집어쓰고 피신을 하였는데 이때 만두피인 양전하 덩어리는 절대온도를 가두고서 양성자공으로 만들어진 것이다. 이때 빅뱅으로 발생한 공간의 압력이 균일했을 것이라고는 필자는 생각하지 않는다는 것인데 그것에 대한 이유를 생각해보자.

뻥튀기 기계와 같은 좁은 공간에서도 옥수수를 튀기면 기계 안의 공간의 압력은 균일하지 않으므로 튀겨지는 옥수수의 크기는 모두가 제각각이다. 그런데 빅뱅의 공간에서야 오죽하겠는가 하는 것이다. 즉 빅뱅의 공간에서는 압력이 균일하지 않았을 것이라는 것은 불문가지이다. 즉 양성자의 크기가 제각각이었을 것이라는 말이다. 따라서 압력이 가장 높았을 빅뱅의 중심에서는 어떤 일이 벌어졌을까 하는 것을 말이다. 즉 우리의 태양계에서의 양성자의 크기는 전자질량대비 1,800배 정도이다. 하지만 빅뱅의 중심에서는 전자질량대비 양성자질량의 크기가 훨씬 컷을 것이라는 것을 암시하고 있는 것이다 하는 것을 말이다.

따라서 빅뱅 이후 빅뱅의 중심에서 가장 먼저 양성자가 뭉쳐지기 시작했다는 것을 말해주고 있는 것이다. 이유는 양성자 질량이 크면 클수록 주위의 온도가 급격히 낮아졌을 것이라는 추론이 가능하기 때문이다. 즉 절대온도를 가진 양성자가 많이 모여 있다면 주위의 온도는 양성자들이 뿜어내는 절대온도에 의해서 빠르게 내려갔을 가능성이 크기 때문이다. 따라서 균일하지 않은 공간의 압력으로 말미암아 빅뱅의 중심으로부터 제일 먼저 양성자가 덩어리를 이루고 뭉쳐졌을 것이라는 것이다. 뒤이어서 은하들이 뭉쳐졌을 것이고, 뒤이어서 은하 내부에서 항성계가 태동하였을 것이라는 이야기가 되는 것이다.

따라서 질량이 큰 은하나 질량이 큰 항성계의 항성은 질량이 작은 은하나 질량이 작은 항성계의 항성의 내부의 양성자 질량은 제각각일 가능성이 매우 높다는 것을 암시하고 있다는 것을 말이다. 다시 말해서 빅뱅의 중심에서 제일 먼저 뭉쳐지기 시작했던 양성자 질량은 우리의 태양계에서 발견되는 양성자 질량보다는 질량이 매우 클 것이라는 이야기가 되는 것이다. 즉 우리의 태양계에서 발견되는 경수소 내부의 양성자는 전자질량대비 약 1,800배 정도라는 것은 모두가 알고 있는 사실이다. 따라서 우리 태양계에서 존재하는 양성자 질량보다는 매우 큰 질량을 가진 양성자가 덩어리를 이루고 뭉쳐졌을 것이라는 것이다. 그것의 이유로는 빅뱅의 중심에는 슈퍼태양이 만들어져 있기 때문이다. 뒤를 이어서 은하들이 뭉쳐지고 뭉쳐진 은하들을 슈퍼태양은 밀어내서 거리를 만들었기 때문이다.(질량 팽창)

자, 그것에 대한 이야기를 이어가자. 자, 생각을 해보자. 우리 태양계에서는 태양을 중심으로 행성들을 질량에 따라서 밀어내두고 태양 자신의 주위를 공전시키고 있다. 이때 우리가 가진 의문은 증폭되어 상상을 하게 되는데 중력이란 과연 무엇이기에 태양은 매시 매초 상상할 수 없는 빛을 방사하는 것이며, 태양계 내에서의 행성들의 운동은 어떤 원인에서 운동을 일으키는 것이며, 태양계를 이루는 모든 물질들은 어디에서 만들어진 것이냐 하는 의문이 그것이다.

자, 생각을 집중해보자. 우주는 아니 우리 태양계는 우리 눈으로 직접 볼 수가 있으며 우리의 지구에서는 물질에 대한 빛의 정체에 대한 중력의 실체에 대한 운동의 근원에 대한 모든 것을 직접적으로 대면할 수가 있으므로 지금까지의 정황으로 보아서 모든 것이 명확해지는 느낌은 무엇일까?

즉 양성자가 가진 극저온에 대한 것에서부터 실마리를 풀어보자. 양성자는 어떤 원인으로 절대온도를 가지게 되었다. 그로 인해서 양성자는 핵력이라는 힘을 가질 수가 있었고 양성자가 발호하는 핵력은 음전자를 향한 핵력만이 아니라 양성자까지도 포함하고 있다는 것을 기체물질의 내부에서 확인할 수가 있다.

자, 운동에 대한 이야기를 해보자. 우리가 아는 운동은 지구에서는 타격운동이다. 즉 자동차가 움직이는 것, 비행기가 날아오르는 것, 로켓이 우주로 날아가는 것, 기차가 움직이는 것, 이 모든 것이 타격에 의한 운동이다. 이때 주목할 운동은 지구의 대기가 일으키는 운동이다. 이 운동이 우리에게 전하는 자연의 메시지라고 필자는 생각하고 있다. 즉 온도에 의한 운동이 그것이다. 물론 비행기나 자동차가 만들어내는 운동도 세분화를 시켜서 들여다보면 온도에 의한 운동이라는 것을 금방 알 수가 있다. 따라서 운동의 실체는 온도가 일으키는 것이다. 그렇다면 모든 것이 명확해지는데 운동의 근원이 규명되고 중력의 실체가 빛의 정체가 물질의 근본이 규명되는 것이다. 즉 지금까지 의문에 쌓여있던 자연의 모든 것이 베일을 벗는 순간이다.

제6장 우주 생성과 팽창

그렇다. 빅뱅이 있고 빅뱅의 공간은 뜨거워진 온도로 양성자가 전자를 끌어당겨서 포획을 할 수가 없었는데 절대온도를 가진 양성자는 양성자를 끌어당겨서 덩어리를 이루게 되는데 양성자덩어리는 절대온도 그 자체다. 양성자가 큰 덩어리로 뭉쳐질수록 양성자덩어리의 주변의 온도는 급격하게 하강을 하였다. 그런데 이 대목에서 중요한 문제가 빅뱅의 공간이 중심이든 외각이든 온도나 압력이 균일했다면 슈퍼 태양이나 대형 은하는 생성되지 않았을 것이라는 것이다. 즉 우리의 항성계와 같은 항성계가 우주를 이루고 있었을 것이라는 이야기가 되는 것이다. 따라서 현재의 우주는 항성계만 있는 형태가 아니므로 빅뱅의 공간은 균일하지 않았을 것이라는 추론이 가능하다는 것이다.

따라서 우주의 중심에는 슈퍼 태양이 제일 먼저 태동을 하게 되고 뒤이어서 은하가 태동을 하였다. 은하의 내부에서는 항성계가 태동을 하고 항성계의 내부에서는 행성들이 태동을 하였는데 이때 빅뱅의 중심으로부터 은하가 밀어내지기 시작을 하였는데 은하가 빅뱅의 중심에 슈퍼 태양으로부터 밀어내진 원인이 슈퍼 태양과 은하가 초전도 상태에 있다는 점이다. 즉 중력이라는 것의 실체가 물체 덩어리의 내부가 초전도 상태에 있다는 점이다. 그 초전도에 대한 이야기를 하기로 하자.

초전도 현상은 모두가 알고 있는 현상으로 양자가 극저온에 노출되면 양자가 가진 질량만큼의 거리로 전자를 밀어내서 거리를 만들어내는 현상이다. 이 초전도 현상은 아인슈타인이 주장한 물질과 물질이 일으키는 상호작용? 아니다. 일반상대성이론에서는 초전도 현상에 대한 이야기는 그 어디에도 없다. 다만 물질과 물질이 상호작용을 한다고 주장을 하고 있는데 그 상호작용이 바로 초전도현상이다.

양자가 덩어리를 이루고 뭉쳐지면 양자 덩어리는 핵력이라는 것이 만들어지는데 양자가 한 개가 만들어내는 핵력은 전자를 끌어당겨서 포획을 하는데 이것이 개체대칭성이다. 그런데 이상한 것이 있다. 그것은 양자가 만들어내는데 양자는 그 어떤 경우라도 전자를 한 개만을 고집을 한다는 사실이다. 따라서 양자 한 개는 전자 두 개를 포획하는 일이 일어나지 않으며 양자 두 개가 전자 한 개를 포획하는 일을 하지(양자가 절대온도를 가지고 있는 한) 않는다는 사실이다.

따라서 입자의 세계에서는 일대일의 원칙 즉 개체대칭성이 철저히 지켜지고 있다는 사실이다. 우주를 통틀어서 이러한 원칙은 적용이 되는 것으로 보인다는 것이다. 물질들의 이러한 원칙은 어디에서 나오는 것일까 하는 것인데 이유로는 양성자는 본의 아니게 빅뱅의 압력으로 질량이 커지면서 전자와의 질량대칭성은 깨졌지만 양성자는 조건이 충족된다면 언제라도 전자와의 질량대칭성을 회복해서 음전자와 대전되어 쌍소멸을 일으켜서 공간으로 되돌아가기 위함이라는 것을 말이다.

중력에 대한 이야기를 하기로 하자. 중력은 일반상대성이론에서 주장하는 바와 같이 물질과 물질이 상호작용을 하는 것이 아니라는 사실이다. 그렇다면 무엇이 중력을 발호하느냐 하는 것인데 그것이 그렇다. 중력은 물질이 발호하는 것이 아니고 물질이 만들어지기 전 상태에 있는 입자가 만들어내고 있다는 사실이다. 사실 물질의 개념은 입자가 전자를 포획하면 만들어지며 양자가 전자를 포획을 하는 순간부터 양자와 전자는 대칭성을 찾아버리므로 다른 물질이나 다른 입자를 간섭을 일으키지 않게 되는데 그것이 개체대칭성충족이다. 즉 둘의 사이가 질량의 차이를 가졌지만 둘이 추구하는 개체 즉 일대일의 대칭성이 충족이 되므로 해서 물질 자신은 독자적인 행보를 보이는 것인데 따라서 전자를 포획해버린 물질은 물질 내부의 양성자가 가진 절대온도에 의한 반응만을 나타내며 열역학 법칙에 따라서 이합집산만을 한다는 사실이다.

또한 전자를 포획해버린 물질은 중력을 물질 자신이 발호하지 못한다는 사실이다. 다만 전자를 포획해버린 물질은 중력을 발호하는 주체인 입자 덩어리에게만 반응을 보이는데 그것이 질량대칭성에 따라서 반응을 보인다는 것이다. 즉 양성자덩어리가 있다면 그 양성자덩어리가 핵력으로 전자를 끌어당겨두고 있어야만 중력이 만들어진다는 점이다. 따라서 중력은 전자를 포획해버린 물질이 만들어내는 것이 아니고 물질로 만들어지기 전 상태의 양자 입자가(양자 덩어리) 전자를(전자덩어리) 가지고 있어야만 만들어진다는 이야기가 되는 것이다.

따라서 태양의 중심에는 절대온도를 가진 양성자가 덩어리로 뭉쳐져 있으며 뭉쳐진 양성자덩어리가 핵력으로 전자를 끌어당겨서 핵력으로 전자를 가두어두고서 중력을 발호하고 있는 것이다. 따라서 태양의 중심에는 절대온도를 가진 양성자가 덩어리를 이루고 뭉쳐져 있으며 이 양성자덩어리는 태양이 생성되는 과정에서 주위에 있던 전자를 끌어당겨서 강력한 핵력으로 전자를 가두어두고 있으며 양성자덩어리에게 가두어진 전자는 양성자덩어리의 핵력에 의해서 운동을 일으키는데 전자가 운동을 일으키면 전자가 뜨거워지는 것이다. 이때 전자는 양

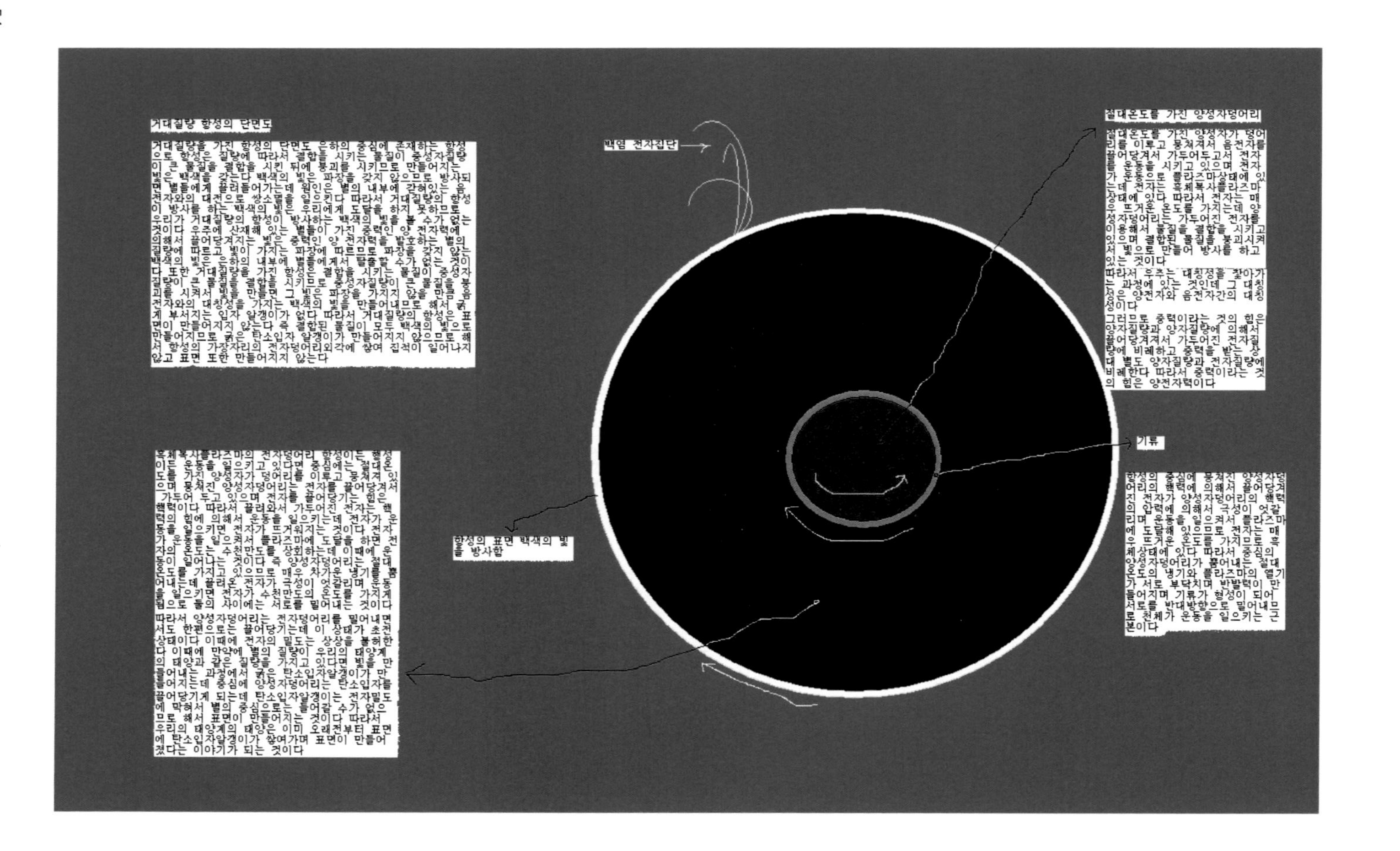
거대질량 항성의 단면도
거대질량을 가진 항성의 단면도 은하의 중심에 존재하는 항성으로 항성은 질량에 따라서 결합를 시키는 물질이 중성자질량이 큰 물질을 결합을 시킨 뒤에 붕괴를 시키므로 만들어지는 빛은 백색을 갖는다 백색의 빛은 파장을 갖지 않으므로 방사되면 별들에게 끌려들어가는데 원인은 별의 내부에 갇혀있는 음전자와의 대전으로 쌍소멸을 일으킨다 따라서 거대질량의 항성이 방사를 하는 백색의 빛은 우리에게 도달을 하지 못하므로 우리가 거대질량의 항성이 방사하는 백색의 빛을 볼 수가 없는 것이다 우주에 산재해 있는 별들이 가진 중력인 양 전자력에 의해서 끌어당겨지는 빛은 중력인 양 전자력을 발호하는 별의 질량에 따르고 빛이 가지는 파장에 따르므로 파장을 갖지 않는 백색의 빛은 은하의 내부에 별들에게서 탈출할 수가 없는 것이다 또한 거대질량을 가진 항성은 결합을 시키는 물질이 중성자질량이 큰 물질을 결합을 시키므로 중성자질량이 큰 물질을 붕괴를 시켜서 빛을 만들면 그 빛은 파장을 가지지 않을 만큼 음전자와의 대칭성을 가지는 백색의 빛을 만들어내므로 해서 굵게 부서지는 입자 알갱이가 없다 따라서 거대질량의 항성은 표면이 만들어지지 않는다 즉 결합된 물질이 모두 백색의 빛으로 만들어지므로 굵은 탄소입자 알갱이가 만들어지지 않으므로 해서 항성의 가장자리의 전자덩어리외각에 쌓여 집적이 일어나지 않고 표면 또한 만들어지지 않는다
백열 전자집단
절대온도를 가진 양성자덩어리
절대온도를 가진 양성자가 덩어리를 이루고 뭉쳐져서 음전자를 끌어당겨서 가두어두고서 전자를 운동을 시키고 있으며 전자가 운동으로 플라즈마상태에 있는데 전자는 흑체복사플라즈마상태에 있다 따라서 전자는 매우 뜨거운 온도를 가지는데 양성자덩어리는 가두어진 전자를 이용해서 물질을 결합을 시키고 있으며 결합된 물질을 붕괴시켜서 빛으로 만들어 방사를 하고 있는 것이다
따라서 우추는 대칭정를 찾아가는 과정에 있는 것인데 그 대칭정은 양전자와 음전자간의 대칭성이다
그러므로 중력이라는 것의 힘은 양자질량과 양자질량에 의해서 끌어당겨져서 가두어진 전자질량에 비례하고 중력을 받는 상대 별도 양자질량과 전자질량에 비례한다 따라서 중력이라는 것의 힘은 양전자력이다
흑체복사플라즈마의 전자덩어리 항성이든 행성이든 운동을 일으키고 있다면 중심에는 절대온도를 가진 양성자가 덩어리를 이루고 뭉쳐져 있으며 뭉쳐진 양성자덩어리는 전자를 끌어당겨서 가두어 두고 있으며 전자를 끌어당기는 힘은 핵력이다 따라서 끌려와서 가두어진 전자는 핵력의 힘에 의해서 운동을 일으키는데 전자가 운동을 일으키면 전자가 뜨거워지는 것이다 전자가 운동을 일으켜서 플라즈마에 도달을 하면 전자의 온도는 수천만도를 상회하는데 이때에 운동이 일어나는 것이다 즉 양성자덩어리는 절대온도를 가지고 있으므로 매우 차가운 냉기를 뿜어내는데 끌려온 전자가 극성이 엇갈리며 운동을 일으키면 전자가 수천만도의 온도를 가지게 됨으로 둘의 사이에는 서로를 밀어내는 것이다
따라서 양성자덩어리는 전자덩어리를 밀어내면서도 한편으로는 끌어당기는데 이 상태가 초전상태이다 이때에 전자의 밀도는 상상을 불허한다 이때에 만약에 별의 질량이 우리의 태양계의 태양과 같은 질량을 가지고 있다면 빛을 만들어내는 과정에서 굵은 탄소입자알갱이가 만들어지는데 중심에 양성자덩어리는 탄소입자를 끌어당기게 되는데 탄소입자알갱이는 전자밀도에 막혀서 별의 중심으로는 들어갈 수가 없으므로 해서 표면이 만들어지는 것이다 따라서 우리의 태양계의 태양은 이미 오래전부터 표면에 탄소입자알갱이가 쌓여가며 표면이 만들어졌다는 이야기가 되는 것이다
항성의 표면 백색의 빛을 방사함
기류
항성의 중심에 뭉쳐진 양성자덩어리의 핵력에 의해서 끌어당겨진 전자가 양성자덩어리의 핵력의 압력에 의해서 극성이 엇갈리며 운동을 일으켜서 플라즈마에 도달해 있으므로 전자는 매우 뜨거운 온도를 가지므로 흑체상태에 있다 따라서 중심의 양성자덩어리가 뿜어내는 절대온도의 냉기와 플라즈마의 열기가 서로 부닥치며 반발력이 만들어지며 기류가 형성이 되어 서로를 반대방향으로 밀어내므로 천체가 운동을 일으키는 근본이다

성자덩어리의 핵력에 의해서 극성이 엇갈리면서 운동을 일으키게 되고 극성이 엇갈린 전자는 양성자덩어리의 핵력에 비례한 운동을 일으킨다는 점이다.

따라서 태양의 중심에 절대온도를 가진 양성자덩어리에게 끌어당겨져서 가두어진 전자는 극성이 엇갈리며 뜨거워져서 플라즈마 상태에 있는데 그것이 흑체복사플라즈마이다. 자, 중력의 실체를 알아보았는데 우주에 존재하는 모든 천체는 초전도 상태에 있다는 이야기가 되는 것이다. 따라서 중력은 곧 초전도 상태가 중력인 것이다. 즉 천체가 가지는 질량에 따라서 서로를 밀어내고 서로를 끌어당기는 것이 중력인 것이다. 우리 지구는 양성자덩어리의 질량이 매우 작으므로 전자를 끌어당기지만 끌어당겨진 전자가 자기력선을 만들어내는데 원인은 중심에 뭉쳐진 양성자덩어리의 질량이 작기 때문으로 양성자덩어리가 만들어내는 핵력이 전자로 하여금 자기력선을 만들지 못하게 압력을 만들어내지 못함으로 해서 지구의 극과 극을 관통해서 흐르는 자기력선이 만들어져 있는 것이다.

지구도 생성 초기에는 양성자덩어리의 핵력이 강력했으므로 끌어당겨서 가두어진 전자가 자기력선을 만들어내지 못하고 전자가 운동을 일으켰는데 양성자덩어리의 핵력이 강하면 강할수록 전자는 운동량이 증가를 하고 증가된 전자의 운동은 전자로 하여금 높은 온도를 만들어내게 되고 전자가 만들어내는 높은 온도는 양성자덩어리와 부닥치며 반목을 하게 되므로 천체의 운동은 최고조에 달하는 것이다. 따라서 그 어떤 천체이든지 간에 양성자덩어리와 전자덩어리와의 사이에는 기류가 만들어져 있으며 그 기류를 사이에 두고 양성자덩어리와 전자덩어리는 서로를 밀어내며 끌어당기고를 반복하고 있는 것이다.

따라서 천체의 중심에 양성자덩어리는 중력을 발호하고 천체 밖의 천체가 자신보다는 작은 질량을 가지고 있다면 그 천체를 중력으로 포획을 하고 회전운동을 일으키고 있는 것이다. 그러므로 태양계의 행성들이 태양을 중심으로 공전운동을 일으키고 있는 것이다. 또한 행성들의 위성을 행성들은 포획을 하고 회전을 함으로 해서 행성들의 위성들은 행성을 중심으로 공전을 하고 있는 것이다. 즉 행성들의 중심에 뭉쳐진 양성자덩어리가 뜨거워진 전자덩어리에 반발해서 위성들을 끌고 회전운동을 일으키는 것이다.

제7장 태양의 내부가 전하는 메시지(흑점과 홍염)

필자는 태양을 관찰함에 있어서 태양이 보여주는 현상들이 왜곡이 되어서 우리에게 보이고 있다는 생각을 근 20여 년을 하였는데 그것의 대표적인 것이 흑점이다. 태양은 상시적으로 폭발을 일으키는데 그 폭발을 일으키는 원인이 무엇인가를 우리는 알고 있지 못한다. 또한 무엇으로 하여금 상시적으로 폭발을 일으키는 것이냐 또한 우리는 알지 못하고 있으며 따라서 태양의 겉보기만을 상대로 추론이 진행이 되다 보니 태양이 가지고 있는 진실이 왜곡이 되어서 우리에게 다가오는 것이 아닌가 하는 생각을 필자는 지울 수가 없었다는 것인데 여기에 우리의 한계가 노출되는 것이다. 즉 태양은 우리들의 접근을 허락하지 않고 있으므로 해서인데 태양이 너무나 뜨겁기 때문이다.

자, 그렇다면 태양이 우리에게 보여주는 현상을 토대로 태양의 내부를 해부하여 보자는 것이 필자의 생각이다. 앞에서도 이야기를 하였지만 태양은 상시적으로 폭발을 일으키고 있는 것과 동시에 태양의 표면은 불덩어리 그 자체이다. 여기 이 대목에서 중요한 문제는 왜 태양의 표면은 뜨겁게 이글거리느냐 하는 것이다. 태양이 상시적으로 폭발을 일으킨다고 하여도 태양의 표면이 일정한 온도를 가지고 이글거릴 수는 없다는 것이 필자의 생각이다. 왜냐하면 태양 전체를 모두 이글거리게 할 수는 없기 때문인데 이유는 태양이 폭발을 일으키는 온도만으로 태양 전체를 불덩어리로 이글거리게 할 수가 없기 때문이다. 즉 폭발이 집중된 곳에서는 태양의 표면이 이글거릴 수는 있지만 태양의 전체 표면이 이글거릴 수는 없기 때문이다.

따라서 태양의 표면이 불덩어리가 되는 데에는 근본적인 원인이 있을 것이라는 이야기가 되는데 그것이 무엇일까 하는 것이다. 즉 균일한 무엇인가가 지속적으로 작용을 하고 있을 것이라는 이야기가 그것이다. 따라서 그것을 우리는 알고 싶은 것이다. 즉 태양의 표면 전체가 빨간 불덩어리가 되는 원인이 궁금한 것이다.

따라서 필자는 이렇게 추론을 하여 보았는데 태양의 표면이 이글거릴 수밖에는 없는 이유가 그 지속적인 무엇이라는 것의 정체가 플라즈마라고 말이다. 즉 태양 표면의 안쪽에 일정한 온도를 유지할 수가 있는 온도는 플라즈마밖에는 없다고 생각을 하기에 이른 것인데 따라서 태양에 표면의 온도가 일정한 온도를 유지할 수밖에 없는 이유가 플라즈마라는 전제하에 태양의 표면이 전하는 메시지를 해부를 하여 보자는 것이다.

자, 다시 양자와 전자 이야기로 돌아가서 양자는 핵력을 가지고 있고 전자는 운동량을 가지고 있다고 양자역학에서는 주장을 하고 있는바 양자와 전자 이야기를 해보고 태양의 이야기로 돌아가자. 모두가 알고 있듯이 양자는 전자를 끌어당기는데 이에 전자 또한 양자를 만나면 끌어당기게 된다. 이때 둘은 서로를 끌어당기지만 둘은 대전되지를 못하고 물질로 만들어져버리는데 여기에는 이유가 있다. 즉 둘이 대전이 되려면 양자와 전자 둘의 질량이 같아야만 한다는 점이다. 하지만 양자가 온도를 가지고 있다면 이야기는 달라지는데 양자가 온도를 가지고 있다면 전자보다는 질량이 크다는 점이다. 따라서 양자가 온도를 가지고 있다면 둘은 만나면 기체물질이 만들어지는 것이다. 따라서 기체물질이 만들어지는 것은 양자와 전자가 질량대칭성이 깨져 있으므로 일어나는 일이며 역으로 양자와 전자 둘의 질량이 같다면 둘은 대전이라는 것을 일으켜서 쌍소멸을 하는데 우주가 양자와 전자의 쌍소멸은 궁극적인 목표를 달성한 것이라고 필자는 전제를 하고 이야기를 풀어가 보자.

양자가 덩어리를 이루면 어떤 일이 일어날 것인가를 알아보고 이에 덩어리를 이룬 양자 덩어리에 전자가 보이는 반응은? 양자 덩어리(핵력)의 끌려갈 것이라는 것은 불문가지이다, 하는 것이 필자의 생각이다. 즉 양자가 덩어리를 이루고 전자를 끌어당기는 핵력은 양자가 덩어리를 이루는 질량에 비례할 것이라는 것은 자명한 것이다.

다시 말해서 양자가 덩어리의 질량이 크면 클수록 핵력은 증가하고 끌려가는 전자 양은 양성자덩어리의 질량에 비례한다는 이야기가 되는 것이다. 따라서 우주에 존재하는 모든 천체의 중심에는 양자가 덩어리를 이루고 뭉쳐져서 강력한 핵력으로 전자를 끌어당기고 있다는 이야기가 성립하는 것이다. 그러므로 양성자의 질량의 크기에 따라서 끌려가는 전자질량은 양성자덩어리의 핵력에 비례한다는 이야기가 되는데(다만 양성자덩어리 주위에 전자가 있어야만 함) 태양의 중심에는 절대온도를 가진 양성자가 덩어리를 이루고 뭉쳐져서 전자를 끌어당겨 가두어두고 전자를 운동을 시키고 있다는 결론에 도달을 한 것이다.

따라서 뭉쳐진 양성자의 핵력은 전자로 하여금 자기력선을 만들지 못하게 만들게 되므로 전자는 핵력의 힘에 따라서 운동을 일으키게 된다는 이야기가 성립하는 것이다. 여기 이 대목에서 한 가지 짚고 가야만 할 것이 있다. 우리는 전자가 도체를 흐르는 과정에서 만들어지는 자기장을 잘 알고 있다. 이 자기장은 전자가 극성이 있다는 것을 보여주는 것으로 전자는 전자 자신에게 어떤 압력이 작용을 하지 않으면 전자는 같은 극은 밀어내고 다른 극은 끌어당겨서 선을 만들어낸다는 사실이다. 따라서 전자가 어떤 환경 즉 압력을 받고 있다고 한다면 전자는 같은 극을 끌어당겨서 자기력선을 만들어 내지를 못하고 자기력선이 깨지는 것이다. 그렇게 되면 전자는 같은 극은 밀어내고 다른 극은 끌어당겨서 만들어내는 선을 만들지 못하므로 해서 전자는 운동을 일으킬 수밖에는 없는 것이다.

즉 전자는 양자의 핵력이 만들어내는 압력에 따라서 같은 극은 밀어낸 뒤에 서로 다른 극이 만나더라도 선을 만들어 내지를 못하고 전자는 하염없이 극성이 부닥치며 운동을 일으키는 것이다. 이렇게 되면 전자는 양자의 압력에 따라서 극성이 엇갈리며 운동을 일으키는데 전자가 운동을 일으킨다는 것은 전자의 온도가 높아진다는 것을 의미하는 것이며 전자가 일으키는 운동은 양자의 핵력에 비례해서 일어나므로 전자의 온도가 높아지는 비율은 양자의 핵력에 비례하고 운동량에 비례한다는 결론에 도달하는 것이다.

따라서 태양의 표면이 이글거리는 것이다. 즉 태양 내부의 중심에는 양성자가 덩어리를 이루고 뭉쳐져서 전자를 끌어당겨서 가두어두고 양성자의 핵력으로 전자를 운동시키고 있음으로 해서 전자가 뜨거워져서 전자가 플라즈마에 도달해 있음으로 해서 태양의 표면이 이글거리는 것이다, 하는 결론에 도달하는 것이다. 즉 태양의 표면이 일정한 온도에 의해서 고르게 이글거린다는 이야기가 되는 것이다. 이러한 추론이 아니고는 태양의 표면이 이글거리는 것에 대한 설명은 불가능하다는 것이 필자의 생각이다. 따라서 현재 물리학자들이 주장하는 태양의 내부 모형은 엉터리라는 것이 필자의 생각이다. 2부에서 이어가자.

자연이 전하는 메시지

2부

제8장 태양계의 생성

1부에서 태양의 내부를 들여다보았는데 태양은 태양계를 통틀어서 거대한 항성이다. 다시 말해서 태양계에서 태양을 제외한 질량은(행성) 극히 미미한 존재들이다. 수성, 금성, 지구, 화성, 목성, 토성, 천왕성, 해왕성, 명왕성의 질량을 모두 합해도 태양이 가진 질량의 1%도 채 되지 않는다는 사실이다. 따라서 태양계가 생성될 때에는 태양이든 행성이든 모두 한 덩어리로 뭉쳐진 것처럼 가까이에서 만들어지고 있었다는 것을 암시를 하고 있다는 것을 태양계의 행성인 지구가 전하는 메시지를 들여다보면 알 수가 있다는 것이다. 그것이 지구에 존재하는 물질들이다. 즉 물과 질소와 산소가 그것이며 또 한 가지 삼중수소가 그것이다.

삼중수소는 질소로의 결합원소이므로 해서인데 이유는 지구의 질량으로는 물과 질소와 산소 삼중수소를 결합시킬 수가 없기 때문이다. 자, 그렇다면 어떻게 해서 지구에는 물과 질소와 산소가 존재하고 있는가를 지구가 전하는 메시지를 분석해서 추론을 하여 보기로 하자.

추론을 하기에 앞서서 물리학자들이 주장하는 바가 왜 터무니없는 주장이며 엉터리인가를 알아보고 설명을 하자. 물리학자들은 수백 년 동안 이어져온 주장들의 테두리 안에서 해석하려고 하는 점을 보이고 있다는 사실이다. 하지만 그 모든 주장들이 앞과 뒤가 맞지 않는 추상적이고 불합리하며 엉터리라는 것을 밝혀보기로 하자.

먼저 지구 생성연대에 관한 주장이다. 물리학자들은 지구의 생성연대가 46억 년이라고 주장하고 있으며 더 나아가서 태양계의 생성연대도 46억 년이라는 주장을 하고 있다는 점이다. 하지만 그러한 주장은 맞지 않는 주장이다. 왜냐하면 물리학자들이 주장하는 46억 년이라는 주장은 지구의 암석 생성연대에 불과하기 때문이다. 따라서 암석이 생성된 연대가 지구가 생성된 시기라는 주장은 태양계의 생성연대를 왜곡시키는 것으로 작용을 하고 있으며 더 나아가서 태양계의 생성연대를 알 수가 없는 지경으로 몰아가 더욱 미궁 속으로 밀어 넣는 일을 되풀이할 뿐이라는 것이 필자의 생각이다.

또한 지구나 태양의 내부 구조나 내부를 이루고 있는 물질들이 물리학자들의 주장대로라면 운동은 일어나지 않는다는 것이다. 그럼에도 불구하고 그러한 주장들이 학계에서 받아들여지고 있다는 점이다. 이 시점에서 중요한 문제는 주장하는 바의 앞과 뒤가 맞아야 하며 빛과 중력과 운동과 물질의 근본을 설명할 수가 있어야만 한다는 점이다. 하지만 물리학자들이 지금까지의 주장대로라면 앞과 뒤가 맞지 않는 것은 물론이고 도무지 알 수가 없는 지경으로 해석이 되어서 모든 것이 미궁 속으로 빠져버린다는 것을 알지 못하고서 하는 주장에 다름 아니라는 데에 문제의 심각성이 있다 할 것이다.

따라서 이 장에서는 하나부터 열까지 연속성을 가지며 합리적이고 타당하며 앞과 뒤가 맞는 추론을 해보자는 것이다. 먼저 앞에서도 이야기를 하였지만 어떤 전제가 바탕에 깔려야만 추론이 가능하다는 점에서 시작과 중간 그리고 끝이 딱 맞아떨어져야만 할 것이다. 그것의 전제가 양자와 전자이다. 우리는 지금까지 자아를 가진 이후로 지구를 중심으로 일어나는 자연이 전하는 메시지를 해석하고 눈을 돌려서 우주를 탐색하며 온갖 상상을 동원해서 우주생성의 근원을 알고자 부단한 노력을 경주하였음은 모두가 알고 있는 사실이다.

하지만 어디에서부터 어그러졌는가는 알 수가 없이 지금까지의 노력들이 의문만을 증폭을 시키는 쪽으로 흘러가는 해석에 불과한 지경에 이르게 되어서 이제는 물리학자들의 어떤 주장이든 받아들이기가 쉽지 않은 상황에까지 내몰려 있는 것이 우주의 근본을 해석하는 물리학자들의 주장이다, 하는 것이 필자의 생각이다.

앞에서 어떤 전제가 바탕에 깔려야만 그 어떤 추론도 가능하다는 것을 이야기를 하였는데 그것의 존재가 양자와 전자이다. 양자는 +전하를 가진 입자이고 전자는 -전하를 가진 입자인 것을 모르는 이는 없을 것이다. 이 둘의 전하 입자들이 우주를 이루고 있다는 전제하에 태양계가 생성된 추론을 하여 보기로 하자는 것이다. 따라서 양자와 전자는 무엇이고 왜 둘의 전하인가와 왜 둘이어야만 하는가와 양자와 전자 둘이 아니라면 무엇인가를 알아보고 이야기를 전개하기로 하자.

우리는 지구에서 태어나 지구에서 살아가면서도 지구를 잘 모른다는 것이 필자의 생각이다. 왜냐하면 우리 지구에는 우리가 근원을 알 수 없는 물질들이 백여 가지가 넘게 존재하고 있기 때문이다. 그 물질들이 어떻게 만들어졌는지를 모르므로 지구 내부 구조에 대한 추론에 한계에 부닥쳐 있다고 봐도 무방할 것인데 그것의 이유가 물질의 근본에 있다고 생각한다. 따라서 물질들이 어떻게 생성되어 존재하는가를 알아보려면 태양의 구조를 들여다보아야만 한다.

따라서 선행이 되어야만 하는 문제가 지구에 존재해서 안 되는 물질들인 물과 질소와 산소의 존재이다. 물론 산소는 물 분자 속에 존재하므로 제외를 한다고 하더라도 물과 질소는 지구가 결합시킬 수가 없다는 것이 필자의 생각이다. 왜냐하면 지구의 질량은 헬륨조차도 결합시킬 수 없는 질량이므로 헬륨이 유정 속에서 소량이 들어있는 것을 감안하면 지구는 생성 초기에도 헬륨을 결합시킬 수가 없었던 것으로 추정이 된다는 점이다.

그것에 대한 이유를 설명하기로 하자. 모두가 알고 있듯이 기체 행성들인 천왕성이나 해왕성 명왕성을 들여다보면 답은 명확해진다. 왜냐하면 이들 기체 행성들은 주로 수소나 헬륨이 대기를 이루고 있기 때문인데 이들 기체 행성들은 지구의 질량은 비교도 되지 않을 만큼의 큰 질량을 가지고 있으므로 지구는 물과 질소는 결합시킬 수 없다는 것을 말하고 있는 것이다.

그렇다면 지구에는 왜 물과 질소가 지구의 표면과 대기의 밀도가 높을 만큼 존재를 하고 있느냐 하는 점이다. 이 문제로 필자는 거의 40여 년을 사고하였지만 알 수가 없었는데 그것의 의문이 해소되는 계기가 빛의 정체를 알고 나서야 알게 되었다는 점이다. 물론 필자는 빛에 대한 의문을 가지고 거의 평생을 살아왔다고 해도 과언이 아니라는 것을 미리 밝힌다.

우리는 빛을 매일매일 대하면서도 빛이 무엇으로 만들어지는가를 알지 못하였다.

필자에게 우연한 기회에 빛에 대한 정체를 알게 해준 것이 바로 지구에 존재하는 물과 대기물질이라는 것인데 그 내용은 그렇다. 왜 태양이 방사하는 빛은 지구의 대기로 들어오면 산란을 일으키는 것이냐 하는 근원에 대한 질문을 필자는 필자에게 수시로 하고 있었다. 빛이 지구의 대기와 부닥치면 산란을 일으키는 원인이 빛의 성질에 있는 것이 아니라 지구의 대기물질에게 있는 것은 아닐까 하는 질문을 던지고는 하였는데 알고 보니 둘 모두 빛과 물질의 문제가 작용을 하더라는 것이다. 그것의 의문을 해소하여 보자.

태양은 매시 매초 빛이라는 전대미문의 입자를 만들어서 방사를 하는데 그 빛이 지구의 대기로 들어오면 지구의 대기물질들은 들어온 빛을 산란시키는데 유독 보라색의 빛과 푸른색 계열의 빛을 산란을 시키는 데에는 원인이 있을 것이라는 생각을 하게 되었다. 그것의 원인이 빛과 물질에게 있을 것이라는 생각이 뇌리를 스치고 지나갔는데 그것이 그렇다. 즉 빛이 만들어질 때의 물질이 어떤 상태에 있었을 것이라는 생각을 하기에 이른 것이다. 즉 태양이 방사를 하는 빛은 크게 분류를 하면 무지개색의 빛이다.

그렇다면 무지개색의 빛 가운데 보라색이나 파란색 노란색 빨간색의 빛들이 만들어지기 전 물질 상태에 따라서 그러한 무지개색의 빛이 만들어지는 것은 아닐까 하는 생각을 하기에 이른 것이다. 따라서 무지개색의 빛 가운데 보라색과 파란색 계열의 빛은 물질과 가장 가까운 빛이 아닐까 하는 생각을 하기에 이른 것인데 그것이 빛과 물질에게 모두 해당이 되는 행동을 빛과 물질은 했던 것이다.

즉, 빛이 일으키는 산란이 그것인데 이렇게 생각을 해보자. 빛이 만들어지기 전 상태의 물질이 가진 위치 즉 물질 상태가 빛이 된 뒤에도 물질과는 가장 가까운 상태에 있다는 것을 말이다. 다시 말하면 태양의 질량으로는 기체물질 상태에 있는 물질을 붕괴시키면 빛이 만들어지는데 그 빛이 물질과 가장 가까운 상태에 있으며 그 빛은 물질과는 대동소이한 것이다. 즉, 코드가 같은 것이라는 결론에 도달을 했던 것이다.

필자의 의문은 오랜 시간을 거쳐서 가지고 있던 의문이라서 의외의 결과를 가져 왔는데 태양이 방사를 한 빛 가운데에 보라색과 푸른색의 빛들은 물질의 내부에 존재하는 양성자가 붕괴를 일으키면 만들어지는 것이라는 결론에 도달을 했던 것이다. 즉, 물질의 내부에 존재하는 절대온도를 가진 양성자가 붕괴를 일으키면 보라색과 푸른색의 빛이 만들어지고 물질내부에 존재하는 중성자가 붕괴를 일으키면 노란색과 빨간색의 빛이 만들어진다는 결론에 도달을 했던 것이다.

따라서 태양이 방사를 한 빛이 지구의 대기로 들어오면 지구의 대기물질들인 질소와 산소가 태양이 방사를 한 빛들을 밀어내서 산란을 일으키는데 지구의 대기물질들과 가까운 빛 즉, 보라색과 푸른색의 빛을 지구의 대기물질들은 밀어내서 산란을 시킨다는 결론을 도출했던 것이다. 따라서 노란색 계열의 빛과 빨간색 계열의 빛은 지구의 대기물질들이 끌어당겨서 흡수를 하고 보라색과 푸른색 계열의 빛들은 물질 내부의 양성자가 밀어내는 것이다. 즉, 빛이 만들어질 때에 보라색과 푸른색의 빛은 물질 내부의 양성자가 붕괴되어 보라색과 푸른색의 빛이 만들어지므로 물질 내부의 양성자와는 코드가 같으므로(빛이 가진 파장) 질소와 산소가 밀어내서 산란을 시키는 것이다.

그것의 증거는 질소로 결합을 한 질소 내부의 중성자에게 있는데 질소는 내부의 중성자 질량이 양성자 질량에 비례해서 약 75%가 크다. 따라서 노란색이나 빨간색의 빛인 중성자가 붕괴를 일으킨 빛을 받아들이는 것이다. 그렇게 되어도 질소와 산소의 물질 상태는 깨지지 않으므로 해서다. 하지만 질소와 산소가 보라색이나 푸른색 계열의 빛을 받아들이면 질소나 산소의 내부의 결합에너지인 양성자의 핵력에 영향을 주므로 질소나 산소는 깨질 것이라는 이야기가 되는 것이다.

따라서 질소와 산소가 보라색이나 푸른색의 빛을 밀어내므로 산란이 일어나는 것이다. 이것이 빛이 산란을 일으키는 원인이다. 오래전 레일리경은 빛의 산란에 대한 결론을 도출을 한 것이 아니고 그저 빛이 일으키는 산란에 대한 것만을 기술을 하였다는 것을 이 장을 빌어서 밝히는 바이다. 즉, 레일리경은 빛이 산란을 일으키는 원인에 대해서 밝힌 것이 아니라 빛이 산란을 함으로 해서 나타나는 현상만을 기술을 하고 있다는 이야기를 하고 있는 것이다.

이 시점에서 한 가지를 부연하자면 물질은 +전하인 양자가 차가운 온도를 가지고 있어야만 양자의 핵력은 극대화가 되고 양자의 온도가 높아지면 양자의 핵력 또한 감소하는데 양자가 온도를 완전하게 잃어버리면 중성자가 되어 -전하입자를 끌어당길 수가 없으므로 중성자가 되는 것이다. 즉 중성자는 양자가 분열을 일으켜서 가지고 있던 온도를 잃어버리면 중성화가 일어나는 것이다. 따라서 중성자는 -전자에게는 중성인 이유가 그것이다.

한 가지 더 부연을 하자면 물질의 시작은 경수소로부터라는 것은 모두가 알고 있는 사실이다. 하지만 경수소가 포획을 한 전자를 떼어내지 않고는 경수소 내부의 양성자가 분열을 일으키지 않는다는 사실이다. 따라서 물질이 경수소에서 상위물질로의 양자결합을 하려면 경수소가 위치하는 공간의 조건에 부합되어야만 한다는 사실이다. 따라서 무거운 물질을 결합시키려면 물질결합시스템이 만들어져야만 가능하다는 이야기다.

자, 그렇다면 지구가 물과 질소 그리고 산소를 결합시킬 수 없는 이유를 설명을 하기로 하자. 그 설명을 하려면 태양의 내부로 가야만 설명이 가능하다는 것인데 이유는 질량이 작은 지구를 설명을 하기보다는 질량이 큰 태양의 내부를 들여다보아야만 설명이 가능하다는 점이다.

태양의 내부로 가기 전에 먼저 우주에 분포하는 물질들에 대한 이야기를 하고 가기로 하자. 천문학자들은 우주공간에 분포하는 물질을 두고 우주 생성 시나리오를 만들기를 우주가 생성되기 전에 공간에 물질들이 먼저 결합을 하고 뒤이어서 물질들이 뭉쳐지며 항성들이 생성이 되었다는 주장을 되풀이하고 있다는 사실이다.

하지만 물질 즉 양자가 전자를 포획을 해서 물질이라는 기체로 결합이 되면 천문학자들이 주장하는 것처럼 물질이 뭉쳐지며 항성을 만들지 못한다는 것을 알지 못함으로 해서 빚어진 해프닝에 불과할 뿐이라는 것을 알지 못함으로 해서 그러한 주장이 되풀이되고 있는 것이다. 전자를 포획한 물질은 그냥 물질일 뿐이라는 것을 말이다.

일례로 만약에 태양의 중심에 천문학자들의 주장과 같이 수소가 뭉쳐져서 헬륨으로 융합을 하고 융합을 하는 과정에서 빛을 만들어내고 있는 것이 사실이라면 태양은 중력을 만들지 못하고 운동을 일으킬 수도 없으며 행성들은 태양의 주위를 공전하지 않을 것이기 때문이다. 다시 말해서 현재의 태양의 모형은 엉터리다, 하는 것이 필자의 생각이다. 물리학자나 천문학자들이 주장하는 모든 것이 천부당만부당하다는 것이다.

그것의 증거는 지구에도 있다. 만약에 태양의 중심에 수소가 뭉쳐져서 중력이라는 것을 발호하고 있다고 가정을 하면 지구에서도 액체수소를 용기에 담아 놓으면 액체수소 용기 주위에 중력이 만들어지고 운동이 일어나야만 하며 무엇이든지 끌어당기거나 밀어내는 현상이 일어나야만 그러한 주장이 설득력이 있을 것이다.

하지만 액체수소를 용기에 담아 놓아도 용기의 주위에서는 아무런 일도 일어나지 않는다는 것이다. 따라서 태양의 중심에는 전자를 포획한 수소가 뭉쳐져 있는 것이 아니라는 이야기가 되는 것이다. 따라서 태양의 중심에 뭉쳐져 있는 것은 수소가 뭉쳐져 있는 것이 아니라 양자가 전자를 포획하기 전 상태에 있는 입자 즉 절대온도를 가진 양성자가 덩어리를 이루고 뭉쳐져서 핵력을 발호하고 있는 것이다.

양성자 한 개가 전자 한 개를 포획하면 경수소가 되듯이 수소는 전자를 포획한 물질에 불과할 뿐이다. 수소는 덩어리를 이루고 뭉쳐져도 중력을 만들어내지도 운동을 일으키지도 못할뿐더러 수소는 양자와 전자의 개체 대칭성이 이미 성립을 하므로 그냥 기체물질일 뿐이라는 것이다. 따라서 태양의 중심에는 수소가 뭉쳐져 있는 것이 아니라는 이야기가 되는 것이다.

자, 이야기가 여기까지 진행되었다고 한다면 태양의 내부를 추론하여 보자. 태양은 자체로 거대한 기체입자 항성이지만 백삼십억 년이 넘는 시간이 지나는 동안에 태양은 표면에 탄소가 집적이 일어나서 상당히 두꺼워져 있는 상태에 있으

물질운동의 실체

기체물질은 자체로 초전도체이다 물질이 중력에게 반응을 보이는 것은 물질이 초전도체이므로 해서인데 물질은 중력의 세기 즉 중력의 주체가 가지는 질량에 비례한다 따라서 항성에게서 밀어내진 행성과 같다 즉 물질이 가진 질량에 따라서 중력의 주체로부터 밀어내진다 즉 천체의 중심에 절대온도를 가진 양성자덩어리가 핵력으로 전자를 끌어당겨서 가두어두고 전자를 운동을 시키는데 전자가 운동을 일으키면 전자가 뜨거워지는 것이다 전자가 뜨거워지며 플라즈마에 도달을 하는 것이다 이때에 양성자덩어리는 절대온도를 가직고 있으므로 뜨거워진 전자덩어리와 반발력이 만들어지며 둘의 사이에는 기류가 만들어지고 서로를 밀어내는 현상으로나타나는 것이다 따라서 양성자덩어리는 플라즈마의 전자덩어리를 밀어내며 전자덩어리는 양성자덩어리를 밀어내며 반대방향으로 회전운동을 일으키는 것이다 기체도 천체와 같다 기체내부의 양성자가 절대온도를 가지고 있으므로 기체외부의 온도에 반응하며 양성자가 회전운동을 일으키면 양성자에게 극성으로 포획된 전자는 양성자의 운동에 따라서 속절없이 끌려가며 운동을 일으키는 것이다 이것을 두고 양자역학에서는 전자가 운동을 일으키는 것을 두고 전자의 임의로 일으키고 있다는 주장을 함과 동시에 전자의 위치를 확정을 지을 수가 있느니 없느니를 두고 논쟁을 한 뒤에 결론을 도출을 하였는데 그것이 불확정성이론이다 이 불확정성이론은 미시세계의 입자들이 불확정적이므로 더는 물질을 알 수가 없다는 취지의 주장이다 따라서 불확정성이론에 의해서 물질의 근본을 알지 말자는 쪽으로 선회를 하게 되고 그것으로 물질의 근본은 알고자 했던 우리들의 신념을 여지없이 깨트려버린 이론이 불확정성이론이다 하는 것이다 하지만 정작 전자가 일으키는 운동은 전자가 일으키는 것이 아니라는 데에 문제가 있는 것이다 따라서 불확정성이론은 미완의 이론이라는 것인데 물질의 근본을 알고자 하여 세워진 이론에 의해 의해서 물질의 근본을 알기는커녕 물질의 근본을 알 수가 없도록 종용을 한 이론이라는 생각을 필자는 하고 있는 것이다 물론 미시세계의 입자를 규명하기란 쉽지가 않다는 것 또한 잘 알고 있다 하지만 어떤 이론에 의해서 근본을 알 수가 없다고 한다면 그 이론은 분명히 잘못된 이론이라는 것이다 따라서 양자역학은 미완의 이론인 것이다

경수소

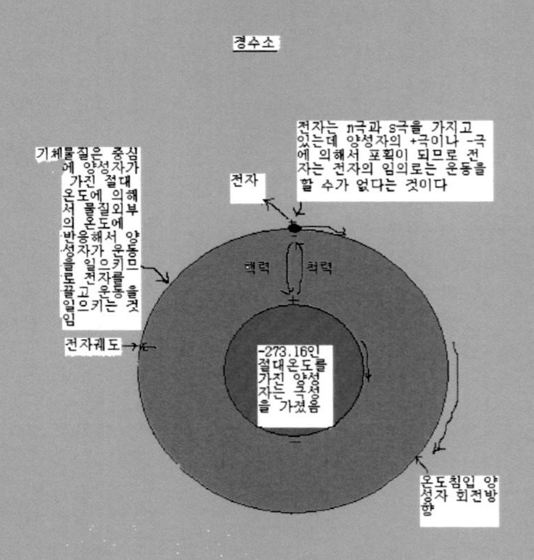

경수소 내부의 양성자는 절대온도를 가지고 있으므로 전자를 포획할 수가 있는 핵력을 발호를 하는데 이때에 양성자가 핵력으로 전자를 끌어당기면 전자는 양성자의 핵력에 의해서 끌려가는데 끌려가던 전자는 척력을 만들어내는데 전자가 만들어내는 척력은 전자와 양성자 간에 질량대칭성이 깨져 있기 때문이다 즉 절대온도를 가진 양성자가 전자보다는 질량이 약 1800배가량이 커져 있으므로 해서이다 따라서 양성자는 전자를 끌어당겨서 포획을 하지만 전자는 양성자의 핵력에 의해서 양성자와 대전되지를 못하고 척력이 만들어지며 거리를 만들게되는데 그것이 전자궤도이다 양자역학에서는 전자가 만들어내는 전자궤도는 전자의 임의로 만들어내는 것이며 전자는 전자의 임의로 자유로이 운동을 하고 있다는 주장을 하고 있는데 사실은 전자의 운동은 전자의 임의로는 할 수가 없다는 것이다 왜냐하면 전자는 양성자보다는 질량이 1800배가량이 작으므로 해서인데 몸무게 1kg의 토끼가 1800kg이나 나가는 코끼리를 토끼의 임의대로 운동을 시킬수가 있다는 것이냐 하는 것인데 어불성설이다 이유는 양성자와 전자는 극성에 의해서 포획이 되어 있으므로 해서인데 전자가 일으키는 운동은 전자가 일으키는 것이 아니라 양성자가 일으키는 것이다 전자를 포획하고 있는 양성자는 전자보다는 질량이 1800배가량이 크기도 하지만 양성자는 절대온도를 가지고 있다는 것이다 따라서 양성자는 전자궤도 밖으로부터의 온도가 전자궤도 안쪽으로 침입을 해오면 양성자는 전자를 포획한 상태에서 회전을 일으키는 것이다 즉 양성자 자신은 양성자가 가진 절대온도를 지키기 위해서 전자를 포획한 상태에서 방어를 하는 것이다 따라서 양성자가 전자를 끌고 운동을 일으키는 것이다 양성자가 일으키는 운동의 근원은 양성자가 가진 절대온도에 의해서이지만 양성자는 양성자밖으로 양성자가 가진 절대온도가 표출이 된다는 점이다 즉 양성자가 전자를 포획을 하였지만 양성자는 양성자자신의 껍데기 밖으로 양성자자신이 가진 절대온도를 표출을 하게 됨으로 해서 양성자는 전자를 끌고 회전을 일으키며 자신이 가진 절대온도를 방어를 하는 것이다 따라서 전자가 일으키는 운동은 양성자가 일으키는 것이다 전자는 양성자가 일으키는 운동에 이끌려서 극성에 의해서 포획이 되어 있으므로 속절없이 끌려가며 궤도를 도는 것이다 항성인 태양이 행성들을 포획을 한 상태에서 태양의 중심에 뭉쳐진 양성자덩어리가 회전운동을 일으키므로 행성들은 속절없이 끌려가며 태양의 주위를 공전하는 궤도운동을 일으키는 것과 같은 것이다 따라서 행성들의 궤도운동이나 물질의 궤도운동은 동일한 것이다 또한 양성자는 자신이 가진 절대온도를 방어할 수가 없는 상황에 직면하면 전자를 놓아버린 뒤에 분열을 일으키는데 전자를 포획을 한 상태에서는 분열을 일으킬수가 없다는 것이다 따라서 경수소가 중수소나 삼중수소 또는 헬륨이나 산소 질소로 결합을 하려고 하면 조건이 충족되어야만 가능하다는 것이다 즉 천체가 가지는 양성자질량에 비례하고 양성자질량이 끌어당겨서 가두어둔 전자질량에 비례한 물질결합시스템이 만들어져 있는 것이다 따라서 우리의 지구에서는 양성자와 전자의 질량대칭성이 충족되어 있지 않으므로 지구에 존재하는 물과 산소와 질소와 같은 무거운 물질은 결합을 시킬 수가 없는 것이다 따라서 지구에 존재하는 질소와 산소와 물은 지구가 결합을 시킨 것이 아니라 태양이 생성초기에 결합을 시켜서 밀어낸 것을 지구가 끌어당겨서 포획을 한 것이다

며 앞으로 수십억 년이 지나면 아무리 큰 폭발이 일어난다고 하여도 태양은 흑점을 만들어내지 못할 것이다. 이유는 태양의 표면은 지금까지보다는 훨씬 빠르게 두꺼워져갈 것이기 때문이다.

자, 태양의 내부로 가보자. 태양의 중심에는 절대온도를 가진 양성자가 전자를 포획하기 전 상태에 있으며 양성자는 덩어리를 이루고 뭉쳐져서 강력한 핵력으로 전자를 끌어당겨서 가두어두고 있으며 양성자덩어리가 끌어당겨서 가두어둔 전자가 흑체복사플라즈마 상태에 있다. 그 흑체복사플라즈마에 대한 설명을 하기로 하자. 앞에서도 이야기를 하였지만 양자는 전자를 끌어당기고 전자 또한 양자를 끌어당기지만 양자와 전자가 일대일로 만나면 양자는 핵력으로 전자를 끌어당겨서 포획하면 그것이 경수소다. 즉, 경수소가 결합을 하는 것이다.

이때 경수소의 양자와 전자를 보자. 양자 질량은 전자질량에 비례해서 질량이 약 1,800배 더 크다는 것은 모두가 알고 있는 사실이다. 이때 양자는 우리가 이야기를 하는 양성자이다. 양성자가 온도를 가지고 있는데 그 온도가 -273.16도 즉, 절대온도를 양성자는 가지고 있는 것이다. 따라서 지구상에 존재하는 그 어떤 기체도 차가운 온도를 가지고 있으며 다만 기체이지만 탄소는 온도를 가지지 않는다는 사실이다. 즉, 탄소는 마지막 기체임이 분명하기 때문이다. 탄소에 대한 이야기는 나중에 하기로 하고 기체에 대한 이야기를 이어가자.

우리는 기체라고 하면 그것을 가스라고도 하는데 이유는 폭발을 하기 때문에 우리는 기체를 가스라고 지칭을 하기도 한다는 말이다. 하지만 여기에서 잠시 기체를 왜 가스라고 지칭을 하는가를 설명을 하고 가기로 하자. 기체가 단순하게 폭발을 해서가 아니라 기체를 우리는 정확하게 모른다는 것이다. 다만 기체를 일반 용기에 담아서 밀폐를 하면 그 용기가 폭발을 일으키므로 우리는 그것을 가스라고 지칭을 하기도 하는 것이다.

하지만 기체는 정확하게는 물질이다. 즉 양성자가 전자를 포획한 물질이 기체인 것이다. 하지만 기체를 일반 용기에 담지 않고 완벽하게 단열이 된 용기에 담으면 기체는 폭발을 일으키지 않는다는 사실이다. 하지만 수소든 헬륨이든 산소든 질소든 일반 용기에 담아서 밀폐를 하면 그 기체는 용기를 터트리고 용기 밖으로 나가는 것이다.

여기에는 이유가 있는데 지구의 표면의 온도가 기체들이 표출하는 온도보다 높기 때문이다. 즉, 용기 내부에 기체가 표출하는 온도와 용기 밖에 지표면의 온도와 부닥트리면 용기 내부의 기체는 용기 외부와의 온도 차이로 인해서 운동을 일으키게 되고 이때 기체의 체적 면적이 커지는 것이다. 즉, 용기 내부의 기체가 부풀어 오르는 것이다. 이때 용기는 기체의 운동량을 견디지 못하고 터지는 것이다. 따라서 우리는 기체를 가스라고 지칭을 하고 있는 것이다.

하지만 기체를 일반용기가 아닌 특수용기 즉 용기 내부와 용기 밖과의 온도가 완벽하게 차단된 용기 안에 넣고 밀폐시키면 기체는 용기 밖의 온도에 반응하지 않아도 되고 따라서 기체는 운동을 일으키지 않아도 되고 액화된 상태로 있으므로 기체는 폭발을 일으키지 않는다는 것이다. 자, 기체인 물질은 기체 자신이 가진 온도를 기체물질 외부로 표출을 하는데 이유는 물질 내부의 양성자가 온도를 가지고 있기 때문이다.

즉, 탄소를 제외한 어떤 기체물질이든 물질 내부의 양성자는 절대온도를 가지고 있으며 다만 물질 내부의 중성자 질량에 따라서 물질 외부로 표출하는 온도를 다르게 표출을 한다는 점이다. 그것의 원인은 물질 내부의 양성자는 절대온도를 가지고 있지만 중성자에 의해서 절대온도가 상쇄되어 물질 외부로 표출되기 때문이다. 따라서 수소가 표출하는 온도가 다르고 헬륨이 표출하는 온도가 다르며 산소가 표출하는 온도가 다르고 질소가 표출하는 온도가 다른 것이다.

여기에서 양자역학이 주장하는 양자와 전자에 대한 이야기를 잠시만 하기로 하자. 양자역학에서는 양자에게 포획된 전자가 운동을 일으키는데 전자가 일으키는 운동을 두고 전자의 위치를 확정을 지을 수가 있느니 없느니 논쟁을 거듭하다가 어떤 결론을 도출하였는데 그 결론이라는 것이 운동하는 전자의 위치를 어떤 특정한 곳에 지정해서 확정을 지을 수가 없으므로 불확정성이다 하는 결론을 도출하였던 것인데 그것이 그렇다.

전자가 운동을 일으키는 동안에는 불확정성이론이 옳다. 하지만 만약에 전자가 운동을 멈춘다면 어떨까? 즉 전자가 운동을 일으키지 않고 멈추면 우리는 전자의 위치를 확정지을 수가 있을까? 그것의 답은 '그렇다'이다. 왜냐하면 양자에게 포획된 전자는 전자 임의로는 운동을 일으키지 못하기 때문이다. 아니 필자의 주장은 또 무슨 주장인가?

자, 생각을 해보자. 양자는 전자보다는 질량이 1,800여배가 크다. 이때 양자가 가지는 핵력은 전자로 하여금 꼼짝할 수가 없는 강력한 힘이다. 그런데 어떻게 전자가 전자의 임의대로 운동을 일으킬 수가 있다는 것이냐 하는 것이다. 그런데 우리가 목격한 것은 분명히 전자가 운동을 일으키고 있다는 사실이다.

그런데 정작 양자역학이 간과한 것이 있다. 그것은 양자가 일으키는 운동이다. 사실은 양자에게 포획된 전자는 운동을 일으킬 수가 없다. 왜냐하면 양자는 극성을 가지고 있으며 전자 또한 극성을 가지고 있으므로 양자가 전자를 포획을 할 때에는 양자는 극성에 의해서 전자의 극성을 포획을 함으로 해서 양자에게 포획된 전자는 양자가 운동을 일으키지 않으면 전자는 전자의 임의로는 운동을 할 수가 없다는 것이다.

그럼에도 불구하고 양자역학에서는 전자는 전자의 임의로 운동을 일으키는 것으로 알고 있으며 전자가 운동을 하는 동안에는 전자의 위치를 확정지을 수가 없으므로 불확정성이라고 했던 것이다. 따라서 양자역학이 틀린 것이다. 전자를 포획한 양자는 자체로 절대온도다. 양자가 절대온도를 가지고 있지 않으면 양자는 양자이지만 양성자가 아니고 중성자이다. 따라서 양자인 중성자는 핵력을 가질 수가 없으므로 전자를 포획할 수가 없는데 중성자가 중성자인 이유는 전자를 상대로 중성을 보이기 때문이다. 따라서 양자의 핵력은 절대온도에서 나온다는 사실이다.

그럼에도 불구하고 물리학자들은 태양의 중심에 수소가 뭉쳐져 있는 것이라는 주장을 굽히지 않고 있으며 뭉쳐진 수소가 헬륨으로 치환되는 과정에서 질량의 감소가 일어나면 감소된 질량이 빛에너지로 전화되어 방사된다는 주장을 하고 있는 것이다. 그러한 주장의 이면에는 아인슈타인이 있다. 일반상대성이론인 중력이론은 중력을 설명을 하기를 물질과 물질이 덩어리로 뭉쳐져서 상호작용을 하고 있다고 기술을 하고 있으므로 일반상대성이론을 그대로 좇아서 물질인 수소가 뭉쳐져 있다고 주장을 하고 있는 것이다. 여기에 더해서 아인슈타인이 주장했던 등가원리를 확대 해석을 하고 확대 해석된 만큼의 질량이 빛으로 만들어져 방사된다는 주장을 하고 있는 것이다.

하지만 앞과 뒤가 맞지 않는 해석으로 엉터리라는 것이 필자의 생각이다. 왜냐하면 수소가 헬륨으로 치환되는 과정에서는 에너지가 증발하지 않기 때문이다. 따라서 등가원리가 틀린 것이 아니라 그 등가원리를 확대해석한 물리학자들이 틀린 것이다.

자, 태양의 내부로 가보자. 태양의 중심에는 절대온도를 가진 양성자가 덩어리를 이루고 뭉쳐져 있는데 그 직경은 약 30만km에 이르는 것으로 추정이 된다. 그 이유는 태양이 방사하는 빛에 있다. 태양은 중심에 뭉쳐진 양성자가 덩어리를 이루고 뭉쳐져서 강력한 핵력을 발호하고서 전자를 끌어당겨서 가두어두고 전자를 운동을 시키는데 이때 양성자덩어리의 핵력에 의해서 가두어진 전자는 운동을 일으킬 수밖에는 없는데 전자가 운동을 일으킬 수밖에는 없는 이유가 있다. 양성자덩어리가 핵력으로 전자에게 압력을 주면 전자는 n극과 s극이 엇갈리며 운동을 할 수밖에는 없는 것이다.

여기에서 잠시 전자에 대한 이야기를 하고 가기로 하자. 우주를 통틀어서 불멸의 존재가 있다면 그것은 전자이다. 음전자는 음전자가 가지는 형태가 어떤 경우에도 변하지 않으며 빅뱅의 강력한 압력에서도 형태가 변하기는커녕 그대로이므로 영원불멸한 존재가 음전자이다. 또한 음전자는 그 무엇으로도 소멸시킬 수가 없다. 다만 음전자가 어떤 강력한 압력을 받으면 전자의 온도가 높아진다는 사실이다. 그것은 쉽게 증명할 수 있는데 백열전구의 이야기를 잠시만 하기로 하자.

에디슨은 백열전구를 개발함에 있어서 기필코 성공을 하고야 말겠다는 일념으로 실험에 실험을 거듭해서 성공하기까지 실험을 2,500번 이상 실패를 거듭한 끝에 백열전구를 개발했다. 지금도 백열전구가 만들어내는 빛이 전자가 만들어내는 것으로 물리학자들은 알고 있지만 천만의 말씀이다.

백열전구의 필라멘트는 도체인 양자인데 에디슨은 도체인 철선으로 실험을 하다가 실패를 한 뒤에 모든 금속으로 실험에 실험을 거듭하다가 뒤에는 니켈을 이용하여 필라멘트를 만들고 니켈 선에 대나무를 태운 숯가루를 입혀서 압착한 필라멘트를 만들었는데 이때 백열전구가 성공을 했던 것이다.

자, 이때 발전기의 자석에게 자화되어 있던 전자를 회전운동을 일으켜서 도체에 압력을 가하면 전자는 도체를 따라서 이동을 해서 백열전구의 필라멘트를 통과를 하게 되는데 이때 필라멘트를 통과하던 전자에게 압력이 발생하게 된다. 즉, 병목현상이 일어나는 것이다. 즉, 발전소나 변전소 또는 변압기를 통과한 전자가 암페어에 의해서 도체를 타고 흐르다가 필라멘트를 통과하는 과정에서 병목현상에 직면하면 전자가 압력을 받는 것이다.

이때 전자는 운동을 일으키는데 전자가 압력을 받아서 운동을 일으키게 되면 전자가 뜨거워지는 것이다. 단지 그것이다. 필라멘트를 통과하던 전자가 압력을 받아서 운동을 일으키면 전자가 뜨거워지고 뜨거워진 전자는 필라멘트를 달구는 것이다. 이때 전자로부터 열을 받은 필라멘트가 빨갛게 달아오르는데 필라멘트가 충분히 달구어지면 필라멘트에 압착된 대나무 숯이 빛으로 전화되어 떨어져나가는 것이다. 그것이 빛이다.

필라멘트의 수명은 보편적으로 약 3개월 정도인데 필라멘트에 압착된 대나무 숯이 빛으로 전화되어 모두 떨어져 나가면 니켈 선은 금방 끊어지는 것이다. 자, 백열전구가 만들어내는 빛에 대한 설명을 하였는데 빛이 만들어지는 이 과정을 물리학계에서는 전자가 빛으로 전화되어 방사되는 것으로 착각을 하고 있다.

하지만 정작 전자는 빛으로 전화하지 않고 전자 또한 대나무 숯이 빛으로 전화하여 떨어져 나가는 것과 마찬가지로 빛과 같은 속도로 필라멘트를 탈출해서 떨어져 나가는데 도체인 필라멘트가 뜨겁게 달구어지면 도체인 니크롬선인 필라멘트가 전자를 붙잡을 수가 없기 때문이다. 이것이 백열전구가 빛을 만들어내는 과정이다. 이것을 두고 물리학자들은 전자가 빛으로 전화하여 방사되는 것으로 알고 있다는 것이다.

만약에 물리학자들의 주장대로 전자가 빛으로 전화하여 방사되는 것이라면 백열전구는 수명이 반영구적이어야만 한다는 이야기가 설득력이 있을 것이다. 하지만 백열전구를 하루 24시간 지속적으로 전자를 통과시켜서 약 3개월의 시간을 전자를 통과시키면 백열전구의 필라멘트는 끊어지게 되어 있다. 그것이 필라멘트에 압착된 숯 즉 탄소가 빛으로 전화되어 떨어져나가고 나면 니켈 필라멘트는 열에 의해서 금방 끊어지는 것이다.

내친김에 전기저항에 대한 이야기를 잠시만 하고 가기로 하자. 모두가 알고 있듯이 발전소에서는 자석에 자화되어 있는 전자가 자석의 극과 극을 통과하는 자기력선이 만들어져 있는데 자석을 축에 붙여 고정을 시키고 자석의 자기력선이 만들어져 있는 범위 안에 코일을 감아서 둘러쌓아두고 자석을 붙인 축을 회전운동을 시켜서 자기력선이 코일을 스치게 만든다.

이때 자석에게 자화되어 있던 전자의 자기력선을 코일에 스치면 선을 이루던 전자는 코일에 묻어서 도체를 타고 흐르는 것이다. 이때 자기력선의 회전운동량이 곧 암페어다. 다시 말해서 축에 붙은 자석의 자기력선을 코일에 스치는 운동량 즉 회전속도가 암페어가 된다는 이야기가 되는 것이다. 이때 자기력선에서 떨어져 나와서 코일에 묻은 전자는 자기력선의 운동량에 따라서 도체를 타고 흐르는데 이때 도체를 흐르던 전자가 전기저항을 일으키는 것이다.

그런데 정작 전기 저항은 전자가 일으키는 것이 아니고 도체가 전자를 붙잡아 끌어당기므로 일어나는 현상이다. 즉, 도체인 양자가 전자를 끌어당김으로 인해 일어나는 일을 전자가 저항을 일으키는 것처럼 보일 뿐으로 전기저항의 문제는 전자가 아니라 도체의 문제인 것이다.

전기저항의 내부를 들여다보면 실체가 드러나는데 도체인 양자의 핵력의 범위 안에 전자가 들어오면 도체인 양자는 전자를 놓지 않으려고 양자인 도체에 핵력의 범위 안에 전자를 붙잡아 두려고 하고 이에 반해서 암페어는 계속해서 도체 내부로 전자를 밀어 넣으므로 전자가 압력을 받는 것이다. 이때 전자의 운동량이 증가를 하게 되고 전자는 같은 극은 밀어내는 법칙에 따라서 전자가 전자를 밀어내는 것이다. 이 과정에서 도체인 양자의 핵력과 전자의 극성에 의해서 전자끼리 밀어내고 끌어당기는 운동량이 부닥치는 것이다. 이때 핵력과 전자의 극성이 부닥치는 방향에 따라서 전자가 도체를 벗어나서 달아나는 일이 일어나는 것이다. 이것이 전기저항이다.

그렇다면 초전도체는 무엇인가를 설명을 안 할 수가 없는데 그것이 그렇다. 어떤 금속이나 합금을 극저온에 노출을 시키면 그 금속이나 합금이 전기저항을 일으키지 않는데 그것이 초전도현상이다. 필자는 초전도현상을 일컬어 형상기억이라고 명명하였는데 필자가 형상기억이라고 명명한 데에는 그만한 이유가 있다. 그것이 어떤 금속이나 합금은 절대온도를 가진 양성자가 가지고 있던 온도를 잃어버림으로 인해서 만들어진 것이기 때문이다. 즉, 초전도체는 극저온을 가지고 있던 양성자가 가지고 있던 절대온도를 잃어버리는 과정의 약 1,800번 가운데 특정한 번호를 가지고 있기 때문이다. 따라서 초전도를 일으키는 금속이나 합금은 극저온에 노출을 시키면 절대온도를 가지고 있던 양성자처럼 회귀하는 성질을 가지고 있기 때문이다. 다시 말하면 절대온도를 가지고 있던 양성자가 어떤 압력이나 고온에 노출이 되어서 양성자가 가지고 있던 절대온도를 압력이나 고온에게 빼앗기는 일정한 순간에 멈춘 상태에 있는 물질이기 때문에 필자가 그러한 이름을 부여한 것이다.

그렇다면 초전도현상에 대해서 설명을 하기로 하자. 초전도현상은 초전도체 내로 전자를 흘려보내면 전기저항이 0이 되는 현상 즉 전기저항이 일어나지 않는 현상을 말하는데 자, 생각을 해보자. 초전도체가 아닌 도체는 도체 내부로 전자를 흘려보내면 도체인 양자가 전자를 끌어당겨서 양자 자신의 핵력의 범위 안에 전자를 붙잡아두려는 성질과 암페어인 압력이 가해지면 도체 내의 전자와 도체인 양자의 핵력의 범위에서 힘겨루기를 하다가 저항이 발생을 한다는 이야기는 앞에서 하였다.

하지만 초전도체에 전자를 흘려보내면 초전도체는 도체가 가지는 양자의 질량만큼 전자를 밀어내는 현상이 초전도현상이다. 즉, 초전도체는 도체 내부로 전자가 들어오면 도체가 가지는 질량만큼 핵력으로 전자를 밀어내서 전자와의 거리를 만들어버리는 것이다. 그렇게 되면 전자는 자기력선을 도체 밖에서 만들어버리는데 전자가 서로 다른 극을 끌어당겨서 선을 만들게 되고 이때 암페어로 압력을 가하면 전자는 자기력선을 타고 도체 외부에서 흐르는 것이다. 이것이 초전도현상이다.

이때 전기저항은 일어날 수가 없는데 이유는 초전도체가 가진 질량만큼의 질량으로 전자를 밀어내서 거리를 만들면 전자 또한 척력을 만들어내는데 양자와 전자 둘은 일정한 간격을 유지하며 암페어에 의해서 초전도체외부를 흐르는 것이다. 따라서 전기저항이 0이 되는 것이다.

수소나 헬륨 산소나 질소는 모두 초전도 상태에 있는데 이러한 기체의 중심에는 절대온도를 가진 양성자가 전자를 향해서 핵력을 발호하고 있으며 핵력에 끌려와서 포획된 전자는 절대온도를 가진 양성자에게 척력을 만들어서 일정한 거리를 만들어버리는 것이다. 그렇게 되면 양자는 전자를 핵력으로 끌어당기지만 전자는 핵력이 끌어당기므로 일정한 거리로 끌려가다가 척력을 만들어서 양자에게 더는 끌려들어가지 않는다는 것이다. 그러므로 절대온도를 가진 양성자와 전자가 만나면 둘은 핵력과 척력으로 서로를 끌어당기고 밀어내서 일정한 거리를 유지하는 것이다. 그로 인해서 양자와 전자는 물질이라는 하나의 기체로 만들어지는데 이것이 초전도현상이다.

여기에서 특기할 만한 것은 양자 한 개가 전자 두 개를 포획하는 일이 없고 양자 두 개가 전자 한 개를 포획하는 일이 일어나지 않는다는 사실이다. 따라서 양자와 전자는 철저하게 개체대칭성을 가지는데(중성자는 제외) 이것이 우주생성의 제1법칙이다. 즉, 대칭성을 갖는다는 이야기가 되는 것이다.

만약에 우주의 생성조건이 개체대칭성을 지키지 않는다고 가정을 하면 우주는 생성되지 않았을 것이다. 왜냐하면 우주는 물질들이 뭉쳐지지도 않을뿐더러 운동도 일어나지 않을 것이고 팽창도 하지 못하고 별이 만들어지는 것은 상상도 할 수가 없으며 우주는 크고 작은 물질들만 넘쳐나는 우주가 될 것이 분명하기 때문이다. 따라서 우주생성의 제1조건이 대칭성이다. 즉 양자와 전자의 일대일의 대칭성이 철저히 지켜지고 있다는 사실이다.

그것을 확인하는 것은 어려운 일이 아니다. 기체물질을 들여다보면 명확해진다. 물질의 시작이라는 경수소는 양성자 한 개가 전자 한 개를 포획해서 경수소가 만들어졌으며 헬륨3은 양성자 두 개가 전자 두 개를, 헬륨4는 양성자 두 개가 전자 두 개를, 산소는 양성자 8개가 전자 8개를, 질소는 양성자 7개가 전자 7

개를 포획해서 기체물질로 결합을 한 것이다. 여기에서 예외는 없다. 지구상에 존재하는 모든 기체는 이 법칙을 따른다는 사실이다. 따라서 우주가 생성될 수가 있었던 것이다.

제9장 태양의 내부 구조와 물질 생성 시스템

앞장에서도 이야기를 하였지만 우주에 존재하는 모든 천체는 초전도 상태에 있다. 따라서 우주가 상호질량에 따라서 서로를 밀어내서 거리를 만들고 운동을 일으키고 있는 것이다. 자, 이제는 태양의 내부를 들여다보고 태양이 만들어내는 빛과 태양이 움직이는 태양계 행성들의 공전과 자전에 대한 이야기를 하여보자.

우리의 태양계는 생성되기 전 우리 은하로부터 밀어내지기 전부터 생성되기 시작하였는데 이때 이미 우리 은하는 빅뱅의 중심으로부터 밀어내지고 있었으며, 우리의 태양계는 우리 은하가 빅뱅의 중심으로부터 밀어내지는 과정에서 태동을 시작을 하였는데 은하 내부의 언저리에서 절대온도를 가진 양성자가 하나 둘 모여들기 시작을 할 무렵 우리 은하는 은하 중심을 제외하고는 은하의 공간이 플라즈마 상태에 있었으므로 양성자는 하나둘 모여들며 뭉쳐지기 시작하였지만 물질은 결합을 이룰 수가 없었다는 것이다. 이유는 공간에 산재하여 있는 전자가 플라즈마 상태에 있으므로 해서 양성자가 전자를 끌어당길 수가 없었던 것이다.

하지만 전자와는 별개로 양성자는 절대온도를 가지고 있으므로 해서 양성자들끼리 뭉쳐지는 일이 일어났는데 양성자는 양성자를 끌어당기는 성질 때문에 일어난 일이다. 공간은 플라즈마 상태에 있었지만 이윽고 양성자가 덩어리를 이루고 뭉쳐지자 우리의 태양계는 우리 은하의 중심으로부터 밀어내지기 시작을 하였다. 우리의 태양계가 우리 은하로부터 밀어내져서 별개의 항성계를 이루기 위해서 밀어내졌는데 이때 이미 우리의 태양계가 형성이 되기 위해서 태양이 만들어질 중심에는 양성자가 뭉쳐졌다. 그 직경이 약 80만km에 이르는데 양성자 덩어리에서 뿜어져 나오는 핵력은 반경 약 1,000만km에 이르고 태양계의 직경 약 2,000만km가 우리 은하로부터 밀어져내졌는데 그것의 이유가 태양의 중심에 뭉쳐진 양성자덩어리의 핵력 반경이다.

이때 이미 양성자덩어리의 전자포획 사정거리가 만들어졌는데 그 반경이 약 1,000만km에 이른 것이다. 이때 공간은 태양이 만들어지기 위해서 뭉쳐진 절대온도를 가진 양성자덩어리의 주위부터 온도가 낮아지기 시작을 하였는데 이유는 양성자덩어리가 가진 절대온도에 의해서이다. 양성자덩어리의 주위에 온도가 낮아지자 양성자덩어리는 주위에 차가워진 전자를 끌어당기기 시작을 하였는데 이때 양성자덩어리가 전자를 끌어당기면 끌려오는 전자를 포획해서 경수소로 결합을 시켰는데 양성자가 전자를 포획해서 경수소로 결합이 되면 양성자덩어리는 경수소를 밀어냈는데 이것이 중력인 양 전자력이다. 즉 양성자덩어리가 전자를 끌어당기는 족족 경수소로 결합시키는 것과는 대조적으로 끌려오는 전자질량이 많으므로 경수소를 밀어냈는데. 전자가 쌓여가는 만큼의 거리에 비례해서 경수소를 밀어냈던 것이다. 즉 중력은 양성자덩어리의 질량과 양성자덩어리가 끌어당겨서 가두게 되는 전자질량에 비례해서 물질을 밀어내는데. 그 거리는 양성자덩어리의 질량과 끌어당겨서 가두어진 전자질량에 비례한 거리로 경수소를 밀어내는 것이다. 이것이 중력인 양 전자력이다.

시간이 지나감에 따라서 양성자덩어리의 주위에는 끌려오는 전자가 쌓여가며 양성자덩어리와 전자와의 사이에는 기류가 만들어졌는데 이유는 끌려와서 가두어진 전자가 운동을 일으키며 뜨거워지기 시작을 함으로 해서 상호간에 반발력이 만들어지며 서로를 끌어당기지만 서로를 밀어내는 것으로 작용하기 때문인데 그것이 핵력과 척력이다.

시간이 지남에 따라서 경수소가 결합이 되어 중력인 양 전자력에 밀어내져도 끌어당겨지는 전자질량이 쌓여감에 따라서 경수소를 밀어내지만 밀어내진 경수소가 전자구역을 벗어나서 밀어내지기 전에 끌어당겨진 전자가 운동으로 뜨거워져서 경수소가 포획했던 전자를 놓아버리는 일이 일어났던 것이다. 경수소가 포획했던 전자를 놓아버리자 전자를 놓아버린 경수소의 양성자를 태양의 중심에 양성자덩어리는 다시 중심 쪽으로 끌어당기자 다시 중심으로 끌려갈 수밖에는 없는데 이때 전자를 놓아버린 경수소 내부의 양성자는 양성자 자신이 가진 절대온도를 뜨거워진 전자로부터 지켜낼 수가 없었는데 양성자가 분열을 일으키는 것이다. 그것이 양성자분열이다.

이때는 태양이 빛을 만들어내기 전 상태이므로 태양이라고 이름을 붙일 수는 없지만 경수소가 전자를 놓아버린 뒤에 태양의 중심에 양성자덩어리가 경수소의 양성자를 끌어당기자 경수소의 양성자는 기류가 형성된 곳으로 끌려가기 전에 분열을 일으키는데 이유는 경수소의 양성자가 절대온도를 가지고 있기 때문이다. 따라서 경수소가 포획했던 전자를 놓아버리는 것은 양성자덩어리가 끌어당겨서 가두어진 전자가 운동을 일으키므로 전자가 플라즈마 상태에 도달해 있기 때문이다.

따라서 경수소가 밀어내진 구역이 플라즈마의 전자구역이므로 경수소가 포획한 전자를 놓아버리게 되는데 경수소에게 포획된 전자가 뜨거워지므로 양성자의 핵력소실이 일어나는 것이다. 그로 인해서 경수소의 양성자는 포획했던 전자를 뜨거운 플라즈마에게 빼앗겨버리면 경수소 내부의 양성자가 포획했던 전자를 빼앗겨버리는 위치가 뜨거운 플라즈마의 전자구역이므로 전자를 빼앗긴 경수소의 양성자는 양성자가 가진 절대온도를 지킬 수가 없게 되는데 양성자가 분열을 일으키는 것이다.

이때 중력은 경수소의 양성자를 기류가 흐르는 중심 쪽으로 끌어당기는데 양성자는 중력에 끌려서 기류가 흐르는 곳으로 끌려가는 과정에서 분열을 일으키는 것이다. 양성자가 자신이 가진 절대온도를 지키지 못하고 분열을 일으키면 분열이 일어나는 순간 분열된 둘의 양성자 가운데 하나의 양성자가 가지고 있던 절대온도를 플라즈마에게 빼앗겨버리면 분열된 또 하나의 절대온도를 가지고 있는 양성자가 온도를 잃어버린 양성자를 아니 온도를 잃어버려서 중성자가 된 중성자를 끌어당겨서 포획을 하는데 이것이 양성자의 중성자 포획이다. 경수소의 양성자는 중성자를 포획하고 중력에 의해서 기류가 흐르는 곳으로 끌려 들어오는 것이다.

분열되어 중성자를 포획한 양성자가 기류가 흐르는 곳으로 끌려 들어오면 플라즈마였던 전자가 중심에 절대온도를 가진 양성자덩어리의 차가운 냉기에 차가워지면서 기류가 흐르는 곳으로 끌려 들어온 전자 한 개를 포획하면 이것이 중수소다. 중수소가 전자를 포획을 해서 결합이 되면 태양의 중심에 양성자덩어리는 중수소를 플라즈마의 전자구역으로 다시 밀어내는데 중력이 중수소를 또다시 밀어내는 것은 중수소가 양자와 전자의 개체대칭성을 가지기 때문에 밀어내는 것이다.

여기에서 잠시 중력에 대한 이야기를 하고 가기로 하자. 앞에서도 중력에 대한 이야기는 하였지만 중력의 실체는 대칭성이다. 즉, 양자가 전자를 가지게 되면 그것은 대칭성이 충족이 되므로 중력은 물질을 밀어내는데 중력의 주체인 절대온도를 가진 양성자덩어리가 전자를 끌어당겨두고 있어야만 중력이 발호가 된다는 점이다. 만약에 양성자덩어리가 뭉쳐져 있다고 하여도 전자를 끌어당겨두고 있지 않다면 그 덩어리는 중력을 발호할 수가 없는데 그저 끌어당기기만 할 뿐으로 밀어내지는 못하는 것이다. 다시 말해서 중력은 양자와 전자의 개체대칭성인 것이다.

중력에 대한 자세한 이야기는 뒤에 가서 더욱 자세히 하기로 하고 태양의 물질결합시스템에 대한 이야기를 이어가자 중수소가 결합을 하면 태양의 중력인 양전자력은 중수소를 밀어내는데 중수소가 밀어내진 구역이 플라즈마의 전자구역이므로 중수소는 포획했던 전자를 또다시 놓아버리는데 중수소가 전자를 뜨거운 플라즈마에게 빼앗겨버리면 중성자를 포획한 양성자만 남게 되므로 중력인 양 전자력은 중수소를 포획하고 있는 양성자를 다시 기류가 흐르는 곳으로 끌어당기게 된다. 이때 같은 처지의 전자를 빼앗긴 중수소의 양성자를 만나게 되면 둘은 결합을 하는 것이다. 이것이 양자결합이다.

중성자 하나씩을 포획한 양성자 두 개가 결합을 하면 중력인 양 전자력은 결합된 양성자 두 개를 기류가 흐르는 곳으로 끌어당기는데 양성자 두 개가 결합된 양성자가 기류가 흐르는 곳으로 끌려오면 또다시 전자 두 개를 포획하는 것

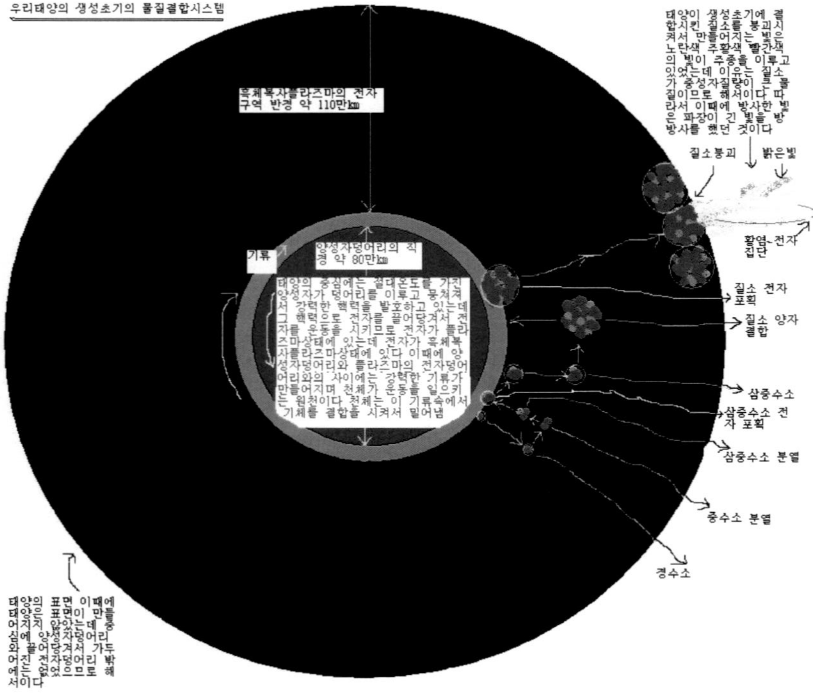

우리태양의 생성초기의 물질결합시스템

흑체복사플라즈마의 전자구역 반경 약 110만㎞

기류

양성자덩어리의 직경 약 80만㎞

태양의 중심에는 절대온도를 가진 양성자가 덩어리를 이루고 뭉쳐져서 강력한 핵력을 발호하고 있는데 그 핵력으로 전자를 끌어당겨서 전자를 운동을 시키므로 전자가 플라즈마상태에 있는데 전자가 흑체복사플라즈마상태에 있다 이때에 양성자덩어리와 플라즈마의 전자덩어리와의 사이에는 강력한 기류가 만들어지며 천체가 운동을 일으키는 원천이다 천체는 이 기류속에서 기체를 결합을 시켜서 밀어냄

태양이 생성초기에 결합시킨 질소를 붕괴시켜서 만들어지는 빛은 노란색 주황색 빨간색의 빛이 주종을 이루고 있었는데 이유는 질소가 중성자질량이 큰 물질이므로 해서이다 따라서 이때에 방사한 빛은 파장이 긴 빛을 방방사를 했던 것이다

질소붕괴

밝은빛

활염-전자 집단

질소 전자 포획

질소 양자 결합

삼중수소

삼중수소 전자 포획

삼중수소 분열

중수소 분열

경수소

태양의 표면 이때에 태양은 표면이 만들어지지 않았는데 중심에 양성자덩어리와 끌어당겨서 가두어진 전자덩어리 밖에는 없었으므로 해서이다

우리의 태양은 생성초기에는 직경이 약 300만㎞는 되었을 것으로 추정이 되는데 그것의 증거가 질소를 결합을 시킨 뒤에 질소를 붕괴에 이르게 하여서 빛을 만들었으므로 해서이다 또한 태양은 중심에 양성자덩어리의 전자포획사정거리가 반경 약 1000만㎞에 이르렀을 것으로 추정이 되는데 그것의 증거가 태양계의 행성들 가운데 토성이 뭉쳐지고 있던 거리이므로 해서다 따라서 수금지화목토성까지가 태양의 전자포획사정거리안에 있었던 것으로 보이는데 그것에 대한 이유는 태양의 전자포획사정거리안에서 뭉쳐지던 행성들이 태양에게 근접해서 뭉쳐지던 행성들은 양성자질량에 비례한 전자질량을 대칭성에 준해서 끌어당길 수가 없었기 때문이다 즉 공간에 산재하여 있던 전자를 (그때에 전자는 플라즈마상태에 있었음) 태양의 전자포획사정거리의 범위안에 있던 행성들이 태양에게 전자를 모두 빼앗겼음을 의미하는 것이다 따라서 행성들은 태양과의 거리에 따라서 전자를 빼앗겼다는 증거이다 그 증거의 이유로는 태양과의 거리에 따라서 행성들은 탄소화가 진행이 되었으므로 해서다 즉 행성이 가지는 양성자덩어리의 질량에 비례한 전자를 충분하게 끌어당기지 못하였음을 의미하는 것이다 따라서 태양에게 근접한 행성부터 탄소화로의 진행이 일어나서 고체화가 일어나 현재에는 목성을 지나서 토성까지도 탄소화가 진행이 되고 있다는 사실이다 행성들의 탄소화는 행성이 가진 양성자질량에 비례한 전자질량이 비대칭이기 때문에 일어나는 일인데 전자구역의 넓이가 좁으므로 해서 결합시킨 기체를 전자구역 밖으로 밀어내서 대기를 만들어내지 못함으로 해서 탄소화가 일어나므로 해서다 태양은 중심에 절대온도를 가진 양성자가 덩어리를 이루고 있으므로 해서 핵력을 발호를 하는데 이 양성자덩어리는 무엇이든지 끌어당기는 것이다 그것이 천체가 가진 핵력이다 따라서 태양이 생성되던 초기에 전자를 끌어당기고 기체를 결합을 시키는 과정에서도 양성자덩어리가 핵력으로 전자를 끌어당겼을 것이다 끌려오는 전자질량에 따라서 결합된 기체를 전자구역밖으로 밀어냈는데 이것이 중력이다 중력이라는 것은 핵력을 가진 양성자가 덩어리를 이루고 뭉쳐져야만 하고 뭉쳐진 덩어리가 전자를 끌어당겨두고 있어야만 발호가 되는데 중력의 세기의 최고점은 양성자덩어리와 전자덩어리의 질량이 비례하면 최고조에 달하는 것이다 이 중력현상이 일어나는 원인으로는 양성자가 절대온도를 가지고 있으므로 해서 만들어지는데 그것이 핵력이다 핵력은 무엇이든지 끌어당기는 힘인데 그 힘에 전자가 들어오면 양성자질량과 전자질량에 비례한 척력이 만들어지는 것이다 즉 양성자가 가지는 핵력은 전자를 끌어당기지만 일정한 거리로 끌려오던 전자가 양성자를 상대로 척력을 만들어서 양성자에게 끌려들어가지 않는 것이다 이것이 질량대칭성이다 즉 양성자와 전자 간에는 질량대칭성이 깨져 있으므로 해서 일어나는 일이다 하는 것이다 이 질량대칭성은 양성자가 전자보다는 약1800여배가 크므로 해서 둘의 사이의 질량대칭성이 깨져 있는 것이다 따라서 양성자는 전자를 끌어당기지만 전자는 질량이 큰 양성자에게 다가갈 수가 없는 것이다 따라서 전자가 양성자를 밀어내는 것인데 그것이 척력이다 따라서 양성자와 전자가 만나면 둘은 일정한 거리를 유지하며 거리를 만들게 되고 둘은 핵력과 척력으로 결합을 이뤄내는데 이것이 기체이다 따라서 양성자와 전자는 기체로 결합을 하면 둘은 초전도상태에 있게 되는 것이다 그 초전도상태가 천체의 중심에서 양성자와 전자간에 만들어져서 둘이 핵력과 척력으로 맞서고 있으므로 해서 운동을 일으키는데 둘이 일으키는 운동이 천체운동의 원천이다 즉 천체가 공전과 자전을 하는 원인이다 태양이 생성초기에 결합을 시킨 질소의 결합시스템을 설명하기로 하자 먼저 양성자덩어리와 전자덩어리와의 사이에는 핵력과 척력에 의해서 기류가 만들어져 있는데 그 기류속으로 전자가 차가워지며 끌려들어오면 한 개의 양성자의 개체는 전자를 포획을 하는데 포획되는 전자 역시 한 개이다 즉 양성자와 전자 둘의 사이에는 철저하게 개체대칭성이 지켜지는 것이다 따라서 우주에 존재하는 모든 기체는 경수소를 거쳐서 중수소로 삼중수소로 헬륨으로 산소로 질소로 결합을 이뤄나가는 것이다 따라서 기체가 가지는 질량과 천체가 가지는 질량에 비례해서 거리를 만들게 되는데 이것이 중력인 양전자력이다 기류가 형성되어 있는 곳에서 경수소가 결합을 하면 태양의 중력은 기체인 경수소를 밀어내는데 태양과 경수소가 초전도상태에 있으므로 둘의 사이에 거리가 만들어지는 것이다 따라서 경수소가 밀어내진 거리가 플라즈마의 전자구역으로 밀어내지는데 기류가 흐르는 곳으로부터 그 거리는 약 15만㎞에 달하는데 이때에 밀어내진 경수소가 플라즈마의 전자구역으로 밀어내지므로 해서 경수소는 포획했던 전자를 뜨거운 플라즈마에게 빼앗기게 되는데 경수소가 전자를 빼앗기면 경수소내부의 양성자는 자신이 가진 절대온도를 지킬 수가 없는 것이다 따라서 양성자는 뜨거운 플라즈마의 전자구역에서 분열을 일으키는데 분열을 일으킨 양성자 가운데 먼저 절대온도를 플라즈마에게 빼앗겨 버리면 아직은 절대온도를 가지고 있는 분열된 양성자가 절대온도를 빼앗겨서 중성자가 된 중성자를 끌어당겨서 양자결합을 하는 것이다 이때에 양성자와 중성자가 전자를 가지고 있지 않으므로 태양의 중심에 양성자덩어리는 중성자를 포획한 경수소의 양성자를 기류가 흐르는 곳으로 끌어당기는데 이때에 끌려들어오던 양성자가 뜨거운 플라즈마의 온도와 압력을 견디지 못하고 또 다시 분열을 일으키는데 양성자가 두번 분열을 일으키는 것이다 경수소의 양성자가 두번에 걸쳐서 분열을 일으키는 원인은 태양의 질량이 크기 때문인데 즉 태양의 중심에 양성자덩어리와 끌어당겨서 가두어진 전자질량에 비례해서 밀어내진 경수소가 너무 멀리에까지 밀어내졌다가 전자를 빼앗긴 양성자를 끌어당기는 과정에서 거리가 너무 멀어서 양성자가 두번에 걸쳐서 분열되는 것이다 이것이 기류가 흐르는 곳으로 끌려들어와서 전자를 포획을 하면 이것이 삼중수소이다태양의 중력은 삼중수소가 결합을 하면 다시 밀어내는데 삼중수소가 전자를 떼어내고 양자결합을 하면 질소다

이다. 이것이 헬륨4다. 헬륨이 전자를 포획하면 중력은 또다시 헬륨을 밀어내는데 이때 밀어내진 헬륨은 전자구역 밖으로 밀어내졌는데 이유는 헬륨이 가진 질량과 태양의 중심에 양성자덩어리의 질량과 끌어당겨서 가두어진 전자질량에 비례해서 헬륨을 끌어당겨서 가두어진 전자구역을 벗어나서 밀어냈던 것이다.

즉, 태양이 생성 초기에는 전자질량이 충분하지 못해서 일어난 일이다. 그것의 증거는 태양계 내의 공간에 분포하는 기체물질의 분포와 기체행성들을 보면 확연해진다는 사실이다. 천왕성, 해왕성, 명왕성은 물질을 결합하면 결합된 물질을 대기로 밀어내는데 그것이 기체행성이 가진 중력의 범위가 우리가 보는 기체행성의 대기이기 때문이다. 즉 수소를 밀어내고 있다면 수소가 가지는 질량이 중력의 범위이고 헬륨을 밀어낸다면 헬륨이 가진 질량이 중력의 범위가 되는 것이다. 따라서 기체행성들은 끌어당겨서 가두어진 전자구역을 벗어나서 결합된 물질을 밀어내므로 기체행성인 것이다. 즉, 기체행성의 중심에는 절대온도를 가진 양성자덩어리와 양성자덩어리가 끌어당겨서 가두어진 플라즈마의 전자덩어리 외에는 없다는 이야기가 되는 것이다. 즉 행성의 표면 같은 것은 만들어지지 않았다는 이야기가 되는 것이다.

하지만 지구형 행성이라고 하는 행성은 표면이 뚜렷하게 만들어져 있는데 그것은 행성의 중심에 양성자덩어리의 질량에 비례해서 전자질량이 턱없이 부족해서 일어나는 일이다. 즉 중력의 범위가 지표면에 위치함으로 해서 물질이 결합이 되면 대기로 밀어내지를 못하고 지표면 안쪽과 바깥쪽에 중력의 범위가 있으므로 물질을 지표면까지밖에는 밀어낼 수가 없으므로 물질이 탄소화로의 진행이 일어나서 표면이 만들어지는 것이다. 그러므로 태양이 생성되던 초기에는 아직도 중심에 양성자덩어리가 전자를 끌어당기고 있었으므로 중력의 범위가 끌려오는 전자질량에 따라서 변화를 보였던 것이다.

따라서 태양이 생성 초기에 전자를 끌어당기기 시작하면서 수소를 밀어냈으며 중력의 범위가 조금 더 커지자 헬륨을 결합시켜서 밀어냈으며, 시간이 지남에 따라서 끌려오는 전자질량이 증가함으로 해서 산소를 결합시켜서 밀어냈으며 시간이 조금 더 지나자 질소를 결합시켜서 밀어냈던 것이다. 그 물질들이 태양계의 공간에 분포를 하는 것이다.

자, 다시 태양의 내부로 가보자. 시간이 지나자 끌어당겨지는 전자질량이 쌓여 가므로 태양의 중력도 증가하여 헬륨을 전자구역 밖으로 밀어내지 못하였는데 이때 헬륨이 포획한 전자를 뜨거운 플라즈마에게 빼앗기는 일이 일어나면 태양의 중력은 전자를 놓아버린 헬륨의 양성자를 기류가 흐르는 곳으로 끌어당기게 되고 이때 헬륨 4개가 양자결합을 하는 일이 일어났던 것이다.

즉, 헬륨4 4개가 결합을 하여 산소로의 결합이 일어났는데 이때 끌어당겨진 전자질량이 부족해서 산소가 결합을 하면 산소를 전자구역 밖으로 밀어냈던 것이다. 그러자 먼저 밀어내져 있던 수소와 산소가 만나는 일이 일어났는데 수소와 산소는 결합을 하여 물이라는 화합물로 만들어졌던 것이다. 물이 수소와 결합을 하자 태양의 중력인 양 전자력은 물을 물이 가진 질량만큼 밀어냈는데 이때 물이 밀어내진 위치에서 지구가 태동을 하고 있었던 것이다. 시간이 지나자 태양의 중심에 양성자덩어리는 전자를 더욱 끌어당겨서 전자질량이 커지므로 태양의 중력은 산소를 밀어낼 수가 없었는데 이때 플라즈마의 전자구역 내에서는 이상한 일이 일어나기 시작을 하였는데 태양의 중력이 커지면서 경수소가 밀어내진 거리가 처음으로 밀어내진 거리의 두 배에 달하는 일이 일어나자 경수소의 양성자가 처음으로 두 번의 분열을 일으킨 것이다.

즉, 기류가 흐르는 곳에서 차가워지며 끌려 들어온 전자를 양성자 한 개가 포획하면 만들어지는 경수소를 태양의 중력은 약 15만km의 거리로 밀어내자 경수소는 포획했던 전자를 플라즈마에게 빼앗겨 버린 뒤에 1차 분열을 일으켜서 중수소의 양자로 만들어지더니 기류가 흐르는 곳으로 끌어당겨지는 거리가 너무 멀리에까지 밀어내져서 기류가 흐르는 곳으로 끌려 들어오는 과정에서 또 한 번의 분열을 일으킨 것이다. 이것이 삼중수소다.

두 번의 분열을 일으킨 두 개의 중성자를 끌어안은 양성자가 기류가 흐르는 곳으로 끌려 들어와서 전자 한 개를 포획하면 그것이 삼중수소다. 삼중수소가 결합을 하면 태양의 중력은 삼중수소를 약 20만km의 거리로 밀어내는데 이때 태양의 직경은 거의 300만km를 넘어서고 있었으므로 전자구역의 반경이 약 110

만km에 달하고 있었다는 것이다. 따라서 삼중수소를 밀어낸 거리가 약 20만km는 달했을 것으로 추정이 되는 것이다.

25만km의 거리로 밀어내진 삼중수소가 포획했던 전자를 뜨거운 플라즈마의 전자에게 빼앗겨버리면 이때 같은 처지의 삼중수소 7개가 양자결합을 하는 일이 일어났는데 이것이 질소다. 삼중수소 7개가 결합된 질소가 기류가 흐르는 곳으로 끌려 들어와서 전자 7개를 포획하면 그것이 질소다. 질소가 전자를 포획하면 태양의 중력인 양 전자력은 질소를 플라즈마의 전자구역 밖으로 밀어냈는데 질소가 밀어내진 거리가 물과 거의 비슷한 거리인 지구가 만들어지기 위해서 양성자가 덩어리로 뭉쳐지던 거리로 밀어내졌던 것이다. 이것을 지구가 끌어당겨서 지구의 대기로 삼았는데 지구가 물과 질소와 산소를 가진 원인이다.

즉, 지구는 태양의 전자구역 가장자리로부터 약 100만km에서 200만km 안쪽에서 뭉쳐지고 있었다는 이야기가 되는 것이다. 물론 태양의 표면으로부터 명왕성이 뭉쳐지던 거리까지는 약 800만km에서 1000만km 거리의 안쪽에서 뭉쳐지고 있었다는 이야기가 되는 것이다. 이때 태양은 질소를 결합해서 전자구역 밖으로 밀어내는 것을 마지막으로 태양은 더는 물질을 밀어낼 수가 없었는데 이유는 태양이 더는 전자를 끌어당길 수가 없었기 때문이다. 이유는 공간에 전자가 고갈되었기 때문이다. 즉, 태양의 중심에 양성자덩어리는 전자를 더는 끌어당길 수가 없었으므로 태양의 중력인 양 전자력은 질소를 결합시켜서 밀어내는 것을 끝으로 더는 물질을 결합을 시켜서 밀어낼 수가 없었던 것이다.

그런 뒤에 태양은 결합을 시킨 질소를 붕괴를 시켜서 빛을 만들어서 방사를 시작했던 것이다. 이것이 태양이 최초로 만들어낸 빛인데 질소를 붕괴시켜서 만들어낸 빛이다. 이때 태양은 빛을 만들어내서 방사를 함과 동시에 중력인 양 전자력이 극대화가 되었는데 행성들은 전자를 끌어당기는 순간순간 태양으로부터 밀어내지기 시작하였는데 태양과의 근접거리에서 뭉쳐지던 지구형 행성들은 태양에게 전자를 거의 모두 빼앗기는 일이 일어나서 태양의 중력인 양 전자력으로부터 밀어내진 거리가 멀리 밀어내지지는 못하였는데 원인이 태양이 공간에 있던 전자를 거의 싹쓸이하면서 빚어진 일이다. 따라서 상대적으로 태양으로부터 멀리에서 뭉쳐지고 있던 천왕성, 해왕성, 명왕성은 태양의 전자포획 사정거리 밖에서 뭉쳐지고 있었으므로 전자를 충분히 끌어당겨서 가둘 수가 있었으므로 태양의 중력인 양 전자력으로부터 밀어내진 거리가 태양계의 외각에까지 밀어내질 수가 있었던 것이다.

따라서 태양계의 행성들 가운데 목성의 양성자덩어리의 질량은 태양계 내의 행성들 가운데 가장 큰 양성자 질량을 가지고는 있지만 끌어당겨서 가두어둔 전자질량의 부족으로 목성의 대기의 안쪽에서는 목성의 지표면이 생성이 되어 맹렬하게 화산이 마그마를 뿜어내고 있으므로 목성의 대기가 기체탄소로 얼룩이 지고 있는 것이다.

물론 토성도 대기의 안쪽에서는 기체물질의 탄소화가 진행이 일어나므로 토성의 대기의 색이 푸른색이 아니라 붉은색을 나타내고 있는 것이다. 토성은 이제 막 탄소화로의 진행이 일어나고 있는 것으로 보이며 따라서 목성과 토성은 기체행성이 아니라 지구형 행성이라 하는 것이다. 목성과 토성도 태양에게 근접해서 생성이 되었으므로 태양에게 전자를 많이 빼앗겼기 때문에 양성자 질량에 비례해서 전자질량이 부족한 행성이므로 탄소화가 진행이 일어나고 있는 것이다.

또한 태양이 밀어낸 물을 끌어당겨서 대기로 삼을 수가 있었는데 목성과 토성이 고리 형태의 물을 가지고 있는 것은 물이 차가운 우주 온도에 노출되어 얼음덩어리로 뭉쳐졌기 때문에 덩어리의 질량에 따라서 끌어당겨서 고리를 만들고 있는 것인데 물이 얼음덩어리로 뭉쳐지면 목성이나 토성의 중력인 양 전자력이 얼음덩어리를 크기에 따라서 밀어내서 거리를 만들어내기 때문에 얼음덩어리들의 크기에 따라서 고리가 만들어지는 것이다.

물리학자들은 목성이나 토성의 자전속도가 빠르므로 원심력에 의한 고리가 만들어진다는 주장을 하고 있는데 그러한 주장은 절반만 맞는 주장이다. 만약에 목성의 자전 속도가 느리다고 한다면 고리가 디스크 형태가 아닌 두루뭉술한 도넛 형태가 될 것이다. 이유는 목성의 중심에 양성자덩어리가 얼음덩어리를 향해서 찌그러져서 중력을 발호하고 있기 때문이다. 다시 말해서 원심력에 의한 고리가 아니라 중심에 중력을 발호하는 양성자덩어리의 형태가 고리를 향해서 찌그러져 있으므로 일어나는 일이다, 하는 것이다. 태양은 생성 초기에는 직경이 약 350만km는 되었을 것으로 추정이 되는데 130억여 년을 지나오는 동안에 질량의 감소로 수축이 일어난 것이다. 따라서 태양계의 행성들도 태양계가 처음 팽창을 하였을 때에 지구와 태양과의 거리가 약 3억 5천만km의 거리로 밀어내졌지만 현재에는 약 1억 5천만km의 거리로 끌어당겨져 있는 것이다.

제10장 태양계의 행성들

앞에서 태양의 내부 구조와 물질결합 시스템을 들여다보았는데 이 장에서는 태양계의 행성들의 생성시스템을 들여다보기로 하자. 먼저 지구형 행성들인 수성, 금성, 지구, 화성, 목성, 토성을 들여다보고 천왕성, 해왕성, 명왕성을 들여다보자.

먼저 수성을 보면 수성은 태양이 생성되기 위해서 양성자가 뭉쳐지고 전자를 한참 끌어당길 때에 뭉쳐지기 시작을 하였으므로 태양에게 끌려들어가지 않았다는 이야기가 된다. 만약에 수성이 뭉쳐질 때에 태양이 전자를 끌어당기지 않고 양성자가 뭉쳐지고 있었다고 한다면 수성은 태양의 중심에 양성자덩어리에게 끌려들어가서 합쳐졌을 것이라는 이야기가 되므로 수성은 태양이 전자를 끌어당기기 시작을 할 무렵부터 양성자가 뭉쳐졌을 것이라는 이야기가 되는 것이다. 또한 태양이 전자를 끌어당기고 있었으므로 수성도 전자를 끌어당기고 있어야만 태양과 수성 둘의 양 전자력이 서로를 질량에 따라서 밀어내서 수성은 태양에게 끌려들어가지 않았다는 이야기가 되는 것이다.

이렇듯이 태양계의 행성들은 태양이 생성되고 전자를 마지막으로 끌어당겨서 물질을 결합을 시켜서 밀어낼 만큼 밀어내고 난 뒤에 더는 물질을 전자구역 밖으로 밀어내지 못하게 되자 결합시킨 물질을 붕괴시켜서 빛을 만들어내기 시작하면서 행성들은 공전을 하기 시작하면서야 전자를 끌어당길 수가 있었다는 이야기가 되므로 행성들의 팽창은 일순간 일어나지 않았다.

즉, 태양은 안정적인 궤도에 있었지만 행성들은 계속해서 전자를 끌어당겨서 가두어야만 하였는데 태양이 자전과 공전을 시작하자 비로소 행성들은 태양의 주위를 공전하기 시작하였는데 행성들의 공전 이것이 중력인 양 전자력이다.

앞에서도 이야기를 하였지만 중력에 대한 이야기를 한 번 더하기로 하자. 중력은 근본적으로 물질과 물질의 상호작용이 아니라 입자와 입자의 상호작용인 것이다. 왜냐하면 우리가 물질이라고 명명하고 있는 것은 양자가 전자를 포획하면 우리는 그것을 물질이라고 명명하고 있기 때문이다.

따라서 물질은 이미 전자를 포획해버린 상태에 있으므로 중력을 발호할 수가 없는 것이다. 다만 중력의 주체인 입자 덩어리와만 상호작용을 하는 것이다.

다시 말하면 중력의 주체인 입자가 전자를 포획하지 않고(입자가 전자를 포획하면 물질이므로) 많은 개체의 양성자가 덩어리를 이루고 뭉쳐진 뒤에 그 덩어리의 주위에 전자를 끌어당겨두고 있다면 그것이 중력의 주체인 것이다. 그러한 상태에 있는 것이 천체이다. 따라서 우주에 존재하는 모든 천체는 천체가 가진 질량에 비례하고 상대 천체가 가진 질량에 비례해서 중력을 발호하는 것이다.

여기에서 물질은 우리의 눈에 보이는 현상일 뿐으로 우리는 입자를 우리의 눈으로 볼 수가 없으므로 인정을 할 수가 없는 것이다. 그러므로 아인슈타인도 상대성이론에서 물질과 물질이 상호작용을 하는 것이라는 주장을 했던 것이다. 하지만 물질은 전자를 포획을 해버린 개체이므로 중력을 발호하는 주체인 입자가 아니고는 반응을 물질을 상대로는 보이지 않는 것이다. 다만 물질은 물질을 상대로는 소 닭 보듯이 하면서도 열역학법칙에 따라서 이합집산을 할 뿐이다. 즉, 온도에 따라서 '헤쳐모여'를 한다는 이야기가 되는 것이다.

필자가 주장하는 중력의 주체를 우리는 눈으로 볼 수가 없는데 이유는 천체의 중심에 뭉쳐져 있기 때문이다. 중력에 대한 예를 한 가지 들어보기로 하자. 만약에 우리의 지구에서 100kg 몸무게를 가진 사람을 목성에 데려다 놓으면 목성에서 그 사람의 몸무게는 30,000kg은 나갈 것이다. 왜냐하면 사람은 한 사람이고 같은 사람이며 또한 같은 무게를 지녔지만 중력은 그 사람의 무게를 같다고 보지 않기 때문인데 이유는 중력에 있다. 즉, 사람은 양자가 압도적으로 많기 때문이며 따라서 중력은 양자 질량으로만 무게를 재기 때문인데 원인은 중력의 주체가 양자이기 때문이다.

만약에 사람이 100kg이고 100개의 양자로 이루어져 있다고 한다고 하면 사람에게는 전자는 1개밖에 없기 때문에 중력은 사람을 99kg으로 보며 작용을 하는 것이다. 하지만 100kg인 사람이 100개의 양자로 이루어져 있고 그 사람의 등에 100개의 전자를 메고 있다고 가정을 하고 사람을 이루는 양자와 등에 메고 있는 전자와의 상호작용으로 등에 메고 있는 전자가 운동을 일으키고 있다고 한다면 중력은 그 사람의 몸무게를 0으로 보고 작용을 하므로 그 사람의 몸무게는 0kg이다.

따라서 태양이 수성을 가장 가까이까지 끌어당겨두고 공전을 시키고 있는 것은 수성의 몸무게가 100kg이고 양자의 수가 100개인데 수성이 가진 전자는 2개 정도이므로 태양은 수성을 2m의 거리로 끌어당겨두고 공전을 시키고 있는 것이다. 만약에 수성이 100kg의 몸무게에 100개의 양자로 이루어져 있으며 100개의 전자를 가지고 있다면 태양은 수성을 100m의 거리로 밀어내서 공전을 시키고 있을 것이라는 이야기가 되는 것이다. 이것이 중력인 양 전자력이다.

따라서 태양은 태양계의 행성들이 가지는 양자 질량과 그 양자 질량이 가지고 있는 전자질량에 따라서 거리를 만들고 있는 것이다. 그러므로 수성보다는 금성이 양자 질량에 비례해서 전자질량을 더 많이 가지고 있는 것이고 금성보다는 지구가 양자 질량에 비례해서 전자질량을 더 많이 가지고 있으며 해왕성보다는 명왕성이 양자 질량에 비례해서 전자질량을 더 많이 가지고 있는 것이다.

그렇다고 해왕성보다 명왕성의 질량이 더 크다고 할 수는 없다는 것인데 중력의 주체와의 거리는 질량의 크고 작은 것은 적용되지 않는다는 사실이다. 왜냐하면 명왕성이 해왕성보다 질량이 크지 않기 때문이다. 하지만 태양은 해왕성보다는 명왕성을 더 멀리에 밀어내두고 있기 때문인데 원인은 명왕성이 해왕성보다는 양자 질량에 비례해서 가지고 있는 전자질량이 상호질량대칭성을 가지고 있기 때문이다.

중력에 대한 이야기를 하였는데 천체물리학자들은 혜성이나 소행성이 지구로 돌진을 하여 지구의 생태계를 파괴할 것이라는 주장을 하는 것을 심심치 않게 볼 수가 있다. 물론 그럴 수 있다는 것을 배제할 수는 없다. 왜냐하면 혜성이나 소행성이 가지고 있는 질량이 양자 질량만 가지고 있다고 한다면 천체물리학들의 주장이 옳은 주장일 수가 있지만 혜성이나 소행성이 가지고 있는 양자 질량과 그 양자 질량에 비례해서 전자질량이 대칭적이라면 천체물리학자들이 주장하는 일은 일어나지 않을 것이기 때문이다.

만약에 질량대칭성을 가진 혜성이나 소행성이 지구로 온다면 지구의 중력은 그 혜성이나 소행성이 가진 질량만큼의 거리로 밀어낼 것이기 때문이다. 또한 운석이 지구의 대기를 통과해서 지표면으로 낙하를 하는 일이 비일비재하게 일어나고 있는데 이유는 운석이 양자 질량만 있고 전자질량을 가지고 있지 않기 때문에 지구의 중력은 운석을 지구의 표면으로 끌어당겨서 낙하를 시키는 것이다. 아니 끌어당겨서 지구의 표면에다 운석을 붙이는 것이다.

다시 말해서 중력은 양자는 끌어당기고 또한 전자도 끌어당기는데 양자와 전자가 상호비례해서 질량대칭성을 가지고 있다면 질량에 크기에 비례해서 밀어내서 거리를 만들어서 공전을 시키는 것이다. 또한 중력은 큰 질량을 가진 천체가 작은 질량의 천체를 포획하는 형태이지만 가장 가까이에 있는 천체에게 중력이 집중된다는 점이다. 그것에 대한 설명을 하기로 하자.

우리의 지구를 보면 참 아이러니한 일이 하루에 두 번 일어나는데 그것이 조석력이다. 조석력을 두고 물리학자들은 주장하기를 태양력이니 월력이니 원심력이니 하는 주장을 하고 있다는 사실이다. 하지만 아니다. 정작 조석력을 일으키는 주체는 지구의 중력이다. 자, 그것에 대한 이야기를 하기로 하자.

제11장 지구의 조석력이 전하는 메시지

지구는 표면 둘레 약 4만km의 작은 행성이다. 태양계의 행성들 가운데 일곱 번째의 질량대칭성을 가진 전형적인 탄소행성이다. 필자가 지구를 탄소행성으로 표현을 하였는데 지구를 이루는 80%는 기체와 물을 제외하면 탄소로 이루어져 있기 때문이다. 그것은 흙이나 암석을 이야기하는 것이다. 따라서 지구의 중력질량은 태양계에서 7위이며 탄소질량은 화성이 1위이고 표면적으로는 두 번째이지만 사실은 목성이나 토성의 탄소질량이 지구의 탄소질량을 앞지른 지는 오래전 일이다. 다만 목성과 토성은 표면적으로 나타나지 않으므로 해서 물리학자들은 기체행성이라는 주장을 하고 있기 때문인데 어쨌거나 지구의 중력질량은 그리 범위가 크지도 강력하지도 않다.

모두가 알고 있듯이 지구는 대기를 가지고 있는데 지구의 대기를 이루는 지표면으로부터 약 30km에 오존층이 또한 질소 층과 산소 층이 공존을 하고 있는데 질소와 산소는 지표면으로부터 약 15km의 범위를 벗어나지 않는다는 것인데 그것은 지구의 중력이 미미함을 나타내고 있는 증거이기도 하다. 이때 지구의 표면에는 4분의 3이 물이라는 화합물로 덮여 있다는 사실이다.

여기에서 물이라는 화합물의 특수성을 짚고 가기로 하자. 모두가 알고 있듯이 물은 산소 원자 한 개에 수소 원자 두 개가 결합을 하고 있다. 물을 화합물이라고 명명하고 있는 이유는 물이 양자결합을 하지 않고 전기적 결합을 하고 있기 때문인데 그것은 물이 가진 특수성이다.

다시 말해서 물이 가진 특수성은 지구의 표면에서 24시간 동안에 두 번에 걸쳐서 물의 수위가 높아졌다 낮아졌다 반복을 한다는 점이다. 이러한 조석간만의 차이는 물이 지표면으로 내려온 순간부터 지금까지 수십억 년을 반복을 해서 일으키고 있다는 사실이다.

자, 먼저 물을 해부하고 가기로 하자. 우리는 물을 생명수라고 지칭을 하고 있는데 맞다. 물은 지구에 생명체를 싹틔우고 진화를 이어가는 데 없어서는 안 되는 화합물이다. 다시 말해서 지구에 물이 없다고 한다면 지구는 생명체를 생성 진화를 이어갈 수가 없다는 이야기다.

따라서 물은 우리 지구로 보면 홍복이다.(더할 수 없는 복) 자, 물을 해부를 해 보자. 물은 산소 원자 한 개와 수소 원자 두 개가 양자적 결합이 아닌 전기적 결합을 하고 있으므로 물은 온도에 중립을 나타내고 있다는 점이다. 이 이야기는 무슨 이야기이냐 하면 만약에 물이 양자적 결합을 하고 있다고 가정을 하면 물은 여타의 기체물질들(질소나 산소 수소나 헬륨)처럼 극저온을 물 외부로 표출을 할 것이기 때문이다.

따라서 물은 지구의 표면에 액체로 존재할 수가 없고 분자 형태로 지구의 대기를 뒤덮고 있을 것이라는 이야기가 되는 것이다. 질소나 산소처럼 말이다. 하지만 물은 양자적 결합이 아닌 전기적 결합을 한 원인으로 말미암아서 물은 극저온을 가지고 있음에도 불구하고 물 외부로 극저온을 표출하지 못한다는 사실이다. 따라서 물은 온도에 중립을 보임으로 해서 지구의 표면에 끌려 내려와 액체 상태로 존재를 하는 것이다.

여기에서 잠깐 물리학자들의 주장을 들어보고 가기로 하자. 물의 기원을 이야기하는 물리학자들은 물이 암석 속에서 증기 형태로 솟아올라서 지구의 대기를 뒤덮고 있다가 지표면의 온도 차이로 인해서 비 형태로 지표면으로 내려와서 액체 상태를 이루고 바다를 만들어내고 있다는 주장을 하고 있는 것이다. 천부당만부당한 주장이다. 왜냐하면 앞에서도 이야기를 하였지만 물과 질소 산소는 지구의 질량으로는 결합을 시킬 수가 없는 물질임에도 불구하고 그러한 주장을 되풀이하고 있다는 것은 물리학을 천문학을 뒤로 퇴보시키는 주장이라는 것을 밝혀두는 바이다.

각설하고 물에 대한 이야기를 이어가자. 물은 자체로는 화합물이지만 물이 온도에 중립을 보임으로 해서 물은 기체로 갔다가 액체로 갔다가 고체로 갔다가를 반복하는데 이유가 물이 온도에 중립을 보임으로 해서 일어나는 일이다. 따라서 물이 지구의 표면에 액체 상태로 바다를 이루고 있으며 태양이 방사하는 복사열에 의해서 물은 기화되어 분자 형태로 지구의 대기로 떠오르는데 물이 기화되면 떠서 구름이 된다? 아니다. 왜냐하면 물은 온도에 중립을 보이므로 지구의 중력은 물을 액체로 혹은 고체로 혹은 기체로 보는 것인데 여기에는 물이 가진 특성과 중력의 힘이 숨어 있으므로 해서 우리는 물을 자세히 모른다는 것이 필자의 생각이다.

자, 생각을 해보자. 물이 액체 상태로 바다를 이루는 것은 지구의 중력이 물을 액체로 보기 때문에 물을 지구의 표면에 붙여두고 바다를 만들고 있는 것인데 여기에는 우리가 상상할 수 없는 비밀이 숨어 있다. 중력과 온도와 운동과의 상관관계가 그것이다.

중력은 앞에서 설명을 하였지만 여기에서 다시 한 번 더 하자. 중력의 주체는 물질을 향해서 상시적으로 중력을 발호하고 있지만 중력의 상호작용의 대상인 물질인 물이 액체일 때에는 온도에 중립이므로 물이 운동을 하지 않는다는 것이다. 이에 중력은 물이 운동을 일으키지 않으므로 물을 양자로만 인식을 함으로 해서 최대한 중력의 범위 가까이까지 끌어당기는 것이다.

이때 태양이 방사한 복사열이 물을 달구면 물은 뜨거워지면서 물 분자가 운동을 일으키는데 중력은 운동을 일으키는 물 분자를 인식을 하고 중력의 주체가 가진 질량과 물 분자가 가진 질량에 비례해서 물 분자를 밀어내는 것이다. 따라서 물 분자는 대기로 밀어내져서 헤쳐모여를 하는 것인데 대기로 밀어내진 물 분자가 온도에 따라서 차가워지며 운동량이 감소를 하게 되고 이에 물 분자는 물 분자끼리 끌어당기며 구름을 형성하다가 물 분자가 여러 개가 뭉쳐지게 되고 물은 운동량이 급속도로 저하되면 중력은 물을 끌어당기는 것이다. 즉, 상전이의 원인인 것이다. 즉, 중력에 의해서 비로 지표면으로 끌려 내려오는 것이다. 즉, 물이 운동을 일으켰다가 운동을 멈추므로 중력은 물을 양자로만 보기도 하고 물 분자가 운동을 일으킬 때에는 기체물질로 보는 것이다. 그로 인해서 물이 기체이다가 액체가 되고 고체가 되는 것이다.

앞에서도 이야기를 하였지만 물이 내부에 가지고 있는 극저온을 물외부로 표출을 한다고 하면 중력은 물을 기체로만 볼 것인데 그렇게 되면 물 분자는 지구의 대기로 밀어내져서 질소와 산소와 함께 대기로 공존을 하고 있을 것이다. 이것이 물이 가진 실체이다. 자, 물이 가진 비밀을 이야기를 하였다.

이제는 지구의 표면에 액체 상태로 있는 바닷물이 약 12시간을 주기로 들어왔다가 나갔다가를 반복을 하는 조석력에 대한 이야기를 하기로 하자. 지구의 중심에는 절대온도를 가진 양성자가 덩어리를 이루고 뭉쳐져서 전자를 끌어당겨서 가두어 두고 있지만 양성자덩어리가 전자를 끌어당기는 것을 우리는 낙뢰를 통해서 목격을 하고 지구의 중심으로 전자가 끌려들어가는 것을 심심치 않게 실제로 볼 수가 있는데 그 낙뢰로 끌어당겨진 전자가 지구의 극과 극을 통하는 자기력선을 만들어내며 지구를 감싸고 있는 것 또한 우리는 알고 있다.

이것을 두고 우리는 지구가 천연자석이라는 것 정도로 인식을 하고 있으며 자석은 실제로 극과 극을 관통하는 자기력선을 만들어낸다는 것을 알고 있으므로 지구도 자석이므로 자기력선이 극과 극을 통해서 흐르는 것으로만 알고 있는 것이 현실이다. 그렇지만 지구가 자기력선을 만들어내고 있는 것은 지구의 중심에 절대온도를 가지고 뭉쳐진 양성자덩어리의 질량이 크지 않으므로 일어나는 일이다, 하는 것인데 극점에서 자기력선이 솟아올라서 극점으로 이어지는 선을 만들어내고 있다는 것은 알지 못한다는 것이다.

사실 지구의 자기력선은 많은 일을 수행한다는 것을 물리학자들은 알고 있다. 즉, 태양이 지구로 방사하는 빛과 하전입자 방사능 입자를 자기력선이 걸러내는 일을 하고 있는 것인데 만약에 지구에 자기력선이 만들어지지 않는다고 가정을 하면 지구의 생태계는 태양풍으로부터 보호를 받을 수가 없다는 사실이다. 즉, 여과되지 않은 태양풍에 노출되어 지구의 생명체는 심각한 타격을 받을 것이 분명하기 때문이다.

이에 지구에 생명체의 태동과 진화는 불과해야 약 10억 년 안쪽이라는 이야기가 되는데 왜냐하면 10억 년 전에만 하여도 지구의 중심에 양성자덩어리의 질량은 현재의 두 배는 되었을 것으로 추정이 되는바 이때는 양성자덩어리의 핵력이 강력하므로 가두어둔 전자가 자기력선을 만들어낼 수가 없었을 것이기 때문이다. 이유는 양성자덩어리의 핵력이 전자로 하여금 자기력선을 깨트리는 결과로 나타나기 때문이다. 따라서 지구의 생명체는 태동의 시기가 약10억 년 안쪽이었을 가능성이 크다는 것이 필자의 생각이다.

앞에서도 이야기를 하였지만 양성자덩어리의 압력인 핵력은 전자로 하여금 자기력선을 깨트리는데 전자가 극성을 가지고 있는 것은 모두가 알고 있다. 따라서 전자가 극성이 깨지는 압력을 받으면 전자는 극성이 엇갈리며 운동을 일으키는데 이때 전자가 뜨거워지는 것이다. 따라서 뜨거워진 전자덩어리인 플라즈마와 중심에 양성자덩어리는 절대온도를 가지고 있으므로 해서 둘은 핵력과 척력으로 서로 간에 대치 상태에 있으므로 둘 사이에는 강력한 기류가 형성이 되어 있으며 둘은 서로를 밀어내면서도 서로를 끌어당기는 일이 일어나고 있으므로 해서 천체가 운동을 일으키고 자전과 공전을 일으키고 있다는 이야기는 앞에서 하였다.

하지만 우리의 지구는 중심에 양성자 질량에 비례해서 전자질량이 증가를 하고 있는 것이 사실이다. 따라서 지구의 극점에서는 자기력선이 극을 통과할 정도로 만들어내고 있는 것이다. 또한 지구의 자전 속도가 현저히 느려지고 있는 것인데 천체의 자전은 양자 질량과 전자질량의 상호대칭성에서 일어나므로 지구는 자전 속도가 느리게 자전을 하는 것이다.

이야기가 잠시 옆으로 흘렀는데 조석력에 대한 이야기를 하기로 하자. 지구의 중심에 절대온도를 가진 양성자가 덩어리를 이루고 뭉쳐져서 전자를 끌어당겨서 가두어두고 상호반발력으로 지표면의 자전은 서쪽에서 남쪽을 지나서 동쪽으로 회전을 하고 지구의 공전은 태양의 공전 방향으로 끌려가며 회전을 하고 있다. 이때 지구의 자전은 지구의 의지로 일으키지만 지구의 공전은 지구의 의지와는 상관이 없이 태양의 중심에 양성자덩어리의 회전 방향으로 속절없이 끌려가며 공전을 하고 있는 것이다.

즉, 지구는 태양의 중력에게 포획이 되어 공전을 하고 있는 것이다. 이때 지구의 중심에 양성자덩어리가 포획하고 있는 것은 지구의 위성인 달을 포획하고 있는데 지구가 태양의 중심에 양성자덩어리에게 포획되어 있는 것과 마찬가지로 지구의 위성인 달도 지구의 중심에 양성자덩어리에게 포획이 되어 있는 것이다. 따라서 달의 회전 방향은 지구의 표면의 반대 방향으로 지구의 둘레를 공전을 하고 있는데 달의 공전은 지구의 중심에 양성자덩어리의 회전 방향으로 달을 공전을 시키고 있는 것이다.

여기에서 중요한 문제는 운동의 근원이다. 자, 물리학자들은 운동의 근원을 설명을 하지 못하면서도 천체의 운동을 두고 원심력이니 태운동이니 하는 주장을 하고 있는데 어불성설이다. 운동량보존법칙과 에너지보존법칙을 내세우지 않더라도 어떤 운동이 일어날 때에는 근원이 있기 마련이다. 즉, 에너지의 근원이 있어야만 그 운동은 지속된다는 점이다. 하지만 물리학자들은 에너지의 근원을 설명을 못 하면서 원심력이니 태운동이니 하는 주장을 하고 있다는 점이다.

이러한 주장에 대해서 필자가 한마디 하자면 모르면 모른다고 솔직하게 이야기를 하여야 한다는 것이다. 즉 알지 못하면서 무엇 무엇으로 특정을 해서 주장을 하게 되면 그것의 실체는 미궁 속으로 빠져버리고 오류만 난무하는 일이 일어난다는 것을 알았으면 하는 마음에서 하는 이야기이다.

각설하고 조석력에 대한 이야기를 이어가자. 지구의 중심에 절대온도를 가지고 뭉쳐진 양성자덩어리는 상시적으로 지구의 위성인 달을 향하고서 중력을 발호하고 있는데 이때 양성자덩어리가 달을 향해서 럭비공 형태로 찌그러져 있는 것이다. 따라서 지구의 표면이 24시간에 360도를 회전하고 지구의 중심에 양성자덩어리가 360도 회전을 하는 데에 걸리는 시간은 약 29일이다.

이때 중요한 문제는 지구의 중심에 양성자덩어리가 상시적으로 달을 향하고 있다는 점이다. 따라서 양성자덩어리는 지표면이 24시간 동안에 360도를 회전하고 있으므로 양성자덩어리가 움직이는 거리는 지표면이 자전을 하는 24시간의 약 50분 정도의 거리를 움직이는 것이다. 이때 지표면은 24시간 동안에 360도를 회전하므로 약 두 번에 걸쳐서 지구의 중심에 양성자덩어리와 달과 일직선이 겹쳐지게 되는 것이다.

이때 양성자덩어리가 상시적으로 달을 향해서 럭비공 형태로 찌그러져 있으므로 럭비공의 꼭짓점 부분으로 바닷물이 지나가는 것이다. 이때 바닷물을 양성자덩어리의 꼭짓점 부분이 밀어내는 것이다. 그렇게 되면 바닷물은 솟아오르는데 달의 반대 방향에서도 같은 일이 일어나는 것이다. 따라서 지구의 표면 어디에서 보든지 간에 약 12시간에 한 번씩 럭비공의 꼭짓점을 지표면 위의 바닷물은 통과를 하므로 바닷물이 달이 공전하는 방향으로 밀어내지는 것이다.

이러한 것을 자세히 보면 지구의 위성인 달이 바닷물을 끌어당기는 것으로 보인다는 것인데 이러한 상황이 날짜가 지나감에 따라서 바닷물의 수위가 높아지고 낮아지는 것이다. 이때 달과 지구와 태양의 삼각함수가 작용을 하는데 이 삼각함수에 따라서 물의 수위가 변하는 것이다. 즉, 지구와 달과 태양의 위치가 지구의 중력을 증가시키며 감소시키는 것으로 나타나는 것이다.

자, 중력을 월력인 달력으로 설명을 하여 보기로 하자. 월 중에 가장 물의 수위가 높아지는 시기는 그믐을 시작으로 초하루에 가장 높은 수위를 보이는 것은 달이 지구의 그림자 속으로 들어가는 시기다. 따라서 지구와 태양 사이에 달이 끼이는 것이다. 이때는 태양의 중력이 달을 징검다리 삼아서 지구로 전달이 되면 지구의 중심에 양성자덩어리는 달을 향해서 더욱 찌그러지므로 바닷물의 수위가 최고조에 달하는데 이 시기를 기점으로 날짜가 지날 때마다 조금씩 물의 수위가 낮아져서 음력 7일과 8일 사이에 가장 낮은 수위를 보이다가 9일부터 수위는 조금씩 높아지기 시작을 해서 음력 보름이 되면 그믐보다는 낮지만 월 중 두 번째로 수위는 높아지는 것이다.

이때가 지구와 달이 일직선으로 정렬이 되는데 음력 16일을 기점으로 수위는 점차적으로 낮아지다가 음력 23일과 24일 사이에 다시 수위가 상승을 하는 것이다. 점점 높아지던 수위가 그믐과 초하루를 기점으로 최고조를 보이다가 다시 낮아지는 것이다. 만약에 태양의 중력이 지구로 전달이 되지 않는다고 가정을 하면 바닷물의 수위는 조석력을 보이기는 하겠지만 바닷물의 수위는 일정할 것이다. 즉, 조금과 사리가 없이 한 달 내내 일정한 수위를 보일 것이다. 따라서 지표면에서 일어나는 조석간만의 차이는 지구의 중력이 주체이고 태양의 중력이 달의 각도에 따라서 증감되는 것으로 나타나는 것이다. 이것이 조석력의 실체다.

이 조석력의 실체 속에는 놀라운 비밀이 한 가지 더 숨어 있다. 그것은 물질과 운동과 중력이라는 양 전자력이 제공하는 비밀이다. 앞에서도 이야기를 하였지만 운동은 중력의 주체에게 자신이 가진 중력인자를 알리는 것으로 나타나는데 그렇지 않은 것이 물이다.

사실 물은 중력으로부터는 자유롭다. 왜냐하면 물은 자신이 가진 극저온을 물 밖으로 표출을 할 수가 없으므로 물이 운동을 멈추고 정중동 상태가 되면 중력은 물을 대칭성을 가진 중력반응체로 보지 않는다는 것이다. 아니 물이 운동을 멈추므로 중력인자가 중력의 주체에게 전달이 되지 않는 것이다. 그로 인해서 물은 액체와 고체와 기체로 자유롭게 이동을 할 수가 있는데 이것에 대한 이야기를 하기로 하자.

사실 물이 지구의 표면에 위치하는 이유는 물이 온도에 중립을 보이므로 일어나는 일이다 하는 것은 앞에서 이야기를 하였다. 만약에 지구의 표면온도가 지금까지 쭉 영하 100도 이하이거나 영상 100도 이상이라면 물은 물이 가진 특성으로 말미암아서 물은 지구의 표면에 존재할 수가 없다는 것이다. 그런데 지구의 표면은 그렇지가 않으므로 지구의 반려자가 되어 지표면에 위치할 수가 있는 것이다.

자, 그렇다면 물이 간직한 비밀을 해부해 보자. 앞에서 이야기를 하였다시피 중력은 물이 운동을 일으키지 않으면 중력의 주체는 물을 대칭성을 가진 물질로 보지를 않고(물은 질소와 산소처럼 개체대칭성을 가졌음) 양자로만 인식을 하므로 물을 끌어당겨서 지표면에 붙여놓은 것이다. 그런데 물이 조석력이라는 것으로 조금과 사리를 연출하는 것은 물이 온도를 표출할 수가 없으므로 해서 물은 지구의 중력의 범위보다 가까운 지표면에 너무나 가까이에 위치를 하는 것이다. 즉 중력과 최대한 가까이까지 위치할 수가 있다는 이야기가 되는 것이다.

목성이나 토성을 보자. 목성이나 토성은 물이 얼어붙어서 얼음덩어리가 된 물을 목성이나 토성은 대기 밖에까지 밀어내두고 고리를 만들 정도의 목성 중력의 주체로부터 멀리에 있는 것이다. 목성이나 토성에서는 사실 물은 행성의 위성이다. 즉 천체가 아니면서도 목성이나 토성에서는 물은 천체 대접을 받고 있는 것이다. 사실 물은 지구에서도 과거에는 똑같은 대접을 받고 있었다는 사실이다.

하지만 지구의 중심에 중력의 주체인 양성자덩어리의 질량이 탄소화로의 진행이 일어나면서 양성자덩어리의 질량이 감소하여 지구의 중력이 감소하였기 때문인데 감소된 중력 질량만큼 물은 지표면으로 끌어당겨져서 내려온 위성이다. 단

물이 얼어있을 때의 일이다. 하지만 지구는 태양으로부터 1억 5천만km밖에는 떨어져 있지 않으므로 태양이 방사하는 복사열이 물을 녹이게 되고 온도에 중립을 보이는 물은 지구의 대기에까지 끌어당겨지면서 상전이를 일으키게 된 것이다.

하지만 목성도 중력 질량이 탄소화로의 감소가 일어나면 현재에는 고리 형태의 위성이지만 물은 목성의 대기로 끌려 내려가서 목성의 표면에 안착을 할 것이다. 만약에 고리 형태의 물의 질량이 지구에서처럼 바다를 이룰 만큼의 질량이라면 목성도 지구처럼 바다를 이루게 될 것은 자명하다 할 것이다. 이렇듯이 물은 물이 가진 특성으로 말미암아서 지표면에 위치하고 있는 것이다.

그렇다면 지구와 달과의 사이에서 물이 일으키는 조석력에 대한 이야기를 이어가기로 하자. 앞에서도 이야기를 하였지만 물은 온도에 중립을 보이므로 지구의 상온에서 물은 운동을 멈추고 있음으로 해서 지구의 표면에 위치를 하고 있다. 이때 물이 위치하는 지구의 표면은 물이 가진 질량으로 보아서 물은 지표면에 위치할 수가 없는데도 물은 지구의 표면에 위치를 하고 있다는 사실이다. 따라서 물은 지구의 중심에 중력의 주체인 양성자덩어리와 너무나 가까이에 위치를 하고 있는 것이다.

이때 지구의 위성인 달은 지구와 약 38만km의 거리에 밀어내져서 지구의 주위를 공전하고 있다. 달의 중력의 주체와 물과의 거리는 약 38만km에 달하므로 달은 지구의 표면에 위치한 물을 끌어당길 수가 없다는 사실이다. 따라서 달이 조석력을 일으킨다는 주장은 설득력이 없다는 사실이다.

사실 물의 위치는 오존이 머물고 있는 성층권과 대기권 사이에 있어야만 맞다. 즉 지표로부터 약 20km의 대기층과 성층권 사이에 있어야 맞다. 그렇게 되면 지구의 중력의 범위와 달이 가진 중력의 범위가 맞아떨어지는 위치라고 할 수가 있지만 정작 물은 성층권에 있지 않고 지구의 표면에 위치함으로 해서 물이 지구의 중력으로 봐서는 물이 너무나 가까이에 위치를 함으로 해서 물을 지구의 중력의 주체인 양성자덩어리가 물을 밀어내는 것이다. 이것이 물이 가진 비밀이다.

제12장 지구 생태계가 전하는 메시지

자, 이야기가 지구 생태계를 논하는 데까지 이르렀는데 사실 이 부분은 필자에게는 뜨거운 감자이다. 왜냐하면 필자는 생태학자가 아니기 때문인데 필자의 생각을 잘 전할 수가 있을까를 반신반의하게 된다는 것인데 어쨌거나 시작하여 보기로 하자.

우리는 지구에서 멸절하여 존재조차 희미한 생명체의 명암을 조명하는 것은 화석이라는 것을 잘 알고 있다. 공룡이나 세쿼이아와 같은 거대 생명체가 지구의 생태 환경에서 생성 진화를 하다가 어느 날 어느 시대에 갑자기 멸절되어버린 사건을 잘 알고 있는데 아직은 그 누구도 속 시원하게 명확한 조명을 하지 못하고 있다는 것을 필자는 알고 있다. 이에 필자가 고대시대를 살다 멸절하여버린 공룡과 세쿼이아에 대한 조명을 해보자는 것이다.

우리 지구의 생태계는 앞에서도 언급한 바가 있지만 지구에 생명체가 출현한 것은 지금으로부터 약 10억 년 안쪽에서 시작이 되었을 것이라는 추론은 앞에서 하였다. 그와 같은 추론을 한 이유는 지금으로부터 10억 년 전만 하여도 지구의 환경은 생명체가 생성되어 진화를 하기에는 무리가 뒤따랐다는 것이 필자의 생각에서 비롯되었지만 사실은 그 시기는 20억 년 전일 수도 있다는 것을 이해하여 주기를 바랄 뿐이다. 다만 어떤 연대를 지정하여야만 추론이 진행이 되므로 이해를 구하고자 한다는 생각에서 이야기를 한 것이므로 이해하여 주기를 부탁드리며 추론을 이어가자.

지구의 생태계에 영향을 미치는 것의 제 일의 순위는 뭐니 뭐니 해도 태양이다. 태양이 방사하는 빛은 지구를 따뜻하게 하고 지표면에 위치한 물이 상전이를 일으키게 만들며 뭐니 뭐니 해도 태양빛이 지구의 대기로 들어와서 빛이 일으키는 빛의 진화를 들 수가 있는데 지구의 생태계는 태양빛이 없다면 생성될 수도 진화를 이어갈 수도 없다는 것을 모르는 사람들은 없을 것이다.

따라서 지구의 생태계는 질소와 산소와 물이 있다고 하더라도 태양빛이 지구의 대기로 들어오지 않는다고 가정을 하면 상상조차 할 수가 없다는 것이다. 즉 지구의 생태계는 없다는 이야기인 것이다. 따라서 태양이 지구의 생태계를 만들어냈다고 봐야 하는 것이다. 그러한 시각에서 이야기를 풀어가 보기로 하자.

그런데 지구의 생태계가 일시에 멸절되는 일이 일어났는데 물리학자들의 지금까지의 추론에 의하면 혜성이나 소행성이 지구로 돌진을 하여서 지구의 생태계가 교란이 일어나서 공룡과 세쿼이아가 멸절에 이르게 되었다는 주장이 지금까지는 정설로 받아들여지고 있다는 사실이다.

하지만 필자는 그러한 추론에 동의할 수가 없다는 것을 미리서 밝히고자 한다는 것인데 여기에는 이유가 있다. 왜냐하면 태양계의 중력은 혜성이나 소행성이 지구로 온다고 하여도 혜성이나 소행성이 개체대칭성을(양자와 전자의 대칭성) 가지고 있다고 한다면 지구의 중력은 혜성이나 소행성을 지구의 대기 밖으로 밀어내서 지구와의 충돌은 일어나지 않을 것이기 때문이다. 만에 하나 혜성이나 소행성이 개체대칭성이 결여되어 있는 채로 지구로 돌진을 한다면 지구는 이들의 개체대칭성이 결여된 혜성이나 소행성을 지구의 표면으로 끌어당겨서 지표와 충돌이 일어날 것이다. 그렇게 되면 지구의 생태계는 교란이 일어날 것은 자명하다.

하지만 태양계 내에는 많은 행성과 태양이 중력으로 혜성이나 소행성을 끌어당기거나 밀어내고 있으므로 개체대칭성이 결여된 혜성이나 소행성이 지구와의 충돌을 일으켰다고는 생각할 수가 없다는 것이다. 또한 지구의 생태계에 영향을 줄 만큼의 혜성이나 소행성은 모두 개체대칭성을 가지고 있다는 사실이다. 따라서 지구에 혜성이나 소행성이 충돌을 일으켜서 지구의 생태계가 교란이 일어났다고는 생각되지 않는 이유다.

그렇다면 왜 지구의 생태계에서 공룡이나 세쿼이아가 멸절되는 일이 일어났을까가 매우 궁금한 대목으로 다가온다. 자, 이제부터 필자가 그것에 대한 사건의 전말을 추론을 통하여 의문을 해소하여 보기로 하자.

그것의 원인은 먼저 태양에서 찾아야만 할 것이라는 것이 필자의 생각이다. 왜냐하면 태양이 시간이 지남에 따라서 부침을 달리하여 오고 있기 때문인데 무슨 부침이냐 할 것이지만 그것이 그렇다. 태양이 생성 초기에 물과 질소와 산소를 밀어내서 그것을 지구가 끌어당겨서 대기로 삼은 뒤에 질량에 따라서 지구를 밀어내서 팽창이 일어난 뒤에 태양이 방사를 한 빛은 질소를 붕괴시켜서 만들어낸 빛이므로 현재의 태양이 방사하는 무지개색의 빛과는 차원이 달랐는데 질소가 붕괴를 일으키면 무지개색의 빛이 만들어지는 것이 아니라 보라색과 푸른색의 빛은 전체 빛의 25%를 넘지 않는다는 사실이다.

이것이 왜 그러냐면 현재의 태양이 방사를 하는 빛은 보라색과 푸른색의 빛이 75%를 넘어서고 있다는 사실이다. 그것은 빛의 스펙트럼선을 분석하면 명확해진다. 이것은 무엇을 의미하느냐 하면 공룡과 세쿼이아가 멸절에 이르게 된 데에는 태양빛이 부침을 달리했기 때문이다. 그것에 대한 이야기를 하기로 하자.

태양은 생성 초기에 질소를 결합시켜서 붕괴시킨 빛을 방사하였는데 그것에 대한 증거가 태양계 내의 공간에 분포하는 물질들에 있다. 공간에는 수소와 헬륨 산소와 질소가 있는데 물론 미미한 양이라는 것은 모두가 알고 있는 사실이다. 하지만 그것이 태양이 결합한 물질들의 증거가 되는 것이다. 즉, 태양은 마지막으로 질소를 결합시켜서 밀어낸 뒤에 빛을 방사하기 시작했다는 점에서 태양이 결합시킨 마지막 물질은 질소라는 이야기가 되는 것이다.

그러므로 태양이 처음 방사한 빛이 질소를 붕괴시켜서 만들어낸 빛인 질소 빛을 방사했다는 것을 알 수가 있다. 시간이 지남에 따라서 태양의 질량이 감소를 거듭했는데 질소를 결합시켜서 질소를 붕괴에 이르게 하여 빛을 방사하다가 질량의 감소로 결합을 시키는 물질이 산소를 결합시켜서 산소를 붕괴를 시키던 태양은 또다시 질량의 감소로 헬륨을 결합시켜서 헬륨을 붕괴시켜서 빛을 방사하다가 현재에는 태양이 방사를 하는 빛은 헬륨3과 4를 결합시켜 헬륨7을 결합시켜서 붕괴를 시켜서 빛을 만들어서 방사하고 있는 것으로 추정이 된다는 점이다.

이 같은 것은 현재의 태양이 방사를 하는 빛의 스펙트럼선을 분석하면 현재의 태양은 무지개색의 빛을 방사하는데 이 무지개색의 빛은 헬륨7 정도를 결합시켜 붕괴를 시켜서 빛을 만들어서 방사를 하고 있는 것이다. 따라서 태양이 방사를 하는 빛은 보라색과 파란색의 빛이 70%를 넘어서고 있다는 사실이다.

중요한 문제는 공룡과 세쿼이아가 멸절된 시기로 보이는 3,000만 년 전에는 태양이 방사를 한 빛의 색이 보라색과 푸른색의 빛과 노란색과 빨간색의 빛이 50% 대 50%로 비슷했었지만 그 시절에 갑자기 태양이 방사한 빛이 보라색과 푸른색의 빛이 압도적으로 많은 빛을 방사를 함으로 해서 공룡과 세쿼이아가 갑자기 멸절되어버린 일이 일어났던 것이다.

그것이 그렇다. 빛이 생명체에는 얼마나 중요한 문제인지를 우리는 자세히 알고 있지 못하다는 것이다. 생각을 해보자. 세쿼이아 입장에서는 빛의 질과 양이 달라지면 세쿼이아는 견디지 못할 것이다. 즉, 빛이 굵어진 만큼 빛의 양이 줄어들었는데 세쿼이아는 탄소동화작용을 못할 만큼 위축이 일어날 것이다. 왜냐하면 풍부한 빛의 양으로 광합성을 하면서 진화를 거듭하던 세쿼이아가 갑자기 빛의 양과 빛의 질이 달라진다면 충분히 멸절될 것은 자명하다는 것이 필자의 생각이다.

또한 공룡은 파충류인데 모두가 알고 있듯이 현존하는 파충류인 덩치가 큰 악어나 큰 뱀, 대형 이구아나와 같은 파충류는 현재에도 일정한 빛을 매일매일 몸에 쪼여주어야만 생존이 가능하다는 것은 모두가 알고 있는 사실이다. 즉 3,000만 년 전에는 현재의 빛과는 확연히 달랐다는 사실이다. 그러다가 태양이 질량의 감소로 결합시킨 물질이 헬륨3이나 헬륨4를 결합시키기 시작하였을 것으로 추정이 되는데 헬륨3이나 헬륨4가 결합된 물질이 붕괴를 일으키면 만들어지는 빛은 보라색과 푸른색의 빛이 압도적으로 많아지므로 공룡과 세쿼이아는 견디지 못하고 갑자기 멸절되어 버렸을 것이라는 이야기가 되는 것이다.

그것의 증거는 또 있다. 우리의 지구는 시간대별로 빙하기에 돌입을 하였는데 왜 빙하기가 도래하였는지를 학자들은 여전히 혜성이나 소행성과의 충돌이 원인이라고 주장을 하고 있다. 하지만 아니다. 태양이 방사하는 빛이 달라지는 순간에는 일시적으로 태양이 빛을 방사하는 것을 멈춘다는 사실이다. 태양이 빛을 방사하지 않으면 지구는 내일이라도 빙하기를 겪을 것이라는 것이 필자의 생각이다.

또한 우리는 우주를 망원경을 통해서 관측을 하고 우리에게 도달을 하는 빛을 분석해서 우리에게 다가오는 광원과의 거리를 추정하고 빛의 스펙트럼선을 분석해서 광원의 천체가 어떤 질량을 가지고 있는가를 알아내기도 한다. 따라서 우리로부터 가까이에 있지만 우리가 볼 수가 없는 천체가 존재를 하고 있다는 것 또한 우리는 알고 있다. 그것이 블랙홀이라고 명명된 천체가 그것이다.

하지만 우주에 블랙홀은 존재하지 않는다는 것이 필자의 생각이다. 천체물리학자들은 분명하게 블랙홀이 존재를 한다고 주장을 하고 있지만 그것은 블랙홀이 아니라 그냥 질량이 큰 천체일 뿐이라는 것이다. 즉, 블랙홀이라고 명명된 천체는 우리가 볼 수가 없는데 여기에는 이유가 있다는 것이다. 우리가 블랙홀이라고 명명한 천체를 볼 수가 없다는 데에 문제가 있는 것이다. 이유는 블랙홀이라고 명명된 천체는 질량이 우리의 상상을 초월한다는 사실이다.

따라서 질량이 큰 천체가 물질을 결합시키면 그 물질은 중성자 질량이 거의 99,99%에 이르는 물질을 결합시킨다는 사실이다. 중성자 질량이 99.99%가 되는 물질을 붕괴시키면 만들어지는 빛은 전자와 대칭성을 가지는 빛 즉 양전자가 만들어지는 것이다. 이 양전자 빛을 방사하면 그 빛은 백색을 가지는데 백색의 빛은 우리에게 오는 동안에 천체에게 끌려들어가서 우리에게 도달을 하지 못하는 것이다. 따라서 우리에게 빛이 도달을 하지 못하므로 우리가 백색의 빛을 방사를 하는 천체를 볼 수가 없는 것이다. 그 천체를 두고 천체물리학자들은 블랙홀이라고 명명하고 온갖 억측을 쏟아내고 있는 것이다. 즉, 오류를 확대재생산을 하고 있는 것이다.

제13장 빛이 전하는 메시지

이왕에 이야기가 나온 김에 빛에 대한 이야기를 하고 가기로 하자. 우리는 빛이 무엇인가를 정확하게 모른다. 왜냐하면 물리학자들은 빛을 두고 입자이고 파장이다 하는 결론은 도출이 되어 있지만 빛이 무엇으로 만들어지는가는 알고 있지 못하기 때문이다. 따라서 이 장에서는 빛이 무엇으로 만들어지며 빛이 가지는 성질과 빛과의 중력과의 상관관계와 우주에서의 빛의 명암을 가려보기로 하자.

물리학자들은 빛을 두고 빛이 어떤 때는 입자로 어떤 때에는 파장으로 행동을 한다고 주장하고 있는 실정이다. 이러한 주장은 빛을 해부를 하는 방식이 매우 색다르기 때문인데 물리학자들이 빛을 분석하는 방식이 아닌 감성으로 분석을 하여 보기로 하자.

필자가 어렸을 때에 시골 동네 사랑방에서 밤늦게까지 놀다가 새벽녘에야 집으로 돌아가는 길에는 달이 없는 밤이면 밤하늘이 쏟아질 것 같은 별을 헤아리며 집으로 돌아가고는 하였다. 그때에도 어느 때처럼 은하수를 바라보며 귀가를 하곤 하였는데 그때 필자를 참으로 많은 생각을 하게 만드는 것이 있었다. 그것은 은하수 저편 너머에는 무엇이 있을까 하는 생각이었는데 지금도 생생하다.

그런데 어느 날 문득 은하수 저편 너머에는 무엇이 있기에 은은한 밝음이 있는 것일까를 생각을 하였는데 필자는 지금에야 그 밝음의 정체를 이해할 수가 있었다는 것이다. 그 은은한 밝음의 정체는 바로 우리 은하의 중심에서 빛을 방사하는 빅 태양이 그것이다. 물리학자들은 그것을 블랙홀이라고 명명하고 있는데 이유는 무엇이든지 빨아들인다고 알고 있으며 우리의 눈에는 보이지가 않으니 붙인 이름이리라 하지만 정작 그 블랙홀이라는 천체는 블랙홀이 아니라 항성이다.

앞에서도 이야기를 하였지만 질량이 큰 항성이 방사를 하는 빛은 우리와 가까이에 있는 우리 은하의 중심에 있지만 우리는 그 항성을 볼 수가 없다. 원인은 우리 은하의 중심에서 백색의 빛을 방사하는 빅 태양이 방사하는 빛은 전자와 같은 질량을 가진 백색의 빛 즉 양전자를 방사를 하기 때문으로 빅 태양이 방사한 백색의 빛은 우리에게 오는 도중에 은하수를 이루는 항성계의 항성들과 항성들의 행성들에게 모두 끌려들어가고 우리에게는 은은한 밝음만이 전해져 오기 때문에 우리는 빅 항성을 볼 수가 없는 것이다.

자, 빛을 분석해 보자. 물질을 이루는 양성자가 중성자를 가지고 있지 않은 물질은 경수소와 헬륨3인데 물론 헬륨3은 중성자를 한 개를 가지고는 있다. 하지만 헬륨3은 중수소 한 개가 경수소 한 개를 양자적으로 결합을 한 물질이다. 양자적 결합이라는 이야기는 전자를 포획한 물질들이 포획한 전자를 떼어낸 뒤에 양자끼리 결합을 한 것을 말하는 것인데 따라서 경수소의 양자 질량은 100이라면 헬륨3의 양자 질량은 150이다. 따라서 경수소가 표출하는 극저온보다 헬륨3은 더 낮은 온도를 표출을 한다는 점이다.

물리학자들은 왜 경수소보다 헬륨3이 더 낮은 온도를 표출하는지 그 원인을 알지 못한다는 것이다. 앞에서도 이야기를 하였지만 헬륨3이 경수소보다는 절대온도를 가진 양성자가 분열을 하지 않은 양성자 한 개와 한 번의 분열을 일으킨 중수소의 양성자50을 결합해서 합계 150%의 양성자를 가지고 있기 때문으로 경수소보다 더 낮은 온도를 표출하는 것이다. 다시 말해서 현존하는 물질들 가운데 헬륨3이 가장 낮은 온도를 표출하는 것이다.

왜 갑자기 필자가 물질이 극저온을 표출하는 온도를 가진 양성자를 이야기를 하느냐면 경수소의 양성자는 전자보다는 질량이 약 1800배가 크다. 따라서 빛은 양자가 만들어지는데 양자가 전자와의 대칭성을 가진 양전자 빛으로 붕괴를 시키려면 약 1,800조각으로 붕괴를 시켜야만 쪼개지는 빛이 양전자 빛이기 때문이다.

즉, 물질이 결합되는 과정에서 중성자로 분열을 일으키는 이유가 양전자 빛을 만들기 위해서 양성자가 가진 절대온도를 분열을 통해서 제거를 한 뒤에 붕괴를 시키면 중성자가 붕괴되어 빛으로 부서지면 그 빛은 보다 더 양전자 빛에 가까워지기 때문인데 질량이 큰 우리 은하의 중심에 존재하는 빅 태양이 물질을 결합을 시키는 과정에서 분열을 시키는 물질의 내부에는 양성자가 수십 번 내지는 수백 번의 분열을 통해서 물질의 내부에 양성자 질량이 99.99%를 중성자로 바꿔서 중성자를 붕괴를 시키는 것이다. 그 빛이 양전자 빛인 전자와의 질량대칭성을 가진 빛으로 붕괴시켜서 전자와의 대전으로 쌍소멸을 일으키기 위함이다.

따라서 질량이 큰 빅 항성이 방사하는 빛은 우리에게 도달을 하지 못하므로 우리가 빅 항성을 볼 수가 없는 이유이다. 우리는 우주를 관찰함에 있어서 10억 광년, 50억 광년, 100억 광년 거리의 천체를 볼 수가 있지만 정작 몇 만 광년의 거리에 있는 질량이 큰 항성은 볼 수가 없는 이유가 그것이다. 우리에게 빛이 도달을 할 수가 없다는 것이다. 그것에 대한 원인은 중력과 빛이 가지는 상관관계에 있는데 여기에서 잠시 일반상대성이론이 주장하는 빛에 대한 이야기를 하고 가기로 하자.

아인슈타인은 일반상대성이론에서 중력이 강하면 빛을 끌어당기므로 빛이 휘어질 것이라는 요지의 주장을 하고 그러한 주장을 뒷받침하기 위해서 개기일식 때 사진을 찍어서 자신의 주장이 옳다는 것을 증명한 일로 해서 아인슈타인은 물리학계에서 일약 스타덤에 올랐다.

하지만 아인슈타인의 주장은 단순히 중력이 빛을 끌어당기는 것처럼 공간에서 빛이 곡률에 의해서 휘어질 것이라는 것을 직감하고 그러한 주장을 한 것이다. 그러나 정작 실험으로 증명이 된 사실은 중력이 빛을 끌어당기기만 하는 것이 아니라 빛을 밀어내기도 한다는 것을 알지 못하였으므로 중력이 빛을 밀어낸다는 주장은 일반상대성이론 어디에도 없었는데 아인슈타인은 자신의 이론인 일반상대성이론을 더욱 공고히 하기 위한 일환으로 그러한 주장을 하였던 것으로 보인다는 것이다.

중력이 빛을 끌어당기는 것은 아인슈타인의 주장이 옳다. 그것은 실험으로 증명이 된 사항이다. 하지만 중력은 빛을 밀어내기도 한다는 것을 간과한 미완의 이론이라는 것이 필자의 생각이다. 자, 생각을 해보자. 중력이 단순하게 빛을 끌어당기기만 할까? 과연 그럴까? 아니다. 중력은 빛을 끌어당기지만 빛의 색에 따라서 끌어당기고 밀어내는 것이다.

자, 그것에 대한 설명을 하기로 하자. 모두가 알고 있다시피 빛은 그냥 단순하게 빛이 아니다. 빛은 물질 상태를 보여주는데 그것이 빛이 가지는 파장이다. 즉, 빛은 파장에 따라서 중력에게 반응을 한다는 사실이다. 다시 말해서 빛이 가지는 파장에 따라서 중력은 빛을 밀어내기도 또는 빛을 끌어당기기도 한다는 이야기가 되는 것이다.

자, 그것에 대한 이야기를 하기로 하자. 앞에서도 이야기를 하였지만 중력은 빛을 끌어당기는데 빛이 가지는 파장에 따라서 끌어당기는데 백색의 빛은 우주에 존재하는 모든 천체가 끌어당기는데 이유는 파장이 없는 백색의 빛은 음전자와 질량이 같으므로 끌어당겨서 음전자와 대전되어 쌍소멸을 하기 위함이다.

즉, 우주는 빅뱅이 있기 전 공간으로 되돌아가기 위해서 빛으로 부서지고 있다는 것을 보여주고 있는 것이다. 따라서 우주에 존재하는 모든 천체는 빛을 끌어당기지만 빛이 가지는 파장에 따라서 끌어당기며 빛이 가지는 파장에 따라서 밀어내기도 하는 것이다. 아인슈타인의 주장대로 중력이 강한 천체는 빛을 끌어당긴다는 것은 증명이 된 사항이다.

하지만 중력이 빛을 밀어낸다는 주장은 이 장에서 필자가 처음으로 하는 것이다. 그렇다면 왜 중력이 빛을 밀어내는가를 알아보자. 우리는 광활한 우주를 망원경을 통하여 관측을 하고 정말 멀리에 있는 천체로부터 날아오는 빛을 관찰하고 거리를 재며 우리에게 도달을 하는 빛을 분석을 통해서 광원의 근원과 천체의 존재를 확인하며 우주의 근본에 접근하기 위해서 부단한 노력을 경주하고 있다.

그런데 조금 이상한 것이 있다. 아인슈타인의 일반상대성이론에서 주장을 했던 중력이 강하면 빛을 끌어당긴다는 주장이 그것인데 아인슈타인의 주장대로라면 중력이 모든 빛을 끌어당긴다고 가정을 하면 우리는 멀리에 있는 천체를 발견할 수도 또는 볼 수도 없어야 옳다는 이야기가 되는 것이다. 왜? 중력이 빛을 끌어당겨서 우리에게 빛이 도달을 할 수가 없어야만 함으로 해서다.

하지만 빛은 10억 광년을 지나고 50억 광년을 넘어서 100억 광년을 날아온다는 사실이다. 이것을 어떻게 설명을 할 것인가? 그것이 그렇다. 중력은 빛을 끌어당기는 것은 옳은 주장이 아니라 사실이다. 즉, 주장에 그치는 것이 아니라 사실이라는 이야기다. 단, 빛이 가지는 파장과 중력 질량의 크기에 따라서 빛을 끌어당기는데 우주에 산재하여 있는 천체 가운데 모든 천체는 빛을 끌어당기는데 모든 천체가 끌어당기는 빛은 파장이 없는 빛을 끌어당기는 것이다.

따라서 우리가 우주를 관측하여도 보이지 않는 천체가 거리에 관계가 없이 존재하고 있다는 사실은 파장이 없는 빛을 모든 천체가 끌어당기고 있다는 것을 말해주고 있는 것이다. 그것을 천체물리학자들은 블랙홀이라고 명명하고 있는데 사실은 블랙홀이라는 그 천체는 블랙홀이 아니라 그냥 질량이 큰 항성이다. 즉, 파장이 없는 빛을 방사하는 질량이 큰 항성이다.

따라서 그 항성을 우리가 보지 못하는 것이다. 즉, 파장이 없는 빛을 방사하여도 그 파장이 없는 빛을 우주의 모든 천체가 끌어당겨서 천체 내부로 끌고 들어가서 천체에 끌어당겨져서 가두어진 전자와 대전을 시켜서 쌍소멸을 시키기 위해서 파장이 없는 빛을 끌어당기는 것이다.

이와는 반대로 파장이 짧은 빛을 우주의 모든 천체는 밀어내는데 즉 보라색의 빛이나 푸른색의 빛이 여기에 해당되는데 이유는 빛이 가지는 파장이 짧기 때문으로 전자와의 질량차이가 매우 크기 때문이다. 따라서 천체들은 보라색의 빛과 푸른색의 빛을 밀어내는 것이다. 지구의 대기에서 질소와 산소가 빛을 산란을 시키는 것처럼 우주에서도 천체들이 보라색의 빛과 푸른색의 빛을 산란을 시키는 것이다. 즉, 천체들이 빛을 밀어내므로 그 빛이 우주를 떠돌다가 우리에게 도달하는 것이다.

천체물리학계에서는 빛이 이와 같이 행동하는 것을 두고 도플러효과를 우주로 끌고나가서 주장을 하기를 빛이 편이를 일으키는 것이라는 주장을 하고 있는데 빛은 편이를 일으키지 않는다는 사실이다. 다만 빛이 가지는 파장에 따라서 천체들이 끌어당기고 밀어내므로 우리가 멀리 있는 천체를 볼 수 있는 것이다.

그러한 것의 증거는 또 있다. 왜 유독 멀리에서 보라색이나 푸른색의 빛만 우리에게 도달을 하느냐 하는 것이다. 파장이 짧은 빛을 천체가 밀어내므로 멀리에서 파장이 짧은 보라색이나 푸른색의 빛만 우리에게 도달하는 것이다.

천체물리학계에서는 이 같은 것을 두고 청색편이라고 주장하고 있다. 참으로 편리한 사고방식이다. 자신들의 주장을 합리화시키는 데에 타고난 자질을 가지고 있다는 생각을 지울 수가 없다. 즉, 빛도 상전이를? 왜냐하면 우리로부터 멀어지면 적색편이이고 우리에게 다가오면 청색편이라는 주장이다. 손바닥으로 하늘을 가리는 사고라는 생각이 드는 것은 무엇일까? 빛은 편이를 일으키지 않는다. 다만 우리와 천체와의 거리에 따라서 우리에게 도달하는 색을 가진 빛이 거리에 따라서 도달할 뿐이다. 그것의 증거가 빛이 편이를 일으키는 것이라면 우리가 보지 못할 천체는 없어야 옳다. 즉 블랙홀과 같은 천체는 없어야 옳다는 이야기이다. 3부에서 이어가자.

자연이 전하는 메시지

3부

제14장 태양계가 전하는 빅뱅과 우주생성

1부와 2부에서 우주가 팽창을 했다는 것을 암시하는 태양계의 팽창을 들여다 보았는데 우주가 팽창했다는 것을 암시하는 전조가 있으므로 우주는 어떻게 생성이 되어 어떻게 팽창을 하였는가를 알아보기로 하자.

우주는 양자와 전자로 이루어져 있는데 우리의 눈에는 물질로 이루어져 있는 것으로 보이므로 우리들의 사고에 오류가 만들어지는데 우리는 오류라는 그것을 알지 못한다는 것이다. 원인이 우리는 보이지 않는 것은 믿지 않는다는 데에 문제가 있다 할 것이다. 하지만 우리 눈에 보이지 않는다고 하여도 분명 존재하는 것이 있다. 따라서 양자는 무엇이고 전자는 무엇인가를 다시 한 번 짚고 가기로 하자.

양자역학을 들여다보면 양자는 물질의 근간이라는 이야기를 하면서도 양자에 대한 깊이가 있는 이야기를 찾아볼 수가 없는데 양자는 우리들의 눈에 보이는 모든 것이 양자이다. 다만 양자역학에서 주장하는 양자가 아니라 양자가 모습을 바꿔서 물질로 만들어져서 우리들 눈앞에 나타나 있기 때문에 우리는 그것을 양자라고 하지를 않고 물질이라고 명명하고 있는 것이다.

자, 전자와 양자에 대한 정의를 내려 보자. 양자는 양자이지만 언제라도 양자 주위의 환경이 변하면 양자는 모습을 바꾼다는 사실이다. 이것을 믿을지 모르겠지만 양자는 팔색조처럼 모습을 바꾼다. 이에 반해서 전자는 절대로 모습을 바꾸지 않는다.

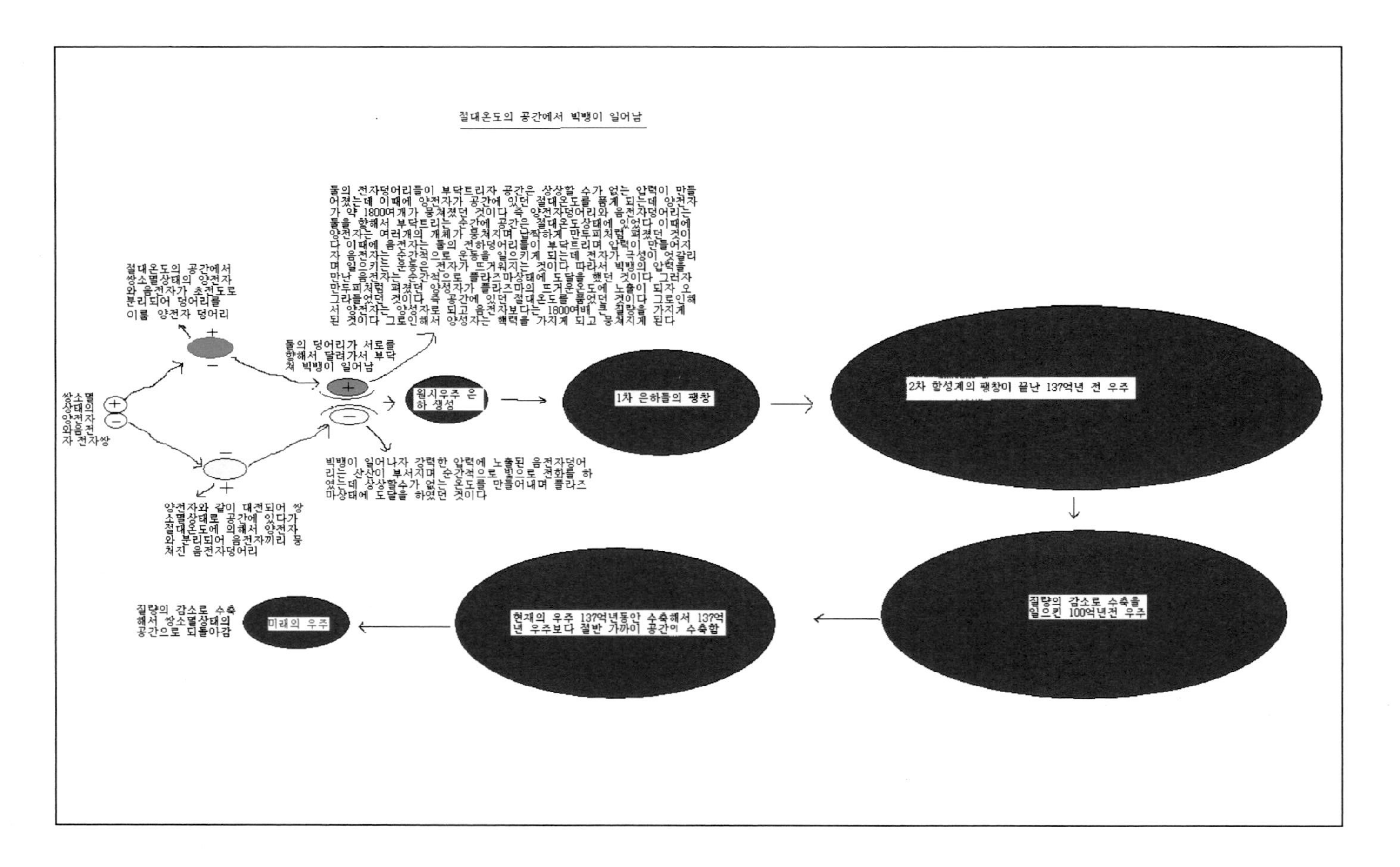

절대온도의 공간에서 빅뱅이 일어남
쌍소멸상태의 양전자와음전자 전자쌍
절대온도의 공간에서 쌍소멸상태의 양전자와 음전자가 초전도로 분리되어 덩어리를 이룸 양전자 덩어리
양전자와 같이 대전되어 쌍소멸상태로 공간에 있다가 절대온도에 의해서 양전자와 분리되어 음전자끼리 뭉쳐진 음전자덩어리
둘의 덩어리가 서로를 향해서 달려가서 부닥쳐 빅뱅이 일어남
둘의 전자덩어리들이 부닥트리자 공간은 상상할 수가 없는 압력이 만들어졌는데 이때에 양전자가 공간에 있던 절대온도를 품게 되는데 양전자가 약 1800여개가 뭉쳐졌던 것이다 즉 양전자덩어리와 음전자덩어리는 둘을 향해서 부닥트리는 순간에 공간은 절대온도상태에 있었다 이때에 양전자는 여러개의 개체가 뭉쳐지며 납짝하게 만두피처럼 펴졌던 것이다 이때에 음전자는 둘의 전하덩어리들이 부닥트리며 압력이 만들어지자 음전자는 순간적으로 운동을 일으키게 되는데 전자가 극성이 엇갈리며 일으키는 운동은 전자가 뜨거워지는 것이다 따라서 빅뱅의 압력을 만난 음전자는 순간적으로 플라즈마상태에 도달을 했던 것이다 그러자 만두피처럼 펴졌던 양성자가 플라즈마의 뜨거운온도에 노출이 되자 오그라들었던 것이다 즉 공간에 있던 절대온도를 품었던 것이다 그로인해서 양전자는 양성자로 되고 음전자보다는 1800여배 큰 질량을 가지게 된 것이다 그로인해서 양성자는 핵력을 가지게 되고 뭉쳐지게 된다
빅뱅이 일어나자 강력한 압력에 노출된 음전자덩어리는 산산이 부서지며 순간적으로 빛으로 전화를 하였는데 상상할수가 없는 온도를 만들어내며 플라즈마상태에 도달을 하였던 것이다
원시우주 은하 생성
1차 은하들의 팽창
2차 항성계의 팽창이 끝난 137억년 전 우주
질량의 감소로 수축을 일으킨 100억년전 우주
현재의 우주 137억년동안 수축해서 137억년 우주보다 절반 가까이 공간이 수축함
미래의 우주
질량의 감소로 수축해서 쌍소멸상태의 공간으로 되돌아감

우주를 통틀어서 영원불멸의 존재가 무엇이냐 하고 물어온다면 필자는 서슴없이 전자라고 이야기를 할 것이다. 전자는 어떤 환경이든 어떤 압력이든 그 어떤 조건에서도 전자는 모습을 바꾸지 않는다는 사실이다. 사실 전자는 빅뱅의 압력 속에서도 모습을 바꾸지 않았는데 다만 전자가 압력에 직면하면 전자는 뜨거워지는데 빅뱅의 압력 속에서 전자는 빛으로 뜨거워졌다가도 다시금 전자 본연의 모습을 찾았다는 사실이다.

이에 반해서 양자는 빅뱅의 압력 속에서 만두피처럼 납작하게 펴지는가 하면 한순간에 전자가 빛으로 전화를 하면서 공간이 뜨거워지자 다시 오그라들어 양성자로 변하였는데 이때 양전자 1,800여 개가 뭉쳐지며 납작하게 펴졌다가 다시 공간이 뜨거워지자 오그라들면서 공간에 있던 절대온도를 끌어안고 공으로 만들어졌다. 이것이 절대온도를 가진 양성자다.

다만 양자 1,800여 개가 뭉쳐지는 일은 우리 은하의 우리 태양계의 공간에서 일어난 일이다. 이 말은 빅뱅의 공간이 균일하지 않았을 수도 있을 것이라는 이야기가 되는 것이다. 왜냐하면 우리 주위에서 흔히 볼 수가 있는 뻥튀기 기계의 좁은 공간에서도 압력은 균일하지 않다는 데에 따른 것이다. 즉, 빅뱅의 공간이 중심과 가장자리의 압력이 균일했으리라고는 생각되지 않는다는 것이다.

따라서 우리 은하가 태동을 하던 공간과 빅뱅의 중심의 공간의 압력은 달랐을 수도 있을 것이라는 이야기가 되는데 따라서 우리 은하의 우리 태양계에서의 양성자 질량과 전자질량은 약 1,800배의 차이가 나지만 우리 은하가 아닌 또 다른 은하나 빅뱅의 중심에서의 양성자 질량은 전자질량 대비 1,800배, 3,600배 혹은 5,000배의 양성자가 질량을 가질 수가 있을 수가 있다는 이야기가 되는 것이다. 그 좁은 뻥튀기 기계 속에서도 옥수수가 균일하게 튀겨지지 않고 크고 작은 옥수수로 튀겨지기 때문이다. 하물며 빅뱅의 공간에서야 크고 작은 양성자공이 만들어지지 않았으리라고는 생각이 되지 않는다는 것이다.

어쨌거나 양성자의 전신인 양자 즉 양전자는 빅뱅의 압력으로 공간에 있던 절대온도를 끌어안고 양성자공으로 변신하는 데 성공을 하면서 우주가 생성이 되었다는 이야기가 되는 것이다. 따라서 양자는 변신의 귀재라는 것을 알아보았는

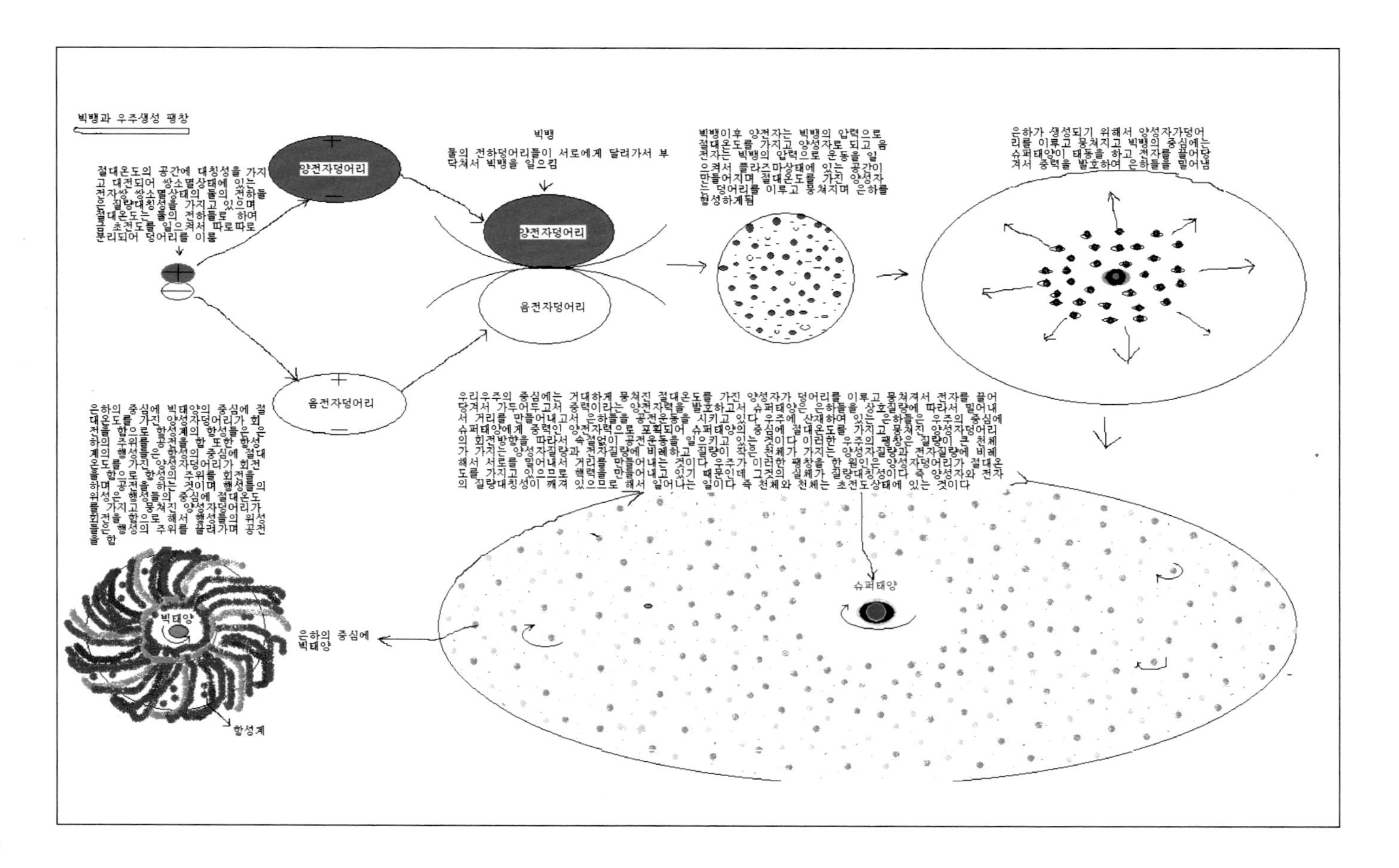
빅뱅과 우주생성 팽창
절대온도의 공간에 대칭성을 가지고 대전되어 쌍소멸상태에 있는 전자쌍 쌍소멸상태의 둘의 전하들은 질량대칭성을 가지고 있으며 절대온도는 둘의 전하들로 하여금 초전도를 일으켜서 따로따로 분리되어 덩어리를 이룸
양전자덩어리
음전자덩어리
빅뱅
둘의 전하덩어리들이 서로에게 달려가서 부닥쳐서 빅뱅을 일으킴
양전자덩어리
음전자덩어리
빅뱅이후 양전자는 빅뱅의 압력으로 절대온도를 가지고 양성자로 되고 음전자는 빅뱅의 압력으로 운동을 일으켜서 플라즈마상태에 있는 공간이 만들어지며 절대온도를 가진 양성자는 덩어리를 이루고 뭉쳐지며 은하를 형성하게됨
은하가 생성되기 위해서 양성자가덩어리를 이루고 뭉쳐지고 빅뱅의 중심에는 슈퍼태양이 태동을 하고 전자를 끌어당겨서 중력을 발호하여 은하들을 밀어냄
우리우주의 중심에는 거대하게 뭉쳐진 절대온도를 가진 양성자가 덩어리를 이루고 뭉쳐져서 전자를 끌어당겨서 가두어두고서 중력이라는 양전자력을 발호하고서 슈퍼태양은 은하들을 상호질량에 따라서 밀어내서 거리를 만들어내고서 은하들을 공전운동을 시키고 있다 우주에 산재하여 있는 은하들은 우주의 중심에 슈퍼태양에게 중력인 양전자력으로 포획되어 슈퍼태양의 중심에 절대온도를 가지고 뭉쳐진 양성자덩어리의 회전방향을 따라서 속절없이 공전운동을 일으키고 있는 것이다 이러한 우주의 팽창은 질량이 큰 천체가 가지는 양성자질량과 전자질량에 비례하고 질량이 작은 천체가 가지는 양성자질량과 전자질량에 비례해서 서로를 밀어내서 거리를 만들어내는 것이다 우주가 이러한 팽창을 한 원인은 양성자덩어리가 절대온도를 가지고 있으므로 핵력을 만들어내고 있기 때문인데 그것의 실체가 질량대칭성이다 즉 양성자와 전자의 질량대칭성이 깨져 있으므로 해서 일어나는 일이다 즉 천체와 천체는 초전도상태에 있는 것이다
슈퍼태양
은하의 중심에 빅태양의 중심에 절대온도를 가진 양성자덩어리가 회전을 함으로 항성계의 항성들은 은하의 주위를 공전을 함 또한 항성계의 행성들은 항성의 중심에 절대온도를 가진 양성자덩어리가 회전을 함으로 항성의 주위를 회전을 하며 공전을 하는 것이며 행성들의 위성은 행성들의 중심에 절대온도를 가지고 뭉쳐진 양성자덩어리가 회전을 함으로 해서 행성들의 위성들은 행성의 주위를 끌려가며 공전을 함
빅태양
은하의 중심에 빅태양
항성계

데 이에 반해서 전자는 절대로 변하지 않는다는 것도 알았다. 이왕 나온 이야기이므로 빅뱅에 대한 이야기를 먼저 하고 팽창에 대한 이야기를 이어가기로 하자.

빅뱅이 있기 전 공간은 계속해서 온도가 하강하여 어느덧 공간은 절대온도 상태가 되자 공간에 존재하던 양전자와 음전자가 대전되어 쌍소멸 상태에 있던 둘의 전하들이 절대온도에 의해서 초전도가 일어나기 시작을 하였다. 초전도는 알고 있다시피 +전하와 -전하가 서로를 밀어내는 것으로 작용을 한다는 사실이다. 사실 양전자는 뭉쳐지는 것으로 알고 있지만 음전자인 전자가 덩어리로 뭉쳐졌을까는 반신반의할 수밖에는 없는데 초전도 상태에서는 음전자도 덩어리로 뭉쳐질 것이라는 전제하에 이야기를 이어가기로 하자. 왜냐하면 전자는 초전도 상태에서도 서로 다른 극을 끌어당겨서 자기력선을 만들어내는 것이 전자이므로 해서인데 물론 양전자도 극 가지고 있다는 것은 불문가지이다.

따라서 둘의 전하들이 초전도로 서로를 밀어내서 거대한 에너지 덩어리로 뭉쳐질 때까지 공간은 정중동의 시간을 보내는 듯이 보였지만 사실은 초전도로 처절한 몸부림을 하고 있었는데 이때 이미 운동이 주어졌는데 절대온도로부터 운동은 주어진 것이다. 그 운동은 운동량보존법칙에 따라서 다시금 공간으로 되돌아 와야만 끝이 나는 운동이다. 그 운동을 절대온도가 양전자에게 주었던 것이다. 그렇게 초전도를 일으키던 공간에는 어느덧 거대한 에너지 덩어리가 만들어졌는데 그것이 양전자덩어리와 음전자덩어리 그것이다.

그러던 어느 날에 그때는 시간도 없었으므로 시간을 잴 수는 없었지만 양전자덩어리와 음전자덩어리 둘의 에너지 덩어리는 서로를 향해서 달려가서 부닥쳤는데 이때 공간은 절대온도 상태에 있었으며 어떤 원인으로 둘의 에너지 덩어리가 서로를 향해서 달려가서 부닥트렸는지는 알 수가 없지만 서로를 끌어당기는 양자와 전자의 특성상 둘의 에너지 덩어리는 서로를 향해서 달려가서 부닥트렸던 것이다.

그 순간에 공간은 환하게 밝아졌는데 음전자덩어리가 양전자덩어리와 부닥치면서 음전자가 산산이 흩어지면서 전자가 운동을 일으켰기 때문에 전자가 뜨거워지면서 전자 빛으로 전화를 하였으므로 이에 공간이 환하게 밝아졌던 것인데 그러기 전에 많은 일들이 일어났다는 것이다.

자, 양전자가 양성자로 변신하는 과정을 들여다보기로 하자. 빅뱅이 있기 전에 공간은 절대온도 상태에 있다. 자, 생각을 해보자. 빅뱅이 일어나고 공간이 갑자기 뜨거워진다면 공간에 있던 절대온도가 어디로 갈 것인가를 말이다. 빅뱅의 공간 밖으로 밀어내지지 않을 것이라는 이야기가 되므로 공간에 있던 절대온도를 양자가 끌어안고 뻥튀기가 되었다는 것이 필자의 생각이다. 아무리 생각을 곱씹어 보아도 결론은 같은 결론이 도출되는 것을 어쩌랴.

어쨌거나 빅뱅의 공간은 절대온도 상태에 있었으므로 해서 양자가 양성자로 뻥튀기가 되는 것과 동시에 절대온도를 양성자가 가지게 된 것은 현재의 지구에 존재하는 기체물질들이 가지고 있는 극저온이 이때 양전자가 양성자로 변하면서 가지게 된 극저온이 빅뱅 때에 가지게 된 절대온도다, 하는 것이 필자의 생각이다.

다시 빅뱅의 현장으로 가보자. 양전자덩어리와 음전자덩어리가 서로를 향해서 달려가 부닥트리자 공간은 상상할 수 없는 압력이 만들어졌는데 이때 양전자가 빅뱅의 압력으로 만두피처럼 납작하게 펴졌다. 빅뱅의 압력이 지나고 공간에 전자 빛이 뜨겁게 달구자 양전자가 납작하게 펴졌던 몸이 오그라들면서 공간에 있던 절대온도가 양전자의 몸속으로 피신을 했던 것이다. 이때 양전자가 절대온도를 가지고 양성자로 만들어졌다는 이야기가 되는 것이다.

필자가 빅뱅이 일어난 이야기를 하였는데 모든 것이 한순간에 일어난 일이다. 공간은 전자가 빛으로 전화를 하면서 상당한 시간을 환하게 밝혔는데 전자가 플라즈마로 되면서 공간은 양성자들끼리 뭉쳐지기 시작을 하였다. 빅뱅의 중심에서는 절대온도를 가진 양성자들이 뭉쳐지는 속도가 빠르게 일어났는데 이유는 빅뱅의 중심에 양성자가 많은 양이 모여 있어서 양성자들이 빠르게 뭉쳐졌다는 것이 필자의 생각이다.

따라서 빅뱅이 일어난 중심에 뭉쳐진 양성자들의 질량은 우리의 태양계에 존재하는 양성자들보다는 질량이 매우 클 것이라는 추정을 하여 볼 수가 있는데 앞에서도 이야기를 하였지만 양전자가 뭉쳐져서 현재의 지구에 존재하는 경수소 내부의 양성자처럼 전자질량 대비 1,800배가 아니라 3,000배, 5,000배의 질량을 가진 양성자가 존재할 수도 있다는 것이다.

하지만 우리는 그것을 확인할 수는 없다는 것인데 어쨌거나 빅뱅의 중심에서는 빅뱅의 공간에서 제일 먼저 양성자들이 뭉쳐지기 시작을 하였다. 그 이유는 빅뱅의 중심에는 질량을 가늠조차 할 수가 없는 슈퍼 태양이 자리하고 있기 때문이다. 뒤이어서 빅뱅의 공간 곳곳에서 양성자들이 뭉쳐지기 시작을 하고 주위에 전자를 끌어당기자 빅뱅의 중심에 슈퍼 태양은 은하들을 밀어내기 시작을 하였는데 그것이 1차 팽창인 은하들의 팽창이다.

우주가 생성되기 시작을 해서 얼마 지나지 않아서 은하들을 밀어내기 시작을 하였는데 이유는 우리 태양계의 태양이 물질을 결합시켜서 밀어낸 공간의 물질들의 질량을 보면 시간을 대충은 추론이 가능한데 우리의 태양계에서 태양이 만들어지기 위해서 뭉쳐진 양성자덩어리의 질량과 끌어당겨서 가두어진 전자질량과 태양이 생성되는 과정에서 결합을 시켜서 공간으로 밀어낸 수소와 헬륨 산소와 질소 그리고 물의 양의 분포도를 분석하여 질량을 산출하고 시간 대비 물질 결합 속도를 대입하면 우리의 태양계의 물질 결합 속도가 시간대별로 어느 정도의 시간이 걸렸는가를 알 수가 있을 것이다.

필자의 추정치로는 태양계가 팽창을 하기 전 직경이 약 2,000만km 정도인 것을 감안하면 현재의 시간으로 약 수십만 년의 시간이 경과되어 팽창했을 것으로 추정이 된다는 것이다. 하지만 이때 우리 지구의 시간은 매우 빨랐기 때문에 현재의 시간을 대입하는 것은 무리가 뒤따를 수가 있지만 어쨌거나 현재의 시간으로 수십만 년은 소요되었을 것으로 추정을 한다는 것이다.

또한 우리 은하의 중심에 빅 태양이 항성계들을 밀어내기 전에 빅 태양이 뭉쳐진 시간도 추론이 가능하며 항성계들의 팽창 속도 또한 추론이 가능하다는 이야기가 되는 것이다. 물론 오차는 있겠지만 말이다. 따라서 빅뱅의 중심에 슈퍼태양이 뭉쳐진 속도를 유추할 수가 있으며 우주가 태동을 해서 1차 은하들의 팽창과 2차 항성계의 팽창과 3차 행성 내부에 위성들의 팽창이 걸렸던 시간의 추론이 가능할 것이라는 이야기가 되는 것이다. 따라서 우주가 생성되어 팽창한 시간을 추론할 수가 있다는 이야기가 되는 것이다.

은하가 팽창을 시작하는 과정을 들여다보자. 빅뱅의 중심에 양성자덩어리가 뭉쳐지고 주위의 전자를 끌어당기자 슈퍼 태양은 중력을 발호하기 시작하고 빅뱅의 공간 곳곳에서는 은하들이 태동을 하기 시작하고 은하 중심에 빅 태양이 만들어지기 위해서 양성자가 뭉쳐지자 뒤이어서 전자를 끌어당기기 시작을 하자 빅뱅의 중심에 슈퍼 태양은 은하들을 밀어내기 시작하였는데 은하의 중심에 빅 태양의 전자포획 사정거리가 만들어지고 그 전자포획 사정거리까지의 공간이 빅뱅의 중심으로부터 밀어내지기 시작을 하였는데 우리 은하의 크기를 유추할 수가 있을 것이다. 즉, 우리 태양계의 생성과 팽창을 분석하면 추론이 가능할 것이다 하는 것이다.

따라서 은하들의 크기를 알면 즉 은하들의 직경을 알면 그 은하가 얼마만한 질량을 가졌는가를 알 수가 있을 것이다. 은하들은 빅뱅의 중심에 슈퍼 태양으로부터 밀어내지는 과정에서도 은하 내부의 항성계들이 태동을 하기 시작을 하였는데 우리 은하도 빅뱅의 중심으로부터 밀어내지는 과정에서 은하 내부에서 항성계들이 태동을 시작을 하고 항성들의 중심에 양성자덩어리가 전자를 끌어당기자 은하의 중심에 빅 태양은 항성들을 밀어냈던 것이다.

즉, 상호질량에 따라서 밀어내자 우리의 태양계도 우리 은하 내에 여타의 태양계들과 마찬가지로 태양의 중심에 양성자덩어리가 뭉쳐지고 난 뒤에 우리 태양계는 전자포획 사정거리까지의 공간을 우리 은하의 중심에 빅 태양은 우리 태양계의 공간에 산재해 있는 공간까지를 질량에 따라서 밀어내기 시작을 하였는데 우리 태양계는 은하로부터 밀어내지는 과정에서도 중심에 태양은 전자를 끌어당겨서 가두어지기 시작을 한 전자질량에 따라서 은하로부터 밀어내졌던 것이다.

앞에서도 중력에 대한 이야기를 하였지만 아인슈타인의 일반상대성이론에서 중력은 물질과 물질에 의한 상호작용이라는 주장을 하고 있지만 정작 물질은 양성자가 전자를 개체대칭성에 의해서 포획을 하고 있으므로 물질은 물질을 상대로는 중력을 발호할 수가 없다. 따라서 일반상대성이론은 중력을 표현하기를 포괄적인 의미로 표현을 하고 있다는 사실이다.

즉, 입자를 물질로 볼 것이냐 하는 논쟁을 야기할 수가 있는 사안이라는 점이다. 왜냐하면 일반상대성이론이 주장하는 물질은 물질을 상대로 상호작용을 하고 있다고 주장하는 이면에는 별이나 행성들이 모두 물질로 이루어져 있으므로 포괄적인 의미를 부여하고 있는 것인데 그렇게 되면 중력의 주체는 우리는 알 수가 없는 지경에 이르고 만다는 점이다. 즉, 중력의 주체가 물질이라는 것에서 시작을 함으로 해서 더는 물질의 근본과 운동의 실체와 중력이 발호되는 근원을 알 수가 없게 되어 우리들의 사고를 미궁 속에 가두어버리는 현상으로 나타나서 모든 것의 근원을 알 수가 없게 만들어버리고 만다는 것이다. 따라서 일반상대성이론은 미완의 이론이라는 것이 필자의 생각이다.

다시 한 번 더 중력에 대한 이야기를 하고 가자. 중력을 우리는 중력이라고 표현을 하지만 사실 중력은 양자와 전자가 만들어내므로 중력이라고 표현해서는 옳은 표현이 아니다. 중력이라는 표현은 오래전부터 사용되어 지금에 이르고 있으므로 우리는 관행적으로 또는 습관적으로 또는 달리 표현할 방법이 없으므로 또는 중력의 실체를 모르므로 중력이라는 표현을 사용하고 있지 않나 하는 생각을 하게 되는데 중력은 사실은 입자와 입자가 만들어내므로 입 자력이라고 명명을 하여야 옳고 그 입자를 우리는 양자와 전자라고 명명을 하고 있으므로 중력을 올바르게 표현을 하려면 양 전자력이라고 표현을 하여야 옳다는 이야기인 것이다. 즉 입자인 양자와 전자가 결합을 하기 전 상태에서만 중력이 발호가 되므로 해서다. 따라서 중력은 입자 상태에 있는 많은 개체의 입자인 양성자가 덩어리를 이루고 뭉치면 그 양성자덩어리는 강력한 핵력을 만들어내고 양성자덩어리가 만들어내는 핵력은 전자를 끌어당기는데 우주의 모든 천체는 양성자가 덩어리로 뭉쳐져 있으며 양성자덩어리의 핵력이 전자를 끌어당겨서 가두고 있어야만 중력을 발호하기 때문이다. 따라서 빅뱅이 있고 공간은 전자가 플라즈마상태에 있었으므로 해서 양성자덩어리는 전자를 끌어당길 수가 없었는데 이유는 양성자덩어리가 핵력을 발호하더라도 전자가 플라즈마상태에 있다면 양성자는 전자를 끌어당길 수가 없는데 이유는 전자가 뜨거우므로 해서 전자가 운동을 일으킨다는 점이다. 따라서 전자가 운동을 일으키며 뜨거워지면 양자는 전자를 포획을 할 수가 없는데 원인은 양자가 절대온도를 가지고 있으므로 차가운 반면에 전자는 운동으로 뜨거워져 있으므로 해서 양자와 전자의 극성이 순간순간 벗어나는 것이다. 다시 말해서 양자가 극성을 가지고 있고 전자 또한 극성을 가지고 있으므로 해서 양자는 전자가 플라즈마상태에 있다면 양자는 전자의 극성을 일치를 시킬 수가 없는 것이다. 따라서 전자가 플라즈마상태에 있다면 양자는 전자를 끌어당겨서 포획을 할 수가 없는 것이다. 하지만 전자가 차가워져 있다면 전자의 운동 상태가 저하되어 있으므로 양자는 전자를 끌어당겨서 포획을 하는데 이것이 양자의 전자포획이다. 다시 한 번 더 정리를 하자면 빅뱅이 있고 빅뱅의 압력은 전자로 하여금 운동을 유발을 시키는 것과 동시에 전자가 뜨거워져서 플라즈마상태에 도달을 해버리므로 해서 양성자는 전자를 끌어당겨서 포획을 할 수가 없었으므로 양성자는 양성자들끼리 끌어당겨서 덩어리로 뭉쳐졌던 것이다. 즉 우주가 아니 천체가 만들어진 것은 양성자가 덩어리로 뭉쳐졌기 때문인데 양성자가 덩어리로 뭉쳐지면 핵력이 만들어지므로 전자를 끌어당기게 되는데 그것이 그렇다. 양성자가 큰 덩어리로 뭉쳐지면 전자포획사정거리가 만들어지고 따라서 강력한 핵력이 만들어지는데 양성자덩어리의 핵력은 양성자덩어리의 개체와 비례한다는 사실이다. 따라서 양성자덩어리의 핵력에 끌려오는 전자가 많은 량이 끌려오게 되는데 그렇게 되면 양성자 하나하나의 개체가 전자를 모두 포획해서 물질로 결합을 할 수가 없는데 이유는 양성자의 핵력에 전자가 운동을 일으키게 되고 전자가 운동을 일으키므로 전자가 뜨거워지는 것이다. 즉 전자가 플라즈마에 도달을 해버리므로 해서 양성자는 전자를 포획을 할 수가 없다는 데에 있는 것인데 이때 양성자가 절대온도를 가지고 있으므로 차가운 냉기를 뿜어내게 되고 양성자가 덩어리를 이루고 뭉쳐져 있으므로 그 냉기는 상상을 불허하는데 반대로 전자가 양성자덩어리의 핵력에 끌려와서 핵력에 의해서 가두어지면 전자는 양성자덩어리의 핵력의 압력에 전자가 운동을 일으키게 되고 전자가 운동을 일으키면 전자가 뜨거워지는데 전자가 플라즈마에 도달을 하는 것이다. 따라서 양성자덩어리가 뿜어내는 절대온도인 극저온의 온도와 플라즈마의 초고온의 온도가 서로 부닥치면 천체내부의 양성자덩어리가 회전운동을 일으키게 되고 이와는 반대로 천체의 겉보기의 표면이 양성자덩어리와는 역방향으로 회전운동을 일으키는 것이다. 이것이 우주에 존재하는 모든 천체가 역동적으로 운동을 일으키는 원인이다. 이때 중력인 양 전자력은 천체의 중심에 뭉쳐진 양성자덩어리의 질량에 비례하고 양성자덩어리가 끌어당겨서 가두어진 전자질량에 비례해서 양성자덩어리가 중력을 발호를 하는데 중력을 발호하는 주체의 천체는 자신보다 질량이 작은 천체를 질량에 따라서 포획을 하는 것이다. 따라서 중력은 천체와 천체 간에 질량에 따라서 거리를 만들어내는 것이다. 이것이 중력이라는 것으로서 중력은 우리의 지구에서 만들어진 물질하고는 아무런 관련이 없다는 것이다. 즉 물질은 기체이든 액체이든 고체이든 탄소이든 양자가 전자를 가져버린 것을 말하는데 물질은 우주의 그 어떤 천체이든 가지고 있는데 원인은 물질로 결합이 되는 양자와 전자가 우주의 모든 천체들은 가지고 있기 때문이다. 따라서 일반상대성이론에서는 우주의 모든 천체의 겉보기가 물질들로 이루어져 있는 것으로 보이므로 물질과 물질이 상호작용을 하는 것이라는 요지의 주장을 하고 있는 것이다. 즉 중력에 포괄적인 의미를 부여해 아니 해석을 해버린 것이다. 따라서 일반상대성이론은 미완의 이론인 것이다. 아인슈타인도 그것을 잘 알고 있었으므로 말년에 초 끈 이론을 완성을 하고자 부단한 노력을 했던 것으로 보이는데 초 끈 이론은 중력을 발호하는 주체가 물질이라는 전제가 뒤따르므로 초 끈 이론은 성립하지 않는다는 사실이다. 따라서 초 끈 이론 또한 미완의 이론인 것은 불문가지이다. 중력에 대한 이야기를 하였는데 필자가 중력의 실체를 알게 된 계기는 빛의 정체를 알고 난 뒤에 중력의 실체를 알게 되고 중력의 실체를 알게 되므로 해서 운동의 실체 또한 알게 되고 물질의 근본을 알게 되었는데 빛이 만들어지는 빛의 실체를 알아보기로 하자.

제15장 빛이 전하는 메시지

빅뱅이 있기 전 공간은 절대온도에 의해서 쌍소멸이라는 형태로 대전되어 공간에 존재하던 양전자와 음전자의 전자쌍이 초전도를 일으켜서 서로를 밀어내면서 거대한 에너지 덩어리로 뭉쳐졌으며 둘의 전하덩어리들이 서로를 향해서 달려가서 부닥트리면서 빅뱅이 일어났는데 이때 많은 개체의 양전자가 빅뱅의 압력으로 뭉쳐지며 양성자로 만들어지면서 공간에 있던 절대온도를 가지게 됨으로 해서 전자보다는 1,800배가량의 큰 질량을 가지게 된 것인데 양전자가 그렇게 되면 양성자와 전자와의 사이에는 질량대칭성이 깨지게 되는 것이다.

이때 전자보다는 1,800배의 큰 질량을 가진 양성자와 전자가 만나면 양성자는 핵력으로 전자를 끌어당겨서 대전이 되려고 하지만 전자는 전자 자신이 가진 질량보다는 큰 질량을 가진 양성자와는 대전이 될 수가 없는데 원인은 둘의 사이에 질량대칭성이 깨져 있으므로 해서 양성자가 전자를 끌어당기지만 전자는 양성자와 대전이 될 수가 없다.

따라서 전자는 양성자를 상대로 척력을 만들어 내게 되는데 이것이 기체이다. 따라서 기체는 중심에 절대온도를 가진 양성자가 핵력으로 전자를 끌어당겨서 포획이라는 것을 하는데 양성자가 발호하는 핵력은 절대온도 때문이다. 즉 양자와 전자는 절대온도 상태에 노출되면 둘은 초전도 상태에 빠져들게 되는 것이다.

따라서 기체는 조건이 없이 양성자가 절대온도를 가지고서 핵력을 발호하고 전자는 양성자의 핵력에 끌려가서 포획이 되지만 전자가 양성자에게 끌려 들어가지 않는 것은 전자가 양성자의 핵력에 대항을 해서 척력을 만들어내기 때문이다. 둘은 질량대칭성이 깨져 있으므로 전자가 척력을 만들어내는 것이다. 따라서 양성자와 전자가 만나면 기체라는 물질로 만들어지는 것이다. 그러므로 기체는 초전도상태에 있는 것이다. 즉 기체물질이 극저온을 물질외부로 표출을 하는 원인이다.

지구에서 발견되는 기체 가운데 수소와 헬륨 산소와 질소 그리고 물이 많이 있다. 물론 많은 개체의 또 다른 기체가 존재하지만 일반적으로 존재하는 수소는 지구가 결합을 한 것이지만 물속에 있는 수소 즉 산소에게 포획이 되어 있는 두 개의 수소는 지구가 결합을 시킨 것이 아니다. 따라서 물과 질소와 산소는 지구의 질량으로는 결합시킬 수가 없음에도 불구하고 지구에는 많은 양의 물과 질소와 산소가 존재하고 있다는 사실이다.

이에 반해서 고체는 지구가 빚어낸 물질들인데 지구도 중심에는 절대온도를 가지고 뭉쳐진 양성자가 덩어리를 이루고 뭉쳐져 핵력을 발호하고서 전자를 끌어당겨서 가두어두고 있는데 많은 양의 양성자가 절대온도를 잃어버림으로 해서 양성자 질량에 비례해서 끌어당겨서 가두어둔 전자질량이 넘치므로 지구는 양성자덩어리의 핵력이 부족한 현상이 빚어지는 것이다.

필자가 양성자 질량이 전자질량에 비례해서 적다는 이야기를 하였는데 여기에는 원인이 있다. 즉, 양성자 질량에 비례해서 전자질량이 많으므로 전자가 자기력선을 만들어내고 있는 것인데 원인은 지구가 보유하고 있는 물 때문이다. 물분자가 가지고 있는 수소 원자 두 개와 산소 원자 하나가 그것인데 원인은 다음과 같다.

태양이 방사를 하는 빛이 지구의 대기로 들어오면 빛은 지구의 대기인 질소와 산소에 의해서 산란을 일으키는데 빛이 산란을 일으키는 것은 빛이 가진 비밀에 있다. 태양이 만들어서 방사를 하는 빛은 파장에 따라서 빛이 가진 성질이 결정이 되는데 지구의 대기물질들인 질소와 산소가 빛이 가진 파장에 따라서 빛을 밀어내거나 빛을 흡수를 하기 때문이다.

따라서 태양이 방사하는 빛이 지구의 대기로 들어와 산란을 일으키다가 그 빛이 지구의 표면에까지 도달하게 되면 그 빛은 질소와 산소에 의해서 산란을 일으키다가 지구의 대기 밖으로 빠져나가지 못하고 빛이 진화를 하게 되는데 그 빛이 보라색과 파란색 계열의 빛이다. 따라서 지구의 생태계가 푸른색을 띠는 원인이다. 보라색과 푸른색의 빛이 진화를 해서 식물로 생성되어 빛이 가진 색으로 나타나는 것이다. 따라서 지구의 생태계의 식물들의 색이 보라색과 푸른색으로 도배가 되고 있는 것이다.

우리가 하늘을 바라보면 하늘의 색이 온통 보라색과 파란색으로 보이는데 이때 우리들의 눈은 보라색을 볼 수가 없다. 원인은 우리의 눈이 보라색을 볼 수가 없다는 것이다. 우리 인간들은 보라색을 볼 수가 없도록 진화를 했기 때문인데 원인이 보라색에 의해서 생성되어 진화를 했기 때문이다. 따라서 푸른색 계열의 빛만이 우리들의 눈에 들어오게 되고 하늘이 온통 푸른색으로 보이는 것이다.

하지만 푸른색보다는 보라색의 빛이 더 많이 지구의 대기로 들어온다는 사실이다. 따라서 적외선 안경을 쓰고 하늘을 바라보면 하늘은 보라색으로 보이는 것이다. 이때 보라색 계열의 빛이 빛 가운데 가장 굵은 빛이라는 사실이다. 즉, 빛이 다 같은 빛이 아니라는 이야기가 되는 것인데 빛은 만들어질 때에 어떤 환경에 있는 물질이 빛으로 깨지는 것이라는 이야기가 되는 것이다.

즉, 물질의 중심에 양성자가 절대온도를 가지고 있는데 그 양성자가 중성자를 가지고 있느냐에 따라서 그 물질이 빛으로 만들어질 때에 빛의 조건에 부합된다는 이야기가 되는 것이다. 즉 태양이 가진 질량은 일정함으로 빛이 만들어질 때에 태양의 조건은 일정하다. 다시 말하면 태양이 물질을 결합시킨 뒤에 그 결합된 물질을 붕괴시키는 조건이 태양이 가진 질량에 비례한다는 사실이다. 태양이 결합을 시키는 물질은 태양이 가진 질량에 비례해서 물질을 결합을 시키고 태양이 가진 질량에 비례해서 빛이 만들어진다는 이야기가 되는 것이다. 따라서 현재의 태양이 만들어내는 빛은 무지개색의 빛을 만들어내는 원인이 되는 것이다.

만약에 태양의 질량이 현재 태양의 질량보다는 크다고 가정을 하면 태양이 결합시키는 물질 또한 다를 것이라는 이야기가 되는데 중성자 질량이 큰 무거운 물질을 결합시킬 것이라는 이야기가 되는 것이다. 따라서 태양이 만들어서 방사를 하는 빛 또한 달라지는데 그 빛은 파장이 다른 빛일 것이라는 이야기가 되는 것이다. 즉, 현재의 태양이 방사를 하는 빛보다는 파장이 긴 빛을 만들어서 방사를 했을 것이라는 이야기가 되는 것이다. 따라서 우리의 태양이 생성 초기에는 파장이 긴 빛을 만들어서 방사를 했을 것이라는 이야기가 되는 것이다.

그러한 것의 증거는 지구의 생태계에 있다. 지구의 생태계는 지금으로부터 약 3,000만 년 전에 공룡과 세쿼이아가 멸절되는 사태를 맞이하게 되는데 이것을 두고 천문학자들은 혜성이 지구를 향해서 돌진을 하고 또는 소행성이 지구와 부닥쳐서 지구의 생태계가 멸절되는 사태를 맞았다는 주장을 하고 있다는 사실이다.

하지만 아니다. 그러한 일은 일어나지 않았으며 일어날 수도 없다는 것을 모르므로 되풀이되는 주장이라는 것이다. 혜성과 소행성이 지구로 올 수 없다는 것에 대한 설명을 하기로 하자. 물론 소행성이나 혜성이 지구의 대기권으로 근접해서 지나갈 수는 있다는 것을 미리 밝혀두고 이야기를 이어가자.

우리의 태양계가 생성되고 얼마 지나지 않아서 태양계는 태양의 중력인 양 전자력에 의해서 태양계의 행성들이 팽창하기 시작을 하였는데 이때 공간에서 뭉쳐지던 소행성과 혜성이 태양의 양 전자력에 의해서 밀어내졌다. 혜성은 물이 얼어붙은 얼음덩어리이므로 태양의 양 전자력은 얼음덩어리를 밀어냈는데 얼음덩어리는 개체대칭성을 갖추고 있으므로 태양의 중력인 양 전자력은 얼음덩어리를 질량에 비례해서 밀어내면 혜성인 얼음덩어리는 타원 궤도를 돌게 되는데 그 궤도가 태양이 가진 질량과 혜성이 가진 질량에 따라서 궤도를 돌게 되므로 수십 년에 한 바퀴, 수백 년에 한 바퀴, 수천 년에 한 바퀴의 궤도를 도는 혜성이 존재를 하는 것이다.

그 얼음덩이의 혜성은 태양이 생성되던 초기에 태양이 결합시킨 수소를 밀어내고 헬륨을 결합시켜서 밀어내고 산소를 결합시켜서 밀어내자 먼저 밀어내진 수소의 구역을 산소가 밀어내지면서 수소와 화학적인 결합을 하면서 물 분자로 결합이 일어난 것이다. 산소가 수소와 결합을 일으키자 태양의 중력인 양 전자력은 물 분자를 상호질량에 따라서 밀어냈는데 물 분자가 밀어내진 위치에서 지구가 생성되기 위해서 양성자가 뭉쳐지던 위치였던 것이다.

따라서 지구가 만들어지기 위해서 뭉쳐지던 양성자덩어리는 물 분자를 끌어당겨서 대기로 만들었는데 그때 물 분자는 태양이 빛을 방사하지 않았으므로 얼음덩어리로 있었으며 목성이나 토성의 띠와 유사하게 고리를 만들고 있었다는 이야기가 되는 것이다. 뒤이어서 지구는 수십억 년의 시간이 지나가는 동안에 지구의 중심에 양성자덩어리의 질량과 전자질량의 감소로 지표면이 만들어지며 지구는 중력인 양 전자력이 감소가 일어나므로 띠를 이루던 얼음덩어리들이 지구의 대기로 끌어당겨지며 상전이를 일으키기 시작을 했던 것이다.

따라서 목성이나 토성도 시간이 지나면 띠를 이루는 얼음덩어리들은 목성이나 토성의 중력인 양 전자력의 감소가 일어날 것이므로 띠를 이루고 있는 얼음덩어리들은 대기로 끌려 내려가 표면에 안착을 하면서 상전이를 일으킬 것은 불을 보듯이 뻔하다 할 것이다.

혜성과 물에 대한 이야기를 하였는데 소행성에 대한 이야기를 하고 빛에 대한 이야기를 이어가기로 하자. 소행성은 태양계가 생성되던 시기에 크고 작은 덩어리로 양성자가 뭉쳐졌는데 이때 태양에 근접해서 뭉쳐지던 양성자덩어리 가운데 미처 전자를 끌어당기지 않은 덩어리들은 태양이든 수성이든 금성이든 지구든 화성이든 목성이든 토성이든 태양계 내의 행성들이 만들어지기 위해서 뭉쳐지던 질량이 큰 덩어리에게 끌려들어가고 뒤이어서 시간이 지나고 플라즈마 상태에 있던 전자가 차가워지기 시작을 하자 양성자덩어리들은 전자를 끌어당기기 시작을 하였는데 이때 태양이 전자를 끌어당기며 중력인 양 전자력을 발호를 하자 전자를 끌어당기기 시작을 하던 크고 작은 덩어리들이 상호질량에 따라서 밀어내지기 시작을 했던 것이다.

이때 태양계가 팽창을 하기 시작을 하였는데. 이때도 전자를 끌어당기지 못한 덩어리들은 질량이 큰 덩어리에게 끌어당겨져서 흡수되고 전자를 끌어당겨서 가둔 덩어리는 역으로 밀어냈던 것이 소행성과 운석들이며 혜성들이다. 즉, 태양이 생성되던 초기에 태양의 중심에 절대온도를 가지고 뭉쳐지던 양성자덩어리가 전자를 끌어당기는 족족 수소로 결합을 해서 밀어냈으며 끌려오던 전자가 많아지고 전자 층이 두꺼워지면 태양은 양성자 한 개가 전자를 포획해서 경수소로 결합해서 밀어내면 전자 층이 두꺼워진 만큼 수소를 밀어내지 못하게 되고 결합했던 경수소는 포획했던 전자를 놓아버리고 다시 기류가 흐르는 곳으로 끌어당겨지는데 이때 전자를 놓아버린 경수소내부의 양성자가 전자를 놓아버리면 경수소의 양성자는 자신이 가진 절대온도를 지킬 수가 없게 되는데 원인은 경수소의 양성자가 위치한 곳이 뜨거운 플라즈마의 전자구역이므로 양성자가 분열을 일으키는 것이다.

경수소의 양성자가 전자를 놓아버리고 기류가 흐르는 곳으로 끌려 들어오는 과정에서 양성자가 뜨거운 플라즈마의 압력과 온도를 견디지 못하고 분열을 일으키면 태양의 중심에 양성자덩어리는 경수소의 양성자를 기류가 흐르는 곳으로 끌어당겨서 또다시 전자를 포획을 하는데 그것이 중수소다.

이때 경수소의 양성자가 분열을 일으킨 뒤에 기류가 흐르는 곳으로 끌려 들어오기 전에 주위에 같은 처지의 양성자가 전자를 놓아버리고 분열을 일으킨 양성자가 있다면 둘은 결합을 한다. 이때 태양의 중심에 양성자덩어리는 결합된 양성자 두 개를 기류가 흐르는 곳으로 끌어당기면 두 개의 양성자가 결합한 양성자가 전자를 포획하면 그것이 헬륨4다. 헬륨4가 전자를 포획하면 태양의 중심에 양성자덩어리는 헬륨을 밀어내는데 이때 끌려온 전자 층이 헬륨을 밀어내는 거리가 전자가 끌려 들어온 전자 층을 벗어나서 밖으로 밀어내는 것이다.

또다시 시간이 지남에 따라서 끌어당겨지는 전자 층이 두꺼워지자 태양의 중심에 양성자덩어리는 헬륨을 밀어낼 수가 없는데 원인이 플라즈마의 전자 층이 두꺼워지므로 전자 층 밖으로 헬륨을 밀어내지 못하고 헬륨은 또다시 포획했던 전자를 놓아버리게 되는데 이때 전자를 놓아버린 헬륨4 4개가 결합을 하는 것이다.

그렇게 되면 중심에 양성자덩어리는 결합된 헬륨4 4개를 기류가 흐르는 곳으로 끌어당기는데 헬륨4 4개가 기류가 흐르는 곳으로 끌려 들어와서 전자를 포획하면 그것이 산소다. 산소가 전자를 포획하면 태양의 중심에 양성자덩어리는 또다시 산소를 전자구역 밖으로 밀어내는데 밀어내지던 산소는 소량이었다는 것을 알 수가 있다.

태양의 중심에 양성자덩어리는 계속해서 공간에 있던 전자를 끌어당기므로 전자 층이 두꺼워지자 밀어내던 산소를 밀어내지 못하게 되는데 이때 산소로 결합을 하던 중수소가 한 번 더 분열을 일으키게 되는데 그것이 삼중수소다. 삼중수소의 존재는 지구에서도 존재를 하고 있으므로 해서 알 수가 있다는 것인데 그 삼중수소 7개가 결합을 하면 그것이 질소다.

태양의 물질결합 시스템을 들여다보았는데 태양계 내의 공간에는 경수소가 가장 많이 분포를 하고 다음이 헬륨이고 그 다음이 산소이며 마지막으로 질소가 극소량이 존재하고 있는 것은 밝혀진 바다. 따라서 태양계 내의 공간에 존재하는 물질들은 태양이 생성되던 초기에 결합을 시켜서 태양이 가진 중력인 양 전자력으로 결합시킨 물질들을 밀어내므로 공간에 존재하고 있는 것이며 뒤이어 질소를 마지막으로 결합시켜서 밀어내던 태양이 더는 전자를 끌어당길 수가 없었는데 이유는 공간에 있던 전자가 소진되었기 때문이다.

따라서 태양이 뭉쳐지던 근접거리에서 뭉쳐지고 있던 수성, 금성, 지구, 화성, 목성, 토성은 많은 양의 전자를 태양에게 빼앗겨버리게 되므로 이들 지구형 행성들은 전자질량의 부족으로 일찌감치 탄소화가 일어나서 지구형 행성으로 만들어졌던 것이다. 따라서 태양이 생성되던 초기에 질소를 결합시키기 전에 산소를 결합시켜서 전자구역 밖으로 밀어내자 먼저 밀어내져 있던 경수소와 산소가 만나게 되고 이때 수소와 산소가 화학적 결합을 일으켜서 물이 만들어졌던 것이다.

또한 물과 질소와 산소가 밀어내진 거리에서 지구가 만들어지기 위해서 양성자가 덩어리를 이루고 뭉쳐지고 있었는데 지구의 양성자덩어리가 물과 질소와 산소를 끌어당겨서 지구의 대기로 삼았던 것이다. 이때까지만 하더라도 태양은 빛을 만들어서 방사를 하지 못하였는데 공간이 차가워져 있으므로 물은 얼음덩어리로 고체화가 일어났던 것이다.

따라서 얼음덩어리는 개체대칭성을(양자와 전자) 충족하므로 중력으로부터 상호질량에 따라서 밀어내졌는데 이때 태양계의 행성들보다 더 멀리로 밀어내버렸던 것이 혜성이다.

즉, 물이 공간의 온도에 따라서 얼음으로 뭉쳐지고 그 얼음덩어리가 양성자와 전자와의 개체대칭성을 충족하고 있으므로 태양은 중력인 양 전자력으로 얼음덩어리를 상호질량에 따라서 밀어냈는데 그 얼음덩어리는 이웃 항성계의 태양에게 끌어당겨졌다가 밀어내지고 그리고 우리 태양계의 태양에게 끌어당겨지고 밀어내지기를 반복하는 것이다. 그것이 우리 태양계에 등장했다가 사라지고 하는 혜성이 가진 비밀이다. 즉, 혜성은 철저하게 양성자와 전자가 개체대칭성을 가지고 있으므로 우리의 태양이 혜성을 밀어내면 우리의 태양계를 벗어나서 이웃 항성계의 태양의 중력인 양 전자력에 이끌려서 이웃 항성계까지 끌어당겨졌다가 혜성이 이웃 항성계의 태양에게 근접을 하면 또다시 중력인 양 전자력의 상호질량에 따라서 밀어내면 그 혜성은 우리의 태양계의 태양에게 끌어당겨지므로 나타났다가 사라지고 다시 나타났다가 사라지는 것이다.

즉, 혜성은 양자와 전자의 개체대칭성을 충족하고 있으므로 우리 태양계와 이웃 항성계와의 상호질량에 따라서 밀어내졌다가 끌어당겨졌다가를 반복하는 것이다. 물론 이에 반해서 소행성은 혜성이 가진 개체대칭성을 충족하고 있지는 못하지만 우리 태양계와 이웃 항성계를 왕복운동을 하는 소행성들은 태양의 질량과 태양계 내의 행성들의 질량에 따르고 소행성이 가진 질량에 따라서 중력인 양 전자력에 의해서 상호작용을 하는 것인데 만약에 소행성이 가진 질량이 개체대칭성을(양자와 전자질량) 충족하고 있지 못하면 태양이든 행성이든 중력을 가진 천체에게 끌어당겨져서 흡수가 될 것이다.

하지만 공간에서 중력에 의해서 운동을 하는 소행성은 즉 공전을 하는 소행성은 개체대칭성을 충족하고 있으므로 그 어떤 항성이나 행성에게 끌려들어가지 않는다는 것인데 소행성이 가진 질량과 항성이나 행성이 가진 질량에 따라서 밀어내지므로 공간을 떠돌고 있는 것이다.

그렇다면 운석은 어떻게 설명을 할 것이냐 하는 문제가 대두가 되는데 그것이 그렇다. 운석은 양자화 되어 있는 것이다. 즉, 운석은 전자질량의 소진으로 양자와 탄소만 남게 되는 것인데 따라서 중력인 양 전자력은 양자만 남아있는 운석을 끌어당기는 것이다. 즉 항성이든 행성이든 중심에 뭉쳐진 양성자덩어리의 질량과 그 양성자덩어리에 의해서 끌어당겨져서 가두어진 전자질량에 비례한 중력으로 운석을 끌어당기므로 운석은 개체대칭성을 충족하고 있지 못하므로 중력을 발호하는 모든 천체에게 끌려들어가는 것이다.

이것을 두고 천문학자들은 혜성이나 소행성을 지구든 항성이든 끌어당길 것이라는 주장을 하고 있는데 그것은 중력의 실체를 알지 못해서 빚어진 해프닝이다. 즉, 일반상대성이론에서 주장하는 물질과 물질의 상호작용으로 중력이 만들어진다고 믿고 있어서이다. 하지만 중력을 발호하는 것이 물질과 물질은 상호작용을 하지 않는다는 것을 몰라서 그러한 주장을 하고 있는 것이다.

중력은 입자와 입자가 상호작용을 하고 있는 것이다. 따라서 입자인 양성자가 전자를 포획하지 않은 채로 덩어리를 이루고 뭉쳐져 있으며 그 덩어리가 핵력을 만들어내고 있으며 그 핵력에 의해서 전자를 끌어당겨서 가두어 두고서 핵력으로 전자에게 압력을 가하고 있으며 이에 전자는 양성자덩어리의 핵력에 전자가 운동을 일으키고 있으므로 양성자덩어리와 가두어진 전자덩어리는 서로 상반된 행동을 나타내는데 그것이 운동이다.

즉, 양성자덩어리는 양성자 하나하나의 개체가 절대온도를 가지고 있으며 그것의 증거는 기체물질이 물질 외부로 극저온의 온도를 표출을 하는 것이 그 증거이며 따라서 기체는 초전도상태에 있는 것이다. 즉, 절대온도를 가진 양성자가 핵력으로 전자를 포획하면 전자는 양성자의 핵력에 맞서서 척력을 만들어내는데 전자의 척력의 원인은 양성자가 절대온도를 가지고 전자질량보다는 약 1,800여배가 커져 있기 때문인데 양성자와 전자 간에는 질량대칭성이 깨져 있으므로 전자가 척력을 만들어서 초전도 상태에 빠져버리는 것이다.

이것이 물질의 시작인데 기체가 만들어지기 전에는 양성자는 양성자들끼리 덩어리를 이루고 있으며 전자는 양성자덩어리의 핵력에 이끌려서 양성자덩어리의 핵력에 가두어져 있으며 양성자덩어리의 핵력의 압력에 전자는 운동을 일으키게 되고 전자가 운동을 일으키면 전자가 뜨거워지며 플라즈마에 도달을 하게 되는 것인데 이때 양성자덩어리와 운동하는 전자덩어리와의 사이에 운동이 일어나는 것이다. 즉 천체가 일으키는 공전과 자전이 그것인데 궁극적으로 우주에 존재하는 모든 항성들과 행성들은 질량대칭성과 개체대칭성이 깨져 있는 것이다. 따라서 우주가 추구하는 것은 양성자와 전자가 질량대칭성을 회복해서 공간으로 되돌아가는 작업을 하고 있는데 그것이 빛이다.

자, 빛에 대한 이야기를 하기로 하자. 우리는 오래전부터 빛은 무엇으로 만들어지는가 하는 의문을 던지고 하였는데 양자역학이 빛에 관한 많은 의문을 해소하여 주기는 하였지만 근본적인 것은 왜 빛이 만들어지는가와 만들어진 빛은 무엇이며 또한 빛은 어디로 가는 것이며 왜 빛은 파장을 가지는가와 왜 빛은 색에 따라서 파장을 가지는가를 알고 있지 못하고 있다는 사실이다. 물론 양자역학에서 빛은 파장을 가지며 또는 입자다 하는 의문을 해소를 하여주기는 하였지만 정작 빛이 무엇인가와 왜 빛이 만들어지는가와 또한 빛은 어떤 용도로 만들어지는가를 해소하여 주지 못하고 있다는 것이다.

따라서 이 장에서는 빛은 왜 만들어지는가를 알아보고 빛의 용도는 무엇이며 천체와 빛과의 상관관계를 통해서 빛에 대한 정의를 내려 보기로 하자는 것이다. 필자가 어린 시절에 밤하늘을 바라보며 가진 의문은 수많은 별빛이 붙박이처럼 하늘에 박혀 있다는 사실에 자연에 대한 신비로움에 감탄과 의문을 동시에 가지게 되었는데 그러한 의문을 필자가 가지기 시작을 한 때로부터 약 40여 년을 지속되었지만 빛에 대한 의문을 해소가 되기는커녕 더욱 의문은 증폭되는 양상을 띠다가 몇 년 전에야 비로소 빛은 무엇인가와 빛은 어떤 용도로 만들어지는가를 알게 되었다.

필자가 처음으로 빛에 대한 의문을 가지게 된 이야기를 잠시 하고 빛에 대한 이야기를 이어가기로 하자. 지금까지는 필자의 어린 시절은 매우 불행한 시절이었다는 생각을 하고 있었다. 이유는 필자는 학교를 거의 다니지 못하였는데 그러한 원인은 학교 공부에 적응을 못하고 전학에 전학을 거듭하다가 결국에는 초등학교를 졸업하지 못하고 지금까지 의문에 빠져 살아왔다는 사실이다.

하지만 현재의 필자는 학교를 안 다니고 상급학교로 진학하지 않은 것을 천행으로 알게 되었다는 것을 미리 밝혀두고 이유는 뒤에 설명을 하기로 하자. 필자가 15세 정도이던 시절에 필자가 살던 고향마을은 전기가 들어오지 않아서 초롱불로 밤을 밝히며 살고 있었다. 그 시절에 필자가 마을 사랑방에서 밤늦게까지 놀다가 새벽녘에 집으로 돌아오는 일이 잦았는데 이때 달이 없는 밤이면 빛이라고는 없는 그야말로 칠흑 같은 밤에 하늘을 바라보면 은하수가 강을 이루듯이 흐르고 있었다.

그 은하수를 바라보는 필자의 눈에는 참으로 경이로운 일이 일어나고 있었다. 그것이 은하수 너머에서 은은하게 빛나는 밝음 현상을 목격을 하였는데 은하수를 바라볼 때마다 필자는 그 밝음 현상을 목격하고 은하수 너머에 은은한 밝음 현상은 무엇일까를 생각을 하고는 하였다. 40여 년의 시간이 지나는 동안에도 그 은은한 밝음에 대한 의문은 해소가 되지를 않고 의문에 쌓여 있었는데 지금에 와서야 그 은은한 밝음에 대한 의문이 해소가 되었다는 것이다.

여기에서 잠시 일반상대성이론에서 주장하는 빛에 대한 이야기를 하고 이야기를 이어가자. 일반상대성이론을 주장한 아인슈타인은 자신이 주장을 한 중력이론인 일반상대성이론을 더욱 공고히 하기 위해서 빛을 자신의 이론인 일반상대성이론에 끌어들였다는 사실이다. 왜냐하면 일반상대성이론에서는 중력이 강하면 빛을 끌어당길 것이라는 주장을 하였기 때문이다.

여기에서 중력은 빛을 끌어당긴다는 것은 증명이 된 사실이다. 하지만 중력이 강하면 빛을 끌어당기지 않고 밀어내기도 한다는 것을 주장을 하지 않았기 때문에 일반상대성이론은 미완의 이론이라는 것이 필자의 생각이다. 따라서 아인슈타인은 중력의 실체와 운동의 근원과 빛의 정체를 알고 있지 않았다는 것이 필자의 생각이다.

왜냐하면 중력은 빛을 끌어당기는데 중력에게 끌려가는 빛은 중력을 발호하는 주체의 질량과 빛이 가진 파장에 비례한다는 사실을 알고 있지 못하였기 때문인데 아인슈타인은 막연하게 중력이 강하면 빛을 끌어당길 것이라는 주장만을 하고 있기 때문이다. 따라서 아인슈타인의 일반상대성이론은 미완의 이론인 것이다.

또한 아인슈타인은 자신의 이론인 일반상대성이론을 더욱 공고히 하기 위해서 있지도 않은 곡률을 자신의 이론에 도입을 하였는데 그 주장 또한 중력의 실체를 몰라서 그러한 주장을 할 수밖에는 없었다는 것이다. 곡률을 주장을 한 이유는 일반상대성이론을 더욱 공고히 하기 위한 방편에 불과하다는 것이다. 따라서 일반상대성이론은 미완의 이론인 것이다.

또한 일반상대성이론에서는 물질과 물질이 상호작용을 한다고 주장을 하고 있는데 정작 물질은 물질을 상대로는 상호작용은 하지 않는다는 사실이다. 정작 전자를 포획해서 물질이라는 것으로 만들어지면 물질은 전자를 포획한 물질을 소 닭 보듯 한다는 것인데 다만 전자를 포획한 물질은 열역학법칙에 따라서 이합집산을 할 뿐이라는 것을 알고 있지 못하였으므로 포괄적인 의미를 부여해서 물질과 물질이 상호작용을 하는 것이라는 주장을 하고 있다는 것이다.

즉, 우주에 존재하는 천체는 물질로 이루어져 있다는 전제하에 그러한 주장을 하고 있다는 것인데 하지만 정작 물질은 물질을 상대로는 중력을 발호하지도 상호작용을 하지도 않는다는 사실이다. 다만 물질은 물질을 상대로 열역학법칙에 따라서 이합집산을 할 뿐이다, 하는 것이다.

여기에서 잠시 기체에 대한 이야기를 하고 가기로 하자. 모두가 알고 있듯이 기체는 고유한 온도를 기체물질 밖으로 표출을 하고 있다. 따라서 우리가 기체를 분리해서 액화를 시키고자 할 때에는 기체가 기체물질 밖으로 표출하는 온도를 이용해서 분리하고 액화를 시킨다는 것은 알고 있는 사실이다.

여기에서 잠시 물과 기름에 대한 이야기를 하고 가기로 하자. 모두가 알고 있듯이 물은 기름과는 섞이지 않는다. 그것에 대한 원인과 이유를 설명하고 이야기를 이어가자. 물 분자는 자체로는 물 분자가 가진 온도를 물 외부로 표출을 할 수가 없다는 데에 문제가 대두가 된다. 물은 철저하게 자신이 가진 극저온의 온도를 물 외부로 표출하는 것을 못하고 있는데 물 분자가 그러한 것의 원인은 물 분자는 양자가 결합을 한 것이 아니라 수소와 산소가 포획한 전자를 가지고 물질 대 물질로 결합을 하였기 때문인데 수소와 산소의 결합은 화합물로는 거의 완벽에 가깝다는 사실이다.

그 완벽이라는 것이 무엇이냐 하면 물은 뜨거운 온도로는 수소에게 붙어 있는 산소를 떼어 놓을 수가 없다는 사실이다. 또한 산소에게 결합된 수소를 떼어 놓을 수가 없다는 사실이다. 그렇다면 물에게 차가운 온도는 어떨까? 하는 것인데 역시 차가운 온도 또한 수소와 산소를 떼어 놓을 수가 없다. 즉, 물은 어떤 환경에서도 깨지지 않는다는 것이다. 또한 물은 자신이 가진 극저온을 물 외부로 표출을 하지 않으므로 아니 표출을 하지 못해서 액체로 고체로 기체로 수시로 넘나든다는 것이다. 즉, 물은 온도에 중립을 나타내고 있다는 것이다.

물의 이 같은 행동을 어떻게 설명을 할 것인가 하는 것인데 이렇게 생각을 하여보자. 여타의 기체들은 자신이 가진 온도를 질량에 따라서 표출을 하지만(질량은 양성자 질량임. 중성자 질량은 제외) 중성자 질량의 증가와 표출하는 온도는 비례한다는 사실이다. 따라서 질소가 표출하는 온도는 -197도 정도이지만 산소가 표출하는 온도는 -215도를 표출하는데 질소와 산소가 표출하는 온도가 다른 이유는 질소 내부의 절대온도를 가진 양성자 질량이 중성자 질량에 비례해서 25%를 넘지 않기 때문이다.

하지만 산소는 산소 내부의 양성자 질량이 중성자 질량 대비 50%이기 때문이다. 일례로 헬륨3과 헬륨4는 질량은 같지만 헬륨3이 헬륨4보다는 양성자 질량이 50%가 더 크기 때문이다. 그것에 대한 원인은 헬륨3은 경수소 한 개와 중수소 한 개가 양자결합을 하였지만 헬륨4는 중수소 두 개가 양자결합을 하였기 때문이다.

따라서 헬륨3은 내부의 양성자 질량이 중성자 질량보다는 세 배가 크다. 헬륨3은 절대온도를 가진 양성자 질량이 150%인데 반해서 헬륨4는 중수소 두 개가 결합을 하였으므로 양성자 질량이 100%이며 중성자 질량 또한 100%이므로표출하는 온도가 서로 다른 것이다.

물론 헬륨3이든 헬륨4든 내부의 양성자는 -273.16도인 절대온도를 가지고 있지만 물질 내부의 중성자 질량에 따라서 물질 외부로 표출되는 온도가 상쇄되어 표출되고 있는 것이다. 따라서 경수소든 중수소든 혹은 헬륨3이든 헬륨4든 질소든 산소든 중성자 질량에 따르고 포획되어 있는 전자질량에 따라서 표출되는 온도가 다르게 나타난다는 것이다.

이렇듯이 기체물질들은 온도에 경중은 있지만 탄소를 제외하고는 모든 기체는 0도보다는 낮은 -의 온도를 표출하고 있다는 점이다. 따라서 기름인 석유를 정제하면 기체인 가스와 가솔린, 등유, 경유, 모빌유로 헤쳐모여를 하는데 이때 가스와 휘발유, 등유, 경유로 따로따로 모이게 된다. 즉, 정제가 되는 것인데 원유를 정제하는 과정은 모두가 알고 있는 사실이다.

원유를 플랜트 관에 흘려보낸 뒤에 압력을 가해서 열교환기를 통과를 시키면 원유는 서로 다른 개체들 즉 가스와 가솔린 등유 경유로 정제가 되는데 이때 원유 내부에 섞여 있던 가스가 먼저 따로 모이게 된다. 원인은 가스가 가진 온도 때문에 가스가 먼저 모이게 되는 것이다. 그리고 뒤이어서 가솔린이 모이게 되고 다음에 등유가 모이고 경유가 모이는 것이다. 즉, 원유에는 가스와 가솔린, 등유, 경유, 모빌유, 방카시유 등이 모이고 마지막에는 플라스틱의 원료가 남는 것이다. 원유에 섞여 있는 여러 가지 가스와 기름이 따로따로 모이는 이유는 기름 내부에 양성자가 온도를 가지고 있기 때문이다.

따라서 원유를 열교환기에 통과시키면 각각 기름이 가진 온도를 기름 외부로 표출하기 때문이다. 그러므로 물은 기름과는 달리 극저온을 가지고는 있지만 물은 철저하게 물 외부로 가지고 있는 온도를 표출하지 못하므로 해서 물과 기름이 섞이지 않고 겉도는 것이다. 즉, 물은 가지고 있는 극저온을 물 외부로 표출하지 못해서 기름과 섞이지 않는 것인데 만약에 물이 기름처럼 가지고 있는 온도를 표출하게 되면 물과 기름은 섞이게 될 것이라는 이야기가 되는 것이다. 아니 물은 지구의 표면에 위치할 수가 없는 것이다. 만약에 물이 극저온을 물 외부로 표출을 하게 되면 지구의 상온에서 물은 맹렬히 운동을 일으키게 되고 물이 운동을 일으키면 지구의 중력인 양 전자력은 물을 대기로 밀어낼 것이기 때문이다.

여기에서 중력인 양 전자력에 대한 이야기를 잠시만 하고 가기로 하자. 필자가 중력을 양 전자력이라는 주장을 한 데에는 이유가 있다. 중력이라는 것을 발호하는 주체가 양성자와 전자가 만들어내고 있기 때문이다. 우리는 사실 중력이 무엇으로부터 어떤 경로를 통해서 발호되고 어떻게 작용을 하는가를 정확하게 알지 못한다. 우리는 그저 우주에 존재하는 천체들이 거리를 만들어내고 서로를 회전운동을 시키며 항성들은 빛을 만들어서 방사를 하고 천체들이 물질들로 이루어져 있다는 생각에 물질과 물질은 상호작용을 하고 있는 것이라는 것이 중력이라는 것으로 어렴풋이 알고 있으며 그것을 중력이라고 명명하고 있는 것이다.

따라서 우리는 중력을 포괄적인 의미를 부여해서 물질과 물질이 상호작용을 하는 것이다, 하는 정의를 내려두고 있다는 것이다. 하지만 아니다. 필자는 중력의 실체에 대한 이해를 구하기 위해서 근 40여 년에 걸쳐서 사고와 사고를 거듭하였지만 알 수가 없었다. 나중에 원인을 알고 보니 그것은 중력이론인 일반상대성이론과 미시세계의 입자를 조명하는 이론인 양자역학 때문에 중력의 실체와 운동의 근원 그리고 물질의 근본과 빛의 정체를 알 수가 없더라는 것을 알게 되었다. 그 양자역학과 일반상대성이론이 결합되지 못하고 겉돌고 있는 것이 그 증거라면 증거라고 할 수가 있다는 것이다. 따라서 양자역학과 일반상대성이론으로는 자연의 실체를 알 수는 없다는 이야기가 되는 것이다.

우리는 지금까지 많은 것을 배우고 스스로 깨우치며 오늘에 이르고 있는데 우리들의 시간으로 100년은 긴 시간이다. 다시 말해서 양자역학과 일반상대성이론이 점유하고 있는 물리학을 이제는 놔주고 뒤로 물러날 때라고 필자는 생각을 하는데 이 글을 읽으시는 분들에게 묻고 싶다는 이야기인 것이다.

아닌 것은 아닌 것이다. 또한 없는 것은 없는 것이다. 다시 말해서 아닌 것이나 아닌 것이 실체일 수가 없다는 이야기가 되며 또한 없는 것은 없는 것이다. 그럼에도 불구하고 양자역학에서는 아닌 것을 두고 실체가 있는 것으로 일반상대성이론에서는 없는 것이 있는 것으로 되어 물리학계를 혼란 속으로 밀어 넣고 있는 형국이라서 필자가 한마디 한 것이다.

그러한 것의 주범이 수학이다. 즉 수학은 없는 것을 있는 것으로 만들어내고 아닌 것의 실체를 만들어내고 있기 때문이다. 물론 수학이 문제가 아니라 수학의 숫자를 운용하는 우리들에게 문제가 있는 것이다. 즉 우리들의 감성이 문제가 있으며 물리학이 추구하는 방향에 문제가 있으며 한쪽으로 치우치는 우리들의 사고에 문제가 있다는 이야기가 되는 것이다. 즉, 우리들로 하여금 그렇게 되도록 일조를 한 것이 양자역학과 일반상대성이론이다 하는 것이다. 따라서 양자역학과 일반상대성이론은 이제는 물리학을 놔주고 물러날 때라는 주장을 필자는 하고 있는 것이다.

앞에서도 양자역학과 일반상대성이론은 미완의 이론이다 하는 것은 이야기를 하였지만 다시 한 번 더 하기로 하자. 양자역학에서 물질에게 포획된 전자가 운동을 일으키는데 운동하는 전자의 위치를 확정지을 수가 있든 없든지 간에 근본적인 것은 외면한 채로 운동하는 전자의 위치를 확정을 짓느니 확정을 지을 수가 없느니 하는 논쟁은 용두사미의 의미를 내포하는 논쟁에 다름 아니다 하는 것이 필자의 생각이다.

왜냐하면 양성자에게 포획된 전자가 어떤 원인으로 운동을 하는가를 조명하고 운동하는 전자가 왜 운동을 할 수밖에는 없는가 하는 것을 조명한다면 진작 풀어졌을 문제이기 때문이다. 따라서 지금이라도 기체물질에게 포획된 전자가 왜 어떤 원인으로 운동을 할 수밖에는 없는가를 두고 논쟁을 벌여야만 할 것이라는 이야기를 하고 있는 것이다. 왜냐하면 물리학 교과서를 모두 바꿔야하는 중대한 문제가 불거졌기 때문이다. 그것이 중력인 양 전자력이다.

즉, 중력을 발호하는 실체가 물질과 물질이 상호작용으로 중력을 발호하는 것이 아니기 때문이다. 따라서 물질과 물질은 상호작용을 하지 못하는데 원인이 양성자의 개체가 전자를 포획하고 있기 때문이다. 따라서 물질은 자체로 독립된 개체이며 또한 물질은 전자를 포획하게 되면 자체로 하나의 천체가 만들어진다는 사실이다. 그러므로 물질은 중력을 발호하지만 물질이 가진 중력의 범위가 양성자에게 포획된 전자궤도를 벗어나서 중력이 발호되지 않는다는 사실이다. 물질이 가진 중력의 범위는 양성자에게 포획된 전자궤도가 물질의 중력의 범위가 되는 것이다.

따라서 극저온을 표출하는 기체물질은 액화가 일어나는 것이다. 즉 서로 다른 개체의 기체물질이 전자 궤도까지 밀도를 유지하게 되면 액화가 되는데 이때 기체는 운동을 일으키지 않기 때문에 액화가 되는 것이다. 양성자에게 포획된 전자가 운동을 멈추면 액화가 되는 것인데 이때 전자가 운동을 멈추는 원인이 양성자에게 있다는 사실이다. 즉 양성자가 절대온도를 가지고 있기 때문이다.

따라서 양성자가 가진 절대온도가 기체물질 외부로부터 절대온도가 지켜지기 때문인데 양성자가 운동을 멈추는 원인이 기체물질 밖으로부터의 온도가 기체물질 내부의 양성자가 가진 절대온도에게 높은 온도가 침입하지 않으면 기체물질 내부의 양성자는 운동을 멈추게 되고 양성자가 운동을 멈추면 양성자에게 포획된 전자 또한 운동을 멈추게 되는데 전자는 양성자에게 극성에 의해서 포획이 되어 있으므로 양성자가 운동을 멈추면 전자가 운동을 멈추게 되고 기체물질은 액화가 일어나는 것이다.

모두가 알고 있듯이 액화가 일어난 기체물질을(산소 질소) 용기에 담아두면 기체는 용기 밖으로 나와서 흐르는데 이때 기체를 담아둔 용기 입구로 기체가 나오는 원인이 기체물질 내부의 양성자에게 뜨거운 온도가 접근을 하기 때문인데 양성자가 절대온도를 가지고 있기 때문이다.

따라서 뜨거운 온도에 노출된 질소나 산소 내부의 양성자가 운동을 일으키므로 액화된 기체의 덩어리에서 떨어져 나오게 되는데 이때 액화된 질소나 산소가 용기 밖으로 나오면 지구의 중력인 양 전자력의 영향을 받게 되는데 기체가 운동을 일으키므로 지구의 중력인 양 전자력의 범위로 밀어내지는 것이다. 즉, 질소와 산소가 지구의 대기를 이루는 원인이다.

또한 질소와 산소가 지구의 대기로 밀어내지면 지구 대기의 온도가 편차를 보임으로 해서 질소와 산소는 순환을 하는데 질소나 산소가 대기의 상층부로 밀어내지면(약 10-15km) 질소나 산소의 운동량이 저하가 되는데 원인은 지표면의 온도와 지구대기의 상층부의 온도가 편차를 보이므로 해서 일어나는 일이다.

즉, 질소와 산소가 운동량이 증가를 하면 지구의 중력인 양 전자력은 질소와 산소를 지구의 중력의 범위까지 밀어내게 되고 밀어내지던 질소와 산소가 차가운 온도에 노출되면 운동량이 저하되고 운동량이 저하된 만큼의 질소와 산소를 지구의 중력인 양 전자력은 끌어당기는 것이다. 이것이 지구의 대기가 순환을 일으키는 원인이다.

따라서 양자역학에서 주장하는 물질에게 포획된 전자가 운동을 한다거나 또한 운동하는 전자의 위치를 측정한다거나 측정을 못 한다거나 하는 주장은 근본을 외면한 주장으로 유명무실한 주장에 불과하다는 것이 필자의 생각이다. 따라서 양자역학은 철 지난 이론이기에 앞서 물질의 근본을 이해하기 위해서 만들어진 이론이 물질의 근본을 알 수가 없도록 일조한 미완의 이론이라는 것에서 무용론을 주장을 하는 것이다.

자, 이번에는 중력이론인 일반상대성이론을 들여다보자 일반상대성이론의 주요 골자는 물질과 물질이 상호작용을 한다는 데에서 시작해서 중력의 범위를 두고 곡률이 있다고 주장을 하고 중력이 강하면 빛을 끌어당길 것이라는 주장을 하고 있는데 일반상대성이론의 이 같은 주장은 일부는 맞고 일부는 틀리다.

먼저 중력이 강하면 빛을 끌어당길 것이라는 주장에는 문제가 있다. 왜냐하면 중력이 강하면 빛을 끌어당길 것이라는 주장은 일부는 맞다. 하지만 역으로 중력이 강하면 빛을 밀어내기도 한다는 주장을 하지 못한 것이 미완의 이론이다 하는 것인데 자, 생각을 하여보자. 중력이 강한 천체가 빛을 끌어당긴다면 우주공간에는 빛이 돌아다닐 수가 없다는 것이다. 다시 말해서 중력이 강한 천체가 빛을 끌어당기기만 하는 것이라면 공간에는 빛이 돌아다닐 수가 없으며 또한 우리는 멀리에 있는 천체를 발견을 할 수가 없다는 것이다.

하지만 우리는 멀리에서 우리에게 도달하는 빛을 볼 수가 있으므로 우리의 눈에 들어오는 빛을 보고 멀리에 천체가 은하가 항성이 있다는 것을 알 수가 있다는 사실이다. 따라서 일반상대성이론에서 주장하는 중력이 강한 천체는 빛을 끌어당길 것이라는 주장은 절반만 맞는 주장에 다름 아니다 하는 것인데 우주공간에 빛이 어떤 원인으로 돌아다닐 수가 있는가를 설명을 하기로 하자.

앞에서도 빛에 대한 설명을 하였지만 중력과 빛의 상관관계를 다시 한 번 더 설명하고 왜 일반상대성이론이 왜 절반만 옳은 이론인가를 이야기를 하자는 것이다. 우리가 밤하늘을 바라보면 우리는 별빛을 볼 수가 있는데 우리가 있는 지구로부터 가까이에 있는 항성에서 다가오는 빛은 하나같이 밝은 빛이라는 것은 모두가 알고 있는 사실이다. 하지만 우리에게 다가오는 빛이 광원인 항성과 우리와의 거리에 따라서 우리에게 다가오는 빛은 점점 짙은 색을 가진 빛인 파장이 짧은 빛이라는 것을 우리는 알고 있다.

이것을 두고 천문학자들은 청색편이라고 주장을 하는데 천문학자들이 주장하는 빛의 청색편이는 그 청색편이를 일으키는 광원인 천체가 우리에게 다가오는 것이라는 주장을 하고 있다는 사실이다.

다시 한 번 더 설명을 하기로 하자. 언제부터인가 천문학자들은 적색편이를 들고 나왔다. 빛이 공간을 이동을 하는 동안에 빛이 한쪽으로 치우친다는 주장을 하기 시작을 한 것이다. 즉 적색편이인데 그러한 빛의 편이 현상을 두고 빛을 방사하는 광원이 즉 천체가 우리에게 다가오거나 우리로부터 멀어지는 것이라는 주장을 하기 시작을 하였는데 그러한 원인을 제공한 사람은 허블이라는 천문관측자였다. 물론 허블은 그러한 주장이 나오게 된 원인만 제공했을 뿐 허블 자신의 주장은 아니었다는 것이다.

하지만 허블의 우주에 대한 그러한 관측이 모든 물리학자나 천문학자에게는 논쟁을 야기했다는 것이다. 우주가 팽창을 하고 있다는 주장을 낳게 했던 것이다. 물론 우주는 팽창을 했다는 것은 기정사실이다. 하지만 우주가 현재에도 팽창을 하고 있다는 천문학자들의 주장은 터무니없고 어처구니가 없는 주장이라는 것을 알게 된 것은 필자가 우주의 모든 것을 알고 난 뒤에야 우주가 현재에도 팽창을 하고 있다는 주장이 터무니없는 주장이라는 것을 알게 되었다는 것이다.

이제 우주가 팽창을 하고 있지 않다는 이야기를 하여 보자. 왜냐하면 우주가 현재에도 팽창하고 있다는 가정은 우주에 대한 여러 가지의 가설을 만들어내게 됨으로 해서인데 그 가설이 터무니없는 가설이기 이전에 우리들로 하여금 추상적인 사고를 유발하기 때문이다. 따라서 왜 우주가 팽창을 하지 않고 수축을 하고 있는가를 설명을 하겠다는 것이다.

우리 우주는 137억 년 전에 생성되어 팽창을 하였다는 가설이 유력하다 하는 것은 우리 모두가 인정하는 부분이다. 왜냐하면 우리에게 다가온 빛의 광원과의 거리를 쟀더니 137억 광년 거리에 광원의 천체가 있어서인데 따라서 우리 우주의 나이는 137억 년은 되었을 것이라는 추론이 가능하다는 것이다.

하지만 그러한 추론은 우주의 나이를 왜곡시킬 수가 있는 추론이라는 것을 몰라서 나온 주장이라는 것을 미리 밝히고 가자. 왜냐하면 일반상대성이론에서 중력이 강한 천체는 빛을 끌어당길 것이라는 주장을 하여서 지구촌의 모든 물리학자나 천문학자 또는 일반인들조차도 중력이 강한 천체가 빛을 끌어당긴다는 것을 기정사실로 받아들이고 있어서인데 여기에는 커다란 사고의 괴리에 의한 함정이 도사리고 있다는 것이다.

그 함정이 일반상대성이론이 주장을 한 중력이 강한 천체는 빛을 끌어당길 것이라는 주장 때문이라는 것을 알지 못해서 우리들의 사고에 괴리가 발생을 한 것이다. 중력이 강한 천체가 빛을 끌어당긴다면 또한 그것이 사실이라면 우리는 137억 광년 거리에서 우리에게 도달하는 빛을 볼 수가 없어야만 옳다. 왜냐하면 137억 광년거리의 천체가 방사한 빛이 우리에게 도달하기 전에 그 빛은 중력이 강한 천체에게 끌어당겨져서 우리에게 도달을 하여서는 안 된다는 것이다.

하지만 우리는 137억 광년 거리에서 날아오는 빛을 보고 있다는 것이다. 따라서 일반상대성이론이 주장하는 중력이 강하면 빛을 끌어당긴다는 주장이 틀린 주장이거나 아니면 우리들의 사고에 괴리가 있거나 이도저도 아니라면 무엇일까? 하는 것인데 이렇게 생각을 하여 보자.

일반상대성이론에서 주장하는 중력이 강한 천체는 빛을 끌어당기는데 빛의 종류에 따라서 끌어당긴다고 가정을 하여 보자는 것이다. 그 빛의 종류라는 것이 빛이 가진 파장에 따라서 천체가 빛을 끌어당기기도 하고 빛이 가진 파장에 따라서 천체가 빛을 밀어내기도 한다고 생각을 하여 보자는 것이다. 일반상대성이론에서는 중력이 강하면 빛을 끌어당긴다고만 주장을 하고 있으므로 역으로 중력이 강한 천체는 빛을 밀어내기도 하므로 137억 광년 거리에서 우리에게 도달을 하는 빛이 있다고 말이다.

그러한 생각을 하여 보면 답은 명확해진다. 즉 중력이 강한 천체는 물론이고 중력이 약한 천체도 빛을 끌어당기고 또한 빛을 밀어내기도 해서 우리가 137억 광년 거리에서 우리에게 도달하는 빛을 볼 수가 있다는 것이라고 말이다. 따라서 우리로부터 먼 거리에 있는 천체의 광원의 빛이 우리에게 도달할 수가 있는 것이다.

즉, 중력이 강한 천체가 빛을 파장에 따라서 끌어당기기도 하고 또한 밀어내므로 천체가 밀어낸 그 빛이 우리에게 도달하는 것이다. 그러한 증거는 하나같이 우리로부터 멀리에 있는 천체에서 날아오는 빛은 푸른색 계통의 빛이거나 아니면 보라색 계통의 파장이 짧은 빛이 우리에게 도달을 하는 원인이다 하는 것이다.

또한 우리로부터 가까이에 있는 중력이 강한 천체의 빛은 우리에게 도달하지 못하고 천체에게 끌어당겨지므로 우리에게 도달하지 못하는 것이다. 우리 은하의 중심에 있는 빅 태양이 방사하는 빛을 우리가 볼 수가 없는 원인이기도 한 것이다. 그로 인해서 우리가 볼 수가 없는 천체를 두고 천문학자들은 그 천체를 블랙홀이라고 명명하고 있다는 사실이다.

하지만 사실 천문학자들이 주장하는 블랙홀이라는 천체는 우주에 존재하지 않는다. 우리는 우리 은하의 중심에 있는 빅 태양이 방사하는 빛이 우리에게 도달하는 빛이 없으므로 우리가 빅 태양을 볼 수가 없으므로 우리는 빅 태양을 블랙홀이라고 명명하고 있는 것이다. 하지만 빅 태양이 방사한 빛은 우리에게 도달할 수가 없는 빛 즉 파장이 거의 없는 아니 파장을 가지지 않은 빛이므로 우리 은하 내부의 천체들에게 모두 끌려들어가고 우리에게 도달하지 않으므로 우리가 그 빛을 볼 수가 없다는 것이다.

우리와 우리 은하의 중심에 빅 태양과의 거리가 매우 가까이에 있지만 우리가 그 빅 태양이 방사한 빛을 보지 못하므로 빅 태양을 블랙홀이라고 주장하고 있는 것이다. 물론 우리 은하의 중심에 빅 태양이 생성 초기에는 보라색 계통의 빛과 푸른색 계통의 빛을 방사하였지만 우리는 그 빛 또한 볼 수 없는 이유가 그 빛은 우주를 떠돌고 있으며 우리로부터 137억 광년 거리로 날아가고 있기 때문이다.

그러한 것의 원인은 우리의 태양계가 우리 은하에 속해 있지만 이미 우리를 지나쳐서 그 빛은 우리로부터 멀어져가고 있기 때문이다. 따라서 우리 은하가 방사한 빛은 천문학자들이 주장하는 과거의 빛이므로 우리는 우리 은하가 방사한 과거의 빛을 볼 수가 없는 것이다. 그러므로 일반상대성이론은 중력이 강한 천체가 빛을 끌어당길 것이라는 주장만 맞는 주장인데 그 주장도 절반만 맞는 이론인 것이다.

물론 곡률도 존재하지 않으며 물질과 물질은 상호작용을 전혀 하지 않는다는 것이다. 다만 물질은 전자를 포획하고 있는 것을 우리는 물질이라고 명명하고 있으므로 전자를 포획하고 있는 기체물질은 중력의 범위가 즉 물질 내부의 양성자가 발호하는 핵력의 범위가 기체가 가지는 중력의 범위가 되는 것이다. 따라서 물질과 물질은 상호작용을 하지 않는다는 사실이다.

다만 기체물질은 기체물질이 표출하는 온도에 따라서 기체물질 외부의 온도와 마찰을 일으키고 물질 외부의 온도에 따라서 기체물질 내부의 양성자가 운동을 일으키는 것이다. 이때 기체가 운동을 일으키면 천체의 중력인 양 전자력은 기체물질을 중력의 범위까지 밀어내는 것이다. 즉 질량에 따라서 상호작용을 하는 것이다.

이때 질소나 산소가 액화되어 있다면 지구의 중력은 액화된 질소나 산소와는 상호작용을 하지 못한다. 이유는 기체가 운동을 멈추고 있기 때문인데 중력은 기체물질 내부의 양성자가 운동을 멈추면 기체물질을 양자로만 보게 되므로 끌어당기는 것이다. 따라서 중력과 기체는 상호작용을 멈추는 것이다. 그러므로 중력이라는 것은 천체와 천체가 운동을 일으키고 있어야만 서로 상호작용을 하는 것을 알 수가 있다는 것이다.

제16장 천체운동이 전하는 메시지

앞 장에서는 빛이 전하는 메시지를 들여다보았는데 이 장에서는 천체가 일으키는 운동을 집중적으로 조명해 보자. 우리는 지금까지도 천체가 일으키는 운동에 대해서 아는 것이 별로 없다. 물리학자들은 천체가 일으키는 운동이 무엇에 의해서 어떻게 일어나고 있는가를 알지 못해서 구구한 억측을 만들어내고 있는 것이 현실이다. 즉 천체의 운동을 두고 태운동이라느니 원심력에 의한 운동이라느니 여러 가지의 억측을 쏟아내고 있는 것이다.

또한 항성이나 행성들의 내부 구조와 중심에 핵이 무엇으로 이루어져 있는가를 몰라서 천체가 일으키는 운동이 태운동(천체 생성 초기에 일어난 운동)이니 또한 천체가 회전운동을 하므로 원심력일 것이라는 주장을 하고 있는데 한마디로 아니다.

운동은 운동을 유발할 수 있는 구조가 만들어져야만 운동을 일으킬 수 있다는 생각을 필자가 하게 된 동기는 약 20년 전으로 생각이 된다. 앞 장에서 기체물질이 운동을 일으키는 원인에 대한 이야기를 하였는데 물질의 중심에 양성자가 운동을 일으키므로 기체물질이 운동을 일으키는 원인을 알 수가 있으며 그 운동의 실체는 온도에 의해서라는 이야기를 하였다.

물론 기체물질은 기체물질의 질량에 따라서 운동량이 다르게 나타나는데 그 원인이 기체물질 외부로 표출되는 온도와 기체물질의 운동은 비례한다는 사실이다. 기체물질을 이루는 내부의 양성자는 그 어떤 기체물질이든지 간에 절대온도를 가지고 있다는 사실이다. 물론 기체물질의 질량에 따라서 표출되는 온도는 제각각이지만 기체물질 내부의 양성자는 하나같이 절대온도를 가지고 있다는 것이다.

따라서 기체물질 내부의 양성자가 기체물질 외부의 온도에 반응을 보이며 운동을 일으키는 것이다. 즉 기체물질의 운동은 기체물질 외부의 온도에 의해서라는 이야기가 되는 것이다. 따라서 천체가 운동을 일으키는 것 또한 기체물질이 일으키는 운동과 별반 다르지 않다는 사실이다. 다만 천체는 기체물질처럼 양자와 전자가 개체대칭성을 가지고 있지 않다는 것이다.

다시 말해서 천체는 양성자의 개체가 적고 전자의 개체가 많으면 기체를 결합시켜서 대기로 밀어내두고 양성자의 개체가 크고 전자의 개체가 적으면 천체는 기체를 결합을 시키지만 그 기체를 대기로 밀어내지 못하는 것인데 원인이 전자질량 부족으로 결합시킨 기체물질을 대기로 밀어낼 수가 없기 때문이다. 그것의 원인은 천체 내부의 중심에 뭉쳐진 양성자의 개체와 전자의 개체가 대칭성이 결여되어 있기 때문이다.

따라서 천체가 발호하는 중력인 양 전자력의 범위가 한정되기 때문인데 천체의 중심에 아무리 많은 개체의 양성자가 뭉쳐져 있다고 하여도 양성자덩어리의 핵력에 의해서 끌어당겨서 가두어진 전자질량이 작으면 그 천체가 발호하는 중력은 매우 짧은 거리가 되므로 결합시킨 기체물질을 대기로 밀어내지 못하고 끌어당겨서 가두어둔 전자구역과 대기의 사이로 기체물질을 밀어내는 것이다.

이때 기체는 플라즈마의 뜨거운 전자구역에 머물게 되어 기체물질은 기체가 탄소화로의 진행이 되는 것이다. 그것의 증거가 우리 태양계의 행성들이다. 즉 우리의 태양계가 생성되던 초기에 태양이 생성되던 근처에서 생성이 되던 행성(수성, 금성, 지구, 화성, 목성, 토성)들은 태양이 생성되던 근접 거리에서 생성이 되었던 행성들이다.

위에 나열한 행성들은 태양의 핵력 즉 태양의 중심에 뭉쳐진 절대온도를 가진 양성자덩어리에게 전자를 빼앗기는 일을 당했던 것이다. 태양의 전자포획 사정거리에서 생성되기 위해서 뭉쳐지던 행성들의 양성자덩어리는 태양에게 전자를 많이 빼앗기는 일을 당했던 것이다.

그로 인해서 수성이 제일 먼저 고체 탄소 행성이 되었으며 뒤이어서 금성과 지구가 고체 탄소 행성이 되었으며 그 다음이 화성이다. 또한 목성은 지구나 화성처럼 지표면이 만들어져 있다는 사실이다. 또한 목성 대기의 안쪽에서는 맹렬히 화산이 분출을 하고 있으며 화산에서 분출된 기체 탄소가 목성의 대기에 알록달록한 수를 놓고 있는데 그 대표적인 것이 대적점이다.

또한 목성의 대기에는 대적점과 같은 크고 작은 화산들이 그야말로 맹렬하게 분출을 하고 있다는 것을 보여주고 있는 것이다. 이에 토성도 서서히 탄소 화로의 진행이 일어나며 토성대기의 안쪽에서는 지표가 생성이 되고 있는 것이다. 토성 또한 탄소 화로의 진행이 일어나며 지표가 생성이 되고 있는데 그러한 것의 증거는 토성의 대기의 색을 보면 알 수가 있다는 것인데 토성의 대기의 색이 탄소가 가지는 붉은 색을 나타내기 때문이다.

토성을 벗어나면 천왕성, 해왕성, 명왕성이 자리하고 있는데 천왕성과 해왕성, 명왕성은 아직은 탄소 화로의 진행이 일어나지 않고 있다. 이유는 그러한 것의 증거 또한 대기의 색에서 알 수가 있는데 천왕성 해왕성 명왕성의 대기의 색은 푸른색과 청록색에서 알 수가 있는 것이다.

천왕성, 해왕성, 명왕성의 행성들이 그러한 것은 태양계가 생성되던 초기에 태양의 중심에 뭉쳐진 양성자덩어리의 핵력의 전자포획 사정거리 밖에서 생성되고 있었으므로 해서 천왕성, 해왕성, 명왕성은 태양에게 전자를 많이 빼앗기지 않았다는 사실이다. 따라서 위의 셋 행성들은 양성자 개체와 전자 개체가 거의 대칭성을 가지고 있는 것이다. 그로 인해서 천체의 운동은 매우 빠르게 일어나고 있으며 운동을 일으키는 과정에서 결합을 시킨 기체물질을 중력인 양 전자력으로 밀어내서 대기를 만들고 있는 것이다.

자, 태양계의 행성들을 들여다보았는데 천체가 일으키는 운동의 근거를 들여다보자. 양자역학에서 주장하는 기체물질에게 포획된 전자가 운동하는 동안에는 전자의 위치를 알 수가 없고 확률로밖에는 표현할 수밖에 없다는 주장은 옳은 주장이라는 이야기는 앞 장에서 하였는데 문제는 운동의 근원이다. 즉, 전자는 운동을 일으키지만 전자가 일으키는 운동은 전자의 임의로는 운동을 일으키지 못한다는 것이다. 따라서 전자가 일으키는 운동의 근원은 양성자이다.

그러한 것의 원인은 앞장에서 밝혔는데 기체물질을 이루는 양성자는 절대온도를 가지고 있는데 그것의 증거가 기체물질은 기체물질이 가진 질량에 따라서 고유한 온도를 기체물질 외부로 표출하는 것이 그 증거인데 만약에 기체물질의 내부에 양성자가 온도를 가지고 있지 않다는 가정을 하면 기체물질이 표출하는 온도를 설명을 할 수가 없다는 것이다.

따라서 기체물질 내부의 양성자는 온도를 가지고 있는데 기체물질이 표출하는 그 온도는 빅뱅이 일어날 때에 공간의 온도상태가 절대온도 상태에서 빅뱅이 일어났다는 것의 반증인 것이다. 그러므로 양성자가 절대온도를 가지게 된 것이며. 따라서 기체물질은 극저온의 온도를 표출하는 것이다. 그러므로 기체물질이 표출하는 극저온은 양성자가 절대온도를 가지고 있다는 반증에 대한 이야기를 필자가 하였는데 기체물질이 운동을 일으키는 원인 또한 기체물질 내부의 양성자가 절대온도를 가지고 있기 때문으로 기체물질이 표출하는 온도와 기체물질 밖의 온도가 다르므로 온도의 편차에 의해서 기체물질이 운동을 일으킨다는 것은 기정사실이다.

따라서 운동의 근원을 설명할 수가 있는 것인데 항성이나 행성 또는 은하가 일으키는 운동을 설명할 수 있는 것이다. 따라서 빅뱅을 설명할 수가 있는 것이다. 빅뱅이 일어나기 전에 공간은 절대온도 상태에 있었으며 그것의 증거는 물질을 이루는 양성자가 절대온도를 가지고 있다는 것에서 알 수가 있다는 이야기가 되며 물질을 이루는 양성자가 극저온을 물질 외부로 표출하고 있다는 사실이 빅뱅이 일어난 상황을 설명할 수가 있는 것이다.

빅뱅이 일어나기 전에 공간은 온도가 낮아지고 있었으며 우리 우주의 어머니 우주가 소멸을 한 뒤에 공간은 평온한 상태에 있었지만 공간에는 쌍소멸 상태의 대전된 전자쌍으로 가득 채워져 있었다는 이야기가 되는 것이다. 하지만 이 전자쌍은 우주의 그 어떤 물질이나 빛으로도 변화를 일으키지 않는다, 하는 것인데 그것이 양전자와 음전자가 질량대칭성을 가지고 대전이 되면 그 무엇으로부터도 대전된 둘을 떼어놓을 수가 없지만 그 전자쌍을 움직이는 것은 온도뿐이다, 하는 것인데 그 온도가 절대온도뿐이라는 것이 필자의 생각이다.

왜냐하면 현재의 우주가 그 어떤 행위를 한다고 하여도 대전된 전자쌍을 끌어낼 수가 없기 때문이며 또한 둘을 떼어놓을 수가 없기 때문이다 하는 것이다. 현재의 우주에서 그 어떤 에너지도 대전된 전자쌍을 분리할 수가 없기 때문이다. 따라서 대전된 전자쌍을 분리할 수 있는 것은 온도밖에는 없는데 그 온도 또한 일반적인 고온이나 저온이 아니라 극저온 즉 절대온도만이 초전도를 일으켜서 대전된 쌍소멸 상태의 전자쌍을 서로 떨어지게 만들 수가 있다는 이야기가 되는 것이다.

자, 빅뱅이 있기 전에 공간으로 가보기로 하자. 서서히 낮아지는 공간의 온도는 -273.16라는 절대온도 상태에 접어들게 되고 공간이 절대온도 상태에 빠지자 공간에 질량대칭성을 가지고 대전되어 쌍소멸 상태에 있던 전자쌍이 절대온도가 일으키는 초전도로 서로를 밀어내며 떨어져 나오게 되고 양전자는 양전자대로 음전자는 음전자대로 서로를 밀어내며 같은 개체들끼리 뭉쳐지기 시작을 하였는데 시간이 지나가는 순간순간 덩어리는 커지기 시작하였다. 이때 이미 운동은 시작이 되었으며 대전된 양전자와 음전자가 서로에게서 떨어져 나온 순간에 운동과 에너지가 절대온도에 의해서 주어진 것이다. 이것이 운동으로 에너지가 생성이 된 것인데 운동과 에너지는 떼려야 뗄 수 없는 불가분의 관계가 성립하는 것이다.

즉, 운동이 없다면 에너지 또한 없다는 것이고 에너지 또한 없다면 운동은 일어나지 않는다는 것이다. 따라서 운동과 에너지는 공생하는 관계에 있는 것이다. 혹자는 에너지가 있으므로 운동이 있을 것이라는 주장을 할 수도 있겠지만 에너지 자체가 운동에 의해서 주어진 것이므로 생성된 우주만 놓고 본다면 에너지와 운동은 불가분의 관계에 있다는 이야기가 되는 것이다.

따라서 온도와 에너지 운동이 삼위일체가 되어 우주를 생성을 시키고 생성된 우주가 다시 대전된 전자쌍으로 되돌아가기 위해서 빛을 만들고 운동을 만들어 내고 있는 것이다. 그 이야기를 하자는 것이다. 빅뱅이 있기 전 공간은 절대온도에 의해서 일어난 초전도로 대전되어 쌍소멸 상태에 있던 전자쌍이 서로를 밀어내서 거대한 에너지 덩어리로 뭉쳐져 있다가 어느 순간에 둘은 서로를 향해서 달려가서 부닥쳤다는 것이다. 양전자덩어리와 음전자덩어리가 서로에게 달려가서 부닥트리자 강력한 압력이 만들어지며 공간은 일순간에 빛을 만들어냈는데 그때에 만들어진 빛이 음전자 빛이다.

자, 이 시점에서 전자에 대한 이야기를 하고 가기로 하자. 모두가 알고 있는 것과 마찬가지로 우리가 사용하는 전기는 음전자다. 발전소에서 자석을 축에 매달고 자석 주위에 코일을 감아서 코일에 자석을 회전시키면 자석에게 자화되어 있던 전자 즉 음전자가 떨어져 나오게 되는데 이때 축에 매달린 자석에 자화되어 있는 전자 양에 의하고 축의 회전 속도에 의해서 전기는 그 세기가 비례한다. 같은 숫자의 전자가 자화되어 있는 자석 둘을 서로 다른 축에 매달아 회전을 시켜서 전기를 얻을 때에 축의 회전 속도에 따라서 암페어의 크기가 달라진다는 것도 모두가 알고 있는 사실이다.

이때 자석에게 자화되어 있는 전자가 자기력선을 만들어낸다는 것은 전자가 음극이 있고 양극이 있다는 것이다. 즉 전기인 음전자는 같은 극은 밀어내고 다른 극은 끌어당겨서 선을 만들게 되는데 자석에 자화되어 있는 전자가 만들어내는 그 자기력선을 코일에 문지르면 자기력선을 만들어내던 전자가 코일에 묻어나서 코일을 따라서 밀어내지는 것이 발전이다.

따라서 전자는 즉 음전자는 극성을 가지고 있으며 전자의 개체는 같은 전자의 다른 극을 끌어당겨서 선을 만들어낸다는 것이다. 우리의 지구도 전자의 극성에 따라서 극점을 출발해서 극점과 극점을 잇는 자기력선이 수백 km에 걸쳐서 만들어져 있는 것을 알 수가 있다는 것이다. 따라서 전자는 혼자 있을 때에는 움직이지 않는다. 하지만 우주에서고 지구에서고 전자는 어디에든지 속해 있기 때문이다.

즉, 음전자인 전자는 양자로부터 구속이 되어 있는 것이다. 따라서 음전자인 전자는 혼자는 움직일 수가 없으며 전자가 움직이려면 양자의 도움을 받아야만 하는데 그것이 입자이다. 이미 전자를 포획을 하여버린 물질은 전자를 움직일 수가 없으며 그냥 물질일 뿐인 것이다. 따라서 음전자가 양전자를 만나면 움직이는데 전자끼리 대전되는 속도는 상상을 불허한다는 사실이다. 즉, 음전자와 양전자가 만나면 빛과 같은 속도로 대전이 일어나는데 이때 양전자 두 개가 음전자 한 개와 대전되지 않으며 또한 양전자 한 개가 음전자 두 개와 대전되지 않는다는 사실이다.

따라서 양전자와 음전자는 철저히 개체대칭성과 질량대칭성을 추구하는 것이다. 또한 음전자는 어떤 경우라도 모양이나 질량이 변하지 않으며 영원불멸의 존재가 음전자이다. 즉 빅뱅의 압력 속에서도 음전자는 모양이나 질량이 변하지 않았으며 현재의 우주에서 그 어떤 항성이나 행성도 음전자의 모양이나 질량을 변하게 할 수가 없으며 영원불멸의 존재가 음전자라는 입자이다.

하지만 이에 반해서 양전자는 변화를 일으키는데 양전자는 압력을 만나면 뭉쳐지기도 하고 깨지기도 한다. 양전자는 한 마디로 팔색조처럼 모양이나 질량을 바꾼다는 것이다. 그것이 빛이다. 즉 우주에 산재하여 있는 항성들이 만들어내는 빛은 모두 양전자의 후신인 양성자가 물질로 결합을 하면 항성이 가진 질량에 따라서 물질에게 압력을 가하여 결합된 물질을 붕괴시키는 것이다. 따라서 우주에서 만들어지는 모든 빛은 양성자가 만들어내는 빛이다.

이와 같이 양전자와 음전자는 극적으로 대비가 되는데 그로 인해서 우주가 생성되어 있는 것이다. 이 장에서는 천체가 일으키는 운동에 대해서 탐구를 하고 운동의 본질을 도출하여 보자는 생각으로 천체가 일으키는 운동에 대한 모든 가능성을 열어두고 에너지와 운동의 상관관계와 온도가 운동에 미치는 영향을 분석해 보자는 것이다.

우리는 천체의 내부를 유추함에 있어서 천체의 겉보기를 통해서 연구하고 분석하고 중력과 연관을 지어서 사고를 한 뒤에 어떤 결론을 도출을 하지만 사실 그러한 사고는 본질을 크게 벗어난 사고를 할 수밖에는 없는데 여기에는 원인이 있다. 그것이 무엇이냐 하면 이론이다. 물리이론이 그것인데 바로 양자역학과 일반상대성이론이다. 왜냐하면 양자역학과 일반상대성이론은 미완의 이론이므로 우리들은 둘의 이론이 무엇이 문제인가를 알지 못함으로 해서 둘의 이론에 근거해서 해석을 한 자연은 해석을 올바르게 할 수가 없다는 것이다.

따라서 우리가 해석을 한 자연은 오류로 점철된 어떤 결론을 도출할 수밖에는 없는 것이다. 물리학자들과 천문학자들은 둘의 이론을 근거로 자연에 대한 해석을 하는 데에 있어서 일부는 정확하게 맞고 일부는 맞지 않는 결론을 도출하는데 그것이 항성의 내부 구조나 행성들의 내부 구조를 엉터리로 유추하고 있다는 사실이다. 그것을 먼저 짚어보고 무엇이 문제인가를 조명해 보기로 하자.

먼저 항성의 내부를 들여다보자. 우리의 태양계에서 항성인 태양과 행성인 수, 금, 지, 화, 목, 토, 천, 해, 명 가운데 항성의 구조와 행성들의 구조가 다르지 않다. 왜냐하면 항성인 태양과 행성들은 우리의 태양계가 생성될 때에 모두 같은 시간대에 생성이 되었기 때문이고 적어도 우리의 태양계에서는 항성이나 행성이나 내부 구조가 균일할 것이기 때문이다.

이 말이 무슨 말이냐 하면 항성이나 행성들이 일으키는 운동이 균일하기 때문인데 여기에서 원인을 분석할 수가 있는 것이다. 즉 태양이 행성들을 공전시키는 운동이나 행성들이 위성들을 공전시키는 것이 같은 구조에서 나오는 운동이기 때문이다. 따라서 항성인 태양이나 행성들의 내부 구조가 균일할 것이라는 이야기가 되는 것이다. 하지만 천문학자들이나 물리학자들은 태양의 내부에는 수소가 뭉쳐져 있다는 주장을 하고 있는 반면에 우리가 살고 있는 지구는 철이 뭉쳐져 있다는 주장을 하고 있다는 것이다.

그렇다면 물리학자들의 그러한 주장이 설득력이 있어야 함에도 불구하고 중력과 운동과 빛과 물질의 근본이 물리학자들이 주장하는 바와 일치하는 부분이 있어야 함에도 전혀 일치하는 부분이 없다. 따라서 물리학자들이 주장하는 태양에는 수소가 지구에는 철이 뭉쳐져 있다는 주장은 앞과 뒤가 맞지 않는 주장이라는 것이다. 어떻게 우리의 태양계의 태양의 내부구조가 행성들과 다르며 어떻게 태양에는 수소가 지구의 중심에는 철이 내핵을 이루고 있을 수가 있다는 것이냐를 설명을 하여야만 할 것이다. 그것에 대한 설명을 할 수가 없다면 태양에는 수소가 지구에는 철이 뭉쳐져서 중력을 발호하고 있다는 주장을 철회하여야만 할 것이다.

모두가 알고 있듯이 기체물질인 수소가 태양의 중심에 뭉쳐져 있다는 가정을 하면 태양은 태양계의 행성들을 공전운동을 시킬 수가 없다는 것과 태양은 행성들을 중력으로 포획을 할 수가 없으며 따라서 중력을 설명을 할 수가 없는 것이다. 아인슈타인은 중력을 설명함에 있어서 우주가 물질들로 이루어져 있다는 전제하에 물질과 물질이 상호작용을 하며 그 상호작용이 중력이라고 설명을 하고 있다는 것이다.

하지만 우리들의 눈에 보이는 천체들의 겉보기는 물질들로 이루어져 있는 것처럼 보이기만 할 뿐으로 사실은 천체의 내부로 들어가 보면 물질은 없고 입자만 덩어리를 이루고 있다는 것이다. 따라서 천체가 만들어내는 운동은 물질과 물질의 상호작용이 아니라 입자와 입자의 상호작용이 운동을 만들어내고 있는 것이다. 즉 물질이 만들어지기 전 상태의 입자덩어리 즉 양자입자 덩어리와 전자입자 덩어리가 상호작용으로 운동을 만들어내고 있는 것이다.

이제부터 그것을 설명하기로 하자. 빅뱅이 일어나자 공간은 전자와 양자입자가 공간을 가득 채우고 있었는데 빅뱅을 일으킨 것이 양전자와 음전자이기 때문이다. 질량대칭성을 가진 쌍소멸 상태의 대전된 양전자와 음전자가 초전도로 서로를 밀어내서 떨어져 나와서 양전자는 양전자대로 음전자는 음전자대로 뭉쳐졌기 때문이다. 이때 이미 운동이 일어났는데 그 운동이 온도에 의해서 주어진 것이다. 즉 쌍소멸상태의 대전된 전하들을 떼어놓을 수가 있는 것은 온도뿐이다 하는 것인데 그 온도가 절대온도다 하는 것이다.

절대온도 즉 -273.16도는 양전자와 음전자가 질량대칭성을 가지고 대전되면 쌍소멸을 일으킨다는 것은 모두가 알고 있는 사실이다. 따라서 둘의 전하들을 떼어놓는 일을 절대온도가 초전도를 일으키며 둘의 전하들을 따로따로 분리를 했던 것이다. 지구에서 물질들이 일으키는 초전도와 같은 이야기가 되는 것인데 지구에서 극저온에 의해서 물질들이 일으키는 초전도는 절대온도가 일으키는 초전도와 맥은 같이 하지만 절대온도는 아니다.

하지만 극저온이 초전도를 일으킨다는 것은 모두가 알고 있는 사실이다. 빅뱅을 설명함에 있어서 절대온도를 대입하지 않으면 절대로 설명할 수가 없다는 것이다. 따라서 빅뱅을 설명함에 있어서 공간을 가득 채울 수가 있는 에너지인 양자와 전자를 공간으로 끄집어낼 수가 있는 것이 온도뿐이다 하는 이야기가 되며 그것도 절대온도뿐이다 하는 이야기가 되는 것이다.

온도가 빅뱅을 일으킨 원인이 되는 그것의 증거가 기체물질들에게 있는데 기체물질들이 극저온의 온도를 기체물질 밖으로 표출을 하고 있는 것이 그 증거다. 따라서 절대온도는 초전도를 일으키며 양자와 전자에게 운동을 부여하였던 것이다. 양전자와 음전자는 본시 서로를 원하는데 절대적이다. 다만 지구에서 고체물질들이 서로를 원하면서 일으키는 양자와 전자의 관계는 양자가 가지고 있던 절대온도를 잃어버렸기 때문인데 즉 빅뱅으로 양전자가 양성자로 만들어지면서 절대온도를 가지게 되고 양전자가 양성자로 되면서 음전자보다는 질량이 1,800배가량이 커져서 양전자와 음전자 사이에 대칭성이 깨져 둘은 만나면 대전되지를 못하고 기체물질이 만들어져버리는 것이다.

따라서 기체물질들은 극저온의 온도를 기체물질 밖으로 표출을 하고 있는 것이다. 하지만 물리학자들은 지금까지 기체가 표출하는 온도에 대한 설명을 할 수가 없었다는 사실이다. 물론 기체물질이 가지고 있는 극저온을 설명을 한다는 것은 쉬운 일이 아닌데 문제는 지금까지 왜 기체물질이 표출하는 극저온에 대한 이야기가 없었느냐 하는 것이다.

따라서 물리학자들이 기체물질이 표출하는 극저온의 온도에 대한 이야기를 하지 못한 이유가 있을 것인데 그것이 양자역학과 일반상대성이론 때문이다.

또한 둘의 이론은 미완의 이론이므로 둘의 이론에 근거해서 자연을 해석하고 있기 때문이며 또한 둘의 이론이 미완의 이론이므로 둘의 이론을 바탕에 두고 자연을 해석을 하기 때문이다. 그렇게 되면 자연을 해석하는 데에 있어서 사고의 각도가 비틀어지는 것이다. 즉 자연을 해석함에 있어서 방향을 잘못 잡은 것이다. 그것이 물질의 근본을 알고자 만들어진 입자가속기이다.

입자를 가속시켜서 벽에 부닥트리고 깨트려서 만들어진 입자를 근거로 물질의 근본을 알고자 한다는 것은 어불성설이다. 왜냐하면 물질을 이루는 양자는 속도와 압력과 온도에 따라서 수시로 모습을 바꾸기 때문인데 입자가속기를 가동해서 만들어지는 입자들은 물질을 이루고 있는 입자들이 아니기 때문이다.

하지만 물리학자들은 입자가속기가 물질의 근본을 알려줄 것으로 믿고 있다는 것이다. 하지만 아니다. 입자가속기로는 물질의 근본을 알기는커녕 물질의 근본을 더욱 미궁 속으로 밀어 넣을 뿐이라는 것조차도 모른다는 데에 문제의 심각성이 있다는 것인데 물질의 근본은 물리학자들이 생각하는 방향에 있지 않다는 것이다. 따라서 물질의 근본을 알고자 한다면 물질을 있는 그대로 바라봐야만 하며 자연을 해석함에 있어서 자연이 전하는 메시지를 합리적이고 타당하게 해석을 하는 것이다.

즉 태양이 폭발이 일어나면 만들어지는 흑점을 온도가 상대적으로 낮아서 어둡게 보이는 것이라는 것의 주장과 태양의 내부의 중심에는 수소가 뭉쳐져 있다는 주장 지구의 중심에는 철이 덩어리를 이루고 내핵을 이루고 있다는 주장은 설득력이 없으며 비합리적이고 타당성이 거의 없는 주장들을 철회하여야만 할 것이다 하는 것이 물질의 근본과 천체의 내부와 빛의 실체와 운동의 근원을 밝히는 시금석이 될 것이기 때문이다.

이야기가 잠시 옆으로 흘렀는데 천체운동의 근원에 대한 이야기를 하기로 하자. 앞에서도 이야기를 하였지만 우주에는 운동량이 보존되는 것처럼 보이지만 사실 운동은 근원이 없는 즉 에너지가 없이는 운동 또한 없다. 따라서 영구운동이라는 구조는 없다는 사실이다. 물론 이러한 것은 모두가 알고 있는 사실이다. 하지만 우주공간에서 천체가 일으키는 운동을 두고 영구운동이라느니 태운동이라느니 구구한 주장들을 하고 있는데 어불성설이다. 왜냐하면 에너지가 관여하지 않으면 운동은 일어나지 않는다는 것이다.

즉, 그 운동의 실체를 알아보자는 것이다. 앞에서도 이야기를 하였지만 에너지가 관여하지 않는 운동은 없다는 것은 진리다. 따라서 천체의 내부에는 에너지가 가득 채워져 있다는 것이다. 하지만 천체의 내부에 뭉쳐져 있는 에너지원이 과연 무엇인가가 운동의 실체에 한발 다가가는 일이 될 것이다 하는 것이 필자의 생각이다.

물론 물리학자들이 주장하는 태양의 중심에 수소가 뭉쳐져 있다거나 지구의 중심에 철이 내핵을 이루고 있다거나 하는 주장은 현실성이 없다. 그러한 주장은 천체 내부는 물론 운동의 근원을 왜곡하는 일만 일어날 것이다 하는 것이므로 다른 각도에서 사고를 전개를 하여야만 할 것이다. 즉 천체가 천체 외부로 표출하는 모든 물질들을 보면 천체 내부를 유추할 수가 있는데 그 부분에 대한 이야기를 하기로 하자.

먼저 명왕성, 해왕성, 천왕성을 들여다보자. 이 셋 행성들은 물리학자들이 주장하는 바대로 기체행성이 옳다. 그것에 대한 이유는 우주에 존재하는 모든 천체는 생성 초기에는 기체행성이었다는 사실이다. 자 지금부터 그것을 설명하기로 하자. 현재에 천체의 겉보기는 나타나 있는 물질들을 분석해 보면 그 행성의 내부를 유추를 할 수가 있다는 것인데 명왕성이나 해왕성, 천왕성, 이 셋 행성들은 행성이 생성되던 초기나 지금이나 기체행성이라는 것이다. 왜 137억 년이 지난 지금까지도 기체행성일까, 매우 궁금한 대목이다.

자, 생각을 해보자. 왜 명왕성, 해왕성, 천왕성은 지금까지 기체행성일까? 이에 반하여 수성, 금성, 지구, 화성, 목성, 토성은 고체행성일까? 정말이지 불가사의한 일이라 생각이 되지만 천체들이 표출하는 운동과 물질과 빛의 반사를 들여다보면 결코 불가사의한 일이 아니라는 결론에 도달을 하는데 이유는 대칭성이다. 즉 수성, 금성, 지구, 화성은 우리의 태양계가 생성되던 시기에 태양에 근접해서 생성이 되었다는 이야기가 되는데 아무리 그렇다고 하여도 왜 빠르게 고체행성이 되었을까 하는 것인데 그것이 그렇다.

우리의 태양계가 생성되던 시기에 공간에는 많은 양의 양성자와 음전자가 있었는데 양성자와 음전자는 모두가 알고 있다시피 입자이다. 이때 공간은 음전자가 플라즈마 상태에 있었으므로 공간은 매우 뜨거웠다는 사실이다. 따라서 공간에 산재하여 있던 양성자는 음전자를 끌어당겨서 포획을 할 수가 없었는데 전자가 빠르게 운동을 하고 있었다는 사실이다.

그것의 증거는 전자는 운동을 일으켜야만 뜨거워지고 전자는 플라즈마에 도달을 하는 것이다. 따라서 빅뱅의 압력은 전자로 하여금 운동을 유발시켰다는 이야기가 되는데 이때 전자가 플라즈마 상태에 있다면 양성자는 전자를 포획할 수가 없는데 전자가 빠르게 운동을 만들어내고 있기 때문에 양성자는 전자를 포획할 수가 없는 것이다. 하지만 이때 양성자는 전자는 포획을 할 수가 없지만 양성자는 양성자 서로를 끌어당겨서 뭉쳐지기 시작을 하였는데 전자가 플라즈마 상태에 있을 때에만 양성자는 양성자를 끌어당겨서 덩어리를 만들 수가 있었다는 이야기가 되는 것이다.

만약에 전자가 플라즈마 상태에 있었다고 하여도 양성자가 전자를 포획했다고 가정을 하면 천체는 만들어질 수도 없었을 것이라는 이야기가 되는 것이다. 아니 우주에는 천체는 없고 양성자가 전자를 포획을 해서 기체물질들로 넘쳐나는 일이 일어났을 것이라는 말이 되는 것이다. 그러므로 우리의 태양계가 생성되던 시기에 공간은 매우 뜨거웠으며 양성자는 음전자를 끌어당길 수가 없었으며 따라서 양성자는 양성자를 끌어당겨서 덩어리를 만들게 되었다는 이야기가 성립하는 것이다.

시간이 지나자 공간에서 운동을 일으키던 음전자의 운동량이 줄어들게 되자 덩어리를 이루던 양성자덩어리는 전자를 끌어당기기 시작을 하였는데 이때 태양에 근접해서 뭉쳐지던 수성, 금성, 지구, 화성은 태양에게 공간에 있던 전자를 거의 모두 빼앗겼다는 이야기가 된다. 따라서 수성, 금성, 지구, 화성은 전자질량 부족 사태를 맞이했던 것이다. 따라서 수성, 금성, 지구, 화성은 양성자 질량은 크지만 끌어당겨서 가두어진 전자질량은 작았으므로 양성자와 전자의 개체대칭성이 결여되었던 것이다.

물론 이때까지만 하여도 수성, 금성, 지구, 화성은 기체행성인 것은 두 말이 필요가 없다. 왜냐하면 이때 고체행성들은 고체화가 일어나지 않았으며 기체물질들만을 결합시켜서 대기로 밀어내두고 자전운동을 하고 있었으며 이때 운동속도는 양성자 질량과 끌어당겨서 가두어진 전자질량에 비례해서 운동을 일으키고 있었으므로 매우 빠른 속도로 자전을 하였다는 사실이다.

하지만 시간이 지나고 기체를 결합시키던 기체행성들은 어느 시점에 다다르자 양성자와 전자의 감소로 결합시킨 물질을 대기로 밀어내지 못하고 기체물질들이 끌어당겨서 가두어둔 전자덩어리의 가장자리에 놓이게 되고 이때 기체물질은 플라즈마의 전자구역 가장자리에 있으므로 기체의 중심에 양성자가 가진 절대온도를 뜨거운 플라즈마의 전자에게 빼앗기는 일이 일어나게 되고 양성자가 절대 온도를 잃어버리게 되면 기체물질 내부의 양성자는 고체가 되므로 행성들의 중심에 양성자덩어리가 온도를 잃어버려서 고체가 된 양자를 끌어당기게 되지만 고체가 중심으로 끌려들어가지 못하고 플라즈마의 가장자리에 쌓여가는 것이다. 즉 표면이 만들어지는 것이다.

이때 왜 고체가 천체의 중심으로 끌려들어가지 못하고 쌓여가는 것이냐 하면 플라즈마의 전자밀도에 막혀서 쌓여가는 것이다. 그것이 행성의 표면이 만들어지는 것의 원인이다. 따라서 태양에 근접해서 생성되던 수성, 금성, 지구, 화성은 수십억 년 전에 이미 고체가 플라즈마의 가장자리에 쌓여서 고체행성이 만들어진 것이며 목성과 토성은 현재진행형으로 고체화가 일어나고 있는 것이다. 즉, 목성과 토성의 대기의 안쪽에서는 행성의 표면이 만들어지며 양성자가 고체화가 일어나며 화산이 솟아오르고 있는 것이다.

또한 천왕성, 해왕성, 명왕성은 아직은 고체화가 일어나지 않으므로 계속해서 기체물질을 결합시켜서 천체 내부의 질량만큼의 힘으로 기체물질들을 대기로 밀어내고 있는 것이다. 그것의 증거는 행성들의 대기의 색에서 그것을 알 수가 있다. 목성과 토성은 대기의 안쪽에서 화산이 맹렬하게 솟아오르며 대기로 기체탄소를 밀어내고 있으며 천왕성과 해왕성, 명왕성은 기체물질을 결합시켜서 대기로 밀어내고 있으므로 진정한 기체행성이다.

그것의 증거가 대기로 밀어내진 기체물질에게 있는데 태양이 방사한 빛을 밀어내는데 그 빛이 보라색과 푸른색을 밀어내고 있는 것으로 알 수가 있다는 것이다. 즉 수소와 헬륨은 태양이 방사한 무지개색의 빛이 가진 파장에 따라서 밀어내는데 노란색과 붉은색의 빛은 끌어당겨서 흡수를 하고 푸른색 계열의 빛과 보라색 계열의 빛은 밀어내서 우리의 눈에 파란색으로 보이며 보라색으로 보이는 것이다. 즉, 대기로 밀어내진 기체물질들이 태양이 방사한 빛을 빛이 가진 파장에 따라서 밀어내고 끌어당기는 증거인 셈이다.

만약에 천왕성이나 해왕성, 명왕성이 태양이 방사한 빛 모두를 끌어당긴다고 가정을 하면 우리는 이들 행성들을 볼 수가 없다는 것이다. 왜냐하면 행성들이 스스로 빛을 방사하지 않기 때문이다. 따라서 태양이 방사한 빛을 빛이 가지는 파장에 따라서 끌어당기고 밀어낸다는 것의 증거가 되는 셈이다. 그러므로 일반상대성이론이 미완의 이론이라는 데에는 이견이 없다 할 것이다. 즉, 중력이 강하면 빛조차도 끌어당길 것이라는 일반상대성이론은 절반만 맞는 이론이다.

만약에 일반상대성이론에서 주장하는 바대로 중력이 강하면 빛을 끌어당겨서 천체의 내부로 끌고 들어간다고 가정을 하면 우주공간에서의 빛은 돌아다닐 수가 없다는 것은 불문가지이다. 즉 우리는 일반상대성이론이 옳다는 가정을 하면 우리는 우주의 천체가 멀리에 있는 항성이 방사하는 빛을 볼 수가 없을 것이며 항성들이 방사한 빛은 모두 천체가 끌어당겨서 우리는 천체를 볼 수가 없다는 주장이 성립을 할 것이다.

하지만 우리는 137억 광년 거리에서 우리에게 도달하는 빛을 볼 수가 있다는 것을 어떻게 설명을 하여야 할 것인가 하는 것이며 또한 멀리에서 오는 빛일수록 왜 푸른색을 가진 빛과 보라색을 가진 빛이 우리에게 오는 것이냐를 타당하게 설명을 하여야만 할 것이다. 하지만 지금까지 그러한 주장을 한 논문과 이론을 필자는 본 적이 없다.

또한 멀리에서 날아오는 빛을 도플러편이를 대입해서 해석을 한다는 자체가 어불성설이다. 왜냐하면 도플러편이는 지구의 중력장속에서만 성립하는 소리파이기 때문이다. 모두가 알고 있듯이 음파는 운동에 의한 파장이기 때문인데 음파를 전달하는 매질이 있어야만 음파가 전달이 된다는 것을 망각해서는 안 된다. 그럼에도 불구하고 물리학자들은 도플러편이를 우주공간으로 끌고 나간 것도 모자라서 도플러편이를 빛에 대입을 해서 해석을 하고 있다.

앞 장에서 빛이 전하는 메시지 편에서도 이야기를 하였지만 빛은 편이를 일으키지 않으며 빛이 편이를 일으키는 것처럼 보이기만 할 뿐이라는 사실을 모르므로 해서 그와 같은 해석을 하고 있는 것이다. 빛은 사실 파장을 가진 입자이다. 그 빛 입자는 양성자가 음전자와의 질량대칭성을 가지기 위해서 빛으로 전화를 하는 것인데 빛을 만들어내는 천체가 가진 질량에 비례해서 빛의 색과 파장이 만들어진다는 점이다.

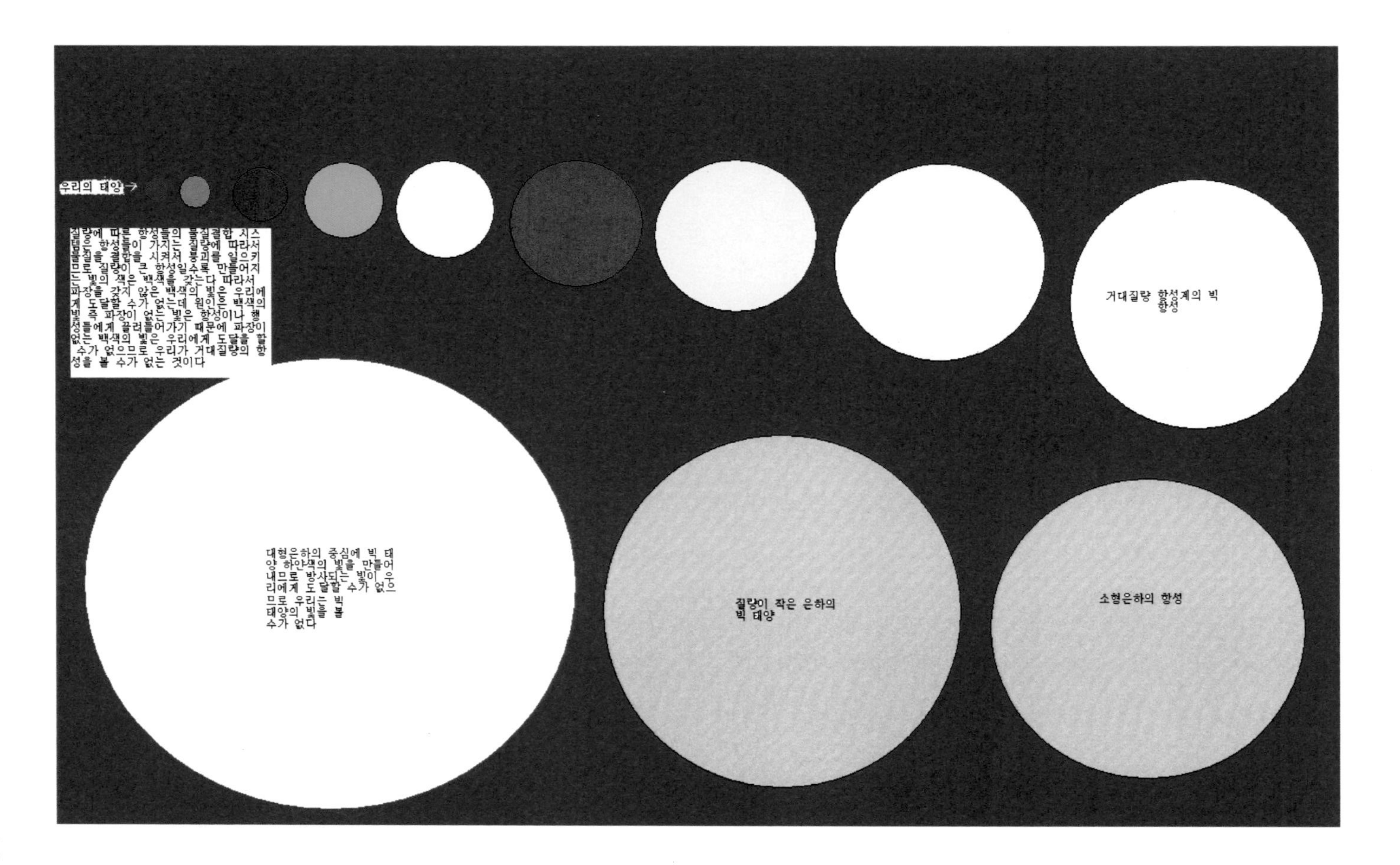

우리의 태양→
질량에 따른 항성들의 물질결합 시스템은 항성들이 가지는 질량에 따라서 물질을 결합을 시켜서 붕괴를 일으키므로 질량이 큰 항성일수록 만들어지는 빛의 색은 백색을 갖는다 따라서 파장을 갖지 않은 백색의 빛은 우리에게 도달할 수가 없는데 원인은 백색의 빛 즉 파장이 없는 빛은 항성이나 행성들에게 끌려들어가기 때문에 파장이 없는 백색의 빛은 우리에게 도달을 할 수가 없으므로 우리가 거대질량의 항성을 볼 수가 없는 것이다
거대질량 항성계의 빅 항성
대형은하의 중심에 빅 태양 하얀색의 빛을 만들어내므로 방사되는 빛이 우리에게 도달할 수가 없으므로 우리는 빅 태양의 빛을 볼 수가 없다
질량이 작은 은하의 빅 태양
소형은하의 항성

이것은 무엇을 의미할까? 우주공간에는 빛을 방사하는 천체가 헤아릴 수도 없이 많지만 우리의 태양이 방사하는 빛과 같은 색을 가진 빛을 방사한다면 그 항성은 우리의 태양과 같은 질량을 가지고 있는 것이다. 또한 우주에는 밝은 빛을 방사하는 항성이 있는가 하면 반면에 어두운 색의 빛을 방사하는 즉 푸른색의 빛이나 보라색의 빛을 방사하는 항성은 그 항성이 가진 질량에 따라서 빛을 만들어서 방사를 하는 것이다.

따라서 광원과 우리로부터의 거리가 먼 거리와 가까운 거리에 따라서 항성이 방사하는 빛은 빛이 가진 파장에 따라서 빛이 우리에게 도달을 하는 것이다. 이 이야기는 무슨 이야기냐 하면 광원과 우리와의 거리가 멀고 가까운 거리에 따라서 우리에게 도달하는 빛은 점점 어두운 색의 빛이나 점점 밝은 색의 빛이 우리에게 도달한다는 의미인 것이다.

즉, 빛이 편이를 일으켜서가 아니고 광원과 우리와의 거리에 따라서 우리에게 도달하는 빛이 다른 색을 가진 빛이 우리에게 도달한다는 의미가 되는 것이다. 예를 들면 하나의 항성은 우리로부터 5억 광년거리에 광원이 있다고 가정하고 또 하나의 광원은 10억 광년 거리에 있다고 가정하면 다른 하나의 광원과의 거리가 두 배가 되는데 둘의 광원의 질량은 같다. 이때 둘의 항성이 방사하는 빛이 우리에게 도달을 하지만 우리와 5억 광년 거리에 있는 항성이 방사하는 빛이 우리에게 도달하는 색의 빛은 노란색이라고 가정을 하면 우리와의 거리가 10억 광년 거리에서 우리에게 도달을 하는 빛의 색은 초록색을 가진 빛이 우리에게 도달하는 것이다.

즉, 우리로부터 5억 광년 거리에서 방사되는 빛은 빛이 방사되는 광원과의 거리가 우리와 가까우므로 파장이 긴 빛을 주위의 천체들이 끌어당기지만 거리에 따라서 한정이 되므로 노란색의 파장을 가진 빛이 우리에게 도달하는 것이고 우리로부터 10억 광년 거리에서 방사되는 빛은 우리에게 도달하는 동안에 거리에 따라서 천체들에게 파장이 긴 빛들 즉 밝은 빛이 끌려들어가고 초록색을 가진 빛이 우리에게 도달하는 것이다.

이것을 두고 천체물리학자들이나 물리학자들은 빛이 우리에게 도달하는 동안에 편이를 일으키므로 파장이 다른 빛이 우리에게 도달하는 것이라는 주장을 하고 있다는 사실이다. 즉 도플러편이를 대입해서 빛이 편이를 일으키므로 우리에게 다른 파장의 빛이 도달한다는 것이다.

또한 빛이 편이 되는 원인이 우리와의 거리가 가까워진다거나 우리로부터 광원이 멀어지는 것이라는 주장을 하고 있다는 점이다. 즉 적색편이는 광원이 우리로부터 멀어지고 있다는 것이라는 주장과 청색편이는 광원이 우리로부터 가까워지는 것이라는 주장이 그것이다. 참으로 편리한 주장이다. 천체가 일으키는 운동에 대한 이야기를 하는 도중에 이야기가 옆으로 흘렀는데 천체운동에 대한 이야기를 4부에서 이어가기로 하자.

자연이 전하는 메시지

4부

제17장 천체운동이 전하는 메시지

앞 장에서 천체가 일으키는 운동의 근원에 대한 이야기를 하는 도중에 빛이 일으키는 편이에 대한 이야기를 하였는데 한마디로 빛은 편이를 일으키지 않는다는 사실이다. 다만 우리와의 거리에 따라서 도달하는 빛은 우리에게 도달하는 과정에서 파장이 긴 빛은 주위의 천체에게 끌려들어가 제거되고 파장이 짧은 빛이 거리에 따라서 우리에게 도달을 하는 것이다.

자, 천체가 일으키는 운동에 대한 이야기를 하기로 하자. 천체가 일으키는 운동을 두고 물리학자들은 원심력에 의한 운동이라느니 또는 우주가 생성되던 시기에 시작된 태운동이라느니 하는 주장을 하고 있는 것이 현실이다. 하지만 앞 장에서도 이야기를 하였지만 운동이 일어나려면 운동에 비례하는 에너지가 관여를 하여야만 운동은 지속이 된다. 따라서 물리학자들이 주장하는 태운동이니 원심력이니 하는 주장은 어불성설이다.

자, 천체가 일으키는 운동이 전하는 메시지를 살펴보기로 하자. 먼저 천체가 일으키는 운동을 유추하려고 하면 천체의 내부에 뭉쳐진 것이 무엇인가를 알아야만 하는데 지금부터 천체의 내부에 무엇이 뭉쳐져 있기에 천체들은 운동을 일으키는가를 유추하여 보기로 하자.

우리가 우주를 바라보면 우주에 산재하여 있는 천체들의 겉보기는 물질들로 이루어져 있는 것처럼 보인다. 따라서 아인슈타인은 일반상대성이론에서 천체들이 물질들로 이루어져 있다는 전제하에 일반상대성이론을 개진한 것이다. 하지만 물질 즉 양성자가 전자를 포획을 해버린 물질은 운동을 유발할 수도 물질과 물질은 그 어떤 상호작용도 일으키지 않는다는 사실이다. 다만 전자를 포획한 물질은 열역학법칙에 따라서 이합집산을 할 뿐이다. 따라서 또한 양성자가 전자를 포획해서 기체물질이 만들어져 버리면 그 기체물질이 일으키는 운동의 범위는 양성자에게 포획된 전자궤도까지이다. 그러므로 일반상대성이론에서의 물질과 물질은 상호작용으로 중력을 만들어낸다는 주장은 틀린 주장이다.

그렇다면 중력은 무엇이 만들어내고 있는 것이냐가 문제인데 그것이 그렇다. 물질은 양성자가 전자를 포획해버리면 기체로 만들어지는데 기체물질은 중력을 발호할 수가 없고 중력을 발호하는 주체에게 기체가 가진 질량에 따라서 작용을 하는 것이다. 따라서 항성이든 행성이든 우주의 모든 천체는 중력을 발호한다. 이때 천체가 발호하는 중력이 기체물질들은 대기로 밀어내는데 천체가 가지는 양성자 질량과 그 양성자 질량에 의해서 끌어당겨져서 가두어진 전자질량에 비례하고 기체물질이 가지는 질량에 비례해서 대기로 밀어내는데 일례를 들어보자.

우리 지구에서는 지구의 중력이 여러 가지의 기체물질을 대기로 밀어내고 있는데 이때 기체물질이 가진 질량에 따라서 대기로 밀어내지는 거리가 다르다. 지구의 중력은 먼저 질량이 가장 큰 물질인 오존을 대기로 밀어내는데 그 거리가 지표면으로부터 약 45km의 거리로 밀어내두고 있다. 그 다음이 질소와 산소를 약 15km의 거리로 밀어내두고 있으며 이에 반해서 수소와 헬륨은 지표면 안쪽에 밀어내두고 있다는 것이다.

이것이 지구의 중력이 기체물질들과의 중력에 의한 상호작용이다. 중력은 큰 질량을 가진 중력체가 질량이 작은 중력을 발호하는 물질을 상호질량에 비례해서 밀어내두고 있다는 것을 알게 하여 주고 있는 것인데 우리 태양계에서는 태양이 가진 질량이 압도적으로 크다. 따라서 태양은 태양계 내의 모든 행성들을 상호질량에 따라서 밀어내두고 있으며 행성들을 공전운동을 시키고 있다.

이때 행성들은 태양에게 상호질량에 따라서 포획된 상태에 있으므로 태양이 행성들을 공전을 시키지 않는다면 행성들은 행성들 자의로는 태양의 주위를 공전할 수가 없다는 사실이다. 즉 태양이 회전운동을 일으키고 있으므로 행성들은 태양이 일으키는 운동방향을 따라서 태양의 주위를 공전운동을 일으키고 있는 것이다. 이것을 두고 원심력이니 태운동이니 하는 것은 틀린 주장인 것이다. 즉 에너지의 지속적인 관여가 없이는 운동은 일어나지 않는다는 것이다.

천체의 내부로 가보자. 먼저 태양의 내부를 들여다보자. 태양은 자체로 기체항성이라는 데에는 이견이 없다. 하지만 태양은 오래전부터 표면이 생성되고 있으며 현재에는 태양의 표면이 꽤 두꺼워져 있다는 사실이다. 이러한 사실을 어떻게 알 수가 있다는 것이냐 하는 것인데 그것이 흑점이다.

물리학자들은 태양의 표면에 만들어지는 흑점을 두고 설명하기를 태양의 겉보기의 온도가 균일하지만 흑점이 만들어지는 것은 겉보기의 온도와 흑점의 온도가 서로 달라서 흑점이 만들어지는 것이라는 주장을 하고 있다. 하지만 아니다. 태양의 표면에 구멍이 뚫어지는 것이다.

흑점은 태양이 폭발을 일으키면 만들어지는데 태양의 내부에서 강력한 폭발이 일어나면 태양의 표면에 구멍이 뚫어지는 것인데 태양의 표면은 액화된 탄소입자로 이루어져 있으므로(마그마) 태양이 폭발을 일으키면 표면에 액화되어 있는 액체탄소가 흩어지며 구멍을 만들어내는 것이다. 그 구멍을 통해서 태양의 내부가 보이는 것인데 태양의 내부는 까맣게 그을려져 있는 것이다. 따라서 흑점은 태양의 내부를 보여주고 있는 것이다.

그렇다면 혹자는 태양의 내부가 까맣다는 이야기이냐 하고 반문을 하기도 하겠지만 대답은 그렇다. 태양의 내부는 까맣게 그을려 있는 구들장 속처럼 까맣게 보이게 되는데 그것이 전자의 운동에 의한 그을음이다. 즉 전자가 서로 부닥치며 운동을 일으켜서 까맣게 그을려 있으므로 까맣게 보이는 것이다. 그것이 흑체복사플라즈마이다.

흑체복사플라즈마 그것을 설명을 하기로 하자. 태양은 생성되던 초기에 은하의 중심에 존재하는 빅 태양의 회전운동에 휩쓸려서 은하 내부에 존재하고 있었지만 은하 내부의 여타의 항성들처럼 양성자가 뭉쳐지기 시작을 하였는데 이때도 은하 내부는 중심에 빅 태양의 회전운동이 일어나고 있는 와중에 항성계가 만들어질 중심에 양성자가 덩어리를 이루고 뭉쳐지기 시작을 하고 태양계의 태양도 이때 태동을 시작해서 양성자가 덩어리를 이루고 뭉쳐지기 시작을 하였는데 이때까지만 하여도 공간에는 음전자는 빅뱅이 일어날 때에 압력으로 운동을 일으키고 있었으므로 전자는 뜨거워져 플라즈마상태에 있었다는 것이다.

따라서 양성자는 전자를 끌어당겨서 포획할 수가 없었으므로 양성자는 양성자를 끌어당겨서 덩어리를 이루기 시작을 하였는데 양성자가 양성자를 끌어당겨서 양성자들끼리 뭉쳐지게 된 것은 양성자가 절대온도를 가지고 있기 때문이다. 따라서 양성자는 양성자를 끌어당겨서 덩어리를 이루게 되는데 이때 양성자도 음전자처럼 극성을 가지고 있으므로 양성자는 양성자를 끌어당겨서 덩어리를 이루게 되는 것이다.

따라서 양성자가 덩어리를 이루고 뭉쳐지면 양성자 하나하나의 개체가 가지는 핵력이 증가를 하게 되고 우리의 태양이 만들어지기 위해서 뭉쳐진 양성자가 큰 덩어리로 뭉쳐지자 양성자덩어리가 가지는 핵력은 상상할 수가 없는 거리에까지 미치게 되는데 그것이 전자포획 사정거리이다. 즉 양성자덩어리의 전자포획 사정거리는 뭉쳐진 양성자덩어리의 개체 수와 비례하고 양성자덩어리의 질량에 비례하므로 양성자덩어리의 전자포획 사정거리는 상상을 초월한다는 것이다.

따라서 우리의 태양계가 은하 내부에서 뭉쳐지기 시작을 하고 태양의 모태인 양성자덩어리의 전자포획 사정거리가 만들어지자 우리 은하의 중심에 빅 태양은 태양계의 태양을 상호질량에 따라서 밀어내기 시작을 하였는데 그것이 2차 팽창이다.

1차 팽창은 빅뱅의 중심으로부터 은하들이 밀어내지는 일이 일어났는데 빅뱅의 중심에 슈퍼 태양이 상호질량에 따라서 은하들을 밀어냈는데 은하는 빅뱅의 중심으로부터 밀어내지는 과정에서 은하 내부에서 항성계가 태동을 하고 항성계의 양성자가 뭉쳐지고 뭉쳐진 양성자덩어리의 전자포획 사정거리가 만들어지자 은하의 중심에 빅 태양은 항성계를 밀어냈던 것이다.

즉, 양성자가 덩어리를 이루고 전자포획사정거리가 만들어지면 큰 질량을 가진 덩어리는 작은 질량을 가진 덩어리를 밀어내는데 상호질량에 비례한 거리로 밀어내는 것이다. 작은 질량을 가진 덩어리인 양성자덩어리의 전자포획 사정거리 안에 있는 공간을 밀어내는 것이다. 즉, 양성자덩어리가 발호하는 핵력의 범위까지를 밀어내는 것인데 양성자덩어리의 핵력의 범위인 전자포획 사정거리 공간 안에는 양성자와 전자가 있으므로 큰 질량을 가진 덩어리는(은하의 중심에 빅 태양) 작은 질량의(우리 태양의 모태) 양성자덩어리가 발호하는 전자포획 사정거리 안에 존재하는 아직은 뭉쳐지지 않은 양성자와 전자까지 한 덩어리로 보는 것이다.

따라서 아직 뭉쳐지지 않은 입자들까지(양성자와 전자) 큰 덩어리로부터(은하) 공간이 떨어져 나오는 것이다. 그것이 양성자가 절대온도를 가지고 있으므로 해서 양성자가 덩어리를 이루고 뭉쳐지면 핵력이 만들어지고 양성자덩어리가 발호하는 핵력에 전자포획 사정거리가 만들어지면 큰 질량을 가진 덩어리는 작은 질량을 가진 덩어리를 상호질량에 따라서 밀어내는데 그것이 초전도이다. 즉, 양성자덩어리가 절대온도를 가지고 있으므로 일어나는 일이다.

따라서 태양의 중심에는 절대온도를 가진 양성자가 덩어리를 이루고 뭉쳐져 있으며 그 양성자덩어리는(태양의 모태) 핵력으로 공간에 있던 전자를 끌어당기기 시작을 하였는데 양성자덩어리에게 끌어당겨진 전자는 양성자덩어리의 핵력에 갇히게 되고 핵력에 의해서 전자는 운동을 일으키게 되는데 전자가 운동을 일으키게 되면 전자가 뜨거워지는 것이다.

전자가 운동으로 뜨거워지면 중심에 양성자덩어리는 절대온도를 가지고 있으므로 양성자덩어리와 뜨거워진 전자덩어리가 상호간에 반발력이 만들어지며 운동이 일어나는 것이다. 따라서 태양의 내부는 전자가 서로 부닥치며 만들어지는 운동에 의해서 전자덩어리는 약 수천만 도의 온도를 유지하고 있으며 그로 인해서 천체가 운동을 일으키는 것이다.

또한 우리는 그것을 중력이라고 명명하고 있는데 중력의 상호작용은 양성자 한 개의 개체가 전자를 포획하면 기체물질이 만들어져 버리는데 일단 양성자 하나와 전자 하나의 개체가 대전되어 결합을 하면 중력은(큰 덩어리의 질량) 기체물질을 한 개의 천체로 인식을 하므로 초전도에 의해서 상호질량에 따라서 밀어내서 거리를 만들어내는 것이다.

그것이 중력인데 천체들이 기체물질들을 대기로 밀어내두고 있는 원인이다. 만약에 양성자가 전자를 포획하고 있지 않다거나 포획했던 전자를 잃어버리거나 무엇에게 빼앗겨버리거나 하면 큰 덩어리의 질량이(양성자덩어리) 전자를 가지지 않은 양성자를 끌어당기는데 이것이 천체들의 표면이 만들어지는 원인이다. 따라서 태양도 생성 초기에는 표면이 만들어지지 않았지만 시간이 지남에 따라서 항성들의 표면이 만들어지는데 항성이 가진 질량이 작을수록 빠르게 표면이 만들어지는데 원인은 빛을 만들어내기 위해서 물질을 붕괴시킬 때에 빛 입자가 굵게 붕괴되기 때문이다.

따라서 물질이 빛으로 붕괴될 때에 항성이 가진 질량에 따라서 굵은 하전입자가 만들어지게 되고 항성의 중심에 절대온도를 가진 양성자덩어리가 굵은 입자를 끌어당기게 되는데 빛으로 전화하지 못한 굵은 입자들이 전자덩어리의 가장자리에 집적이 일어나며 표면이 만들어지는 것인데 굵은 탄소입자가 전자덩어리의 가장자리에 집적이 일어나는 원인은 중심의 양성자덩어리에게 끌어당겨져서 가두어진 전자덩어리의 밀도가 높기 때문에 천체의 중심으로 끌려들어가지 못하고 전자덩어리의 가장자리에 집적이 일어나며 표면이 만들어지는 것이다.

하지만 질량이 큰 빅 태양이 물질을 결합시켜서 붕괴를 시킨다면 그 물질은 파장이 없는 빛 즉 백색의 빛으로 붕괴를 시키는 것이다. 따라서 질량이 큰 항성은 표면이 만들어지지 않는다는 사실이다. 우리가 우리 은하의 중심에 존재하는 빅 태양을 볼 수 없는 원인이 되는 것이다. 천체물리학자들은 빅 태양을 우리가 볼 수가 없으므로 해서 블랙홀이라고 명명하는 것인데 사실 블랙홀은 존재하지 않는다는 것이다. 다만 빅 태양이 존재하고 있는 것이다.

블랙홀에 대한 이야기가 기왕에 나왔으니 블랙홀에 대한 이야기를 하고 가기로 하자. 천체물리학자들은 블랙홀의 존재에 대해서 이야기할 때에 무엇이나 끌어당기며 심지어 빛조차도 끌어당긴다고 주장하고 있는데 천체물리학자들의 그러한 주장은 옳지 못한 주장이다. 왜냐하면 블랙홀이라는 것이 실제로는 존재를 하지 않는 것도 한 이유이기도 하지만 블랙홀이라는 것은 우리가 볼 수 없으므로 상상력을 동원해서 만들어낸 가상의 천체이기 때문인데 블랙홀이라는 그 가상의 천체가 실제로는 항성이기 때문이다.

질량이 큰 항성이 빛을 만들어 방사를 하면 그 빛은 우리에게 도달을 하지 못하므로 우리가 질량이 큰 빅 항성을 볼 수 없는 것이다. 원인은 빅 항성이 만들어내는 그 빛은 파장이 없는 빛 즉 음전자와의 질량대칭성을 가진 빛이므로 빅 항성을 에워싸고 있는 천체들이 파장이 없는 그 빛을 끌어당기기 때문에 그 빛이 우리에게 도달을 하지 못하는 것이다. 따라서 우리가 그 빛을 볼 수 없으므로 또한 우리가 빅 항성을 볼 수 없는 이유가 되기도 하는 것이다.

그것의 증거가 우리 은하의 중심에 있는 빅 항성이 방사하는 빛이 우리의 태양계에까지 도달하기 전에 빅 항성을 에워싸고 있는 은하수들에게 끌려들어가고 우리에게 도달하지 못하므로 우리가 빅 항성을 볼 수 없는 것이다. 빅 항성과 우리와의 거리가 매우 가까움에도 불구하고 우리는 우리 은하의 중심에 빅 항성이 방사하는 빛을 볼 수 없으므로 빅 항성을 두고 블랙홀이라고 주장하고 있는 것이다.

따라서 블랙홀은 없다. 다만 블랙홀이라는 것은 항성일뿐이다 하는 것인데 블랙홀이라는 그 항성이 무엇이든지 끌어당기지는 않고 천체가 질량을 가지고 있다면 밀어내는데 천체가 가진 질량이 양성자와 전자가 대칭성을 가지고 있다면 그 천체는 상호질량에 따라서 밀어내지는 것이다. 그것이 중력이다. 중력은 질량이 큰 천체가 질량이 작은 천체를 상호질량에 따라서 밀어내서 거리를 만드는데 상호질량이 대칭성을 가져야만 한다는 것이다. 그 대칭성은 양자와 전자의 개체대칭성이다.

만약에 우리의 지구가 양자만 있고 전자가 없다고 가정을 하면 우리의 지구는 태양에게 끌어당겨져서 태양의 표면에 녹아들 것이다. 반대로 우리 지구가 양성자 질량과 전자질량이 대칭성을 가지고 있다면 우리의 지구는 토성보다도 더 멀리에 밀어내졌을 것이라는 이야기가 되는 것이다.

이렇듯이 중력은 상호질량대칭성이다. 따라서 태양이 천왕성, 해왕성, 명왕성을 태양계 최외각에 밀어내두고 있는 것은 이들 행성들이 양성자와 전자질량이 개체대칭성을 충족하고 있기 때문이다. 이것이 중력이다. 따라서 단순히 물질만 존재하는(양자가 전자를 포획해서) 행성이라면 태양은 그 천체를 끌어당길 것이라는 이야기가 되는 것이다. 이유는 물질만 존재하는 행성이라면 물질은 중력과 상호질량에 따르므로 큰 질량의 천체가 작은 질량의 천체를 상호질량에 따라서 끌어당길 것이라는 이야기가 되는 것이다.

따라서 우리의 태양계에서 태양에 근접하여 있는 수성이 양성자와 전자의 개체대칭성이 결여되어 있으므로 태양은 수성을 제일 가까이에까지 끌어당겨두고 있는 것이며 다음이 금성이다. 그 다음이 우리의 지구이며 화성은 지구보다 질량대칭성을 가지고 있는 것이다.

또한 목성이 태양계의 행성들 가운데 겉보기의 질량은 가장 크지만 양성자 질량과 끌어당겨져서 가두어진 전자질량의 부족으로 화성 다음으로 끌어당겨두고 공전을 시키고 있는 것이다. 또한 천체가 일으키는 운동은 천체가 가지고 있는 양성자덩어리의 질량과 그 양성자덩어리에 의해서 끌어당겨져서 가두어진 전자질량에 비례하므로 천체의 운동량과 천체의 질량은 비례한다는 이야기가 되는 것이다. 그것이 대칭성이다.

따라서 양성자와 전자의 대칭성은 따로따로의 덩어리여야만 하며 그 덩어리들이 상호반발력에 따라서 운동을 일으키는 것이다. 따라서 우리의 태양계 내의 행성들 가운데 가장 큰 자전운동량을 가지고 있는 행성은 명왕성이다. 명왕성이 가진 운동량은 명왕성이 가진 질량대칭성 때문이다 하는 이야기가 되는 것이다. 따라서 행성의 운동량은 행성이 가지는 질량이 얼마나 대칭성을 가지고 있느냐이다 하는 이야기가 되는 것이다.

태양의 내부로 가보자. 태양의 중심에는 절대온도를 가진 양성자가 덩어리를 이루고 뭉쳐져 있는데 뭉쳐진 양성자덩어리는 강력한 핵력을 가지고 있으므로 전자를 끌어당겨서 가두어두고 전자를 운동을 시키는데 따라서 끌어당겨져서 가두어진 전자는 양성자덩어리의 핵력에 운동을 일으킬 수밖에는 없는데 태양의 내부의 전자는 극성이 엇갈리는 운동을 일으키고 있는 것이다.

모두가 알고 있듯이 전자는 자기력선을 만들어내는데 태양의 내부에 갇힌 전자는 자기력선을 만들어내지 못하고 있다는 것이다. 따라서 전자는 전자가 가지고 있는 같은 극은 밀어내고 다른 극은 끌어당겨서 만들어내는 선을 만들어내지 못하므로 전자가 극성이 엇갈리며 운동을 일으키는 것이다.

전자가 극성이 엇갈리도록 만드는 것이 양성자덩어리의 핵력이다. 즉 양성자덩어리의 핵력의 압력이 전자로 하여금 자기력선을 만들어내지 못하고 전자의 극성이 서로 엇갈리는 것이다. 따라서 전자는 극성이 엇갈리는 운동으로 매우 뜨거워져 있으며 전자의 상태가 흑체상태를 만들어내고 있는 것이다. 그것이 흑체복사플라즈마이다. 즉 태양의 내부는 칠흑 같은 어두움 속에 있다는 이야기가 되는 것이다. 따라서 태양이 대규모의 폭발을 일으키면 태양의 표면에 구멍이 뚫어지는데 그때에 만들어지는 것이 흑점이다.

흑점은 태양의 표면에 구멍이 만들어지며 나타나는데 흑점이 크게 만들어지면 3-4개월이 지나야 메워지는데 이것은 무엇을 의미하느냐 하면 태양의 표면이 매우 얇다는 것의 반증이다. 왜냐하면 태양의 중심에 양성자덩어리가 태양의 표면에 녹아있는 액체탄소인 마그마를 끌어당기지만 표면이 얇으므로 빠르게 메우지를 못하는 것이다.

또한 흑점이 만들어지면 그 흑점의 구멍을 통해서 태양의 내부를 보여주고 있는데 태양의 내부는 흑체 그 자체이다. 또한 태양의 중심에 뭉쳐진 양성자덩어리의 색은 푸른색을 가지고 있으므로 태양의 내부는 그야말로 흑체 그 자체다 하는 것이다. 따라서 태양의 표면에 구멍이 뚫어지면 흑체인 태양의 내부가 흑점이라는 구멍을 통해서 보여주고 있는 것이다.

자, 태양이 일으키는 운동의 전말을 들여다보자. 태양의 중심에 뭉쳐진 양성자덩어리는 절대온도를 가지고 있다. 따라서 양성자덩어리는 강력한 핵력을 가지고 전자를 끌어당겨서 가두어두고 전자를 핵력으로 운동을 시키는데 전자는 운동을 하면 전자는 뜨거워지는 것이다.

전자가 뜨거워지면 플라즈마에 도달을 하는데 태양의 흑체복사플라즈마의 온도는 수천만도를 상회할 것으로 추정이 된다는 것인데 이때 중심에 뭉쳐진 양성자덩어리는 절대온도를 가지고 있으므로 뜨거워져서 플라즈마에 도달한 전자덩어리와 서로 반목을 하는 것이다. 따라서 중심에 양성자덩어리와 플라즈마의 전자덩어리와는 서로를 밀어내는 것으로 나타나지만 양성자덩어리는 핵력으로 전자덩어리를 끌어당기고 전자덩어리는 양성자덩어리가 차가우므로 둘은 상대를 밀어내면서도 서로를 끌어당기는 것으로 나타나 둘의 사이에는 기류가 형성이 되어 있는 것이다.

따라서 둘은 서로 반대 방향으로 움직이는데 그것이 태양의 자전과 공전이다. 이때 태양의 자전의 겉보기는 태양계의 행성들이 공전하는 방향으로 돈다는 것으로 알고 있지만 아니다. 태양의 겉보기가 즉 표면이 회전하는 방향이 태양계의 행성들이 회전하는 방향이 아니라는 것이다. 즉, 태양의 표면은 행성들이 공전하는 방향이 아니라 역방향이다.

그렇다면 태양계의 행성들은 왜 태양의 주위를 공전하고 있는 것일까? 하는 것인데 바로 태양의 중심에 절대온도를 가진 양성자덩어리가 회전하는 방향을 따라서 행성들은 태양의 주위를 공전을 하는 것이다. 우리 지구의 표면이 서쪽에서 남쪽을 지나서 동쪽으로 자전운동을 하는 것과 지구의 위성인 달이 동쪽에서 남쪽을 지나서 서쪽으로 지구의 주위를 공전하는 것처럼 태양계의 행성들도 태양의 중심에 양성자덩어리의 회전 방향을 따라서 태양의 주위를 공전하는 것이다.

즉, 공전은 천체의 중심에 양성자덩어리의 방향을 따라서 운동을 한다는 것은 양성자덩어리가 중력을 발호한다는 의미인 것이다. 다시 말해서 중력을 발호하는 양성자덩어리가 끌어당겨서 가두어둔 전자덩어리와의 반목으로 둘의 사이에는 강력한 기류가 생성이 되어 있으며 뜨거운 전자덩어리와 차가운 양성자덩어리는 서로를 끌어당기면서도 서로를 밀어내는 것으로 나타나서 운동이 일어나고 있는 것이다. 그것이 천체가 일으키는 운동의 전말이다.

제18장 중력이 전하는 메시지

우리는 천체가 왜, 어떤 원인으로 팽창을 하였으며 운동을 일으키며 빛은 왜 만들어지는가와 물질은 과연 무엇과 무엇이 어떤 원인으로 결합에 이르고 물질의 내부에는 무엇으로 이루어져 있는가를 알지 못한다는 것이 필자의 생각이다. 따라서 이 장에서는 중력이라는 것의 실체에 다가가 보자.

중력은 과연 무엇일까? 우리는 뉴턴에 이어 아인슈타인에 의해서 정립된 중력 이론을 가지고 있다. 그런데 과연 중력이론은 중력을 올바르게 이야기를 하고 있는가 하는 것인데 필자의 생각에는 아니다. 여기에는 이유가 있다. 중력이론인 일반상대성이론을 들여다보면 한마디로 중력을 포괄적인 의미로 이해를 하고 있다는 점이다. 즉 중력에게 모든 것을 의탁하는 형태다 하는 것이 필자의 생각이다. 하지만 중력은 중력일 뿐이다 하는 것이 필자의 생각이다.

자, 중력을 심도 있게 해부해 보자. 우리는 우리가 살고 있는 지구의 표면에서 일어나는 중력을 매일매일 경험하지만 그것을 중력의 영향이라고 생각을 하면서도 중력을 정확하게 모르고 있다는 데에 문제가 있다는 것인데 그것이 조석력이다. 즉 바닷물이 하루에 두 번 들어왔다가 나갔다가를 반복하는 현상이 그것인데 이 조석력을 두고 중력이라고 명명하고 있다는 점이다.

하지만 그것은 일반적으로 우주에서 일어나는 중력이 아니라 역 중력이다 하는 것이 필자의 생각이다. 왜냐하면 우리가 알고 있는 중력은 우리의 태양계를 들여다보면 태양계 내에서 일으키는 중력현상과는 상반된 현상이므로 해서인데 그것에 대한 설명을 하고 중력의 진정한 실체에 다가가보기로 하자는 것이다.

먼저 지구의 표면에서 일어나는 중력현상인 조석력은 중력과는 반대되는 현상이므로 그것을 설명하기로 하자. 먼저 일반상대성이론에서 주장하는 중력은 물질과 물질은 상호작용을 일으키므로 중력을 만들어내는 주체는 물질이라고 주장하고 있는데 한마디로 아니다. 그렇다면 중력은 무엇이 만들어내는 것이냐 하는 것인데 필자의 생각으로는 물질은 이미 완성이 되어버린 상태에 있다는 것이다. 중력과는 아무런 관계가 없다는 것이다.

다시 말하면 양성자가 전자를 포획하여서 물질이라는 개체가 만들어지면 그 물질이라는 개체는 아무리 많은 양이 모여 덩어리를 이루고 있다고 하여도 중력을 만들어내지 못한다는 것이다. 그것은 지구에 존재하는 모든 기체와 고체 그리고 액체를 통틀어서 물질은 중력을 만들어내지 못하고 있기 때문이다. 따라서 중력의 주체는 물질이 아니라는 것이 필자의 생각이다.

그렇다면 중력은 무엇이 만들어내는 것이냐 하는 것인데 필자의 생각으로는 물질은 아니므로 물질이기 전 상태에 있는 입자가 만들어내는 것이다. 우리가 자석을 보면 자석에는 철 원자에게 전자가 이상하리만큼 많은 양이 자화된다는 것을 알 수가 있는데 자석에게 자화가 된 전자질량에 따라서 자석의 세기가 달라진다는 것은 모두가 알고 있는 사실이다. 그런데 자석에게 달라붙는 고체는 철이 대표적인데 왜 자석에게 철은 끌려가서 달라붙는 것일까?

그런데 상반되게 연철인 금, 은, 동, 텅스텐은 자석에게 끌려가지 않는다는 사실이다. 이것은 또 왜 그럴까? 자석이 이러한 것은 모두가 알고 있는 사실이다. 하지만 필자는 자석이 이러한 원인에 있어서 많은 생각을 하였지만 그것의 원인을 알 수가 없었는데 철이 자석에게 그러한 반응을 보이는 이유는 철 원자가 가지고 있는 전자질량이 작기 때문은 아닐까? 하는 생각이 불현듯이 떠올랐기 때문이다.

또한 연철인 금, 은, 동과 텅스텐은 왜 자석에게 끌려가지 않을까? 하는 것인데 그것이 그렇다. 철은 철 원자가 가지고 있는 전자질량이 작기 때문이고 연철은 전자질량이 풍부하기 때문이 아닐까 하는 생각을 하기에 이른 것이다. 따라서 자석에게 끌려가는 철은 대칭성이 매우 많이 깨져 있는 것이다. 하지만 연철인 금, 은, 동과 텅스텐은 금속 내부의 원자와 전자질량이 대칭성을 가지고 있다는 결론에 도달하였던 것이다.

따라서 연철이 자석에게 아무런 반응을 보이지 않는 반면에 철은 양자 질량이 압도적으로 크다는 사실이다. 그렇다면 답은 나왔다. 즉 고체가 가지는 원자 내부에 전자질량이 많고 작은 것은 고체가 만들어지는 시기의 임계점이 있을 것이라는 생각을 하기에 이른 것이다. 고체가 만들어지려면 기체물질 내부의 양성자가 가지고 있는 절대온도를 압력이나 온도에게 잃어버릴 때의 조건이 다른 것이다. 다시 말하면 기체인 수소나 헬륨이 가지고 있는 온도를 잃어버린 시기의 온도와 압력이 서로 달라서 일어나는 일이다.

예를 들면 금의 임계점이 100이라고 가정을 하면 은은 120이고, 동은 130이고,

텅스텐은 140이고, 철은 200인 것이다. 서로 임계점이 다른 것이다. 따라서 고체 내부의 양자가 가지는 전자질량이 각각 다른 것인데 이유는 기체인 수소나 헬륨이 전자껍질을 떼어낸 뒤에 가지고 있던 절대온도를 온도나 압력에게 잃어버리는 과정에서 딱 그 임계점의 순간에 멈춘 것이다. 즉, 임계점이 작용을 하는 것인데 그것은 양자가 갖는 전자질량을 끌어당기거나 끌어당길 수가 없거나 하는 그런 것이다.

따라서 기체인 양자가 가진 절대온도를 어떻게 어떤 과정으로 잃어버리느냐가 고체의 기준이 된다는 이야기가 되는 것이다. 그러므로 금, 은, 동, 텅스텐은 원자 내부의 양자 질량에 비례해서 임계점에 따라서 전자질량이 대칭적이고 철은 양자 질량과 전자질량이 비대칭적인 것이다. 따라서 자석에게 철은 끌려가는 것이다. 철은 양자 질량이 크므로 자석에게 끌려가는 것인데 금, 은, 동과 텅스텐은 양자 질량과 전자질량이 비슷한 것이다. 따라서 자석이 금은동과 텅스텐을 끌어당기지 못하는 것이다.

이때 만약 금, 은, 동과 텅스텐이 양자 질량에 비례해서 전자질량이 더 크면 자석은 금, 은, 동과 텅스텐을 밀어내기도 또는 끌어당기기도 할 것이라는 이야기가 되는 것이다. 즉 자석의 재료인 희토류라는 금속이 가진 전자질량이 양자 질량에 비례해서 크므로 해서 일어나는 일인데 물론 자석이든 여타의 금속이든 철이든 양자 질량과 전자질량의 대칭성은 크게 충족하고 있지 못하므로 해서 중력의 영향을 받는데 결국 고체물질이 가지는 부피 대비 중량은 고체를 중력이 끌어당기므로 무게가 결정이 된다는 점이다.

따라서 고체가 가진 양자가 얼마만큼의 전자를 가질 수가 있느냐 없느냐가 고체는 무게로 결정이 된다는 이야기가 되는 것이다. 그러므로 양자가 가지는 전자질량의 값과 무게는 부피와는 상관이 없이 중력이 무게를 결정을 한다는 의미가 되는 것이다. 따라서 연철들인 금이나 은, 동과 텅스텐이 철보다 가벼운 것은 지구의 중력이 상호질량대칭성에 따르므로 연철인 금이나 은, 동과 텅스텐은 중력이 무게를 결정을 한다는 의미인 것이다. 그러므로 고체가 만들어진 것은 기체물질이 가지고 있는 절대온도를 잃어버릴 때에 임계점이 서로 다르므로 해서 일어나는 일이다 하는 것이다. 따라서 자석과 여타의 물질들과의 관계가 중력과 관계가 있는데 그것이 질량대칭성이다. 이러한 이야기를 필자가 한다면 물리학자들은 말이 안 되는 이야기라고 일갈을 할 것이다. 하지만 사실이다.

물질의 근본은 기체이다. 그것도 수소인데 수소도 경수소가 물질의 기본이다. 즉 우주에 존재하는 그 어떤 물질도 경수소를 거치지 않고는 상위물질로의 결합을 할 수가 없다는 사실이다. 우리는 태양계의 공간에서 발견되는 물질들을 알고 있다. 수소가 가장 많고 뒤이어서 헬륨과 산소, 질소, 순으로 기체물질이 발견되는데 이것은 우리의 태양이 빛을 만들어서 방사를 하기 전에 입자인 양성자가 덩어리를 이루는 과정에서 양성자가 전자를 끌어당겨서 포획을 해서 기체가 만들어지면 태양은 양성자 질량에 비례한 전자를 끌어당겨두고 있지 못하므로 기체가 결합되는 족족 밀어내서 대기로 만들었는데 그것이 중력이다.

태양이 태동하던 시기에는 즉 많은 입자인 양성자가 덩어리를 이루고 뭉쳐질 때에 공간에 있던 전자는 플라즈마 상태에 있었다는 반증이며 서서히 양성자가 덩어리를 이루고 뭉쳐지면서 양성자덩어리의 주위의 온도가 낮아지며 플라즈마 상태에 있던 전자가 차가워지면 양성자덩어리는 차가워진 전자를 끌어당겨서 끌려온 전자를 양성자 한 개가 포획하면 경수소가 만들어지고 이것을 태양의 중심에 양성자덩어리는 수소를 상호질량에 따라서 밀어냈는데 이 상호질량이라는 것은 태양의 중심에 뭉쳐진 양성자덩어리와 그 양성자덩어리가 끌어당겨둔 전자질량과 기체가 가지는 양성자 질량과 기체의 중심에 양성자에 의해서 끌어당겨져서 포획된 전자질량이 상호질량이다.

따라서 입자인 수많은 개체의 양성자가 덩어리를 이루고 플라즈마였던 전자가 차가워지면 양성자덩어리는 핵력으로 전자를 끌어당겨서 대칭성만큼의 중력을 발호를 하면 그 중력의 세기는 양성자덩어리가 끌어당겨둔 전자질량에 비례한다는 이야기가 되는데 이때 태양은 빛을 만들어내지 못하였으므로 기체물질을 결합시키는 족족 상호질량에 따라서 결합된 기체를 밀어내서 거리를 만들었던 것이다.

이때 태양계의 행성들도 태동을 시작하였는데 행성들이 만들어지기 위해서 양성자가 뭉쳐지기 시작했던 것이다. 이때만 하여도 태양계의 공간은 플라즈마 상태에 있었으므로 태양의 중심에 양성자덩어리가 전자를 끌어당기는 족족 기체가 결합되면 끌어당겨둔 전자질량만큼의 중력으로 기체를 밀어내서 거리를 만들었다는 것을 알 수가 있는데 그것의 증거가 밀어내서 공간에 분포하는 기체물질들의 분포도를 보면 알 수가 있는 것이다. 즉, 태양이 처음으로 결합을 시켜서 밀어낸 기체 가운데 경수소가 가장 많고 뒤이어서 헬륨이 많으며 뒤이어서 산소를 밀어냈는데 이때 먼저 밀어내진 경수소에게 산소가 밀어내지면 경수소는 산소에게 달라붙어서 물로 결합을 했던 것이다.

경수소와 산소가 만나서 물로 결합이 되면 태양의 중심에 양성자덩어리와 끌어당겨서 가두어진 전자질량에 비례한 거리로 물을 상호질량에 따라서 더욱 멀리 밀어냈던 것이다. 뒤이어서 태양은 삼중수소 7개를 결합시킨 질소를 밀어냈는데 질소와 물이 밀어내진 거리는 비슷한 거리였는데 이때 질소와 물이 밀어내진 거리에서 지구가 뭉쳐지고 있었던 것이다. 이때 지구의 중심에 양성자덩어리는 태양이 결합을 시켜서 밀어낸 물과 질소를 끌어당겨서 대기로 삼았는데 이윽고 태양은 공간에 있던 전자를 강력한 핵력으로 끌어당기므로 태양에 근접해서 생성되던 수성, 금성, 지구, 화성은 태양에게 많은 전자를 빼앗기게 되고 질량대칭성이 깨지는 결과로 나타났던 것이다. 따라서 수성, 금성, 지구, 화성은 태양에게 전자를 빼앗기게 되면서 양성자 질량에 비례한 전자질량을 끌어당길 수가 없었으므로 개체대칭성이(양성자와 전자의 개체) 크게 깨졌던 것이다.

이윽고 태양은 질소를 결합시켜서 밀어내는 것을 마지막으로 빛을 만들어서 방사를 하기 시작하자 공간은 순간적으로 팽창하기 시작하였는데 태양이 결합시켜서 밀어낸 기체물질들이 태양의 온도가 높아지므로 태양이 밀어낸 기체들이 뜨거운 온도에 달구어지며 기체들은 운동을 일으키므로 태양의 중력은 기체들을 전자포획 사정거리 밖으로 밀어내버렸던 것이다.

이때 태양계의 반경은 약 천만km 정도였던 것으로 추정이 되는데 이유는 태양이 질소와 물을 밀어낸 거리가 지구가 생성되던 거리인 태양으로부터 약 150만km에서 200만km로 추정되기 때문이다. 따라서 명왕성이 뭉쳐지던 거리가 태양으로부터 약 천만km는 되었을 것으로 추정할 수가 있다는 이야기가 되는 것이다. 이것이 지구가 물과 질소를 가지게 된 원인이다.

그렇다면 산소는 어떻게 된 것일까 하는 것인데 물론 질소를 끌어당겨서 지구의 대기로 삼았다면 산소도 지구는 끌어당겼을 것이다. 하지만 태양이 산소를 결합시켜서 밀어내자 산소는 제일 먼저 밀어낸 경수소와 결합을 일으켜서 물로 되었으며 산소는 많지 않았으리라 하는 것이 필자의 생각이다. 그렇다면 지구의 대기를 이루고 있는 약 20%의 산소는 어떻게 설명을 할 것이냐 하는 것인데 그것이 그렇다. 지구는 지금으로부터 약 46억 년 전보다도 훨씬 앞서서 지표면이 생성되기 시작하였는데 지금부터 지표면이 생성된 이야기를 하기로 하자.

지구물리학자들은 지구의 중심에 철이 뭉쳐져 있으며 뭉쳐진 철의 온도가 수백만 도는 족히 될 것이라는 이야기를 하고 있다는 것이다. 하지만 지구의 중심에 철이 뭉쳐져 있다는 가정을 하면 지구는 중력을 발호할 수도 전자를 끌어당길 수도 없다는 것이 필자의 생각이다. 알다시피 물질이 뜨겁다고 가정하면 뜨거운 물질은 전자를 끌어당길 수가 없는데 그 이유는 전자에게 있다.

전자에 대한 이야기를 잠시만 하기로 하자. 앞에서도 이야기를 하였지만 우리가 발전소에서 전기를 발생시켜 도체를 통해서 전자를 밀어내면 전자는 도체 속을 흐르다가 전기를 사용하는 사용처에 다다르면 우리는 전열 기구를 사용하게 되는데 이때 백열전구에 불을 켰다고 가정하면 우리는 백열전구의 필라멘트가 빨갛게 달구어지는 것과 동시에 전구 내부의 필라멘트는 빛을 만들어서 방사를 하게 된다. 이때 빛으로 전화를 하는 것은 전자가 아니고 필라멘트의 양자인 탄소가 빛으로 떨어져나가는 것이다. 이것을 두고 물리학자들은 전자가 빛으로 전화를 하는 것이라는 주장하고 있다는 점이다.

하지만 아니다. 전자는 도체를 타고 흐르는데 전자를 도체 속에서 흐르게 만드는 것은 암페어다. 암페어는 발전소에서 전기를 생산할 때에 만들어지는데 암페어는 자석을 축에 메달아 자석이 가진 자기력선을 코일에 스치면 만들어지는데 자석의 축 운동과 암페어는 비례한다는 것은 모두가 알고 있는 사실이다. 이때 축에 고정된 자석의 운동량이 곧 암페어다.

따라서 암페어와 운동은 비례한다는 것이다. 그 암페어인 운동량이 전자를 도체 속에서 밀어내는 것이다. 이때 도체 속을 흐르던 전자는 암페어에 의해서 밀어내지다가 도체가 갑자기 좁아지는 것이다. 즉 병목현상이 만들어지는 것인데 그 병목현상이 필라멘트다.

이 필라멘트는 니크롬선에 탄소인 숯가루를 압착해서 만들어지는데 도체가 니크롬선에 연결되면 그 니크롬선이 갑자기 가늘어지면서 도체 속을 흐르던 전자가 흐르는 길이 갑자기 좁아지는 것이다. 이때 암페어는 일정하지만 도체가 가늘어지면서 병목현상이 나타나게 되는데 이때 도체 속을 흐르던 전자에게 저항이 만들어지면서 전자의 운동량이 증가를 하게 되는데 이것이 전기저항이다.

도체 속을 흐르던 전자가 저항이 일어나면 전자는 운동량이 증가를 하게 되고 전자가 운동량이 증가하면 전자가 뜨거워지는 것이다. 전자가 뜨거워지면 필라멘트를 달구게 되고 달구어진 필라멘트는 빨갛게 달구어지는 순간 빛을 만들어서 방사를 하는 것이다. 이때 전자의 일부는 필라멘트를 통과하게 되고 많은 전자가 저항으로 운동량이 증가하면서 도체인 필라멘트 밖으로 뛰쳐나가는 것이다. 즉 전자가 뜨거워지면서 도체인 필라멘트를 달구면 필라멘트에 압착된 숯가루인 탄소가 빛으로 전화하면서 떨어져 나가는 것이다. 이것이 전자이다.

전자는 운동을 하면 뜨거워지는데 전자가 운동으로 뜨거워지면서 전자가 플라즈마에 도달하는 것이다. 따라서 지구 내부의 중심에는 철이 뭉쳐져 있는 것이 아니라 절대온도를 가진 양성자가 입자 상태로 덩어리를 이루고 뭉쳐져 있으며 양성자덩어리의 핵력이 전자를 끌어당겨서 가두어두고 전자로 하여금 운동을 일으키도록 핵력으로 압력을 가하는 것이다. 따라서 지구는 양성자덩어리의 핵력인 압력이 약해져 있는 것이다. 즉 양성자덩어리의 질량이 작아서 끌어당겨서 가두어둔 전자가 모두 운동을 일으키지 못하고 전자의 일부가 자기력선을 만들어버리는 것이다. 그로 인해서 지구의 극점에서 출발한 자기력선이 극점으로 연결되며 선을 만들어내고 있는 것이다.

이에 반해서 태양은 중심에 뭉쳐진 양성자덩어리의 핵력이 강력하므로 끌어당겨서 가두어진 전자가 자기력선을 만들어내지 못하고 전자가 극성이 엇갈리며 운동을 일으키고 있으며 또한 태양은 핵력이 강력하므로 끌어당겨서 가두어진 전자밀도가 매우 높은 것이다. 따라서 그 어떤 물질도(고체이든 액체이든) 양성자덩어리가 끌어당겨서 가두어진 전자밀도를 뚫고 태양의 중심으로 들어갈 수가 없는 것이다. 따라서 양성자덩어리의 핵력은 양자와 전자를 끌어당기지만 먼저 끌어당겨둔 전자밀도에 막혀서 전자덩어리의 가장자리에 양자가 집적이 일어나며 표면이 만들어지는 것이다. 따라서 태양의 표면에는 태양이 빛을 만들 때에 빛으로 전화하지 못한 굵은 하전입자들이 일부는 태양의 폭발압력인 태양풍에 실려서 태양계의 공간으로 흩어지기도 하지만 더 굵은 입자들은 태양의 중심에 양성자덩어리의 핵력에 이끌려서 태양의 표면에 집적이 일어나며 태양의 표면에 쌓여가는 것이다.

그것이 탄소입자 알갱이이므로 태양의 표면은 마그마 형태의 액체탄소가 태양의 표면을 만들어내고 있는 것인데 태양의 내부의 흑체복사플라즈마의 온도가 수천만 도를 상회하므로 태양의 표면은 플라즈마의 온도에 의해서 탄소가 액화되어 있는 것이다.

지구 대기의 물질 가운데 산소가 존재하는 이유에 대한 이야기를 하는 과정에서 이야기가 잠시 옆으로 흘렀는데 지구가 산소를 보유하게 된 이야기를 하기로 하자. 지구는 물과 질소와 산소를 보유하고서 이 대기물질들을 운동을 시키고 있으므로 대기물질들이 상전이를 일으키고 있는데 상전이의 대표는 물이다. 물론 질소와 산소도 물과 같이 상전이를 일으키고 있다.

하지만 질소와 산소는 물처럼 응결되지 못하므로 대기의 상층부와 지표면을 오가며 상전이를 하고 있는 것이다. 그것의 원인이 질소와 산소는 지구의 표면과 대기의 온도에 따라서 운동을 일으키고 있는 것이다. 하지만 물은 분자 형태이므로 여러 개의 물 분자가 서로를 끌어당겨서 액체 상태를 만들면 물 덩어리는 질량이 증가를 하게 되고 지구의 중심에 양성자덩어리와 전자덩어리는 물 덩어리를 끌어당겨서 지구의 표면으로 끌어당기게 되므로 물이 상전이를 일으키는 원인이 되는데 물은 질소나 산소처럼 물 외부로 극저온을 표출을 할 수가 없다는 것이 물이 상전이를 일으키는 원인이다.

즉, 물 분자가 극저온을 가지고 있음에도 불구하고 물 분자 외부로 가지고 있는 극저온을 표출하지 못해서 일어나는 일이다. 만약에 물 분자가 가지고 있는 극저온을 물 분자 밖으로 표출한다고 가정하면 물 분자 또한 질소나 산소처럼 응결되지 못하고 액체 상태를 만들어내지 못할 것이다. 따라서 물 분자는 분자 상태로 지구의 대기를 가득 채우고 있을 것이기 때문이다.

자, 지구의 대기에 산소가 존재하는 이유를 설명하기로 하자. 지구는 약 70억 년 전부터 지표면이 생성되기 시작하였는데 그것의 원인이 지구의 질량대칭성이 크게 깨져 있어서 일어난 일이다. 이때까지만 하여도 지구는 수소를 결합시켜서 중력으로 수소를 밀어내면 수소는 전자덩어리의 구역을 벗어나서 지구의 대기로 밀어내졌는데 이때 지구의 자전 속도는 지금의 두 배 내지는 서너 배에 이르렀으므로 매우 빠르게 자전을 하였는데 그것의 원인은 지구의 중심의 양성자덩어리와 전자덩어리와의 반발력이 강했기 때문이다.

따라서 지구의 자전이 매우 빠르게 일어났는데 시간이 지남에 따라서 지구의 중심에 양성자덩어리의 감소와 전자질량의 감소로 지구의 중력이 감소를 일으켜서 수소를 결합시키면 수소를 대기로 밀어내지 못하고 전자덩어리의 가장자리에서 수소 내부의 양성자가 가지고 있던 절대온도를 플라즈마의 전자덩어리에게 빼앗기는 일이 일어나며 수소가 탄소화로의 진행이 일어났던 것이다.

수소 내부의 양성자가 탄소화로의 진행이 되려면 수소 내부의 양성자가 가지고 있던 절대온도를 빼앗겨야만 하는데 그렇게 되려면 수소는 포획한 전자를 놓아 버린 후에 분열을 일으켜야만 하는데 수소는 플라즈마의 전자구역 가장자리에서 포획했던 전자를 놓아버린 후에 분열을 일으키며 가지고 있던 절대온도를 플라즈마에게 빼앗겨 버리는 것이다.

그렇게 되면 양성자는 분열을 거듭하다가 가지고 있던 절대온도를 잃어버리며 탄소화로의 진행이 일어나는 것이다. 양성자가 가지고 있던 절대온도를 플라즈마의 뜨거운 온도에 빼앗기면 양성자는 탄소가 만들어지는데 그 탄소가 전자밀도에 막혀서 지구의 중심에 양성자덩어리가 끌어당기지만 플라즈마의 전자구역 가장자리에 집적이 일어나면 지표면이 생성이 되는 것이다.

이때 물은 지구의 대기를 이루고 있었으며 물론 질소도 지구의 대기를 이루고 있었는데 이때 산소는 미미한 양만이 대기로 밀어내져 있었을 것이다. 그러한 시간이 물경 약 25억 년의 시간이 경과한 뒤에 지표면이 생성되고 지표면이 두꺼워지며 지표면의 온도가 하강을 하자 대기를 이루고 있던 물이 응결이 일어나며 지구의 중심에 양성자덩어리는 응결된 물을 지표면으로 끌어당겼던 것이다. 이때 물은 목성이나 토성처럼 얼음덩어리를 이루고 있었지만 지구의 중력이 약화되면서 얼음덩어리들이 지표면으로 하강을 하였다.

자, 먼저 왜 물이 지구의 표면에 끌어당겨져서 바다를 이루고 있는가를 이야기하고 가기로 하자. 앞에서도 이야기를 하였지만 물 분자는 모두가 알고 있다시피 산소 원자 한 개에 수소 원자 두 개가 전기적으로 결합을 하였으므로 화합물이다. 즉 원소가 아니므로 분자라고 명명하고 있으며 따라서 물 분자 내부의 산소나 수소는 내부의 양성자가 절대온도를 가지고 있다.

하지만 산소와 수소 두 개가 전기적으로 결합하면서 어찌된 일인지 극저온을 가지고 있으면서도 물은 극저온을 물 분자 밖으로 표출하지 않는다는 사실이다. 아니 극저온을 표출할 수가 없는 것이다. 물이 그러한 이유는 수소 원자 두 개가 산소 원자의 전자궤도에 침착되어 있는데 물 분자 외부의 온도와 내부의 극저온의 온도가 차단이 되기 때문인데 따라서 물은 온도에 중립을 보이는 것이다.

만약에 물 분자 내부의 산소와 수소가 결합을 하였어도 극저온을 불 분자 밖으로 표출한다고 가정하면 물은 지구의 표면으로 끌어당겨질 수가 없다는 것이다. 물은 지구의 대기에 분자 형태로 존재하고 있을 것이다. 물론 질소와 산소와 함께 말이다. 그럼에도 불구하고 물은 온도에 중립을 보이므로 지구의 중력은 물을 지구의 표면으로 끌어당겨서 바다를 이루게 할 수가 있었던 것이다.

즉, 물이 온도에 중립을 보이며 온도에 따라서 일으키는 운동을 멈추었기 때문에 지구의 중심에 중력을 발호하는 양성자덩어리와 플라즈마의 전자덩어리는 물을 탄소나 고체나 액체로 인식을 하기 때문이다. 물을 기체로는 인식이 되지 않아서인데 따라서 물을 중력은 끌어당겨서 지표면에 붙여두고 있는 것이다. 이때 태양이 방사하는 빛이 지구의 표면을 달구므로 바다를 이루고 있던 물이 액체

상태에 있다가 태양이 방사한 빛에 뜨거워지면서 물이 운동을 일으키는 것이다.

물이 운동을 일으키면 지구의 중력은 물 분자를 상호질량에 따라서 대기로 밀어내는 것이다. 하지만 물을 밀어내는 거리가 질소나 산소보다 더 멀리로 밀어내지 못하는 이유는 물이 운동을 일으키면 중력인 양 전자력은 물을 대기로 밀어내지만 물이 분자 상태로 밀어내지는 거리가 질소나 산소보다는 질량이 더 크므로 더 멀리로 밀어내져야 맞지만 사실은 물이 극저온을 표출할 수가 없으므로 더 멀리로 밀어내지면 물이 응결되어 버리는 것이다.

하지만 질소나 산소는 극저온을 물질 외부로 표출하므로 물 분자보다는 더 멀리로 밀어내는 것이다. 즉 기체가 운동을 일으킬 때에만 중력인 양 전자력은 상호질량을 인식한다는 이야기가 되는 것이다. 따라서 천체가 일으키는 운동량에 따라서 태양의 중력인 양 전자력이 행성들을 멀리에 밀어내두기도 가까이에 끌어당겨두기도 한다는 이야기가 된다.

따라서 중력은 질량과 비례한 운동량에 비례하고 운동량에 비례한 거리로 밀어내는 것이다. 단 수성이 금성보다는 운동량이 작으며 금성보다는 지구가 운동량이 크며 지구보다는 화성이 운동량이 크다는 이야기가 되며 목성이 태양계 내에서 제일 큰 질량을 가지고 있는 것처럼 보이지만 사실은 양자 질량은 크지만 양자 질량에 비례한 전자질량이 토성보다 작으므로 목성의 운동량은 토성보다 작다는 이야기가 되는 것이다. 따라서 중력은 대칭성이다. 즉 양자의 개체와 전자의 개체가 비례해야만 하고 비례한 질량에 따라서 운동량이 있어야만 한다는 이야기가 되는 것이다. 예를 들어 목성의 운동량이 지구가 일으키는 운동량보다 작으면 태양의 중력인 양 전자력은 목성을 지구보다 더 가까운 거리로 끌어당길 것이라는 이야기가 된다.

이렇듯이 지구는 지금으로부터 약 46억 년 전에 지구의 중심에 뭉쳐진 양성자가 전자를 포획해서 경수소로 결합을 하면 중력인 양 전자력은 경수소를 밀어내지만 그 경수소가 뜨거운 전자구역 가장자리로 밀어내지면 경수소 내부의 양성자가 포획했던 전자를 떼어내며 급속도로 진행된 탄소화가 일어나는 과정에서 각종 고체물질들의 생성이 일어나며 지구의 표면은 융기가 되었는데 이 시기에 지구는 탄소화로의 진행이 빠르게 일어났다는 것이다.

그것의 증거가 46억 년 전에 융기하여 만들어진 암석인데 물리학자들은 방사능 연대측정을 통하여 알아낸 암석의 나이를 두고 지구의 나이를 추정을 하고 있는데 우리 지구의 나이는 태양의 나이와 거의 비슷하다는 것이다. 따라서 태양이 먼저 생성이 되고 지구와 여타의 행성들이 태양이 생성되던 시기에 생성이 되었으므로 태양과 행성들의 나이는 쌍둥이처럼 같은 것이다. 다만 쌍둥이가 태어난 시기는 다소 차이가 있을 수는 있지만 인간의 수명이 80살 정도인 점을 감안하면 5분에서 10분 정도의 시간 차이를 두고 생성되었으므로 태양과 행성들의 나이는 같은 것이다.

46억 년 전에 지표면이 융기를 하고 지표면의 온도가 하강을 하자 얼음덩어리 형태로 대기를 이루고 있던 물이 지구의 표면으로 낙하를 하기 시작하였는데 물이 지표면으로 낙하를 한 것이 아니라 지구의 중력인 양 전자력이 물을 지표면으로 끌어당긴 것이다. 이유는 물이 가지고 있는 절대온도를 물 외부로 표출을 할 수가 없기 때문에 일어난 일이다.

물이 지구의 표면에 안착을 하자 지구의 생태계는 급격한 변화를 보이기 시작을 하였는데 생물체가 생성된 이야기를 먼저 하기로 하자. 지구의 표면이 물로 채워지기 시작을 하자 이때 경이로운 일들이 일어났는데 태양이 방사한 빛이 지구의 대기를 뚫고 지표면에서 진화를 하기 시작한 것이다. 태양이 방사한 빛이 지구의 대기로 들어와 어떤 일을 일으켰는가 하는 것은 지구의 생태계를 들여다보면 확연해지는데 우리가 137억 광년 거리의 빛을 지금도 보고 있다는 것이다. 이것은 무엇을 의미할까? 즉 빛은 만들어지면 불변이며 빛은 어떤 형태로든 진화를 한다는 것을 암시하는 것은 아닐까.

우리는 가까운 거리에서 우리에게 다가오는 빛을 보면 그 빛은 하나같이 밝다가 광원으로부터의 거리가 우리로부터 멀리에서 우리에게 다가오는 빛일수록 그 빛은 점점 어두운 빛이라는 것을 잘 알고 있다. 그것은 왜 그럴까? 빛이 이러한 것을 두고 천체물리학자들은 빛이 편이를 일으킨다는 주장을 하고 있다. 빛이 공간을 이동하는 동안에 빛이 한쪽으로 치우친다는 주장이 그것이다. 즉, 파장이 짧은 빛이 광원으로부터 출발을 하였지만 그 파장이 짧은 빛이 우리에게 다가오는 동안에 빛이 가진 파장이 길어지기도 혹은 파장이 짧아지기도 한다는 주장이 그것이다.

따라서 천체물리학자들은 빛이 편이를 일으키는 만큼의 광원과 우리와의 거리가 멀어지는 것이라는 주장과 빛의 파장이 짧은 쪽으로 편이 되면 우리와 광원과의 거리가 가까워지고 있다는 주장을 하고 있는데 그것의 이유가 도플러편이를 대입을 하여 보니 빛이 편이를 일으키며 빛이 편이 된 만큼의 거리가 늘어나기도 혹은 우리와의 거리가 가까워지는 것이다 하고 주장을 하고 있다.

천체물리학자들이 주장하는 그것은 적색편이와 청색편이가 그것이다. 즉 우리와 광원과의 거리가 가까워지면 빛은 편이를 일으키는데 그것이 적색편이고 우리와 광원과의 거리가 멀어지면 그것은 청색편이라는 것의 주장이 그것인데 과연 그럴까? 천체물리학자들의 그러한 주장은 한마디로 '아니다'이다. 왜냐하면 빛은 편이를 일으키지 않기 때문이다.

여기 이 대목에서 빛에 대한 필자의 생각을 피력하기로 하자. 빛은 양자이다. 우리는 양자와 전자가 물질을 만들어내고 있다는 것을 잘 알고 있다. 다만 양자가 만들어내는 물질은 기체는 아니고 고체다. 고체는 왜 고체일까? 우리가 알고 있다시피 고체는 온도에 중립적이다. 따라서 고체가 만들어지는 것은 양자의 전신인 양성자가 가지고 있는 절대온도를 잃어버리기 때문에 양자가 만들어지며 그 양자가 고체를 만들어내며 따라서 고체는 온도에 중립적이다. 즉 고체는 온도를 가지지 못한다는 이야기가 되는 것이다.

자, 그것의 증거가 목성과 토성이 가지고 있다는 사실이다. 우리의 지구가 46억 년 전에 일으켰던 탄소화의 길을 걸었던 것을 똑같이 목성과 토성은 탄소화로의 진행이 일어나고 있는 것인데 목성의 대기 안쪽으로 들어가면 목성의 지표면에서는 46억 년 전에 지구가 일으켰던 지표의 융기가 일어나고 있으며 대규모의 화산들이 마그마를 뿜어내며 맹렬히 지표 위로 솟아오르고 초대형 화산에서 뿜어져 나오는 화산재와 기체탄소들이 목성의 대기를 가득 채우며 목성 대기의 가장자리에까지 밀어내지며 대적점이라고 명명된 초대형 점을 만들어내고 있는 것이다.

목성의 현재에 대기를 만들어지는 형형색색의 점들을 살펴보면 서로 다른 색의 점들은 모두 화산이다. 이렇게 화산재와 기체탄소를 대기의 가장자리로 밀어내는 것은 기체물질에게 포획된 전자를 뜨거운 마그마에게 빼앗기며 양성자가 가지고 있던 절대온도를 잃어버리면 양성자는 더 이상 양성자가 아니며 양성자가 가지고 있던 핵력을 잃어버리는 것이다. 따라서 양성자가 핵력을 가지는 것은 양성자가 가지고 있는 절대온도에 의해서인데 양성자가 가지고 있던 절대온도를 잃어버리면 양성자는 핵력을 상실하며 더는 기체물질이 될 수가 없으며 양성자가 양자로 만들어지는 것이다.

따라서 양자는 곧 고체이다. 양성자가 핵력을 잃으며 양자가 되면 그때부터 양자 전자를 포획할 수가 없으며 양자는 전자를 끌어당기기만 할 뿐 양자는 전자를 밀어낼 수가 없는 상태가 된다는 것이다. 그것이 저항이다. 즉, 양자인 도체를 타고 흐르는 전자는 도체인 양자가 전자를 끌어당기기만 할 뿐이므로 양자는 전자를 끌어당기는 것이고 이에 도체를 타고 흐르는 전자는 암페어로 밀어내야만 전자는 도체 속을 흐를 수가 있다는 이야기가 되는 것이다. 그러므로 양자가 되기 전 양성자는 전자를 초전도 상태를 만들고 있어야만 기체가 되는데 양성자가 가지고 있던 절대온도를 잃어버리면 양성자는 고체인 양자로 되고 양자는 전자를 끌어당기기만 하므로 우리가 알고 있는 전기저항이라는 것으로 나타난다는 이야기가 되는 것이다.

그것이 기체인 양성자가 가지고 있던 절대온도를 잃어버릴 때의 임계점에 따라서(온도와 압력) 고체의 성질이 결정이 되는 것이다. 즉, 도체인 양자의 전기전도율이 고체의 임계점을 말해주고 있는 것이다. 고체인 양자가 임계점에 따라서 절대온도를 가진 양성자와 가까운 상태에 있기도 혹은 멀리 있는 상태에 있기도 한다는 말이 되는 것이다.

다시 말하면 고체인 양자는 양자의 전신인 절대온도를 가지고 있는 양성자와 4촌이나 혹은 6촌 혹은 8촌이나 혹은 남이 되기도 한다는 이야기가 되는 것이다. 여기에서 남은 양성자와는 무관하게 전자를 전혀 끌어당길 수조차 없는 지경의 탄소를 지칭하는데 탄소는 암석이나 흙을 말하는 것이며 물론 암석이나 흙은 고체이지만 탄소이다.

따라서 목성은 현재에 탄소화로의 진행이 일어나고 있는 것이다. 즉 목성은 양성자 질량은 크지만 전자질량이 크게 부족해서 대칭성이 깨져 있으므로 목성 내부에서 결합되는 기체를 대기로 밀어내지 못하므로 기체가 뜨거운 플라즈마의 전자구역 가장자리와 지표면의 경계에서 포획했던 전자를 놓아버리며 양성자가 분열을 일으키며 가지고 있던 절대온도를 마그마에게 빼앗기며 탄소화로의 진행이 일어나고 있다는 이야기가 되는 것이다.

지구가 산소를 가지게 된 이유를 설명을 하는 과정에서 이야기가 옆으로 흘렀는데 지구가 산소를 보유하게 된 원인을 이야기하기로 하자. 지구는 46억 년을 전후해서 현재의 목성처럼 급속한 탄소화의 진행이 일단락이 되며 지구는 물을 끌어당겨서 바다를 만들고 지구의 대기는 질소가 압도적으로 많았으며 물론 물 또한 현재보다 많았다는 것이 필자의 생각이다. 왜냐하면 그 시절에 지구의 대기는 질소와 기체탄소가 주류를 이루고 있었는데 질소는 태양이 결합을 시켜서 밀어낸 것을 끌어당겼기 때문이고 기체탄소는 지표면 도처에서 화산이 불을 뿜어내고 있었기 때문인데 이때 산소는 희박했다는 사실이다.

앞에서도 이야기를 하였지만 제일 먼저 태양이 밀어낸 경수소와 헬륨 그리고 산소를 밀어내자 먼저 밀어내진 경수소와 산소가 결합하면서 물로 되었기 때문이며 따라서 지구는 물을 가장 많이 끌어당겼으며 그 다음으로 질소를 끌어당겼기 때문인데 이때 산소는 미미한 수준이었을 것으로 추정이 되는 것이다.

그렇다면 지금에 지구의 대기에는 산소량이 20%를 상회하고 있는데 어떻게 된 것일까? 그것이 그렇다. 지구의 대기로 질소와 기체탄소가 주류를 이루고 있던 그 시절이 지나고 지구의 대기에 남아있던 기체 탄소는 화산의 활동이 현저히 줄어들자 기체탄소는 지구의 중력에 의해서 지표면으로 끌어당겨져서 질소만 남게 되는데 지구의 대기가 처음으로 맑게 개었다. 이때 태양이 방사한 빛이 지구의 대기를 뚫고 들어오게 되는데 이때 빛이 대기로 들어오면 산란을 일으키는데 지표면 가까이까지 들어온 빛은 지구의 대기 밖으로 나갈 수가 없다는 것이다. 즉, 지구의 대기로 들어온 빛은 어떻게든 진화를 할 수밖에는 없다는 결론에 도달을 하는 대목이다. 이때 지구의 표면에는 많은 량의 물이 액체 상태를 유지하며 바다를 이루고 있었으며 물은 태양이 방사한 빛에 달구어지며 상전이를 일으키기 시작했던 것이다.

물이 일으키는 상전이에 대한 이야기를 하지 않을 수가 없으므로 이야기를 하고 가자. 모두가 알고 있듯이 물이 상전이를 일으키는 것을 두고 양력이라는 주장을 하고 있는데 사실은 그 양력이라는 것은 태양력을 의미하며 태양력이라는 것의 의미는 곧 태양이 방사한 빛을 두고 이르는 말이다. 따라서 양력이라고 하면 태양력이라는 말이 되는데 물이 지구의 표면과 대기를 오가며 상전이를 일으키는 것은 양력인 빛이 없다는 가정을 하면 당연히 물은 상전이를 일으킬 수가 없다는 결론에 도달을 하는 것이다.

따라서 물리학자들은 물이 상전이를 일으키는 것은 당연히 양력이다 하는 결론을 내놓고 있다는 것이다. 물론 필자도 이러한 주장에 동의 한다는 것인데 여기에는 우리가 모르는 여러 가지의 상전이에 대한 비밀이 숨어있다는 사실이다. 물론 태양력인 빛에 의해서 물이 상전이를 일으키는 것이라는 주장은 옳다. 하지만 꼭 태양력만이 물을 상전이로 이끌고 있을까? 필자는 꼭 태양력만이 물을 상전이로 이끌지는 않는다는 것을 알았기 때문인데 그것은 물의 특성과 지구의 중력과 양력인 온도에 따라서 물은 상전이를 일으키기 때문이다. 만약에 지구의 중력이 없다면 물의 상전이는 없다. 또한 물이 가진 특성이 없다면 이 또한 물은 상전이에는 이르지 못한다는 것이다.

지금부터 왜 물이 상전이에 이르는가를 설명하기로 하자. 앞에서도 이야기를 하였지만 물이 상전이를 일으키는 제일의 조건이 물이 가진 특성이다. 즉 물은 여타의 기체물질들과는 다르게 물이 극저온을 가지고 있음에도 불구하고 물은 가지고 있는 극저온을 물 외부로 표출을 하지 못한다는 것은 앞에서 이야기를 하였다. 물의 그러한 특성이 물로 하여금 기체로 혹은 고체로 혹은 액체로 행동을 하게 만들게 된다. 이때 태양이 방사한 빛이 대기로 산란을 일으키며 들어오면 빛은 지표면으로 들어오게 되는데 이때 빛은 물을 달구는 것이다. 이것이 복사열이다.

빛에 의해서 달구어진 물은 액체 상태에 있다가 액체 덩어리에서 떨어져 나오게 되는데 이유는 물이 가진 특성 때문이다. 즉 물 분자는 뜨겁게 달구어지면 물 외부의 온도에 반응을 해서 물 분자는 액체에서 떨어져 나오게 되는데 물이 액체였다가 기체인 분자로 떨어져 나오는 원인이 물이 가진 특성으로 인해서 물이 운동을 일으키는 것이다.

물이 온도에 중립을 보이지만 아니 물은 물이 가지고 있는 극저온을 물 외부로 표출할 수는 없지만 물 외부로부터 달려드는 높은 온도를 뿌리칠 수는 없으므로 물은 물 외부의 온도에 반응을 하는 것인데 물 내부의 양성자가 물 외부의 온도에 의해서 운동을 일으키는 것이다.

이것이 문제이다. 즉 물이 운동을 일으키면 지구의 중심에 절대온도를 가진 양성자덩어리의 질량과 그 양성자덩어리에 의해서 끌어당겨져서 가두어진 전자질량에 비례하고 물이 가진 질량에 비례해서 물이 운동을 일으키면 지구의 중력은 운동하는 물 분자를 밀어내서 액체 상태에서 밀어내는 것이다.

따라서 물이 액체에서 벗어나면 물을 지구의 대기로 밀어내는 것이다. 이것은 우리가 중력을 이해하는 데 매우 중요한 문제이기도 하다. 예를 들면 액체수소나 액체헬륨 혹은 액체산소나 액체질소는 물과 같은데 이유는 모두가 액화된 상태에 있다는 것이다. 즉, 이 기체들이 액화가 되면 운동을 멈춘다는 것이다. 하지만 지표면의 온도에 노출이 되면 이 모든 기체들은 운동을 일으키는데 기체들이 운동을 일으키면 중력의 영향을 받는다는 사실이다. 즉, 기체가 운동을 일으키면 중력과 상호작용을 일으키는 것인데 기체가 운동을 일으키면 중력 즉 질량이 큰 덩어리와 상호질량에 따라서 거리를 만들어내는데 이것이 중력에 의한 상호작용을 하는 것이다.

자, 기체가 일으키는 운동이 중력과 상호작용을 하는 것에 대해서 알아보았는데 물이 액체 상태였다가 분자 상태로 액체에서 떨어져 나오는 것이 양력인 빛의 의해서 첫 번째이며 두 번째는 물이 자신이 가진 극저온으로 인해서 운동을 일으키는 것이다. 세 번째는 물이 운동을 일으키면 물과 지구의 중력과 상호작용을 하는 것이다. 따라서 물이 지구의 대기로 밀어내져서 지표면과의 거리를 만들어내는 것은 물이 일으키는 운동과 물의 질량과 지구의 중심에 양성자 질량과 양성자 질량에 의해서 끌어당겨져서 가두어진 전자질량에 비례하여 상호작용을 일으키므로 물이 분자 상태로 대기로 밀어내지는 것이다.

따라서 물이 상전이를 일으키는 이유는 물이 가진 특성과 복사열에 의한 운동과 지구의 중력이 물로 하여금 상전이를 일으키게 만들고 있는 것이다. 따라서 물리학자들이 주장하는 물이 일으키는 상전이는 태양의 복사열인 양력만이 물로 하여금 상전이를 일으키게 만드는 것이 아니라는 이야기가 되는 것이다. 즉, 지구의 중력과 물이 가진 특성이 복사열과 합쳐져서 물이 상전이를 일으킨다는 이야기가 되는 것이다.

여기에서 중요한 문제가 하나 더 있다. 물을 지표면 위로 밀어내는 것은 물이 가진 질량과 지구가 가진 양성자 질량과 그 양성자 질량에 의해서 끌어당겨져서 가두어진 전자질량에 비례하므로 물을 대기로 밀어내면 물은 분자 상태로 운동을 일으키다가 차가운 성층권 방향을 향하게 되는데 이때 물은 물 외부의 온도에 따라서 물은 운동량이 현저히 저하되는 것인데 물 분자의 운동량이 저하되면 물 분자는 불 분자끼리 응결을 일으킨다.

많은 물 분자가 응결을 일으키면 물이 운동량에 비례한 질량이 증가하므로 지구의 중력은 물을 지표면으로 끌어당기는 것이다. 따라서 물이 기체로 갔다가 액체가 되면 지구의 중력이 작용을 하는 것인데 물의 운동량이 저하되면 중력은 물을 양자로만 인식을 하게 되고 중력은 물을 지표면 위로 끌어당기는 것이다.

따라서 중요한 것은 물이 일으키는 운동량이다. 즉 물이 일으키는 운동량에 따라서 물을 밀어내는 거리와 비례한다는 이야기가 되는 것이다. 중력은 물과 기체물질들에게만 국한되는 것이 아니라 천체가 일으키는 운동에도 중력은 작용을 하는 것이다. 따라서 우리 태양계의 행성들의 운동량은 태양으로부터 멀리에 밀어내진 행성일수록 운동량이 크다는 것을 알 수가 있다는 것인데 천체가 일으키는 운동량은 천체의 질량이 얼마나 대칭성을(입자인 양성자와 전자) 갖느냐와 비례한다는 사실이다. 그 대칭성은 천체의 중심에 뭉쳐진 절대온도를 가진 양성자덩어리와 그 양성자덩어리의 핵력에 의해서 끌어당겨져서 가두어진 전자질량에 비례한다는 이야기가 되는 것이다.

여기에서 고체나 액체는 제외되며 입자 덩어리에만 국한이 되는 것이다. 이것이 중력이다. 따라서 일반상대성이론에서 주장한 물질과 물질은 상호작용을 일으킨다는 주장은 틀린 주장이다. 따라서 중력의 주체는 입자덩어리가 입자덩어리를 상대로 일으킨다는 이야기가 되는 것이다. 지구의 대기에 산소가 존재하는 이유에 대한 이야기를 하다가 보면 자꾸만 주제가 바뀌게 되는데 그 이야기를 하기로 하자.

우리의 지구가 46억 년을 전후해서 지표면의 융기와 지구의 대기에 질소와 기체탄소가 주류를 이루고 있었지만 지구 내부에서 양성자가 탄소화로의 진행이 줄어들면서 지구의 대기를 가득 채우고 있던 기체탄소가 제거가 되는데 탄소는 지구의 대기의 온도에 따라서 운동을 멈추게 되고 지구의 중력은 운동을 멈춘 기체탄소를 끌어당겨서 지표면으로 안착을 시키자 지구의 대기는 맑아지게 되는데 따라서 지구의 대기에는 질소만 남게 되고 이때 태양이 방사한 빛이 지구의 대기를 뚫고 지표면으로 들어오게 된다.

그 빛은 지구의 대기를 뚫고 들어는 왔지만 다시는 대기를 뚫고 지구를 벗어날 수 없다는 것이다. 빛이 지표면으로 들어왔지만 다시는 빛이 지구의 대기를 뚫고 대기 밖으로 나가지 못하면 빛은 지구의 대기인 질소에 의해서 산란을 일으키게 되는데 빛은 어떻게든 진화를 할 수밖에는 없다는 데에 원인이 있다는 것이다. 그것이 물이다. 즉 지구의 대기로 들어온 빛이 하나도 빠져나갈 수가 없다는 이야기는 아니고 일부는 지구의 대기인 질소와 산란을 일으키다가 지구를 벗어나기도 하지만 빛의 일부는 지구의 표면에서 물과 만나서 진화를 하게 된다는 이야기가 되는 것이다.

만약에 어떤 천체의 질량이 우리의 현재 태양 질량의 백만 배 정도 크다고 한다면 그 천체인 태양이 방사하는 빛은 파장이 거의 없는 빛을 만들어서 방사를 할 것이고 그 빛이 지구의 대기로 들어왔다면 그 빛은 지표면에서 진화를 할 수가 없다. 이유는 지표면을 뚫고 지구의 내부로 끌려들어가서 전자와 대전되어 쌍소멸을 일으킬 것이기 때문이다.

하지만 우리의 태양이 만들어서 방사한 빛은 모두가 알고 있듯이 무지개색의 빛을 만들어서 방사를 하므로 그 빛은 파장을 가지고 있다는 것이다. 따라서 그 빛은 지구의 내부에서 끌어당기지 못한다는 것을 의미하는데 지표면의 탄소인 암석이나 흙에 막혀서 지구의 내부로 들어갈 수가 없는 것이다. 따라서 파장이 굵은 빛인 무지개색의 빛은 지표면 위에서 진화를 할 수밖에는 없는 것인데 그 빛이 물을 만나게 된 것이다. 따라서 빛이 진화하여서 지표면에서 식물로 일부는 동물로 진화하게 되는 것이다.

자, 이 시점에서 생각해 보자. 빛이 진화해서 빚어낸 식물과 동물은 빛이 탄소화로 가기 위한 길목에서 생성을 시켜서 빚어낸 것이라는 것을 말이다. 모두가 알고 있듯이 식물의 섬유질과 동물의 단백질은 탄소가 되기 전 단계에 있다. 따라서 빛은 진화를 하는데 빛이 진화를 하려면 조건이 충족되어야만 하는데 그것이 물이다. 즉 물이 존재를 하고 있어야만 빛은 진화를 이어갈 수가 있다는 것인데 우리의 지구에는 물이 넘쳐나게 많이 존재를 하고 있는 것이다. 그로 인해서 지구에는 식물과 동물이 생성되어 진화를 이어가고 있는 것이다.

따라서 지구의 표면이 우리의 눈에는 파랗게 물이 들고 있는 것처럼 보이는 것인데 지구가 파랗게 물이 들고 있는 것은 태양이 방사한 빛에 따라서 빛의 색이 지표면에서 나타나고 있는 것이다. 하지만 정작 지구의 표면은 파랗게 물들고 있는 것이 아니다. 보라색으로 물이 들고 있는 것인데 우리가 유관으로 볼 때에만 파랗게 보이는 것이다.

그러한 원인이 우리 동물들은 푸른색의 빛에 의해서 생성 진화를 이어가고 있기 때문인데 따라서 우리는 보라색을 볼 수가 없는 것이다. 만약에 우리가 보라색을 볼 수 있다는 가정을 하면 우리의 지구의 표면은 보라색 행성인 것이다. 푸른색 행성이 아니라는 이야기가 되는 것인데 우리가 보라색을 볼 수가 없는 그것의 원인이 우리는 푸른빛에 의해서 생성되어 진화를 이어가고 있기 때문이다. 그로 인해서 우리는 보라색을 볼 수가 없는 것이다.

지구의 생태계가 그럴 수밖에 없는 이유를 설명하기로 하자. 우리 태양계의 공간에는 기체물질들이 존재를 하고 있다. 이것을 두고 물리학자들은 우주가 물질에 의해서 생성되었기 때문이라는 결론을 도출하고 있다. 즉, 빅뱅 이후에 우주에 존재하던 입자들인 양자와 전자가 결합을 해서 물질들이 만들어졌으며 그 만들어진 물질들이 뭉쳐져 천체가 만들어졌다는 주장을 하고 있다.

따라서 결합된 물질들이 뭉쳐져 천체가 만들어지고 남은 물질들이 우주공간에 산재해 있다는 것이다. 하지만 아니다. 이 시점에서 물질과 입자를 명확하게 할 필요가 있으므로 그것에 대한 설명을 먼저 하고 이야기를 이어가자. 우리는 입자를 입자라고 정의하고 있는데 물질은 입자와 입자가 결합을 한 것을 우리는 물질이라고 명명하고 있다. 따라서 물질은 물질이기 전에는 입자인 것이다. 즉 양자가 혼자만 있고 전자를 가지지 않고 있다면 입자이고 전자가 양자를 가지지 않고 있는 것을 우리는 입자라하고 정의를 하고 있는 것이다.

우리는 양자와 전자가 결합한 것을 두고 물질이라고 정의를 하고 있다. 따라서 우주 공간에 여러 가지의 물질들이 존재하고 있는 것을 두고 빅뱅 이후에 물질들이 뭉쳐져서 천체가 만들어졌으며 현재에 우주 공간에 존재하는 물질들을 두고는 천체가 만들어지고 남은 물질들이라는 결론을 도출하고 있는 것이다.

하지만 그것은 사실이 아니다. 앞에서도 이야기를 하였지만 물질이 만들어지려면 양자와 전자가 결합을 하여야만 물질이 만들어진다. 우리가 그러한 것을 잘 알고 있는 것은 우리들의 눈에 보이는 것이 모두 양자와 전자가 결합을 한 물질들만 보이기 때문이다. 따라서 생성된 우주 내부의 천체들이 물질들이 뭉쳐졌다는 주장을 하게 된 원인인데 사고의 각도를 달리 하여보면 전혀 다른 결론을 도출할 수가 있다. 그것이 물질들이 결합을 하기 전 공간의 상태를 유추하여 보는 것이다.

즉, 빅뱅이 있고 물질들이 결합을 하기 전에 공간의 상태는 어떤 상태에 있었을까를 유추하여 보는 것이다. 빅뱅이 일어난 것이 절대온도에 의해서 일어났다는 이야기는 앞에서 하였는데 따라서 기체물질 내부의 양성자가 절대온도를 가지고 있다는 이야기 또한 하였다. 따라서 기체물질 내부의 양성자가 절대온도를 가지고 있다면 그것은 빅뱅의 상황을 설명을 하고 있다는 이야기 또한 하였다. 즉 기체물질들 내부의 양성자가 절대온도를 가지게 된 것은 빅뱅이 절대온도 상태에서 절대온도에 의해서 일어났다는 것을 말해주고 있다는 것의 반증이기 때문인데 이러한 이야기를 필자가 재차 하는 것은 지구에 산소가 존재하는 이야기를 하기 위함이다.

따라서 태양이 결합을 시켜서 태양의 중력으로 밀어낸 기체물질에 대한 이야기를 하지 않을 수가 없다는 것인데 그것에 대한 이유는 우리 태양계에서 그 어떤 행성들도 태양계의 공간에 존재하는 기체를 결합시키지 못해서다. 태양계의 공간에 존재하는 기체물질들은 태양이 생성 초기에 결합을 시켜서 중력으로 밀어낸 것이라는 것을 미리 밝히고 이야기를 이어가자.

우리는 천체물리학자들이 주장하는 것으로서 우주가 생성된 순간을 너무도 많이 듣고 보아서 잘 알고 있지만 다시 한 번 더 이야기를 하고 가자. 빅뱅은 물리학자들이 주장하기를 바늘 끝과 같은 좁은 면적에서 대폭발이 일어났다는 것이다. 물리학자들의 그러한 주장의 이면에는 빅뱅이 일어나기 전 공간에는 아무것도 없었다는 것이다. 무에서 빅뱅이 일어났다는 주장을 하고 있다는 것이다.

하지만 우리가 살고 있는 지구에서 없는 것이 있는가 하는 것인데 절대로 그러한 일은 일어나지 않는다. 무엇이 있든 있어야 빅뱅이고 뭐고 있을 수가 있다는 이야기가 되는 것이다. 그럼에도 불구하고 물리학자들은 빅뱅이 바늘 끝과 같은 좁은 면적에서 에너지가 생성되기 시작하고 뒤이어서 빅뱅이라는 대폭발이 일어났다는 주장을 굽히지 않고 있다.

하지만 그것은 막연한 주장에 다름 아니라는 것이 필자의 생각이다. 물리학자들의 그러한 주장은 물리 이론을 왜곡하는 것으로 나타날 뿐이다, 하는 것인데 이유는 없는 것이 있는 것으로 또한 있는 것이 없는 것으로는 되지 않는다는 사실이다.

모든 물리적 현상에는 물리적으로 일어나기 전 상황이 존재할 수밖에는 없고 그것을 설명할 수가 없다면 그 이론은 공허한 주장에 머물 뿐이라는 이야기를 하고 있는 것이다. 그로 인해서 물리학자들은 빅뱅이 일어나고 공간은 플라즈마 상태에 있었다는 주장을 하면서도 그 뒤에 일어난 상황을 유추할 수가 없었다는 것에서 우주 생성 이론은 미완의 이론에 머물고 있다는 것이 필자의 생각이다.

여기 이 대목에서 한 가지를 짚고 가자면 물리학자들은 왜 기체물질들이 극저온의 온도를 가지고 있으며 왜 기체물질들은 극저온을 물질 외부로 표출을 하고 있느냐 하는 의문을 가지고 있지 않다는 사실이다. 그것은 물리학에서 매우 중요한 문제이므로 이야기를 하고 가자는 것이다.

생각을 해보자. 왜 기체물질들은 하나같이 경중의 차이는 있지만 극저온을 기체물질 외부로 표출을 하고 있느냐 하는 것인데 그것은 앞에서도 이야기를 하였지만 매우 중요한 문제이다. 왜냐하면 빅뱅이 어떤 상태에서 일어났느냐를 이야기를 하고 있기 때문이다. 기체물질 내부의 양성자가 극저온을 가지고 있지 않다는 가정을 하면 어떻게 기체물질들은 하나같이 극저온을 물질 외부로 표출을 할 수가 있다는 것이냐를 설명할 길이 없다는 데에 문제가 있는 것이다.

기체가 가진 질량에 따라서 극저온을 표출하는 즉석에서 만들어진다는 생각은 상상조차 할 수가 없다. 따라서 기체물질 내부의 양성자는 극저온의 온도를 가지고 있다는 추론이 가능한 것이며 우주에 존재하는 모든 기체물질 내부의 양성자가 극저온인 절대온도를 가지고 있다는 전제가 가능한 것이다. 그러므로 기체물질 내부의 양성자가 극저온인 절대온도를 가지고 있다는 것은 보다 분명해지는 것이다.

다만 기체물질이 표출하는 온도에 차이를 보이는 것은 기체가 가진 질량에 따라서 표출되는 온도에 편차를 보이는데 기체물질 내부의 양성자는 하나같이 절대온도를 가지고 있지만 기체물질 내부의 양성자에게 포획된 중성자질량과 전자질량에 의해서 절대온도가 차단이 되므로 표출되는 온도에 경중을 보이는 것이다.

그것을 알 수 있게 하여주는 것이 기본물질인 수소와 헬륨이 절대온도에 가까운 온도를 표출한다는 점이다. 즉 기체 내부에 중성자질량과 전자질량이 얼마냐에 따라서 표출되는 온도에 경중의 차이를 보인다는 점이다.

그런데 필자의 이러한 주장에 반하는 기체가 있는데 그것이 경수소와 헬륨이다. 사실은 필자가 주장하는 바대로 기체물질 가운데에서도 경수소가 절대온도에 가장 근접한 온도를 표출하여야만 필자의 주장이 타당성이 있을 것인데 정작 경수소보다는 헬륨3이 절대온도에 근접한 온도를 표출하고 있다는 점이다. 이것을 두고 필자는 오랜 시간동안 생각에 생각을 거듭하였지만 알 수가 없었는데 지금에 와서 알고 보니 더욱 분명해지는 것은 기체물질 내부의 양성자가 절대온도를 가지고 있다는 결론을 얻을 수가 있었는데 그것이 그렇다.

경수소는 우리 모두가 알고 있는 바와 같이 물질의 기본인 물질이다. 이 이야기는 무슨 말이냐 하면 우주에 존재하는 모든 기체물질은 경수소로부터 시작을 한다는 점이다. 예를 들면 질소나 산소 같은 기체가 만들어지려면 경수소가 포획했던 전자를 떼어낸 뒤에 양자결합을 한 뒤에 만들어진다는 의미인데 기체가 양자결합을 하려고 하려면 기체 내부의 양성자가 포획한 전자를 떼어내야만 양자결합이 이뤄진다는 이야기가 되는 것이다.

그러므로 물이나 오존은 기체물질인 수소나 산소가 포획했던 전자를 떼어내지 않고 결합을 하였는데 따라서 물이나 오존은 양자결합이 아니라 물질 대 물질 결합인 것이다. 즉 수소나 산소가 포획한 전자를 떼어내지 않은 상태에서 전기적 결합을 일으킨 것이라는 이야기가 되는 것이다. 따라서 물이나 오존은 기체물질이면서도 분자 상태에 있는 것이다. 즉 화합물인 것이다. 따라서 진정한 기체물질이라면 기체물질 내부의 양성자나 중성자가 포획한 전자를 떼어낸 뒤에 양자결합을 해야만 상위 물질로의 결합이 가능하다는 이야기가 되는 것이다.

그런데 경수소가 경수소 외부로 표출하는 온도가 헬륨보다는 높다는 것은 필자의 주장에 반하므로 그것을 설명하고 가기로 하자. 우리는 헬륨3과 헬륨4가 존재하고 있다는 것은 잘 알고 있다. 하지만 헬륨3과 헬륨4에 대해서는 자세히 알고 있지 않다는 것이 필자의 생각이다. 따라서 그것에 대한 이야기를 하고 가기로 하자. 헬륨3은 헬륨 내부에 양성자를 두 개를 가지고 있는데 헬륨 내부의 양성자 가운데 한 개는 경수소가 가지고 있는 양성자 즉 분열을 일으키지 않은 양성자와 중수소가 가지고 있는 양성자 즉 분열을 일으켜서 중성자 한 개를 가진 양성자와 양자 결합을 한 물질이 헬륨3이다.

따라서 헬륨3은 극저온을 헬륨3 외부로 표출을 하기를 절대온도에 가까운

-272도 가까이 표출을 한다는 점이다. 즉 헬륨3은 현존하는 기체물질 가운데 표출하는 온도가 가장 낮은 온도를 표출한다는 점이다. 즉 경수소보다도 더 낮은 극저온을 표출을 하는 것이다.

그런데 이에 반해서 헬륨4는 경수소보다는 높은 온도를 표출을 한다. 이것은 왜 그럴까 하는 것인데 여기에는 이유가 있다. 경수소가 표출하는 온도는 모두가 알고 있듯이 -269도 정도이다. 하지만 헬륨3은 -272도를 넘게 표출을 한다는 사실이다. 여기에 헬륨4는 -264도 정도를 표출하는데 이것은 왜 그럴까? 하는 것이다.

그것이 그렇다. 경수소는 경수소 내부의 양성자 질량이 100이라면 헬륨3은 헬륨3 내부의 양성자 질량이 150이다. 즉 헬륨3은 경수소의 양성자와 중수소의 양성자가 포획했던 전자껍질을 벗어버린 뒤에 양자 결합을 한 물질이 헬륨3이다. 따라서 헬륨3은 헬륨 내부의 양성자 질량이 150인 것이다.

이에 반해서 헬륨4는 중수소 두 개가 포획했던 전자껍질을 벗어버리고 양자결합을 하였으므로 헬륨4 내부의 양성자 질량은 경수소와 같은 100이다. 하지만 경수소보다는 높은 온도를 표출을 하는 것은 헬륨4 내부의 양성자 질량과 또 다른 중성자 질량이 존재를 하고 있기 때문이다. 따라서 헬륨4는 경수소보다 높은 온도를 표출을 하게 되는데 헬륨4가 경수소와 같은 양성자 질량을 가지고는 있지만 또한 헬륨4 내부의 양성자가 절대온도를 가지고 있지만 절대온도를 헬륨4 외부로 표출을 하려고 하지만 내부의 중성자 질량에 의해서 상쇄가 되는 것이다.

따라서 헬륨4는 경수소보다 또는 헬륨3보다는 훨씬 높은 온도를 표출하는 것이다. 헬륨4가 그렇다면 헬륨3은 왜 표출하는 온도가 현존하는 기체물질 가운데 가장 낮은 온도를 표출을 하고 있는지가 궁금한 대목으로 다가오는데 그것이 그렇다. 헬륨3은 내부의 양성자 질량이 150이다. 따라서 헬륨4보다는 헬륨3의 양성자 질량이 50%가 크며 경수소보다도 50%가 크다는 사실이다. 따라서 헬륨3이 표출하는 온도가 가장 낮은 것이다.

그러므로 기체물질이 가지고 있는 극저온을 두고 우리는 물질의 근본에 접근을 할 수가 있다는 것인데 그것이 그렇다. 빅뱅의 공간은 절대온도 상태에서 일어났으며 절대온도 상태에서 일어난 빅뱅의 압력으로 하여금 양전자가 음전자보다는 1,800여 개의 개체가 합쳐지며 하나의 양성자로 만들어지는 과정에서 공간에 있던 절대온도를 양성자가 품어버린 것이다. 따라서 기체물질들은 극저온을 물질 외부로 표출을 하는 것이다.

이러한 추론이 아니라면 빅뱅을 설명하거나 기체가 극저온을 표출하거나 하는 문제는 물론이고 우리는 물질의 근본에 다가갈 수가 없다는 데에 필자는 동의하는 것이다. 우리는 양전자가 존재하고 있다는 것을 알고 있으며 이에 반해서 음전자 또한 존재하고 있는 것을 우리는 눈으로 보며 음전자를 이용하고 있다.

또한 물리학자들은 양전자와 음전자가 서로 가까이에 있다면 둘은 서로 대전되어버리는데 둘이 대전되면 어디에서도 찾을 수가 없다는 것이다. 이것을 두고 쌍소멸이라고 명명하고 있다는 것인데 어떻게 존재하고 있는 것이 소멸을 할 수가 있다는 것이냐를 두고 필자는 무수히 많은 날을 사고에 사고를 거듭하였다. 나중에 알고 보니 양전자는 음전자와 질량대칭성을 가지는 것이다. 둘이 질량대칭성을 가지면 둘은 대전되어버리는데 이때 쌍소멸된 둘의 전자쌍은 우주의 그 무엇으로부터도 간섭을 받지 않는다는 것이다. 다만 공간에서 쌍소멸된 전자쌍의 밀도에 따라서 공간에서 움직이는 빛의 속도를 느리게 할 수가 있다는 것이다.

따라서 우리 우주가 생성되던 시기에 공간에서의 빛의 움직임은 매우 빠른 속도를 가지고 있었다는 것을 유추할 수가 있다는 것인데 우주가 점차적으로 에너지의 감소로 공간이 수축이 일어나면 공간에서의 빛의 속도는 전자쌍의 밀도에 따라서 움직이게 될 것은 자명하다 할 것이다. 따라서 우리 우주가 소멸을 할 시점에 도달을 하면 공간에서의 빛은 그냥 빛으로만 남을 것이다. 즉, 빛은 앞으로 전진을 할 수가 없다는 이야기가 되는 것이다.

따라서 우주에 존재하는 모든 항성인 천체들이 빛을 만들어서 방사를 하는 이유는 양성자가 빅뱅에 의해서 깨트려진 음전자와의 대칭성을 회복하기 위해서인데 그것이 상호질량대칭성이다. 즉, 빅뱅에 의해서 양전자가 음전자보다는 1,800배가량이 커진 양성자의 질량이 우주를 생성시켰다는 이야기가 되는 것이다.

따라서 커져버린 양성자가 음전자와의 질량대칭성이 깨졌다는 이야기가 되는데 우주에 존재하는 천체들은 양성자가 만들어내고 있으므로 천체가 가지는 질량에 따라서 천체는 음전자와의 질량대칭성을 회복하기 위해서 빛으로 깨져나가고 있는 것이다. 다만 천체가(항성) 가진 질량에 따라서 깨진 빛이 음전자와의 대칭성에 미치지 못하는 빛으로 깨졌을 때에는(굵게 깨진 빛) 그 빛은 파장을 가진다는 이야기가 되는 것이다. 따라서 전자와의 질량대칭성에 미치지 못한(굵게 부서진 입자) 빛은 파장을 가지게 되고 빛이 가진 파장에 따르고 천체가 가진 질량에 따라서 천체는 빛을 끌어당기기도 또는 빛을 밀어내기도 하는 것이다.

따라서 우리가 100억 년 전에 만들어진 빛을 볼 수가 있는 조건이 되는 것인데 일반상대성이론에서 주장하는 것처럼 중력이 강한 천체가 빛을 끌어당기기만 한다는 가정을 하면 빛이 우주공간에 존재하고 우리에게 다가오는 빛을 설명을 할 수가 없는 것이다. 즉, 중력이 강한 천체에게 모든 빛은 끌려들어갈 것이기 때문에 공간에는 빛이 없을 것이고 따라서 우리는 멀리에 존재하는 천체를 볼 수가 없다는 이야기가 되는 것이다.

여기에서 양성자의 모태인 양전자는 어떤 압력이나 온도에 직면을 하면 팔색조처럼 조건에 따라서 모습을 바꾼다는 것이다. 하지만 이에 반해서 음전자는 절대로 음전자가 가지고 있는 모습을 바꾸지 않는다는 사실이다. 즉, 음전자는 빅뱅의 압력이나 온도에서도 모습을 바꾸지 않았으며 음전자가 가진 질량 그대로 지금에 이르고 있는 것으로 보아서 음전자는 불변이며 영원불멸의 존재인 것이다. 만약에 음전자가 양전자와 같이 압력이나 온도에 변화를 일으킨다는 가정을 하면 우주의 생성은 설명할 수가 없다는 것이다. 따라서 음전자에 의해서 양전자가 우주에서 생성되어 진화를 이어가고 소멸에 이르게 된다는 이야기가 되는 것이다.

지구에 산소가 존재하는 이야기를 하는 과정에서 주제와는 다르게 이야기가 옆으로 흘렀는데 지구에 존재하는 산소에 대한 이야기를 하기로 하자. 우리의 지구가 태양이 결합시켜서 밀어낸 기체물질들을 지구의 양성자가 끌어당겨서 대기로 삼았다는 이야기는 앞에서 하였다. 태양이 생성되던 시간을 우리는 유추할 수가 있는데 그것이 태양계의 공간에 존재하는 물질들을 보면 태양이 어떤 시간 동안에 생성되었는가를 알 수가 있게 하여주는 것인데 유독 지구의 대기에는 질소보다는 산소가 작은 이유를 설명을 하고 가기로 하자.

우리는 어렴풋이나마 태양이 방사를 하는 빛이 지구의 표면에서 지구의 대기 물질들에 의해서 산란으로 진화를 하고 있으며 빛이 일으키는 진화에 의해서 지구의 표면에는 생명체가 생성되어 진화를 이어가고 있으므로 빛은 생명의 근원이다, 하는 생각을 가지기에 이르고 있다는 것이다. 따라서 지구의 표면에서 생성되어 진화를 이어가는 그 어떤 생명체도 빛으로부터 자유로울 수는 없다는 결론에 도달을 하는 것인데 태양이 방사한 빛이 없다는 가정을 하면 지구에 그 어떤 조건도 생명체를 생성 진화를 시켜서 지구를 파란 행성으로 만들어낼 수가 없다는 사실이다. 아니 보라색의 행성으로 만들 수는 없을 것이라는 것이 필자의 생각이다.

따라서 태양이 방사한 빛이 지구의 대기로 들어와서 지구 생물체를 만들었다는 이야기가 되는 것이다. 혹자는 억측이다 하고 일갈할지도 모르는 일이지만 사실이다. 태양이 방사한 빛이 생물체를 생성시키고 있으며 생성된 생물체가 빛에 의해서 진화를 이어가고 있는 것이다. 그것을 이야기하기로 하자.

우리의 지구는 46억 년 전에는 목성이나 토성처럼 물을 지구의 위성으로 삼아서 고리를 만들고 있었는데 46억년을 기점으로 지구의 중심에 양성자덩어리가 끌어당겨서 가두어둔 전자와 양성자의 운동으로 물질을 결합시키면 중심에 양성자덩어리는 끌어당겨서 가두어둔 전자질량에 비례하고 양성자덩어리의 질량에 비례한 거리로 결합을 시킨 기체물질을 대기로 밀어냈지만 이때부터 지구의 중력이 약해지며 지구의 운동이 저하되기 시작을 하고 중력이 약화됨으로 인해 끌어당겨서 가두어둔 전자구역 즉 플라즈마의 가장자리에까지 밖에는 밀어내지 못하므로 기체가 플라즈마의 뜨거운 온도에 노출이 되며 기체의 중심에 양성자가 가지고 있던 절대온도를 플라즈마에게 빼앗기는 일이 일어나며 탄소화로의 진행이 일어나며 표면이 만들어지기 시작을 하였던 것이다.

이때를 기점으로 고리를 만들고 있던 얼음덩어리들이 지구의 지표로 끌어당겨지기 시작을 하였는데 얼음덩어리들이 지구의 표면으로 내려온 것은 지구의 중력이 쇠하였기 때문이다. 지구의 중력이 강하면 얼음덩어리들은 목성이나 토성처럼 고리를 만들고 있을 것이지만 지구의 중력이 약해지면서 물은 지표면으로 끌어당겨진 것이다. 물이라는 물질은 물이 가진 극저온을 물 외부로 표출을 할 수가 없는 관계로 물은 얼음으로 혹은 물 분자로 혹은 액체로 액화가 일어나는 것인데 그것은 물 내부에 수소와 산소가 극저온을 가지고는 있지만 물이 극저온을 물 외부로 표출을 할 수가 없기 때문으로 인해서이다.

따라서 물이 액화가 되어 액체가 되고 때로는 분자가 되며 혹은 얼음이 되는 것이다. 이것이 물이 처한 현실이다. 물은 수소 원자 두 개가 산소 원자와 결합을 일으키는 순간부터 물은 수소나 산소가 가지고 있는 극저온을 물 외부로 표출할 수가 없는데 그 이유는 산소와 수소가 물 외부로부터의 온도를 철저하게 차단을 하고 있기 때문이다.

또한 물은 물 내부의 수소와 산소가 가지고 있는 극저온을 물 외부로 표출할 수도 없기 때문에 물은 물 외부나 물 내부로부터의 온도에 중립을 지키게 됨으로 해서 지구의 중력이 물을 지구의 표면으로 끌어당겼던 것이다.

만약에 물 내부에 수소나 산소가 가지고 있는 극저온을 표출을 한다는 가정을 하면 물은 지구의 표면에 안착할 수가 없고 기체물질인 질소나 산소 오존과 같이 물도 분자 상태로 지구의 대기를 만들고 있을 것이다. 따라서 물이 기체로 혹은 고체로 혹은 액체로 움직이는 것은 물이 온도에 중립적이기 때문이라고 하는 것이다.

물은 모두가 알고 있다시피 수소 원자 두 개가 산소 원자에게 달라붙어서 물이라는 분자를 만들어내고 있으며 일단 수소와 산소가 결합을 하면 수소가 가진 극저온과 산소가 가진 극저온을 표출을 할 수가 없다는 것이다. 따라서 물은 온도에 중립을 보이게 되는데 물은 개체대칭성을(양자와 전자) 가졌으므로 질소나 산소처럼 기체이다.

여기에서 개체대칭성이란 양자와 전자를 이야기를 하지만 여기에서 중성자는 제외된다는 사실이다. 중성자는 탄소이므로 중력에게 보이는 반응은 일방적으로 끌려가는 것이다. 양성자처럼 중력의 주체와 거리를 만들어내지 못하고 일방적으로 끌려가는 데에 반하여 양성자가 중력의 주체와의 거리를 만들어내는 것은 양성자는 핵력을 가지고 있으므로 전자를 포획을 하고 있으므로 양자와 전자의 대칭성을 가지고 있으므로 중력으로부터 밀어내지는 것이다.

만약에 개체대칭성을(양자와 전자) 가진 기체물질이라고 하여도 그 기체가 운동을 멈추면 중력은 운동을 멈춘 기체를 양자로만 보기 때문에 중력의 주체는 운동을 멈춘 기체를 끌어당기는 것이다. 그것이 기체가 액화가 일어나는 것이 그것이다. 따라서 중력은 운동을 일으키고 있어야만 하며 물질이든 천체든 일으키는 운동량은 질량에 비례하는데 그 질량이라는 것이 양성자와 전자질량이다. 즉 양성자는 절대온도를 가지고 있어야만 전자를 끌어당길 수가 있는 핵력을 만들어내고 전자는 양성자의 핵력에 끌려가서 결합을 하면 그것이 기체물질이다.

따라서 우주에 존재하는 운동하는 모든 천체의 중심에는 절대온도를 가진 양성자의 수많은 개체가 뭉쳐져서 덩어리를 이루고 있으며 그 덩어리의 핵력에 의해서 작든 많든 전자를 끌어당겨두고서 전자를 핵력으로 운동을 시키고 있는 것이다. 전자는 본시 n극과 s극을 가지고 있는데 전자가 핵력으로부터 자유로워지면 전자는 혼자서 떠돌지만 전자는 상시적인 양성자덩어리의 핵력에 끌려 다니는 것이다.

다만 양성자의 덩어리가 작아져서 핵력이 약화가 일어나면 전자는 선을 만들어내는데 그것이 자기력선이다. 즉 전자는 서로 다른 극을 끌어당겨서 선을 만들어내는 것인데 따라서 우리의 지구는 중심에 양성자덩어리가 작아져 있는 관계로 전자를 강력한 핵력으로 끌어당길 수가 없으므로 인해서 전자가 자기력선을 만들고 있는 것이다.

하지만 태양은 중심에 양성자덩어리의 핵력이 강력하므로 전자가 자기력선을 만들지 못하고 있는 것이다. 즉 전자가 핵력의 압력에 의해서 자기력선이 깨지며 같은 극은 밀어내고 다른 극을 끌어당겨야만 전자가 자기력선을 만들지만 태양은 양성자덩어리의 핵력이 강력하므로 자기력선이 깨지는 것이다.

따라서 전자는 같은 극을 밀어내고 다른 극을 끌어당기지만 핵력의 압력에 의해서 다른 극을 끌어당길 수가 없는 것이다. 전자는 극성이 엇갈리는 일을 반복적으로 일으키는데 그렇게 되면 전자가 뜨거워지는 것이다. 전자가 운동을 일으키면 전자는 뜨거워지는 것인데 전자가 플라즈마에 도달을 하는 것이다. 그것이 흑체복사플라즈마이다.

따라서 우주에 존재하는 운동을 일으키는 모든 천체는 중심에 절대온도를 가진 양성자가 덩어리를 이루고 뭉쳐져 있으며 양성자덩어리의 핵력에 의해서 전자를 끌어당겨서 가두어두고 있으며 가두어진 전자는 양성자덩어리의 핵력에 의해서 운동을 일으켜서 전자가 뜨거워져 있으므로 절대온도를 가진 양성자덩어리와 뜨거운 전자덩어리가 서로 반목을 하며 운동을 일으키는 것이다. 이것이 천체운동이다.

우리의 지구도 생성 초기에는 매우 빠르게 운동을 하였지만 운동량에 따라서 기체물질을 결합시키는 것과 비례하므로 지구의 중심에 양성자덩어리가 작아져 있는 것이다. 따라서 현재에 지구의 운동량은 24시간에 자전을 한 번 일으키는 운동을 하고 있는데 시간이 지남에 따라서 지구의 운동량은 저하될 것은 자명하다 할 것이다.

자, 지구에 산소가 존재하는 이야기를 하기로 하자. 본시 태양이 결합을 시켜서 밀어낸 수소, 헬륨, 산소, 질소는 지구가 거의 끌어당겨서 대기로 삼았지만 태양계의 공간에 분포하는 나머지의 기체물질들이 공간에 분포를 하고 있는 것으로 보아서 태양이 결합시켜서 밀어낸 기체물질 모두를 지구가 끌어당길 수가 없었으므로 또한 여타의 행성들이 끌어당길 수가 없었을 것이므로 공간에는 기체물질들이 분포를 하고 있는데 그것에 대한 이야기를 하기로 하자.

태양은 생성되기 시작하면서부터 기체물질을 결합시켰지만 그것이 수소다. 태양은 먼저 수소를 결합시키고 밀어낸 뒤에 양성자덩어리의 핵력에 공간에 분포하는 더욱 많은 전자를 끌어당겨서 가두는 순간부터 전자덩어리가 커지면 수소를 결합시켜서 밀어내던 것을 헬륨을 결합시켜서 밀어냈으며 시간이 지나자 전자덩어리가 더욱 커지므로 산소를 결합시켜서 밀어냈는데 이때 먼저 밀어내져 있던 수소와 산소가 만나게 되는데 수소와 산소는 만나면 결합을 했던 것이다. 이것이 물이다.

이때 태양은 물을 상호질량에 따라서 더욱 먼 거리로 밀어냈는데 물이 밀어내진 거리에서 지구가 뭉쳐지고 있었다는 이야기가 되는 것이다. 따라서 지구가 만들어지기 위해서 뭉쳐지던 양성자덩어리가 태양이 밀어낸 물을 끌어당겨서 대기로 삼았는데 이때 산소와 수소가 결합을 해서 물이 만들어졌으므로 지구는 산소는 많이 끌어당길 수가 없었던 것이다. 이때 태양은 더욱 많은 전자를 끌어당기므로 플라즈마의 전자구역이 넓어져서 질소를 결합시키게 되는데 태양은 결합시킨 질소를 밀어내면 그 질소를 지구가 끌어당겼던 것이다.

따라서 지구에는 산소보다는 질소를 더 많이 가지게 되었는데 산소는 수소와 만나서 물로 결합을 하였으므로 해서 질소를 더 많이 지구가 가지게 된 원인이다. 이때 지구는 산소를 거의 끌어당길 수가 없었던 이유는 먼저 밀어내진 수소에 산소가 밀어내지자 물로 결합을 해버렸으므로 해서 지구는 산소를 질소와 같은 양으로 끌어당길 수가 없었다는 이야기가 되는 것이다.

그렇다면 현재에 지구에 존재하는 산소는 어떻게 된 것이냐 하는 문제가 대두되는데 그것이 그렇다. 우리의 지구는 물과 질소를 끌어당겨서 대기로 삼았지만 산소는 수소와 결합을 하여 물이 되었으므로 물을 많이 끌어당겼다는 이야기가 되므로 산소는 미미한 양만을 끌어당겼을 것이다. 시간이 지나고 태양이 빛을 만들어서 방사를 하고 행성들은 공간에 남아 있던 전자를 끌어당기므로 태양은 상호질량에 따라서 행성들을 밀어냈는데 행성들이 운동을 시작했기 때문으로 중력은 천체이든 물질이든 운동을 일으키는 것을 상호질량에 따라서 밀어내서 거리를 만드는 것이 중력이다.

만약에 지구가 운동을 멈추면 태양은 지구를 끌어당겨서 표면으로 삼을 것이다. 따라서 운동을 하지 않는 천체는 중력이 끌어당기는 것이다. 따라서 중력과 운동은 비례한다는 것을 알 수가 있는데 천체가 운동을 일으키려면 운동의 근원인 절대온도를 가진 양성자가 덩어리를 이루고 있어야만 하고 그 양성자의 핵력에 부합하는 전자를 끌어당겨두고 있어야만 하고 끌어당겨진 전자가 양성자의 핵력에 운동을 일으키게 되고 전자가 운동을 일으키면 전자가 뜨거워지므로 절대온도를 가진 양성자덩어리와의 반목으로 운동을 일으키게 되므로 중력이 상호질량에 따라서 만들어진다는 이야기가 되는 것이다.

우리의 지구는 물과 질소를 끌어당겨서 대기로 삼는 일을 끝내며 지구가 운동을 시작하자 태양은 지구를 밀어냈는데 이때까지만 하여도 지구의 대기에는 질소와 물만 있었을 뿐 산소는 미량만이 존재를 했던 이유다. 하지만 지구는 시간이 지나자 지구의 대기인 질소와 물을 뚫고 태양이 방사한 빛이 지표면으로 들어오기 시작하였지만 지표면으로 물을 끌어당길 수가 없었던 지구에는 생명체는 생성되지 못하였는데 물이 지표면으로 안착을 하지 못하였기 때문이다.

하지만 시간이 지나서 46억 년을 기점으로 지구의 중력은 쇠하기 시작을 해서 물을 지구는 끌어당겨서 지표면으로 안착을 시키기 시작하고 이윽고 물이 상전이를 일으키기 시작을 했던 것이다. 물이 상전이를 일으키자 지표면에서는 미세한 변화가 목격되기 시작하였는데 태양이 방사한 빛이 지구의 질소 층과 물 분자의 구름층을 뚫고 지표면으로 들어오면 빛은 갇히기 시작하고 빛은 지구의 대기 밖으로 나갈 수가 없었던 것이다.

이에 빛은 지표면 위에서 진화를 할 수밖에 없었는데 먼저 바다를 이루는 물속에서 생명체는 생성이 되었다. 이때 빛은 물속으로 들어가면 빛은 더욱 빠져나올 수가 없었으므로 빛의 진화는 물속에서 먼저 일어났다는 이야기가 되는 것이다. 이때 빛과 합성을 일으킨 생명체의 에너지는 물인데 물 내부의 수소가 떨어져 나오면서 수소 내부의 양자가 생명체의 에너지가 되고 수소가 떨어져 나가버린 산소는 자연스럽게 배출이 되기 시작하였는데 그 산소가 지구의 중력인 양전자력은 산소를 밀어내서 대기로 만들기 시작했던 것이다.

따라서 지구의 대기에 산소가 존재하는 이유가 그것이다. 또한 산소가 지표면으로부터 밀어내지는 이유는 앞에서도 설명을 하였지만 모두가 알고 있듯이 산소는 산소 외부로 표출하는 온도가 약 -215도 정도이므로 지표면의 온도와 부닥치는 것이다. 따라서 산소 내부의 양성자는 지표면의 온도에게 노출이 되면 운동을 일으키는데 산소가 가진 질량과 지구 내부의 중심에 절대온도를 가진 양성자덩어리의 질량과 그 양성자덩어리의 핵력에 의해서 끌어당겨져서 가두어진 전자질량에 비례해서 산소가 밀어내지는데 지구의 중력의 주체인 양성자덩어리가 산소를 밀어내면 대기로 떠오르던 산소가 운동량이 저하되는데 이유는 지표면의 온도와 대기의 온도가 다르기 때문이다.

따라서 차가운 대기의 온도에 노출된 산소가 운동량이 저하되면 지구의 중력인 양 전자력은 산소를 다시 지표면으로 끌어당기는데 이때 지구의 중력은 운동량이 저하된 질소나 산소를 양자로 보기 때문이다. 따라서 지구의 중력에 의해서 끌어당겨지던 산소가 지표면의 복사열과 부닥치면 산소는 다시금 운동량이 증가하게 되고 지구의 중력은 산소를 다시 대기로 밀어내는 것이다.

물론 질소 또한 산소와 마찬가지로 지표면의 복사열과 부닥치면 질소 내부의 양성자가 포획한 전자를 끌고 회전운동을 일으키므로 지구의 중력인 양 전자력은 질소를 대기로 밀어내는 것이다. 따라서 질소와 산소가 지표로부터 밀어내지면 산소와 질소의 운동량은 저하가 되는데 이유는 지표면의 온도보다 지구 대기의 온도가 낮기 때문이다. 따라서 질소와 산소가 지표와 대기를 오가는 원인이다.

즉, 지구의 중력인 양 전자력은 운동량이 높아진 질소와 산소를 밀어내면 대기로 밀어내지던 산소와 질소는 지표면으로부터 멀어지게 되고 이때 지구의 대기의 온도가 지표면의 온도보다 낮으므로 질소와 산소는 차가운 대기온도에 노출되어 운동량이 감소를 하고 질소와 산소의 운동량이 저하되면 지구의 중력인 양 전자력은 질소와 산소를 양자로만 대하므로 끌어당기게 되고 지표 가까이로 끌어당겨진 질소와 산소는 또 다시 지표면의 복사열에 운동량이 높아지면 지구의 중력인 양 전자력은 질소와 산소를 대기로 밀어내는 것이다. 즉, 지구의 중력이 이러한 일을 반복적으로 일으키는 것이다. 이것이 지구의 중력인 양 전자력이다. 따라서 질소와 산소가 지구의 대기에서 순환 운동을 일으키는 원인이다.

우리는 기체가 물처럼 액화가 일어나는 것을 알고 있다. 기체가 액화가 일어나는 것이 기체내부의 양성자가 차가운 온도에 노출되면 기체 내부의 양성자가 절대온도를 가지고 있으므로 운동을 멈추는 것인데 그렇게 되면 기체의 체적 면적 즉 기체와 기체 사이가 가까워지는 것이다. 따라서 액화가 일어나는 것이다. 즉, 기체가 운동을 멈추는 것인데 운동을 멈춘 기체는 물처럼 액화가 일어나는 것이다.

우리는 물질의 근본을 알고자 즉 물질의 내부에 무엇이 모여 물질을 이루고 있는가를 알기 위해서 하는 일이 입자가속기를 운용하는 일을 하고 있는데 이러한 일은(입자가속기를 운용하는 일) 각도가 빗나간 행위이다. 왜냐하면 물질의 내부에는 입자가속기가 밝혀냈다고 생각하는 그러한 입자는 존재하지 않기 때문이다.

그것에 대한 이야기를 하기로 하자. 먼저 물질을 이루는 근원인 양성자는 전자와의 대칭성 즉 질량대칭성이 크게 깨져 있다는 것까지는 알고 있다. 질량대칭성이란 양성자와 전자의 대칭성을 말하는데 양성자가 전자보다는 질량이 약 1,800배가 크다는 점이다. 따라서 둘의 입자 사이에는 대칭성이 깨져 있는 것인데 이로 인해서 양성자와 전자 둘은 만나면 쌍소멸을 하지 못하고 우리가 알고 있는 기체가 만들어져서 우리들의 눈에 보이게 되는데 이것이 기체물질이다.

이 기체물질은 질소이든 산소이든 헬륨이든 시작점은 경수소로부터 시작한다는 점이다. 왜냐하면 경수소의 내부의 양성자가 포획을 한 전자를 떼어내야만 양자끼리 결합을 할 수가 있기 때문이다. 따라서 질소나 산소가 단 한 번으로 양자 결합을 해서 만들어질 수가 없다는 이야기가 되는 것이다. 즉 질소나 산소가 만들어지려면 양자 결합을 위한 천체의 내부 면적이 필요하다는 이야기가 되는 것인데 그것이 양성자덩어리의 질량에 의해서 끌어당겨져서 가두어진 전자질량이 양성자질량과 비례해야 하고 양성자덩어리가 만들어내는 핵력이 커야만 하며 따라서 양성자덩어리의 큰 핵력과 비례한 전자질량이 핵력에 의해서 가두어져 있어야만 한다는 이야기가 되는 것이다.

따라서 질소와 산소와 물을 결합을 시킬 수가 있는 천체는 우리의 태양계에서 오직 태양만이 가능한 질량을 가지고 있다는 결론에 도달을 하는 것이다. 따라서 지구가 가지고 있는 물과 산소와 질소는 우리의 지구가 결합을 시킬 수 없는 물질인 것이다. 즉 태양이 결합을 시켜서 밀어낸 것을 지구가 끌어당겨서 지구의 것으로 삼았다는 이야기가 되는 것이다. 따라서 지구가 만들어진 위치가 태양으로부터 매우 가까운 거리에서 생성이 되었다는 추론이 가능한 것이다.

자, 생각을 해 보자. 우리는 기체물질을 이루는 시작점은 경수소로부터라는 것은 알고 있다. 하지만 경수소보다는 상위 물질 즉 헬륨이나 산소 질소 같은 무거운 물질이 어떻게 결합을 이루는가를 알지 못하고 있다는 데에서 물질의 근본을 우리가 알 수가 없는 지경에 이르고 있다는 것이다. 즉 경수소가 중수소로 혹은 삼중수소로 결합이 일어나야만 헬륨이든 산소든 질소든 결합을 할 수가 있다는 이야기가 되는 것인데 기체가 무거운 기체로 결합을 이루어내려면 결합 조건이 전제되어야만 하므로 천체가 가진 질량이 크고 질량대칭성을(양성자덩어리의 질량과 끌어당겨져서 가두어진 전자덩어리의 질량) 가지고 있어야만 그것이 가능하다는 이야기가 성립되는 것이다.

따라서 기체물질의 내부에는 입자가속기에서 발견되었다고 생각하는 미립자나 소립자는 존재하지 않는다는 것인데 이유는 미립자나 소립자도 음전자에 비례하면 질량이 크다는 점이다. 이 말이 무슨 말이냐 하면 양성자가 아무리 작은 미립자나 소립자로 깨진다고 하여도 전자질량보다는 턱없이 크다는 점이다. 따라서 전자와 같은 질량을 가진 입자는 양전자뿐이다 하는 것이다. 즉 음전자와 양전자가 서로 만나면 대전되어 쌍소멸을 이루어낼 수가 있는 양자입자만이 음전자와 질량대칭성을 가진다는 의미가 되는 것이다. 그것이 양전자이다.

다시 말하면 양성자가 양전자로 부서지기 전에는 음전자와 질량대칭성을 충족할 수가 없으므로 양성자와 양전자의 사이에 만들어지는 미립자나 소립자는 양성자보다는 작은 질량을 가지지만 양전자보다는 큰 질량을 가진다는 이야기가 되는 것이다. 따라서 양성자가 음전자와 같은 질량을 가진 양성자로 부서지려면 1,836조각으로 부서져야만 양전자에 도달을 할 수가 있다는 이야기가 되는 것이다.

그러므로 입자가속기에서 발견되는 소립자나 미립자는 아무런 의미를 가지지 못하고 소립자나 미립자보다도 더 작은 질량을 가진 빛조차도 질량에 따라서 파장을 가지는 이유가 그것이다. 즉, 우리가 알고 있는 가장 큰 파장을 가진 보라색의 빛보다도 소립자나 미립자는 질량이 크다는 이야기가 되는 것이다.

이렇게 생각을 하여 보자. 항성이 빛을 만들어서 방사를 하는 이유는 항성이 가진 질량에 따라서 빛을 만들어내는데 그 빛은 파장을 가진다는 점이다. 이 말은 항성이 빛을 만들기 위해서는 일정한 질량에 도달하여 있어야만 가능하고 또한 항성이 파장이 긴 빛을 만들려면 그 항성이 가진 질량이 커야만 하는데 우리의 태양인 항성은 무지개 색을 가진 빛을 만들어내며 그 무지개색의 빛 가운데에서도 보라색을 가진 빛이나 푸른색의 빛이 압도적으로 많다는 의미는 우리태양의 질량은 매우 작은 질량을 가진 항성이라는 이야기가 되는 것이다.

따라서 우리의 태양보다 질량이 큰 항성이 만들어내는 빛은 물론 무지개 색을 가진 빛보다는 더 밝은 빛 즉 무지개색이 가진 파장보다는 파장이 긴 빛을 만들어서 방사를 한다는 의미인 것이다. 따라서 질량이 매우 큰 항성이 만들어서 방사를 하는 빛은 파장이 긴 빛을 만들어서 방사를 하고 있다는 결론에 도달을 하는 것이며 우리 은하의 중심에 있는 항성이 방사를 하는 빛은 파장이 없는 빛을 만들어서 방사를 하므로 해서 우리는 우리 은하의 중심에 존재하는 항성을 볼 수조차도 없는 것이다.

즉, 우리 은하의 중심에 있는 항성의 질량은 우리 은하를 아우르는 정도의 질량을 가지므로 우리 은하의 중심에 있는 항성이 만들어내고 있는 빛은 파장을 전혀 가지지 않은 빛 즉 백색의 빛인 양전자를 방사를 하고 있는 것이다. 따라서 그 빛은 우리에게 도달을 못 하는데 이유는 우리 은하의 중심에 있는 항성을 에워싸고 있는 은하수의 군락 즉 항성이나 행성들에게 모두 끌려들어가서 그 빛이 우리 태양계에 도달할 수가 없으므로 우리가 우리 은하의 중심에 있는 항성을 볼 수조차도 없는 것이다.

그 항성을 천문학자들은 블랙홀이다 하고 명명하고 있는 것인데 천문학자들이 그러한 주장을 하고 있는 것은 우리가 그 항성을 볼 수가 없기 때문인데 사실 우주에는 블랙홀이라는 천체는 존재하지 않는다는 것이다. 다만 우리가 볼 수가 없는 항성인 것이다. 다시 말해서 그 항성이 만들어서 방사하는 빛은 음전자인 전자와 질량대칭성을 가진 빛이므로 양전자이다. 따라서 항성이나 행성에게 끌려들어가서 항성이나 행성 내부에 갇혀있는 전자와 대전되어 쌍소멸을 일으키고 있다는 이야기가 되므로 우리가 그 항성을 볼 수가 없으므로 그 항성을 블랙홀이라는 주장을 하고 있는 것이다. 5부에서 이어가기로 하자.

자연이 전하는 메시지

5부

제19장 되풀이되는 선각자들이 전하는 메시지

우리는 물리학이 급진적으로 발전하는 시기인 1800년대 후반과 1900년대 초반에 일어난 물리학의 전성기를 지나왔고 보아서 알고 있으며 그것을 이룩한 선각자들의 활약을 너무도 잘 알고 있다. 하지만 결정적인 것은 베일에 가려져서 오늘에 이르고 있다는 것이 필자의 생각이다.

물질의 근본을 이해하려는 양자역학에 이은 거시세계를 이해하고자 하는 중력이론인 일반상대성이론에 이르기까지 우리는 자연이 전하는 메시지를 해부하고자 부단한 노력을 경주하였다는 것은 모두가 알고 있는 사실이다. 하지만 그러한 노력의 이면에는 충실한 물리이론이 뒷받침이 되어야만 함에도 불구하고 물리이론이 물리학에 대한 의문을 해소를 하여주지는 못하였다는 것이 필자의 생각이다.

따라서 둘의 이론이(양자역학과 일반상대성이론) 무엇이 문제이고 무엇 때문에 물리학의 진전이 더는 일어나지 않는가를 조명을 하고자 이 장을 통해서 필자의 생각을 피력을 하고자 함이다. 우리는 수많은 시간과 사고의 노력을 경주하였음에도 자연이 안고 있는 진실에는 다가갈 수가 없었다는 데에서 우리들의 사고가 한계에 봉착해 있다는 데에는 이견이 없을 것이다. 따라서 물리이론이 가질 수밖에 없는 한계와 우리들의 사고의 방향을 설정하고자 함이다.

먼저 양자역학에서의 운동하는 전자의 위치를 추적할 수가 없다고 단정을 지어버린 이야기를 먼저하고 이야기를 이어갈까 하는데 미시세계에서 일어나는 일을 유추하기에는 우리들의 감성이 미치지 못하고 있다는 데에서 찾아야 하지 않을까 싶다. 이 말은 무슨 말이냐 하면 우리들이 사고를 전개할 때에 미치는 영향은 먼저 세상에 나와 있는 물리이론에 근거를 두고 있다는 데에 있다는 것은 불을 보듯이 빤하다 할 것이다.

따라서 우리들의 사고의 근거는 물리이론에 있으므로 그 이론이 오류를 가지고 있다고 한다면 또한 미완의 이론이라면 우리들의 사고는 방향을 잃어버릴 것이다. 그러므로 미완의 이론으로 추론을 이어가면 결과는 참담한 쪽으로 기울어질 것이라는 것이 필자의 생각이다.

그것이 양자역학에서 주장을 한 운동하는 전자의 위치를 추적해서 전자의 위치를 확정을 짓느냐 짓지 못하느냐 하는 문제인데 왜 하필 운동하는 전자의 위치를 확정을 짓느냐 짓지 못하느냐 하는 문제로 대두가 되었느냐 하는 것이다. 그것이 그때에는 화두였을 것이라는 것을 이해하지 못할 바는 아니지만 앞에서도 이야기를 하였지만 그것이 진실하고 완성된 물리이론이 뒷받침되지 못하였기 때문에 우리들에 사고의 방향이 틀어졌다는 것을 이야기하고자 하는 것이다.

전자는 양자에게 끌려 다니는 존재라는 것을 먼저 밝히고 이야기를 이어가자. 양자는 전자보다는 질량이 약 1,800배가 크다. 따라서 양자에게 포획된 전자는 전자의 임의로는 운동을 할 수가 없다는 것은 불문가지이다. 즉 1kg의 몸무게를 가진 토끼가 1,800kg의 몸무게를 가진 코끼리를 끌고 운동을 할 수가 있느냐 없느냐를 먼저 생각을 하였어야만 했음에도 불구하고 유독 양자에게 포획된 전자가 스스로 운동을 일으킨다는 전제를 하고서 사고를 전개하였기 때문에 일어난 해프닝이라고 생각한다.

자, 생각을 하여 보자. 전자보다는 몸무게가 1,800배가 큰 양성자를 어떻게 끌고 전자가 스스로 운동을 일으킬 수가 있다는 것이냐를 먼저 설명을 한 뒤에 운동하는 전자의 위치를 확정을 지을 수가 없으므로 불확정성이다 했다고 한다면 우리들의 사고의 방향은 달라졌을 것이다 하는 것이다.

그럼에도 불구하고 물리학자들의 사고의 방향은 터무니없는 사고의 방향 전환에 따라서 막을 내려버린 일대사건이라고 필자는 진단하는 것이다. 물리학을 하는 물리학자들이 스스로 자연이 전하는 진실을 외면해버린 일대사건이다. 그로 인해서 우리는 미시세계를 더는 조명을 할 수가 없다는 데에 이견을 제기할 사람은 없을 것이다. 즉, 양자역학이 거기에서 사망을 해버린 것이다.

그 일이 있고 나서 양자역학은 더는 미시세계를 조명하는 이론으로 역할을 할 수가 없었으므로 해서 오늘에 이르고 있다는 것에서 우리들에게 물질의 근본을 알 수가 없는 지경으로 몰아가고 말았다. 다시 한 번 더 양자역학이 왜 사망에 이르렀는가를 설명하고 가기로 하자. 우리는 물질의 근본을 알고자 원자의 세계와 원자 내부에 존재하는 미립자나 소립자를 조명하고자 한 양자역학이 자승자박에 의해서 사망을 해버린 이야기를 하기로 하자는 것인데 우리는 그 어떤 무엇이(소립자와 미립자) 원자를 이루고 있다는 전제를 하고 전제된 의견을 두고 토론을 벌이게 된 것부터가 오류를 안고 세상에 나올 수밖에는 없는 이론이 양자역학이다.

그러한 일을 벌이게 만든 것이 입자가속기이다 하는 것을 필자는 생각을 하지 않을 수가 없다는 것인데 이유는 전제된 미립자와 소립자가 원자 내부에 존재를 하고 있다는 사고에서 시작을 하였지만 지금에 와서는 너무도 멀리에까지 와 버렸다는 것이다. 되돌리기엔 너무 멀리까지 와버린 탓에 다른 각도의 사고를 할 겨를이 없을 정도인데 이유는 모든 것을 바꾸어야만 한다는 점이다. 즉 기초물리학을 송두리째 뽑아내야만 하는 이유가 성립을 하기 때문이다.

양자역학을 들여다보자. 양자역학은 물질을 이루는 원자가 무엇으로 어떻게 만들어져 있으며 우리는 원자의 세계를 들여다봄으로 해서 물질의 내부를 유추할 수가 있을 것이라는 꿈을 꾼 관계로 해서 태생적인 한계를 가지고 양자역학은 탄생을 하였지만 뜻하지 않게 양자역학에게 복병이 있었는데 그것이 원자의 중심에 양성자에게 포획된 전자가 일으키는 운동을 두고 토론을 벌이기 시작을 하더니 종국에는 물질의 내부는 불확실성이 자리 잡고 있으므로 물질의 근본을 밝히지 말자는 의견으로 낙착이 되었는데 그것이 불확정성이론이다.

다시 말해서 불확정성이론이라는 것의 의해서 원자를 이루고 있는 것이 무엇이며 어떤 원인으로 원자가 만들어지는가도 알지 못하는 지경으로 내몰리고 말았다는 것이다. 거기에 물리학을 공부하는 학자들은 앞 다투어 원자의 세계에 무엇과 무엇이 원자의 내부를 이루고 있다는 예언을 하기 시작을 했다는 것인데 참으로 가관도 아니다. 아니 엉터리다 하는 것이 필자의 생각이다.

왜냐하면 물질의 내부에는 양성자와 중성자밖에는 없기 때문인데 중간자니 파이중간자니 쿼크니 힉스니 하는 입자는 없기 때문이다. 다만 우리가 양성자라는 입자를 가속기에서 가속을 시켜서 벽에다 부닥트려서 깨트리게 되면 그때에 소립자나 미립자가 만들어지는데 그것을 두고 발견된 입자가 원자의 내부를 이루고 있다고 주장을 하고 있기 때문이다.

하지만 기체물질의 내부에는 양성자와 중성자밖에는 존재하지 않는다는 것을 미리서 밝히고 이야기를 이어가자. 왜냐하면 양자 결합을 하려면 그 양자가 포획하고 있는 전자를 떼어낸 뒤에 양자끼리 결합을 할 수가 있기 때문이다. 그것의 기본이 경수소다. 경수소는 자체로 양성자만 존재를 하고 있기 때문인데 경수소는 중성자도 가지고 있지 않기 때문이다.

따라서 우주에 존재하는 모든 기체는 경수소로부터 시작을 하기 때문이다. 즉 헬륨이든 산소든 질소든 만들어지려면 경수소가 포획했던 전자를 떼어낸 뒤에 양자끼리 결합을 해나가기 때문이다. 따라서 경수소의 양성자가 전자를 버리고 둘이 결합을 하면 그것이 헬륨이다. 경수소는 양성자밖에는 없다는 것은 모두가 알고 있는 사실이다.

먼저 경수소가 상위물질로의 결합을 어떻게 진행되는가를 설명을 하고 가기로 하자. 앞에서도 이야기를 하였지만 기체물질이 포획한 전자를 떼어내지 않고 결합을 할 수도 있는데 그것이 물과 오존이다. 물은 모두가 알고 있듯이 경수소 원자 두 개와 산소 원자 한 개가 포획한 전자를 떼어내지 않은 상태에서 결합을 한 화합물이다.

다시 말해서 가벼운 물질이 무거운 물질로 결합을 해나가려면 가벼운 물질이 포획한 전자를 떼어내야만 하는데 물과 오존은 수소나 산소가 포획한 전자를 떼어내지 않고 결합을 한 것이므로 물질결합시스템과는 동떨어진 환경에서 결합을 한 것이다. 이 말은 무슨 말이냐 하면 하위 물질이 상위 물질로의 결합을 할

현재 우리태양의 물질결합 시스템

태양은 자체로 거대한 초전도체인데 태양계의 행성들을 양성자질량과 끌어당겨서 가두어둔 전자질량에 비례한 힘으로 포획을 하고서 회전운동을 일으키므로 행성들은 태양의 중심에 양성자덩어리가 회전하는 방향으로 속절없이 끌려가며 태양의 주위를 공전을 하고 있는 것이다 이것이 태양계가 역동적으로 운동을 하는 원인이다 우리의 태양계는 은하의 중심에 존재하는 빅태양의 중심에 양성자덩어리가 회전하는 방향으로 끌려가며 우리은하의 주위를 공전을 하는데 우리은하내의 모든 항성계가 같은 방향으로 회전을 하는 것이다 우리은하 또한 우주의 중심에 존재하는 슈퍼태양의 중심에 절대온도를 가지고 뭉쳐진 양성자덩어리의 회전방향을 따라서 공전운동을 하고 있는 것이다 따라서 우리가 밤하늘을 바라보았을 때에 별자리가 우리를 따라서 움직이고 있으므로 우리는 북박이 별이 별자리를 만들고 있는 것처럼 보이는 것이다 또한 우주가 팽창을 하고 있다는 주장은 오류가 있는 이론을 대입해서 해석을 하고 있으므로 해서인데 반대로 해석을 하고 있는 것이다 우주에서의 빛의 움직임은 은하나 항성계 또는 행성들에게 파장이 없는 빛은 끌려들어가고 파장이 짧은 빛은 별들이나 행성들이 밀어내므로 우리가 볼 수가 있으며 파장이 없는 빛은 별들에게 끌려들어가므로 우리에에 도달을 못하므로 해서 우리가 우리은하의 중심에 존재하는 빅태양이 방사하는 빛을 볼 수가 없는 것이다 따라서 우리로부터 멀리에서 우리에게 도달을 하는 빛일 수록 푸른색을 띠다가 정말 멀리에서 우리에게 도달을 하는 빛은 보라색의 빛이 우리에게 도달을 하는 것이다 즉 빛이 편이를 일으키는 것이 아니라 별들이 빛을 파장에 따라서 끌어당기고 밀어내므로 해서 일어나는 일이다 또한 지구의 대기속에서 의 빛은 우주공간에서와는 반대로 나타나는데 원인은 지구의 대기밀도가 매우 높으므로 (질소와 산소의 밀도) 빛이 지구의 대기로 진입을 하면 지구의 중력인 양전자력의 영향을 먼저 받는것이 아니라 지구의 대기물질들에게 먼저 영향을 받으므로 해서 무지개의 스펙트럼선이 보라색이 지표면을 향하고 붉은색의 빛 즉 파장이 긴 빛이 우주쪽으로 배열이 나타나는 것이다 또한 지구의 대기권 밖에서는 보라색의 빛이 우주를 향하고 붉은색의 빛이 지구를 향하는 것이다 즉 반대로 나타나는 것이다 이것을 두고 우주가 현재에도 팽창을 하고 있다는 주장은 우주가 일으키는 현상을 반대로 해석을 하고 있는 것이다 따라서 우주는 시시각각 수축을 하고 있다는 이야기가 되는 것이다 즉 우주의 총질량이 감소를 하고 있으므로 우주가 빛을 만들어내는 만큼의 질량이 소멸을 일으키므로 우주는 시시각각 수축을 하고 있는 것이다

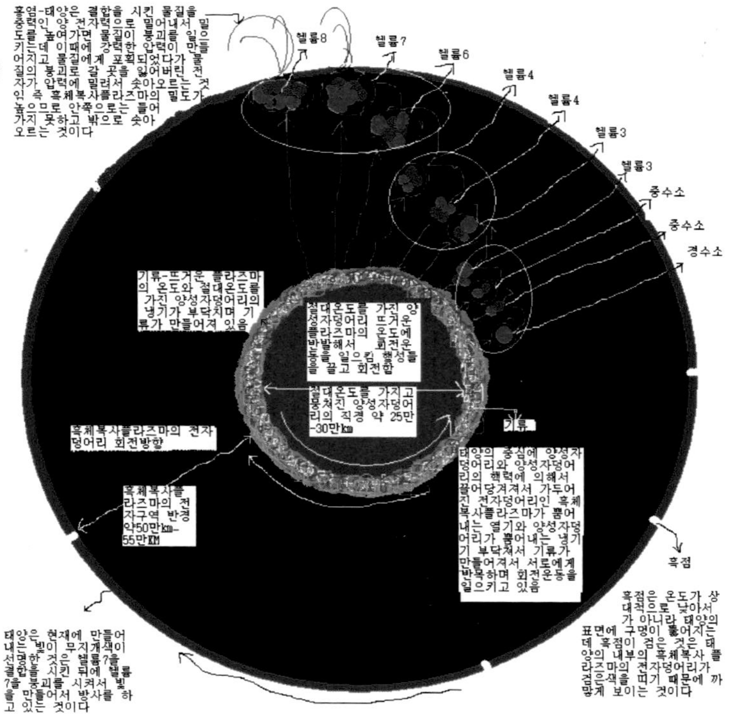

태양의 내부에서는 중심에 절대온도를 가진 양성자가 덩어리를 이루고 뭉쳐져 핵력을 만들어내며 전자를 끌어당겨서 가두어두고 전자를 운동을 시키며 운동을 일으킨 전자가 뜨거워져서 흑체복사 플라즈마 상태에 있다 절대온도가 뿜어내는 냉기와 흑체복사 플라즈마에서 뿜어져 나오는 뜨거운 열기가 서로 반발하며 반대방향으로 회전을 일으키는 것이다 이때에 플라즈마의 전자가 차가워지며 기류가 흐르는 곳으로 끌려들어오면 절대온도를 가진 양성자 한개가 전자 한개를 포획을 하면 만들어지는 것이 경수소다 일단 경수소가 전자를 포획을 하면 태양의 중심에 양성자덩어리는 경수소를 밀어내는데 이것이 중력이라는 양전자력이다 중력이 경수소를 밀어내는 원인은 양성자가 전자를 포획을 하면 경수소가 만들어지는데 경수소가 초전도상태에 빠지기 때문이다 즉 개체대칭성이 완성되므로 경수소를 밀어내는 것이다 경수소가 밀어내지는 곳은 플라즈마의 전자구역이므로 매우 뜨거운데 이때에 경수소의 중심에 양성자가 자신이 가진 절대온도를 지키기 위해서 전자를 포획을 한 상태에서 회전운동을 일으키는 것이다 이것이 물질이 파장을 만들어내는 원인이다 경수소는 뜨거운 전자구역으로 밀어내지면 플라즈마의 뜨거운 온도와 양성자덩어리의 압력을 견디지 못하고 포획했던 전자를 놓아버리는데 이때에 절대온도를 가진 양성자는 자신이 가진 절대온도를 지킬 수가 없게 되므로해서 분열을 일으키는 것이다 경수소의 양성자가 전자를 놓아버리고 분열을 일으킨 뒤에 분열된 둘의 양성자 가운데 하나의 양성자가 가지고 있던 절대온도를 뜨거운 플라즈마에게 빼앗겨버리면 아직은 절대온도를 빼앗기지 않은 양성자가 온도를 잃어버려서 중성자가 된 중성자를 끌어당겨서 포획을 하는 것이다 이때에 중심에 양성자덩어리는 경수소가 전자를 놓아버리고 분열을 일으키면 경수소의 양성자와 중성자를 끌어당기는데 기류가 흐르는 곳으로 끌어당기는 것이다 끌려오면 경수소의 양성자와 중성자는 기류가 흐르는 곳으로 끌려들어와서 차가워지며 기류가 흐르는 곳으로 끌려들어온 전자를 한개를 포획을 하는 것이다 이것이 중수소다 중수소가 전자를 포획을 하면 중심에 양성자덩어리는 중수소를 중력으로 밀어내는데 밀어내지던 중수소가 경수소가 전자를 놓아버린것과 같이 중수소도 플라즈마의 뜨거운 온도에 전자를 놓아버리는데 이때에 같은 처지의 중수소가 주위에 있다면 끌어당겨서 결합을 하는 것이다 또한 중수소가 전자를 놓아버리는 시점에서 경수소가 전자를 놓아버리고 주위에 있다면 둘 또한 결합을 하는데 중수소와 경수소가 결합을 하면 헬륨3이 되고 중수소 두개가 전자를 떼어낸 뒤에 결합을 하면 헬륨4가 되는 것이다 이렇게 양성자덩어리와 플라즈마의 전자덩어리와의 사이를 밀어내고 끌어당기고를 반복해서 항성이 가지는 질량에 비례한 물질을 결합을 해나가는 것이다 마지막에 질량에 비례한 물질이 결합이 되면 중심의 양성자덩어리는 더는 상위물질로의 결합을 시킬 수가 없게 되는데 마지막 물질을 태양의 표면 바로 안쪽에까지 밀어내서 밀도를 높혀가는 것이다 이때에 일정정도 밀도가 높아지는 물질은 양성자덩어리의 압력을 견디지 못하고 붕괴를 일으키는 것이다 이것이 항성이 만들어내는 빛이다

때에는 하위 물질이 포획한 전자를 떼어낼 수가 있는 환경이 조성되어 있어야만 가능하다는 이야기가 되는 것인데 물과 오존의 결합은 물질결합시스템의 환경을 벗어난 곳 즉 천체의 내부가 아닌 곳에서 결합이 이루어졌다는 이야기인 것이다.

다시 말하면 기체물질 결합시스템이 조성된 곳은 천체의 내부에 그 환경이 조성되어 있다는 이야기가 되는 것이다. 따라서 물과 오존은 기체이면서도 기체가 아닌 것처럼 행동을 하며 때로는 고체로도 때로는 액체로도 행동을 일으키는데 그 원인이 양자 결합이 아닌 전자를 포획한 상태에 있는 물질 대 물질인 기체 결합이기 때문이다. 즉 화합물이므로 일어나는 일이다 하는 것이다.

이에 반해서 화합물이 아닌 순수한 기체는 물질결합시스템을 벗어난 곳에서는 결합을 할 수가 없다는 것인데 기체가 포획한 전자를 떼어낼 수가 있는 환경 즉 천체의 내부에서만 순수한 기체는 양자 결합을 할 수가 있다는 이야기가 되는 것이다. 따라서 기체가 가벼운 기체에서 무거운 기체로의 결합을 하려고 하면 물질결합시스템이 작동되는 그곳에서만이 가벼운 기체가 포획한 전자를 물질결합시스템에 의해서 떼어낸 뒤에 양자끼리 결합을 할 수가 있는 것이다.

물론 그러한 물질결합시스템이 만들어져 있는 곳은 우주에서 천체의 내부밖에는 없다는 이야기가 성립을 하는 것이다. 또한 천체가 가지고 있는 질량에 따라서 가벼운 기체와 무거운 기체를 결합시킬 수가 있는 물질결합시스템이 만들어져 있는 것이다. 다시 말하면 그 물질결합시스템이라는 것은 양성자와 전자의 대칭성인데 양성자는 양성자끼리 뭉쳐져서 덩어리를 이루고 있어야만 하고 또한 전자는 전자끼리 뭉쳐져서 덩어리를 이루고 있어야만 하는데 양성자덩어리와 전자덩어리와의 사이에서만이 물질결합시스템이 작동을 한다는 이야기가 되는 것이다.

따라서 양성자는 우주의 모든 것을 끌어당기고 전자는 양성자의 끌어당기는 힘 즉 양성자의 핵력에 끌려가는 것이다. 따라서 천체가 만들어지는 것이다. 즉 양성자의 핵력이 모든 것을 끌어당긴다는 이야기가 되는 것이다.

양자역학에 대한 오류를 이야기를 하는 과정에서 이야기가 옆으로 흘렀는데 양자역학을 들여다보자. 양자역학에서는 양성자에게 포획된 전자가 운동을 일으키는데 운동하는 전자의 위치는 확정을 지을 수는 없고 전자의 위치를 확률적으로만 표현을 할 수가 있다는 요지의 주장이 불확정성이론이다.

그 말은 전자는 어떤 경우에도 운동을 멈출 수는 없고 전자가 운동을 하는 동안이라는 전제를 한 뒤에 전자의 위치를 추적하여 전자의 위치를 지정을 할 수가 없다는 이야기가 그것이다.

따라서 우리는 물질의 근본을 알 수가 없게 되었으므로 더는 물질의 근본을 우리로 하여금 알 수가 없으므로 여기에서 물질의 근본을 알자는 것을 그만두자는 이야기에 다름 아니라는 이야기가 되는 것이다. 따라서 양자역학은 불확정성이론이 많은 물리학자들에게 인정을 받던 그날이 양자역학이 사망을 한 날이다 하는 것인데 필자가 그러한 주장을 하게 된 데에는 그만한 이유가 있다.

왜 양성자는 전자를 끌어당길까? 또한 전자는 왜 양성자의 끌림에 끌려가는 것일까? 또 둘은 만나면 대전이 일어나지 않고 기체라는 물질이 만들어지면서 우리들의 눈에 보이게 되는 것일까? 필자는 수많은 날들을 사고를 이어가는 날들로 지새우며 의문에 의문을 더하여 사고를 하여 보았지만 알 수가 없었는데 그것이 양자역학이라는 미시세계를 조명하는 이론에서 비롯되었다는 것을 알기까지에는 너무나도 긴 시간을 허비하고 나서야 비로소 어떤 결론을 도출할 수가 있었는데 그것이 그렇다.

우주가 생성되기 전에 공간은 우주를 탄생을 시킬 만큼의 에너지가 공간에 존재하고 있었다고 생각할 수밖에 없다는 것인데 그것이 알고 보니 쌍소멸된 전자쌍이다. 즉 현재에도 양전자와 음전자가 대전이 되면 쌍소멸이라는 것을 일으키는데 그 대전된 전자쌍이 공간에 가득 채워져 있었다는 추론이 가능한 것이다. 따라서 빅뱅이 일어난 것은 대전되어 있는 전자쌍이 공간에 있다가 절대온도에 의해서 분리되어 초전도를 일으켰다는 추론이 가능한 것이다.

다시 말해서 뜨거운 온도이든 차가운 온도이든 온도는 온도인 것이다. 즉 온도는 절대온도와 절대고온을 넘나드는 가변적인 것이 온도인 것이다. 따라서 우주는 온도에 의해서 생성되었으며 온도에 의해서 소멸을 하고 다시금 온도에 의해서 생성 진화를 이어간다는 추론이 가능한 것이다.

따라서 기체를 이루는 내부의 양성자는 절대온도를 가지고 있으므로 기체물질은 극저온을 기체물질 외부로 표출을 하고 있는 것이다. 즉 기체가 극저온을 가지고 있다는 이야기는 빅뱅이 일어난 공간이 절대온도 상태에서 일어났다는 것을 극명하게 보여주고 있다는 이야기가 되는 것인데 어찌된 일인지 양자역학에서나 일반상대성이론에서는 기체물질이 극저온을 표출을 하는 것에 대한 이야기가 없다는 사실이다.

이것을 어떻게 해석을 해야만 할까? 하는 것인데 물질의 근본을 해석을 하는 것이나 거시세계를 해석을 하는 것이나 온도에 대한 이야기는 어디에서도 찾아볼 수가 없다는 것이다. 그것이 양자역학과 일반상대성이론에 의해서 우리들의 사고의 방향 즉 각도가 틀어졌다는 것을 의미하는 것인데 이론의 오류나 미완성된 이론은 우리들의 사고에 제한적일 수밖에는 없다는 것을 극명하게 보여주고 있는 것이다.

지금으로부터 약 2,500년 전에 석가모니 부처님은 우리들이 살고 있는 세상이 아니 우주가 음과 양의 조화로 그때의 현재를 이어가고 있다는 주장을 하였다는 것인데 그 시절에는 그 어떤 물리이론도 없었으므로 석가모니 부처님의 순수한 사고에 의한 결론에 도달하였을 것이라는 것은 불을 보듯이 빤하다 할 것이다.

참으로 위대한 선각자가 아닐 수가 없다는 것인데 음이 무엇이고 양이 무엇이냐를 논하지 않더라도 우리는 음과 양이 온도라는 것은 알고 있다. 즉 그 음과 양은 별과 그늘을 이야기를 하고 있는데 그것을 풀어서 말하면 뜨거운 것과 차가운 것을 이야기를 하고 있는 것이다. 즉, 온도를 이야기를 하고 있다는 사실이다.

그럼에도 불구하고 현재의 물리이론은 어떤가 하는 것인데 열역학법칙을 제외하고는 그 어떤 물리이론도 온도에 관한 주장을 들어본 적이 필자는 없다. 다만 현존하는 기체물질이 어떤 온도를 표출을 하고 있다는 것만을 주장을 하고 있을 뿐으로 기체가 무엇 때문에 극저온의 온도를 표출을 하는가를 설명하고 있지 않다는 것이다.

이것을 바꾸어 말하면 우리들의 사고가 왜? 라는 의문을 가지고 있지 않다는 것을 말하고 있는 것이다. 즉 기체가 표출하는 극저온이 얼마인가만 표기하고 있을 뿐으로 왜 기체가 어떤 원인으로 극저온을 표출하는가와 왜 기체가 어떤 원인으로 극저온을 가지고 있는가를 알려고 하지 않았다는 것이냐 하는 것인데 그것의 원인이 오류나 미완성된 물리이론에 있다는 것을 필자는 이야기를 하고 있는 것이다.

즉 오류나 미완성된 물리이론으로 사고의 전개를 하면 그 사고는 방향을 잃고 우리들이 추구하는 방향이 아닌 엉뚱한 방향으로 사고가 전개된다는 것을 말하고 있는 것이다. 그로 인해서 우리들은 물질의 근본도 알 수가 없었으며 빅뱅이 왜 어떤 원인으로 일어났는가를 알 수가 없었으며 빛이 무엇인가도 알 수가 없었으며 우주가 왜 어떤 원인으로 생성되어 오늘에 이르고 있는가를 알 수가 없었으며 또한 천체들이 일으키는 운동이 어떤 원인으로 인해서 운동이 일어나는가를 알 수가 없었다는 것이다.

다시 말해서 오류나 미완성된 이론이 우리들의 눈과 귀를 막아서 우리들로 하여금 보지 못하고 듣지 못하는 지경으로 내몰리고 말았다는 것을 필자는 이야기하고 있는 것이다. 한마디로 아이러니한 일이 일어나고 있다는 것인데 자연을 알고자 하여 우리들이 만든 이론에 의해서 우리들로 하여금 자연이 가진 진실을 알 수 없도록 유도를 당하고 있었다는 사실이다.

마치 야간에 공항의 활주로에 켜지는 유도등과 같이 오류를 가진 이론과 미완성된 이론이 우리들의 사고의 방향을 유도하고 있었다고 필자는 진단을 하고 있는 것이다. 그러므로 다시 한 번 더 양자역학과 일반상대성이론에 대한 이야기를 하지 않을 수가 없는 것이다. 필자는 양자역학이 사망한 날이 1934년경으로 알고 있는데 그것의 이유가 불확정성이론과 상보성이론에 의한 것이라는 것인데 이 둘의 이론에 의해서 양자역학은 사망을 해버린 것이다.

즉, 우리가 알고자 했던 미시세계의 일들을 양자역학으로 인해서 더는 알 수가 없는 지경으로 내몰리고 있었던 것이다. 그것이 양성자에게 포획된 전자가 운동을 일으키는데 운동하는 전자의 위치를 우리들로 하여금 알 수가 없다는 내용으로 못을 박아서 더는 미시세계에서 일어나는 일을 우리들로 하여금 사고를 이어갈 수가 없도록 유도를 하고 있었다는 이야기가 그것이다. 따라서 양자역학은 이제는 더는 물리학에게서 물러나 주었으면 하는 바람이다 하는 것을 필자는 피력을 하는 것이다.

자, 양자역학에 이은 또 하나의 이론인 일반상대성이론이 주장하는 이야기를 하고 일반상대성이론이 무엇이 오류이고 미완인가를 이야기를 하고 우리들의 사고가 어떤 방향으로 나아가야만 할까를 논하여 보기로 하자.

우리들의 사고의 이면에는 왜? 라는 의문부호가 항상 달려 있지만 그 의문부호가 왜 달려 있는가도 우리들은 알고 있지 못하다는 것이 필자의 생각이다. 왜냐하면 물리학자들이나 천문학자들은 일반상대성이론이 신성불가침의 대상이기 때문인데 이유는 모든 사고를 일반상대성이론을 바탕에 깔고서 하기 때문이다 하는 것이 필자의 생각이다.

따라서 일반상대성이론의 테두리를 벗어나는 사고를 할 수가 없었다는 것이다. 그러므로 우리들은 양자역학과 일반상대성이론 때문에 매우 불행한 사고의 연속성상의 삶을 살아 왔다고 해도 지나친 표현이 아니라는 것을 감히 밝히고자 한다. 즉, 사고적인 측면에서 그렇다는 이야기가 그것이다. 그러므로 일반상대성이론이 왜 그러한가를 알아보자.

일반상대성이론의 주창자인 아인슈타인은 자신의 이론에서 밝히고 있기를 중력을 정확하게 표현하고 있지 못하고 있다는 것을 본인은 알고 있었던 것으로 유추가 되는데 그것은 말년에 발표하지 못한 초끈이론이 그것이다. 따라서 아인슈타인은 일반상대성이론이 미완의 이론이라는 것을 알고 있었다는 방증이다. 하지만 초끈이론도 중력을 정확하게 표현을 하지 못하고 있다는 것이다.

그럼에도 불구하고 초끈이론을 추종하는 물리학자들이 연구에 연구를 거듭하고 있지만 중력의 실체를 정확하게 알 수가 없다는 것에서는 자유로울 수가 없다는 이야기인데 앞에서도 이야기를 하였지만 추론에의 방향의 각도를 정확하게 짚어내지 못하였다는 데에는 변함이 없다는 것이다.

따라서 중력의 실체를 알 수가 없었던 것이다. 그러므로 일반상대성이론의 무엇이 미완이고 무엇이 허구인가를 알아보자는 것이다. 먼저 물질과 물질은 상호작용을 한다는 주장은 완전히 허구이다. 왜냐하면 전자를 포획한 물질은 전자를 포획한 물질을 소가 닭을 보듯이 함으로 해서인데 한마디로 이야기를 하자면 물질과 물질은 상호작용을 일으키지 않는다는 사실이다. 다만 전자를 포획한 물질은 물질을 상대로 열역학법칙에 따라서 이합집산을 할 뿐이다 하는 것이 필자의 생각이다.

이 이야기는 무슨 이야기이냐 하면 전자를 포획해서 물질이라는 것으로 만들어지면 물질은 물질을 상대로 열역학법칙에 따라서 서로 화학적인 반응만을 보이고 있다는 것을 말함이다. 따라서 물질과 물질은(양성자가 전자를 포획한 기체) 상호작용을 일으키지 않는다는 것이다. 다만 전자를 포획한 물질은 전자를 포획한(무거운 물질이든 가벼운 물질이든) 그 어떤 물질이든 일단 전자를 포획을 하여 버리면 물질이므로 물질은 물질을 소가 닭을 보듯이 한다는 것이다.

필자의 이러한 주장은 100% 맞는 주장이다 하는 것인데 만약에 전자를 포획해서 물질이라고 명명된 물질이 전자를 포획한 물질을 상대로 상호작용을 일으키는 것이라는 주장이 옳다고 한다면 상상할 수가 없는 일이 일어날 것이기 때문이다. 왜냐하면 수소와 산소가 만나면 물로 결합을 일으키는 것이 아니라 서로 포획한 전자를 떼어낸 뒤에 양자 결합을 일으킬 것이기 때문인데 이것은 정말 상상할 수가 없는 일이 우리들의 눈앞에서 일어날 것이기 때문이다. 수소와 산소가 지구의 대기에서 만나면 물이 아닌 양자 결합을 할 것이기 때문이다.

따라서 물은 지구의 대기에서 바다를 이루고 있을 수가 없을 것이기 때문인데 이러한 가정은 지구에 생명체가 생성 진화를 이어갈 수가 없음을 뜻하므로 해서 필자가 상상할 수가 없는 일이 벌어질 것이라는 이야기를 한 배경이다. 따라서 전자를 포획한 물질이 물질을 상대로 상호작용을 한다고 하는 주장은 옳지 않는 주장이라는 것의 방증이다.

또한 일반상대성이론에서 주장을 하고 있는 곡률에 대한 이야기를 하여 보기로 하자. 일반상대성이론에서는 중력의 범위를 이야기를 할 때에 그 중력의 범위가 미치는 곳에 곡률이 만들어진다는 주장을 하고 있는데 그것은 곡률이 아니라 중력의 범위인 것이다. 이것을 다시 말하면 질량의 범위가 그것인데 천체가 가지는 질량은(여기에서 천체의 질량은 입자덩어리의 질량을 의미함) 입자의 개체수를 이야기를 함이다 하는 것을 미리서 밝히는 바이다.

즉, 천체의 중심에는 전자를 포획해서 물질이 만들어지기 전 상태에 있는 입자덩어리가 핵력으로 전자를 끌어당겨두고 있는 그 질량을 말하는 것이다. 즉 물질이 무엇인가? 물질을 정의하기를 물질은 물질 내부를 이루는 입자가(양성자) 핵력으로 전자를 포획하면 우리는 그것을 물질이다 하고 명명하고 있다는 사실이다.

따라서 중력을 만들어내는 주체는 전자를 포획한 물질이 아니라 전자를 포획하기 전 상태에 있는 입자덩어리 즉, 양성자덩어리가 중력을 만들어내고 있는 것이다. 그러므로 일반상대성이론에서의 물질이 물질을 상대로 중력을 발호하고 있다는 주장은 옳지 않은 주장인 것이다.

따라서 천체의 주위에 곡률이 만들어지는 것이라는 일반상대성이론은 옳지 않은 주장이 그것인데 이유는 천체가 가지는 입자의(양성자) 질량과 그 양성자 질량에 의해서(핵력) 끌어당겨져서 가두어진 전자질량에 비례해서 중력의 범위가 만들어지는데 그것을 곡률이라고 아인슈타인은 표현을 했던 것이다.

여기에서 필자가 그 곡률에 대한 반론으로는 우리의 지구는 천연가스라고 하는 엘엔지나 석유에서 추출하는 엘피지 같은 가스 또는 화학공장이나 원유정제공장에서 원유를 정제하는 과정에서 추출되는 여러 가지의 수소들과 헬륨이 하늘로 떠오르지 못하고 지표면에 고이는 것은 지구의 중력의 범위가 지표면 안쪽인 것이다.

따라서 아인슈타인이 주장했던 곡률이라고 하는 것은 지구의 중력의 범위인데 지구의 중력의 범위는 가벼운 물질인 수소나 가스 혹은 헬륨 등은 지표면 안쪽이 중력의 범위이고 무거운 물질인 산소나 질소 오존과 같은 기체물질에 대한 중력의 범위는 지구의 대기가 중력의 범위가 되는 것이다.

여기에서 한 가지 부연을 하자면 질소와 산소는 질량이 거의 대동소이하므로 지구의 중력의 범위가 지표로부터 약 10km에 위치를 하는 것이고 질소나 산소보다는 질량이 세배는 큰 오존은 성층권이라고 명명하여둔 거리 즉 지표면으로부터 약 30km의 거리로 밀어내지는 것이다. 즉 지표로부터 약 30km거리인 성층권이 오존에게는 지구의 중력의 범위인 것이다.

여기에서 만약에 화합물인 오존이 현재의 질량보다는 제곱으로 결합을 한다고 가정을 하면 제곱으로 결합한 오존에 대한 지구의 중력의 범위는 지표면으로부터 약 60km의 거리가 될 것이라는 이야기가 되는 것이며 또한 오존이 3제곱으로 결합을 하였다고 가정하면 지구의 중력은 3제곱으로 결합한 오존을 약 90km의 거리로 밀어낼 것이라는 이야기가 되는 것이다.

또한 기체가스행성이라고 명명된 천왕성, 해왕성, 명왕성은 중력의 범위를 우리들의 눈으로 확인이 가능한데 이들 행성들의 중력의 범위는 밀어내진 가스들 즉 수소나 헬륨이 밀어내진 거리가 그 행성의 중력의 범위가 되는 것이다. 이것이 물질과 중력의 주체 간에 일으키는 상호작용인데 아인슈타인은 일반상대성이론에서 주장하기를 우리들의 눈에 보이는 것은 물질이 일으키므로 물질과 물질이 상호작용을 하는 것이라는 주장을 하게 된 것이다.

하지만 정작 물질은 물질을 상대로는 중력이든 상호작용이든 일으키지 않는다는 것이다. 다만 물질은 온도에 따라서 움직일 뿐인데 물질 즉 기체가 움직이는 것은 중력의 범위에 따르고 그 중력의 범위 안쪽에서 움직이는 것은 기체가 가진 온도에 따라서 중력의 주체와 상호작용을 일으키는 것이다. 기체가 온도에 따라서 운동량이 증가하면 중력의 주체가 기체를 밀어내고 밀어내진 기체가 온도에 따라서 운동량이 감소하면 중력의 주체는 기체를 끌어당기는 것이다. 즉, 지표면의 온도와 지구 대기의 온도에 편차가 있으므로 해서 일어나는 일이다.

따라서 지구의 표면과 대기인 약 10km의 거리를 질소와 산소가 순환운동을 일으키는 원인인 것이다. 이것을 두고 일반상대성이론에서는 곡률이라고 했던 것이다. 하지만 정작 곡률은 없다. 다만 중력의 범위만(중력의 범위란 질량대칭성 즉 천체가 가지는 양성자덩어리와 전자덩어리의 대칭성을 의미함) 있을 뿐으로 천체가 가진 질량대칭성에 따라서 그 범위가 크고 작을 뿐이라는 이야기가 되는 것이다.

자, 일반상대성이론에서 주장하는 빛에 대한 이야기를 이어가보자. 일반상대성이론에서는 중력과 빛에 대한 상관관계를 언급하였는데 중력이 강하면 빛을 끌어당길 것이라는 주장이 그것이다. 또한 그 주장은 사실로 확인이 되었다는 것은 필자도 동의를 한다. 하지만 과연 그럴까? 중력이 강하면 빛을 끌어당기기만 할까? 하는 것인데 한마디로 아니다. 중력이 강하면 밀어내는 빛이 존재를 하기 때문이다.

이 말은 무슨 말이냐 하면 일반상대성이론에서는 중력이 빛을 끌어당길 것이라는 주장만 있어서인데 만약에 중력이 빛을 끌어당기기만 한다는 가정을 하면 우주공간에는 빛이 움직이는 데에는 한계가 있을 것이기 때문이다. 우리로부터 멀리에 있는 천체에서 우리에게 도달하는 빛을 설명을 할 길이 없다는 것이다. 왜냐하면 우리로부터 50억 광년이나 100억 광년 거리에서 방사되는 빛을 우리는 볼 수가 없을 것이기 때문이다. 즉 멀리에 있는 천체에서 방사되는 빛이 우리에게 도달하기 전에 중력이 강한 천체에게 끌려들어가므로 우리는 그 천체를 볼 수가 없어야만 일반상대성이론에서 주장하는 바가 옳은 주장일 것이기 때문인데 정작 우리는 50억 광년이나 100억 광년 거리에서 우리에게 도달하는 빛을 볼 수가 있다는 것이다.

이것을 어떻게 설명을 할 것이냐 하는 것인데 그것이 그렇다. 중력이 빛을 끌어당기는 것은 옳다. 하지만 빛이 가진 파장에 따라서 중력은 빛을 끌어당기기도 하고 반대로 빛을 밀어내기도 하기 때문인데 일반상대성이론에서의 주장은 절반만 옳은 주장인 것이다. 즉 중력이 강하면 빛을 끌어당기지만 모든 빛을 끌어당기는 것이 아니라 빛이 가진 파장에 따라서 중력은 빛을 끌어당기고 또는 빛을 밀어내는 것이다.

따라서 우리가 100억 광년 거리에서 날아오는 빛을 우리가 볼 수가 있는 것인데 그것에 대한 이야기를 하고자 한다. 우리는 현재에도 빛의 정체를 자세히 모른다는 것이 필자의 생각이다. 그러므로 빛에 대한 일반상대성이론에서의 빛에 관한 주장에 대한 이야기를 하기보다는 빛의 정체에 관하여 이야기를 이어가보자.

빛은 무엇일까? 하는 생각은 수천 년의 시간이 지나는 동안에도 말끔히 해소되지를 못하고 현재에도 우리는 빛의 정체를 정확하게 모른다는 것이 현실이다. 따라서 빛이 만들어지는 과정과 빛은 무엇으로 만들어지는가와 일단 만들어진 빛은 어떤 행동을 하는가를 알아보고 빛은 과연 어떤 정체성을 가지고 있는가를 추론을 하여 보자는 것이다.

현재의 물리학자들은 빛은 어떤 에너지가 만들어내는 것이라는 주장을 하고 있지만 그 에너지가 정확하게 무엇인가를 알고 있지 못하다는 사실이다. 왜냐하면 우리가 알고자 하는 바를 일반상대성이론이나 양자역학이 가로막고 있기 때문이다. 따라서 물리학자들은 양자역학이나 일반상대성이론에서 자유로울 수가 없으므로 자연이 가진 비밀을 알 수가 없었다는 것이 필자의 생각이므로 양자역학이나 일반상대성이론에서 벗어난 이야기를 하고자 하는 것이다.

물리학자들은 아인슈타인이 주창한 일반상대성이론에 의한 내용을 가지고 빛의 정체를 풀어내보려고 하지만 그것은 잘못된 생각이다. 즉 어떤 이론에 기대어서는 더는 사고의 창의력이 생성되지 못하기 때문인데 그 이론의 자가당착에 빠져버리기 때문이다. 따라서 이 장에서는 빛의 정체에 대한 이야기만 하기로 하자.

과연 빛은 무엇인가? 필자는 고향 시골에서 어린 시절에 매일 산에 가서 나무를 하였는데 산에서 자라는 나무는 모두 필자의 나무 사냥의 대상이 되었는데 그 나무의 용도는 겨울에 난방에도 사용을 하였지만 그 당시에 소를 키우고 있었으므로 소에게 풀죽을 쑤어 먹이는 일에 나무가 동원되었다. 필자는 나무를 태워서 불꽃이 만들어지는 것을 신기하게 바라보고는 하였다.

이때 만들어지는 것은 불꽃만이 아니다. 연기도 동시에 만들어지는데 나중에 알고 보니 그 연기는 불완전연소에 의해서 만들어진 것이라는 것을 알게 되었다. 에너지인 나무가 불꽃이 만들어지는 과정에서 나무의 모두가 연소되는 것이 아니므로 연소가 되는 것은 불꽃으로 연소되지 못한 것은 연기로 만들어져 흩어지는 것이라는 결론을 도출하고는 혼자서 분석력이 탁월한 것에 도취되어 있었던 시절이 생각이 나서 적어본 것이다.

그런데 왜 지금에 와서야 그 생각이 문득 드는 것일까? 빛의 정체와 어떤 관련이 있을까를 생각하여보는 계기는 아닐까 해서인데 필자는 그 시절에 무수히 많은 날들을 장작을 태워서 불꽃을 만들어내는 일들을 하였는데 그때에는 몰랐지만 지금에 와서야 장작이 만들어내는 불꽃의 의미를 알게 된 것이다. 그러므로 그때의 일을 이야기를 할까 한다.

풀죽을 쑤어서 소에게 먹이기 위해서 일상처럼 되어버린 소죽 쑤기는 필자의 직업이 되어버렸는데 이때 참으로 기이한 일을 목격을 하였다. 소죽을 다 쑤고 나면 아궁이에는 타고남은 작장이 숯불이 되어서 남아 있었는데 그 숯불을 화로에 담은 일을 하는 과정에서 필자에게 발견이 되었다. 숯불을 불삽으로 뜨기 위해서 부지깽이로 휘적거리면 만들어지는 불꽃이 그것이다. 그 불꽃은 참으로 여러 가지의 색을 가진 불꽃이더라는 것이다.

이때 필자는 대수롭지 않게 생각을 하였지만 지금에 와서 생각을 하여 보니 그것에 대한 의문이 해소가 되었던 것이다. 나무를 태우면 만들어지는 것은 불꽃과 빛이다. 그것이 어쨌단 것인가? 하고 혹자는 반문을 할지도 모르지만 생각을 하여 보면 그것은 명확하여지는데 그것이 태양이 방사한 빛이 나무를 빚어냈기 때문이다.

빛이 진화를 하였다는 이야기가 되는 것인데 빛이 우주공간에서는 진화를 할 수가 없으므로 항성이 방사하는 빛이 우주공간에서는 수억 년이나 혹은 수십억 년을 또는 100억 년 전에 만들어진 빛이 공간을 돌아다니는 것이다. 이때 빛을 중력이 끌어당기는데 중력이 끌어당기는 빛은 빛이 가진 파장에 따라서 끌어당기는 것이다.

이것을 아인슈타인은 일반상대성이론에서 중력이 강하면 빛조차도 끌어당긴다는 주장을 하였는데 중력이 강하지 않더라도 천체는 빛을 끌어당기는데 빛이 가진 파장에 따라서 끌어당기는 것이다. 즉 빛이 파장이 전혀 없는 빛이라면 우주에 존재하는 모든 천체가 끌어당기는 것인데 이유는 빛이 파장이 없다면 그 빛은 음전자와의 질량대칭성을 가지고 있는 빛이므로 천체의 내부에서 끌어당기는 것이다.

끌어당겨진 파장이 없는 빛은 천체의 내부에 끌어당겨져서 가두어진 음전자와 대전을 일으키는데 둘이 대전되면 쌍소멸을 일으키는 것이다. 파장이 없는 빛과 음전자 둘이 대전되어 쌍소멸을 일으키면 우주에 그 무엇으로부터도 간섭을 받지 않으므로 대전되어 쌍소멸된 둘의 전하가 공간에 있는지 없는지를 알 수가 없으므로 물리학자들은 쌍소멸이라고 했던 것이다.

하지만 둘의 전하가 대전되어 쌍소멸을 하는 것처럼 보이기만 할 뿐으로 둘의 전하들은 공간에 고스란히 남게 되는데 우주에 그 무엇으로부터도 간섭을 받지 않으므로 쌍소멸이 되는 것으로 착각을 하고 있는 것이다. 즉 빛은 양자이다. 따라서 빛은 입자이다. 그러므로 빛은 어떤 때에는 입자로 어떤 때에는 파장으로 행동을 하는 것이다.

음의 전자가 입자라는 것은 명확하다. 따라서 양자이든 전자이든 입자라는 것은 명확하게 우리에게 다가오는 것을 우리들의 감성은 감지하지 못해서 빚어진 해프닝이다. 따라서 일반상대성이론에서 중력이 강하면 빛조차도 끌어당길 것이라는 주장은 절반만 옳은 주장이다. 즉 미완의 이론이라는 것인데 천체가 가지는 질량에 따라서 빛을 끌어당기는 것이 아니라 빛이 가진 파장에 따라서 천체가 빛을 끌어당기는 것이다.

그러므로 천체는 빛이 가진 파장이 길면 끌어당기기도 하고 빛이 가진 파장이 짧으면 천체는 빛을 밀어내는 것이다. 따라서 우주공간에 빛이 자유롭게 돌아다닐 수가 있으며 우리가 멀리에서 날아오는 빛을 보고서 멀리에 존재하는 천체를 볼 수가 있는 조건이 되는 것이다.

그것에 대한 증거는 천체가 우리로부터의 거리에 따라서 파장이 각각 다른 빛이 우리에게 도달하는 것인데 우리로부터 50억 광년 거리에서 우리에게 도달하는 빛이 초록색이라고 한다면 100억 광년거리에서 우리에게 도달하는 빛은 남색을 띤 빛이 우리에게 도달하는 것이며 137억 광년 거리에서 우리에게 도달을 하는 빛은 보라색을 가진 빛이 우리에게 도달하는 원인이다.

즉, 빛이 우리에게 날아오는 동안에 편이를 일으키는 것이 아니라 빛이 가진 파장에 따라서 천체가 빛을 끌어당기기도 하고 빛이 가진 파장에 따라서 천체가 빛을 밀어내기도 하는 것에 대한 증거이다. 하지만 물리학자들은 빛의 이러한 행동을 두고 도플러편이를 우주공간으로 끌고 나가서 대입을 시켜서 빛이 편이를 일으키는 것이라는 주장을 하고 있는 것이다.

빛이 그러한 행동을 하는 그것에 대한 이야기를 하나 더 하기로 하자. 우리는 지구의 중력장속에서 빛이 편이 되는 것처럼 보이는 무지개를 언제라도 목격을 하게 되는데 모두가 알고 있는 바와 같이 지구에는 질소와 산소 물과 여타의 기체물질들이 지구의 대기를 이루고 있다. 이때 태양이 방사한 빛이 지구의 대기로 들어오면 빛은 편이를 일으키는 것처럼 행동을 일으키는데 그것이 무지개이다.

무지개는 비가 온 뒤에 대기 중에 수증기가 많이 남아 있을 때에 나타나는데 이때 빛의 스펙트럼선은 보라색의 빛이 지표면을 향하고 남색, 파란색, 초록색, 노란색, 주황색, 빨간색의 배열이 만들어지는데 이것을 우리는 무지개라고 한다. 이때 지구의 중력장속에서의 나타나는 무지개의 배열은 천체와 빛과의 상관관계와는 반대로 나타나는데 거기에는 원인이 있다.

지구의 대기로 빛이 들어오면 빛은 지구의 중력의 영향을 받는 것이 아니라 지구대기물질의(질소, 산소, 수증기의) 영향을 먼저 받으므로 해서 무지개의 배열이 보라색이 지표면으로 빨간색의 빛이 대기 쪽에 배열이 일어나는 것이다. 지구의 대기물질들이 밀도가 매우 높아서 일어나는 일인데 대기물질인 기체물질 내부의 양성자가 빛이 가진 파장에 따라서 빛을 밀어내기도 빛을 끌어당기기도 해서 빛의 스펙트럼선이 무지개의 배열로 나타는 것이다.

하지만 지구의 대기를 벗어나서 우주공간으로 나가면 무지개의 배열은 빨간색의 빛이 지구를 향하고 보라색의 빛이 우주 쪽을 향하게 될 것인데 원인은 빛이 지구의 대기를 벗어나면 지구의 중력이 빛을 파장에 따라서 끌어당기고 밀어내므로 지구의 대기 속에서의 빛의 스펙트럼선과는 반대로 나타나는 것이다. 이것에 대한 실험은 지구의 대기를 벗어난 우주선에서 실험이 가능할 것이다.

하나 더 이야기를 하자면 우리가 불빛이 없는 칠흑 같은 밤에 하늘을 바라보면 물론 은하수를 볼 수 있는 것은 계절에 따라서이기는 하지만 은하수라고 명명된 천체들의 군락을 볼 수가 있는데 그 은하수는 우리 은하의 중심을 둘러싸고 있는 천체들이다. 즉 국부 은하인데 필자는 은하수 저편 너머에 은은한 밝음을 발견하였는데 그것은 천체물리학자들이 주장하는 블랙홀이라는 천체가 방사를 하는 빛을 은하수라고 하는 별들 즉 천체들이 그 빛을 끌어당겨서 천체의 내부로 끌고 들어가서 나타는 현상이다.

그 블랙홀이라는 천체는 무엇이든지 끌어당기는 천체가 아니라 항성이다. 즉 우리 은하의 중심에 자리하고 있는 빅 항성이다. 하지만 우리 은하의 중심에 존재하는 항성이 우리들의 눈에는 보이지 않으므로 천체물리학자들은 그것을 블랙홀이라고 하는 것인데 사실은 항성이다. 이 항성은 질량이 매우 크므로 해서 만들어지는 빛은 파장이 전혀 없는 빛을 만들어서 방사를 하는 것인데 그 빛은 음전자와 질량대칭성을 가진 빛이므로 음전자와의 대전으로 쌍소멸을 일으키는 빛 즉 양전자이다.

따라서 양전자 빛을 천체가 끌어당기므로 우리가 은하수를 바라보면 은하수 저편 너머에 은은한 밝음만이 목격이 될 뿐이다. 이것을 두고 천체물리학자들은 블랙홀이라고 하는 것이다. 또한 암흑물질이다 하고 주장을 하는 이유 가운데 하나이기도 한데 우주공간에 암흑물질은 없다. 다만 우리로부터 가까운 거리에서 우리가 빅 항성을 볼 수가 없어서 빚어진 해프닝이다.

생각을 해보자. 어떻게 암흑물질 같은 물질이 존재할 수가 있다는 것이냐 하는 것인데 우주가 암흑물질에 의해서 생성이 되었다면 그 암흑물질의 존재가 알려져야만 하는데 그 물질은 물리학자들의 머릿속에서나 존재하는 물질이라는 것이 필자의 생각이다. 또한 다른 각도에서 생각을 해보면 명확한 답이 나온다는 것인데 그것이 기체물질이다. 즉 기체가 만들어지는 원인이 양성자가 가지고 있는 핵력이다.

양성자가 가지고 있는 핵력은 상시적으로 무엇이든지 끌어당긴다는 사실이다. 즉 양성자는 전자만을 끌어당기는 것이 아니라 양성자도 끌어당기는데 우주에 존재하는 모든 물질을 끌어당긴다는 사실이다. 즉 중성자를 비롯해서 고체이든 기체이든 액체이든 끌어당기는 것이다. 그것이 핵력이다. 따라서 양성자가 전자를 포획하면 그것이 기체인데 일단 양성자가 전자를 끌어당겨서 포획하면 하나의 독립체가 만들어지므로 또 다른 양성자가 전자를 포획해서 기체가 만들어지면 둘은 소가 닭을 보듯이 관심을 보이지 않는데 그것이 개체대칭성이다.(양성자와 전자는 약 1800배의 질량이 깨져있음)

즉, 양성자는 전자를 포획하면 하나의 천체가 만들어지는데 기체인 둘이 만나면 서로를 끌어당기거나 밀어내거나 하지를 않고 독립적으로 행동을 하는 것이다. 따라서 양성자가 전자를 포획하면 그것으로 끝이며 다만 기체는 기체 외부의 온도에 반응하며 운동량이 증가하고 감소를 하므로 기체가 일으키는 운동량에 따라서 부풀어 오르고 운동량에 따라서 오그라드는 일을 되풀이할 뿐이다.

그렇다면 양성자는 왜 어떤 이유로 핵력을 가지는 것이냐 하는 문제가 대두가 되는데 그것이 그렇다. 양성자가 가지고 있는 온도 즉 극저온의 온도인 절대온도가 양성자로 하여금 핵력을 가지게 하는 원인이다. 만약에 양성자가 온도를 잃어버리면 양성자는 핵력을 잃어버리는데 양성자가 온도를 잃어버리는 순간 중성자가 되는 이유가 그것이다. 중성자는 자체로 온도를 가지고 있지 않아서 핵력을 만들어내지 못하고 따라서 중성자는 전자를 끌어당길 수가 없는 것이다. 물론 그 어떤 물질도 입자도 전자도 끌어당길 수 없는 그야말로 중성 그 자체이다.

그렇다면 기체물질 내부에는 어떻게 중성자가 있을까? 우주에 존재하는 기체물질들은 경수소를 제외하고는 모두가 중성자를 가지고 있다는 것인데 그 중성자는 어떻게 만들어져 양성자에게 포획이 되어 있는 것일까, 하는 것이 초미의 관심사가 되고 있는데 과연 기체물질 속에 존재하는 중성자는 어떤 과정을 거쳐서 만들어진 것일까?

기체물질 외부에서 만들어진 중성자를 기체물질 내부의 양성자가 핵력으로 끌어당겨서 가지고 있다는 생각을 해 보면 기체물질이 가진 미스터리를 풀어낼 수가 없다는 것이다. 그렇다면 기체물질 내부의 중성자는 어떻게 만들어졌으며 기체물질 내부에 포함이 되어 있는 것일까? 하는 것인데 그것을 이렇게 생각을 해보자.

양성자가 어떤 특수한 조건에서 분열을 일으켰는데 분열을 일으킨 양성자가 가지고 있던 온도 즉 절대온도를 잃어버렸다고 말이다. 양성자가 분열을 일으킬 수가 있는 조건은 플라즈마(전자가 만들어내는 온도임) 즉 뜨거운 온도 속에서 양성자가 분열을 일으켜서 분열된 양성자 두 개 가운데 한 개가 먼저 가지고 있던 절대온도를 뜨거운 플라즈마에게 빼앗기면 아직은 온도를 빼앗기지 않은 양성자가 온도를 빼앗겨서 중성자가 된 중성자를 핵력으로 끌어당겨서 포획을 하는 것이라고 말이다.

그런 뒤에 중성자를 포획한 양성자가 전자를 포획을 함으로써 중성자를 가진 기체가 만들어진 것이라는 추론이 가능한 것이다. 따라서 그러한 조건 즉 기체가 만들어질 수가 있는 조건은 천체의 내부밖에는 없다는 것 또한 연속선상에서 생각해 볼 수 있다는 것인데 자, 생각을 정리해 보자.

빅뱅이 일어났고 빅뱅이 일어난 원인이 무엇이었을까? 물리학자들은 빅뱅 대한 추론으로 바늘 끝과 같은 작은 점에서 시작을 해서 갑자기 커져서 빅뱅이 일어난 것이라는 주장을 하고 있다. 그러한 추론은 타당성이 없다는 것과 추상적인 추론에 불과하다는 것이 필자의 생각이다. 증거제일주의를 주장하는 물리학계가 어떻게 해서 그러한 추론을 여과 없이 받아들일 수 있는 것인지 필자로서는 받아들이기 어려운 주장이다.

어떻게 바늘 끝과 같은 작은 점에서 우리 우주가 생성될 만큼의 대폭발이 일어날 수 있다는 것이냐 하는 것인데 도무지 납득이 되지 않는다는 것이다. 왜냐하면 없는 것은 없는 것이다. 즉 무엇이든지 있어야만 빅뱅이고 대폭발이고 일어날 수 있다는 것인데 그 부분에서는 아인슈타인의 주장이 옳다는 것이 필자의 생각이다. 따라서 빅뱅을 일으킨 원인이 에너지가 공간에 있어야만 빅뱅이 일어날 것이라는 이야기가 되는데 그것이 쌍소멸을 일으킨 전자쌍이 공간에 존재하고 있어야만 빅뱅이 일어난 것에 대한 추론이 가능한 것이다.

즉, 쌍소멸을 일으킨 전자쌍이 공간에 높은 밀도를 유지하고 있어야만 빅뱅에 대한 추론이 성립을 할 수가 있다는 이야기가 그것이다. 따라서 우주가 생성되기 전에도 우주의 어머니 우주가 생성되었다가 소멸을 한 뒤에 쌍소멸된 전자쌍이 공간을 가득 채우고 있었으므로 빅뱅이 일어날 수 있었다는 이야기가 성립을 하는 것이다.

따라서 우주는 생성되었다가 소멸하고 소멸되었다가 다시 빅뱅을 일으켜서 우주가 생성되고를 반복하는 것이라는 결론에 도달하는 것이다. 따라서 빅뱅이 있고 공간에는 빅뱅을 일으킨 양전자와 음전자가 최고점의 온도에 도달을 했을 것이라는 것이다. 이때 양전자는 빅뱅의 압력으로 1,800여 개가 뭉쳐지며 양성자로 만들어졌는데 이때 공간은 절대온도 상태에 있어서인데 빅뱅을 설명하기로 하자.

빅뱅이 일어나기 전에 거대한 에너지 덩어리인 양전자덩어리와 음전자덩어리가 초전도에 의해서 분리되었다가 부닥치며 빅뱅을 일으켰으며 빅뱅이 일어나기 전 공간의 상태는 절대온도 상태에서 쌍소멸된 전자쌍이 절대온도에 의해서 초전도를 일으켜서 서로에게서 떨어져 나옴으로 해서 빅뱅의 단초를 제공을 하였다는 것이 필자의 생각이다. 따라서 빅뱅을 일으킨 에너지는 양전자와 음전자가 일으켰다는 이야기가 되는 것이다.

즉, 초전도에 의해서 쌍소멸 상태의 전자쌍이 서로에게서 떨어져 나온 양전자와 음전자는 거대한 에너지덩어리로 뭉쳐지고 어떤 원인에 의해서 둘의 에너지 덩어리가 서로에게 달려가서 부닥트리자 빅뱅이 일어났다는 추론이 성립을 하는 것이다. 그때 그 빅뱅의 공간에서는 절대온도 상태에 있었으므로 빅뱅이 일어나고 빅뱅의 압력으로 공간이 갑자기 뜨거워지자 공간에 있던 절대온도는 갈 곳이 없었다는 것의 방증이다. 공간에 있던 절대온도가 양성자의 몸속으로 피신하였다고 추론할 수밖에 없는 것이다.

왜냐하면 양성자가 가지고 있는 온도가 그것을 방증하고 있기 때문인데 온도가 무엇인가? 온도는 상시적으로 가변성을 가진다는 것은 모두가 알고 있는 사실이다. 하지만 어떻게 된 일인지 양성자의 몸속으로 들어간 온도는 가변적이지 않는데 이유는 양성자가 가지고 있는 절대온도를 양성자는 절대로 외부로 유출을 시키지 않는다는 것이다. 만약에 양성자가 가지고 있는 절대온도를 양성자의 몸 외부로 유출을 한다고 가정을 하면 그것은 아무것도 되지 않으며 기체와 우주를 설명할 길이 없다는 것이 필자의 생각이다.

왜냐하면 기체가 그것을 증거하고 있기 때문인데 그것을 방조하는 것이 음전자이다. 즉 양성자는 자신이 가진 절대온도를 외부로 유출을 시키지 않으면서 핵력을 가질 수가 있는 조건이 음전자를 이용을 하는 것인데 그것이 핵력을 유지할 수가 있는 방편이다. 따라서 천체가 만들어진 원인이 양성자는 양성자들끼리 빅뱅의 공간에서 서로를 끌어당겨서 덩어리를 만들게 되고 만들어진 양성자 덩어리는 강력한 핵력을 만들어서 음전자를 끌어당겨서 가두어두고 있다는 추론이 가능한 것이다.

다시 말하면 우주에 존재하는 천체는 상시적으로 음전자를 끌어당겨서 가두어두고 있다는 것의 증거이며 또한 우리의 지구를 보면 알 수가 있다는 것인데 지구의 대기에서 일어나는 방전현상이 그것이다. 그것을 먼저 이야기를 하고 가기로 하자. 우리는 지구의 대기에서 일어나는 상전이를 통해서 그것을 알 수가 있다는 것인데 그것은 우리들의 눈으로 목격을 하고 있기 때문이다. 그 방전현상을 알아보고 이야기를 이어가기로 하자는 것이다.

일반적으로 지구의 대기에서 방전이 일어나는 일을 두고 뜨거운 수증기와 차가운 수증기가 서로 부닥치면 일어나는 것으로 알고 있지만 사실은 그것이 아니다. 지구의 대기에서 일어나는 방전의 의미를 알기 위해서는 어떤 전제가 뒤따라야만 하는데 그것이 음전자와 양전자의 존재이다. 음전자의 존재는 (전자가 선을 만들어내므로) 우리들의 눈으로 볼 수가 있으므로 확인이 가능하지만 양전자의 존재는 우리들의 눈으로 볼 수가 없으므로 양전자의 존재를 확인하기는 불가능하다는 것이 필자의 생각이다.

하지만 우리는 이미 결과를 도출하여 두고 있다는 것인데 그것은 양전자와 음전자의 질량대칭성에 의한 쌍소멸이다. 즉 양전자는 음전자와 같은 질량을 가진다는 것을 의미하는데 둘은 만나면 질량대칭성을 가지므로 둘은 대전이 일어나는데 둘의 전하들은 쌍소멸을 하는 것이다.

하지만 둘의 전하들은 대전되면 쌍소멸을 일으키는 것이 아니라 우주의 그 무엇으로부터도 간섭을 받지 않으므로 쌍소멸을 하는 것으로 보이는 것일 뿐으로 사실은 공간에는 대전된 전자쌍이 고스란히 남게 되는데 공간의 밀도가 전자쌍으로 높아져가고 있는 것이다.

지구의 대기에서 일어나는 방전에 대한 이야기를 하는 과정에서 이야기가 앞질러 갔는데 방전이 일어나는 원인을 이야기를 하기로 하자. 우리들은 일반적으로 알고 있기를 뜨거운 수증기와 차가운 수증기가 부닥치면 방전이 일어나는 것으로 알고 있지만 사실은 수증기에게 양전자와 음전자가 끌어당겨져 포함되어 있다가 수증기가 서로 부닥트리면 양전자와 음전자가 서로 만나서 대전을 일으키는데 이때 수증기에 포함된 전자들의(양전자와 음전자) 개체가 대칭적이지 않으므로 해서 일어나는 현상이다. 수증기에 포함된 양전자의 개체와 음전자의 개체가 대칭적이지 않다는 것을 의미하는데 음전자의 방전이 일어나는 것은 양전자의 숫자가 작다는 것이다.

예를 들면 수증기에 포함된 양전자의 개체가 또 다른 수증기에(구름) 포함된 음전자의 개체가 많다는 것을 의미하는데 수증기와 수증기가 서로 부닥치면 양전자와 음전자가 서로를 향해서 달려가서 대전이 일어나서 둘은 쌍소멸을 하고(전자쌍) 이때 음전자의 개체가 양전자보다 많으면 대전되고 남게 되는데 이때 음전자가 선을 만들어내는 것이다. 즉, 음전자의 특성 때문에 일으키는 것인데 음전자는 어떤 원인으로(핵력이나 양전자) 인해서 움직이게 되면 음전자는 선을 만들어내는데 그것이 자기력선이다. 음전자는 같은 극은 밀어내고 다른 극은 끌어당겨서 선을 만들어내는 것이 그것인데 우리의 지구도 극점에서 선을 만들어서 극점으로 이어지는 자기력선을 만들고 있다.

음전자가 자기력선을 만들어내는 원인이 양성자의 핵력이 약화되어 있기 때문이다. 따라서 수증기에 포함된 양전자의 개체가 많으면 음전자는 소리 없이 대전되어 쌍소멸을 하고 반대로 음전자의 개체가 많으면 양전자와의 대전되고 남는 음전자의 개체가 움직이게 됨으로써 자기력선을 만들게 되고 자기력선을 만드는 음전자덩어리를 지구의 중력이 끌어당겨서 지표면 안쪽으로 끌고 들어가는 것이다. 즉 선을 만들어내는 음전자덩어리를 지표면 안쪽으로 끌고 들어가는 그것이 양성자덩어리의 핵력이다.

따라서 지구의 내부를 유추를 할 수가 있다는 것인데 지구의 중심에는 아니 우주에 존재하는 모든 천체의 중심에는 양성자가 덩어리를 이루고 뭉쳐져서 핵력으로 모든 것을 끌어당기는 것이다.(양성자든 음전자든 그것이 고체이든 액체이든 기체이든) 즉 천체가 곧 블랙홀이다 하는 것이다. 따라서 천체가 만들어진 원인이(덩어리) 양성자덩어리의 핵력에 의해서이다 하는 것이 필자의 생각이다.

따라서 우주에 존재하는 모든 천체의 중심에는 빅뱅으로 만들어진 절대온도를 가진 양성자가 덩어리를 이루고 뭉쳐져 있어서 천체는 전자를 끌어당겨서 가두어두고 있다는 것이며 그것의 증거는 지구의 대기에서 일으키는 방전현상이 그 증거이다. 따라서 빛을 만들어내는 항성의 중심에는 절대온도를 가진 양성자가 덩어리를 이루고 뭉쳐져 있으며 항성은 양성자덩어리의 질량이 매우 크므로 끌어당겨서 가두어둔 전자질량 또한 크므로 빛을 만들어내는 조건이 성립을 하는 것인데 천체가 운동을 일으키는 원인이며 천체가 일으키는 운동은 기체를 결합시키는 원인이 되는 것이다. 즉, 양성자덩어리의 규모가 핵력을 증가시키고 증가된 핵력은 전자를 끌어당기는데 끌어당겨진 전자가 핵력에 의해서 갇히는 것이다.

그런 뒤에는 전자가 양성자덩어리의 핵력의 압력에 의해서 운동을 일으키는데 전자가 운동을 일으키면 전자가 뜨거워지는 것이다. 따라서 뜨거워진 전자는 플라즈마에 도달을 하는 것인데 그것이 흑체복사플라즈마이다. 즉 전자가 양성자덩어리의 핵력의 압력으로 운동을 일으키므로 그을음이 만들어지며 전자가 흑체에 도달을 하는 것이다. 따라서 항성이(우리의 태양) 대규모의 폭발을 일으키면 항성의 표면에 구멍이 뚫어지는 것이다. 그 구멍을 우리가 관찰을 해 보면 구멍의 안쪽이 까맣게 보이는데 그것을 물리학자들은 흑점이라고 명명을 하여두고 있지만 그 흑점은 항성의 표면에 온도가 낮아서 까맣게 보이는 것이 아니라 그 구멍을 통해서 흑체복사플라즈마인 전자상태를 보여주고 있는 것이다.

즉 전자가 강력한 핵력의 압력에 의해서 전자가 자기력선을 만들어내지 못하고 극성이 엇갈리는 것인데 전자가 극성이 엇갈리며 운동을 일으키면 전자가 흑체상태에 도달을 하는 것이다. 따라서 전자가 운동으로 그을음이 만들어지며 까맣게 보이는 것이다. 그것이 흑체복사플라즈마이다. 따라서 우주에 존재하는 항성 즉 빛을 만들어서 방사를 하는 항성은 항성 내부에 전자의 밀도가 매우 높으며 그 전자밀도에 막혀서 항성의 표면이 만들어지는 원인인데 항성의 표면이 만들어지는 근본적인 원인은 항성의 질량이 작아서 표면이 만들어지는 것이다.

항성의 질량이 작으면 물질을 결합을 시키는 과정에서 상위물질로의(무거운 기체) 결합을 시킬 수가 없게 되므로 하위물질을 결합을 시켜서 결합된 기체물질을 양성자덩어리의 핵력의 압력으로 붕괴를 시킨다.

이때 하위물질이 붕괴를 일으키면 만들어지는 빛은 파장이 짧은 빛이 만들어지는 것이다. 따라서 질량이 작은 항성은 파장이 긴 빛을 만들어내지 못해서 기체가 빛으로 붕괴를 일으킬 때에 빛으로 붕괴되지 못한 하전입자가 태양풍에 의해서 우주로 날아가기도 하지만 우주로 날아가지 못한 굵은 입자들이 흑체복사플라즈마의 가장자리에 집적이 일어나는 것이다. 흑체복사플라즈마의 전자밀도가 굵은 입자들이 항성의 내부로 끌려들어가는 것을 막고 있는 것이다.

따라서 항성이 가진 질량에 따라서 항성의 표면이 만들어지는 것이다. 하지만 질량이 큰 항성은 결합을 시키는 기체물질이 상위물질을 결합시켜서 결합된 기체물질을 붕괴시키기 때문에 기체가 파장이 없는 빛으로 전화를 하는 것이다. 따라서 질량이 큰 빅 항성은 항성의 표면이 만들어지지 않는다는 것이다.

또한 우리가 우리 은하의 중심에 존재하는 빅 항성을 볼 수가 없는 것의 원인인데 앞에서도 이야기를 하였지만 파장을 가지지 않은 빛을 만들어서 방사를 하는 항성을 둘러싸고 있는 천체들의 군락이 빅 항성이 방사하는 빛을 모두 끌어당겨서 천체의 내부로 끌고 들어가 버리므로 해서 빅 항성이 방사하는 파장이 없는 빛이 우리에게 도달할 수 없는 것이다.

그로 인해서 우리가 우리 은하의 중심에 존재하는 빅 항성을 볼 수가 없으므로 천체물리학자들은 그것을 블랙홀이라고 하는 것이다. 또한 천체물리학자들은 암흑물질이 존재하는 것이라는 주장을 하고 있는 것이다. 하지만 우주에 암흑물질은 존재하지 않는다다. 또한 물리학자들이 주장하는 블랙홀은 없다. 다만 천체가 블랙홀이라면 블랙홀인 것이다. 즉 천체는 천체가 가지는 질량에 따라서 모든 것을 끌어당기므로 블랙홀이라면 블랙홀이라는 이야기가 되는 것이다.

그렇다면 천체가 천체를 밀어내서 거리를 만들어두고 있는 것을 어떻게 설명을 할 것이냐 하는 것인데 그것이 중력이다. 즉 중력은 양성자가 가지고 있는 핵력과 같은 힘인데 양성자가 가지고 있는 핵력을 강력이라고 주장을 하고 있는 이유가 양성자에게 포획된 전자를 떼어낼 수가 없기 때문에 물리학자들은 양성자가 가지는 핵력을 강력이라는 닉네임을 붙여두고 있는가 하는 것에 대하여 필자는 알지 못한다.

하지만 천체가 가지는 중력이나 기체가 가지는 핵력은 같은 것이다. 즉 천체의 내부에 중심에는 기체물질의 내부에서 전자를 끌어당기는 핵력을 가지고 있는 양성자가 뭉쳐져 있으므로 기체물질 내부의 양성자가 가지는 핵력이나 천체가 발호하는 중력이나 같은 것이다. 즉 양성자가 덩어리를 이루고 뭉쳐져서 발호하는 중력은 기체물질 내부의 양성자가 전자를 포획하지 않은 상태에 있는 양성자와 같은 양성자이므로 발호되는 핵력이나 중력이나 또한 같은 것이다.

따라서 천체의 내부 중심에는 절대온도를 가진 양성자가 덩어리를 이루고 뭉쳐져 있다는 추론이 가능한 것이다. 그로 인해서 천체가 운동을 일으키는데 양성자덩어리가 가진 절대온도가 핵력으로 끌어당겨서 가두어둔 전자가 양성자덩어리의 핵력의 압력에 의해서 전자가 자기력선을 만들어내지 못하고 전자가 극성이 엇갈리며 운동을 일으키는 것인데 전자가 운동을 일으키면 전자가 뜨거워지는 것이다.

전자가 뜨거워지면 전자는 플라즈마에 도달을 하게 되는데 전자가 까맣게 그을려서 흑체상태에 도달을 하여 있는 것이다. 그것이 흑체복사플라즈마이다. 따라서 우주에 존재하는 모든 항성이나 행성들의 중심에는 절대온도를 가진 양성자가 핵력으로 전자를 끌어당겨서 가두어두고서 전자를 운동을 시키므로 천체가 운동을 일으키는 원인이다.

즉, 천체의 중심에 양성자덩어리가 절대온도를 가지고 있으므로 차가운 덩어리이고 그 양성자덩어리의 핵력에 끌어당겨져서 가두어진 전자가 양성자덩어리의 핵력의 압력에 운동을 일으키므로 전자가 플라즈마에 도달해 있으므로 양성자덩어리와 플라즈마의 전자덩어리와의 사이에는 강력한 기류가 만들어져 있으며 양성자덩어리와 전자덩어리는 서로 반목하고 있으므로 둘은 서로 반대 방향으로 회전운동을 일으키는 것인데 그것이 천체가 일으키는 운동의 원천이다.

또한 질량이 큰 천체가 질량이 작은 천체를 중력으로 포획을 하여두고 있는데 천체가 천체를 포획하는 원인은 천체 내부의 양성자덩어리가 천체를 포획하고 있으므로 자전과는 역방향으로 회전운동을 일으키는 것이다. 그것이 지구에서 일어나는 자전과 공전이다. 즉 지구의 위성인 달은 지구의 중심에 뭉쳐진 양성자덩어리에 의해서 포획이 되어 있으므로 달의 회전 방향은 지구의 중심에 양성자 덩어리의 회전 방향을 따라서(지구자전의 역방향) 지구의 주위를 한 달에 한 번씩 공전을 하는 것이다.

이에 반하여 지구의 표면은 달이 회전하는 반대 방향으로 회전을 일으키는 것인데 우리는 그것을 지구의 자전이라고 한다. 즉 양성자덩어리의 반대 방향으로 지표면은 회전을 일으키는 것이 그것이다. 또한 지구는 태양의 중심에 뭉쳐진 양성자덩어리의 핵력에 의해서 포획이 되어 있으므로 태양의 중심에 양성자덩어리의 회전 방향으로 끌려가며 태양의 주위를 1년에 한 바퀴를 공전을 하는 것의 원인이다.

또한 태양은 우리 은하의 중심에 존재하는 빅 태양의 중심에 뭉쳐진 양성자덩어리에 의해서 포획이 되어 있으므로 은하의 중심에 뭉쳐진 양성자덩어리의 회전 방향을 따라서 은하의 주위를 공전을 하는 것이다. 또한 우리 은하는 우주의 중심에 존재하는 슈퍼 태양의 중심에 뭉쳐진 양성자덩어리의 회전 방향을 따라서 우주의 중심에 슈퍼 태양의 주위를 공전을 하는 것이다. 이것이 천체가 운동을 일으키는 원인이다.

이와 같이 우주에 존재하는 모든 천체는 가까운 천체의 중심에 뭉쳐진 양성자덩어리의 질량에 따라서 서로를 포획을 하고 있다는 것인데 그 질량의 대칭성이 천체가 천체를 밀어내서 거리를 만들어내는 원인이다. 즉, 천체의 중심에 양성자덩어리의 질량과 끌어당겨져서 가두어진 전자덩어리의 질량이 대칭성을 가진다면 그 대칭성의 질량에 따라서 서로를 밀어내서 거리를 만들어낸다는 이야기인 것이다.

예를 들면 우리의 지구와 질량이 같은 천체 즉 중심에 양성자덩어리의 질량은 같지만 끌어당겨서 가두어둔 전자질량이 작은 쪽을 전자질량이 큰 쪽이 포획하는 것이다. 이것을 포획이라고 이야기한다면 다소 어폐가 있지만 둘은 상호작용을 하는 것이다. 즉 천체가 가지는 질량의(양성자질량과 전자질량의 대칭성) 반비례한 천체가 가지는 질량의 대칭성이 비대칭적인(양성자가 뭉쳐진 질량에 비례해서 전자질량이 작은) 천체를 포획하여 공전하게 만든다는 의미인 것이다. 그것이 곧 중력인데 원인은 양성자가 절대온도를 가지고 있으므로 초전도 상태에 있어서인데 질량이 작은 천체 또한 초전도 상태에 있어서이다. 따라서 천체와 천체가 거리를 만들어서 공전을 하는 원인이다. 또한 우주가 팽창을 하게 된 원인이다.

빅뱅 이후 우주가 왜 팽창을 하였으며 어떤 과정을 거치며 생성되었는가를 이야기해 보기로 하자. 물리학자들은 자신들의 생각만으로 빅뱅을 설명하고 천체들의 팽창을 설명하고 운동을 설명하며 물질을 설명을 하고자 하지만 한번 빗나간 해석의 각도는 되돌리기에는 너무도 멀리에 와 있으므로 우리들로 하여금 자연이 가진 진리를 알기에는 지금으로서는 요원한 이야기가 되고 있는 것이다. 따라서 빗나간 해석을 바로잡고 올바른 이론을 세워보자는 의미로 이 장을 통해서 알아보자는 것이다.

제20장 천체가 전하는 메시지, 우주의 시작과 끝

지금까지 필자가 가지고 있는 생각을 여러 가지 각도에서 피력을 하였는데 앞장들에서는 종합적인 이야기가 아니라 우주를 놓고 보았을 때에는 단편적인 부분들을 조명하는 데 국한이 되었으므로 이장은 우주의 시작과 우주의 끝을 이야기를 하고자 함이다. 아직도 우리는 어디에서부터 잘못되어서 자연이 가진 진리를 알지 못하고 있는가를 알지 못하고 있으므로 우주가 시작되기 전과 우주가 시작되는 원인과 현재와 앞으로 우주는 어떻게 될 것인가를 알아보고 이야기를 이어가기로 하자.

먼저 빅뱅이 일어났다는 것은 많은 경로를 통해서 확인이 되고 있는바 빅뱅은 기정사실이다. 그럼에도 불구하고 빅뱅이 어떤 경로를 통해서 일어난 것은 베일에 가려져 있다는 것이 필자의 생각이다. 왜냐하면 물리학자들이 주장하는 바늘 끝과 같은 단일한 면적에서 에너지가 부풀어 오르며 빅뱅에 이르렀다는 주장에 필자는 동의할 수가 없다는 것인데 이유는 앞에서도 이야기를 하였지만 물리학자들은 없는 것을 있는 것으로 만들고 또한 있는 것을 없는 것으로 만들어서 사고를 진행하기 때문에 그러한 결론을 도출할 수밖에는 없었다는 데에는 동의를 하는 것이다.

따라서 그 부분부터 짚고 가기로 하자. 물리학자들은 없는 것을 있는 것으로 혹은 있는 것을 없는 것으로 만들어내기 위해서는 무엇을 이용을 하였는데 그것이 수학이다. 즉 수학의 숫자를 운용하는 사람들이 문제를 만들어낸 것으로 필자는 생각을 한다는 것인데 그것이 자연의 영역에 수학이라는 숫자를 대입해서 해석을 하고 있으므로 해서 필연적으로 나타나는 폐단이 그것이다.

물론 수학의 숫자는 정직하며 한 치의 오차도 없다. 다만 숫자를 운용하는 운용자들의 문제일 뿐이라는 것도 잘 알고 있다. 물론 수학이 우리로서는 상상할 수 없는 일을 해내기도 하는데 그것이 우주에서의 빛이 휘어진다는 것을 찾아내기도 하므로 숫자는 정직하다는 것이다.

자, 생각을 해보자. 우리 우주가 빅뱅이 일어나서 생성되어 팽창을 하고 현재에 이르고 있다는 것은 기정사실이다. 그렇다면 우리 우주만이 유일한 존재일까를 생각을 해보자는 것이다. 그 생각에 대한 진실은 아니다 하는 것이다. 즉 우주는 생성되었다가 소멸하고 소멸되었다가 다시 생성되는 것을 반복하는 것이라는 생각을 떨쳐낼 수가 없다는 것인데 빅뱅이 일어난 원초적인 문제가 우주는 소멸을 하지만 우주를 만들었던 양전자와 음전자는 소멸을 하지 않는다는 데에서 답을 찾을 수가 있다. 그것이 대칭성이며 쌍소멸이다. 즉 음전자는(전기인 전자) 영원불멸의 존재라는 것이 필자의 생각이다.

전자는 빅뱅의 압력에서도 모양이 변하거나 행동이 바뀌거나 그 어떤 조건하에서도 소멸되지 않았으며 다시금 전자로 되돌아온다는 것이다. 이에 반해서 양전자는 어떤 조건에(빅뱅과 같은 조건) 직면하면 양전자는 모양이 변한다는 것이다. 마치 철 원자가 지구의 대기에서 산소와 염화나트륨에 의해서 부식을 일으켜서 탄소가 만들어지는 것처럼 양전자의 후신인 양성자는 전자를 붙들려고 하지만 양성자가 절대온도를 잃어버리므로 핵력을 잃어서 전자를 끌어당길 수가 없는 지경에 이르면 양성자는 탄소로의 진행이 일어나는 것이다. 이와 같이 양전자는 환경의 지배를 받는다는 것이다. 따라서 우주가 생성될 수가 있는 조건이 성립하는 것이다.

자, 양자와 전자가 그러한 존재라고 한다면 둘의 행로를 더듬어가 보자. 먼저 지구에서 일어나는 일 즉 양전자와 음전자가 만나면 쌍소멸을 일으킨다는 것은 물리학자들이나 일반인들도 알고 있는 사실이다. 거기에서부터 이야기를 풀어가 보자는 것이다. 왜 둘은 만나면 쌍소멸이라는 것을 만들어낼까? 또 쌍소멸은 왜 일으킬까? 하는 것인데 여기 이 대목에서 사고의 각도를 달리 해보자는 것이다.

둘의 전하들이 대전이 되어서 쌍소멸을 일으킨다는 것은 일단 둘의 질량이 대칭성을 갖는다는 사실이다. 여기에서 양자와 전자가 질량대칭성을 갖지 못하고 만나면 물질이 만들어지는데 고체이든 액체이든 기체이든 물질이 만들어지는 것이다. 따라서 왜 둘의 전하는 질량대칭성을 가지고 있어야만 대전이 되며 대전되면 쌍소멸이 되는 것일까 하는 것이다. 그리고 과연 둘의 전하들은 정말로 쌍소멸하는 것처럼 없어져 버리는 것이냐 하는 것이다.

우리가 쌍소멸된 전하들이 정말로 없어져버리는 것이라고 믿고 있는 것은 아닐까 하는 것이다. 자, 여기에서의 문제는 쌍소멸을 통해서 정말로 둘의 전하들은 소멸을 하는 것이냐 하는 부분이다.

앞에서도 이야기를 하였지만 음의 전하인 전자는 그 어떤 환경에서도 변하지도 소멸하지도 않는 불멸의 존재라는 이야기를 하였는데 왜 양전자를 만나서 대전을 일으키면 쌍소멸을 하는 것이냐 하는 것이다. 참으로 아이러니가 아닐 수가 없다는 것인데 우리 우주가 생성이 되려면 음의 전하인 전자는 불변이라는 전제가 있어야만 우리 우주가 생성된 이야기를 이어갈 수가 있으며 우주를 설명할 수가 있다는 것이다.

즉, 음의 전하인 전자가 어떤 환경에 직면해서 양전자처럼 모양을 바꾸거나 전혀 다른 개체로 만들어진다는 가정을 하면 우주가 생성된 과정을 설명할 수가 없음은 불문가지이다. 따라서 음의 전하인 전자는 불변이다. 그 어떤 환경에 직면을 할지라도 음의 전하인 전자는 절대로 모습을 바꾸거나 혹은 없어지거나 하지를 않는 것이다. 따라서 음의 전하인 음전자가 양전자를 만나기를 학수고대하고 있는 것이다. 이 이야기는 무슨 이야기이냐 하면 음의 전하인 전자는 모습을 바꾸지 않는다는 것이다. 따라서 우주가 소멸에 이르려고 한다면 양전자를 기다리는 것이다.

필자가 너무나도 추상적인 이야기를 하고 있는 것이 아니냐고 반문을 할지도 모른다. 하지만 사실이다. 왜냐하면 음의 전하와 양의 전하는 대전되어 쌍소멸 상태에 있었기 때문이다. 즉 회귀본능이 작동을 하는 것이다.

형상기억합금이라는 이야기를 들어본 적이 있을 것이다. 여러 가지 금속이 섞인 합금이 온도에 따라서 본래의 모습을 찾아간다는 의미의 형상기억합금 말이다. 이 말은 금속이 변형이 일어나기 전 상태로 되돌아간다는 의미인데 양전자와 음전자는 본시 대전되어 있던 사이이므로 회귀본능에 따라서 본래에 있던 자리로 되돌아가는 것이다. 따라서 둘이 만나면 대전이되고 곧 쌍소멸을 하는 것이다. 쌍소멸이라는 그것을 우리들의 임의로 정해놓은 것은 아닐까? 정작 양전자와 음전자는 질량대칭성을 가지고 대전이 되면 우리들의 감성에 감지되지 않으므로 쌍소멸하는 것처럼 보이는 것은 아닐까? 하는 것이다.

자, 생각을 해보자. 음의 전하인 전자는 영원불멸의 존재이다. 그 어떤 환경에서도 모양이 변하지도 소멸하지도 않으며 전자가 가지 못할 곳 또한 없다. 이와는 반대로 양전자는 수시로 환경의 지배를 받는다는 것이다. 우리가 알고 있듯이 우리들의 눈에 보이는 것은 모두가 양자이다. 천체가 양자로 만들어져 있는 것처럼 보이는 것이다.

그렇다면 전자는 어디에 있다는 말인가? 그렇다. 양자에게 숨어있는 것이다. 즉 우주에 산재해있는 천체가 겉보기에는 양자로 이루어져 있는 것처럼 보이지만 사실은 양자와 전자로 이루어져야만 우주에 대한 설명이 성립을 하는 것이다. 만약에 천체가 겉보기와 같이 양자로 이루어져 있다는 전제를 하면 전자는 어디에 있다는 것이냐 하는 것인데 없던 전자가 만들어지기라도 해서 우리들의 눈에 보이는 것이냐 하는 것이다.

만약에 전자가 천체의 내부에 없다면 공간에 있다가 필요할 때마다 나타난다는 이야기냐 하는 것을 생각을 해보면 어처구니없는 생각이다. 따라서 천체가 겉보기와는 다르게 양자로 이루어져 있는 것처럼 보이지만 사실은 양자만 보이므로 양자에게 전자는 붙잡혀 있는 것이라는 것을 알 수가 있는 것이다. 따라서 빅뱅을 설명할 수가 있다는 것이다.

물리학자들의 주장과 같이 바늘 끝과 같은 단일한 면적에서 없는 것이(양자와 전자) 만들어지며 빅뱅이 일어났다는 미스터리와 같은 주장은 아닌 것이다. 그러한 주장은 우리들로 하여금 빅뱅의 단초를 설명할 길을 원천봉쇄를 해서 알 수가 없도록 하는 데에 일조할 뿐이라는 것이다.

따라서 없는 것은 없는 것이며 있는 것은 있는 것이다 하는 것이다. 추상적인 사고를 배제해야만 빅뱅을 설명할 수가 있다는 이야기가 되는 것이다. 그러므로 양전자와 음전자가 만나면 쌍소멸을 하는 것이다. 양전자와 음전자가 질량대칭성을 가지고 대전이 되어도 우리들의 눈에 보이거나 무엇으로부터 간섭을 일으킨다면 우주가 어떻게 될 것인가 ? 그러한 일은 일어날 수도 일어나서도 안 되는 것이다. 따라서 양전자와 음전자의 쌍소멸은 우주의 생성과 우주의 소멸을 설명할 수가 있는 단초가 되는 것이다. 우주는 순환을 한다는 이야기가 되는 것이다.

그러므로 음전자는 양성자가 자신과의 질량대칭성을 갖추기를 기다리는 것이다.(음전자는 불변이므로) 양전자의 후신인 양성자가 질량대칭성을 갖추는 것이 양전자로의 회귀이다. 빅뱅의 압력으로 양전자가 양성자로 만들어졌던 것에서 다시 양전자로 되돌아가기 위해서 천체가 빛으로 부서지고 있는 것이다. 그것의 명제가 양성자에서 양전자로의 회귀이다.

자, 빅뱅을 설명을 하기로 하자. 우리 우주 내에 존재하는 항성들이 빛을 방사하고 방사된 빛을 천체들은 끌어당기고 밀어내기를 반복하는 동안에 천체들의 질량은 매시 매초 감소를 하고 천체들의 질량이 감소된 질량만큼 천체들의 거리가 서로를 끌어당겨서 종국에는 수축에 수축을 거듭하다가 우주는 소멸의 길을 걷게 되는데 그것이 쌍소멸이라는 것으로 회귀하는 것이 우주다.

마지막에는 공간의 밀도가 높아지는데 쌍소멸된 전자쌍이 공간에 가득 채워질 것이기 때문이다. 이때는 빛조차도 공간을 오갈 수가 없는 지경에 도달할 것이다. 그런 뒤에 시간은 흘러서 공간은 극저온 상태를 지나서 절대온도 상태에 도달하면 다시금 공간에 쌓여있던 전자쌍은 초전도를 일으키게 되고 양전자는 음전자를 밀어내며 양전자덩어리로 뭉쳐지고 음전자는 양전자를 밀어내며 떨어져 나와서 음전자덩어리로 뭉쳐지게 될 것이다. 그런 뒤에 둘의 전자덩어리는 거대한 에너지덩어리가 될 것이다.

우리 우주의 어머니 우주보다 더 큰 우주와 우리 우주보다 더 큰 우주가 만들어지기 위해서 둘의 에너지덩어리들은 서로를 향해서 달려가서 부닥트릴 것이다. 그것이 빅뱅이다. 즉 현재의 우주에서 양전자와 음전자가 질량대칭성을 가지고 대전되면 쌍소멸을 하는 이유가 그것이다.

우주를 이루고 있던 양성자가 파장이 없는 빛으로 부서져서 양전자로 회귀를 하면 천체 내부의 중심에 뭉쳐진 양성자덩어리와 양성자덩어리에 의해서 끌어당겨진 음전자덩어리 즉, 흑체복사플라즈마에 의해서 파장이 없는 빛은 끌어당겨져서 음전자와의 질량대칭성을 가지고 대전되어서 쌍소멸을 일으키는 것이다.

하지만 둘의 전하들은 대전되면 우리가 알고 있는 것처럼(잘못 알고 있음) 쌍소멸을 일으키는 것이 아니라 쌍소멸되는 것처럼 보이기만 할 뿐으로 둘의 전하들은 대전되어서 공간에 고스란히 남는 것이다. 그것이 빅뱅이 일어날 수 있는 단초가 되는 것이다. 따라서 우주는 소멸되고 생성되고를 반복하는 것이다.

빅뱅을 설명하기로 하자. 둘의 전하들이 질량대칭성을 가지고 대전되어 쌍소멸 상태로 공간에 남아 있다가 공간의 온도가 절대온도에 도달을 하면 대전되어 있던 전자쌍이 초전도를 일으키며 분리되어서 빅뱅을 일으킬 수 있는 에너지덩어리로 뭉쳐지는 것이다. 뭉쳐진 에너지덩어리들은 서로를 향해서 달려가서 부닥트리게 되는데 그것이 빅뱅이다.

둘의 에너지덩어리들이 서로를 향해서 달려가서 부닥치게 되면 우리들로서는 상상할 수 없는 거대한 폭발을 일으키게 되는데 이때 공간은 절대온도 상태에 있다. 양의 전하인 양전자가 빅뱅의 압력으로 음의 전하인 음전자보다는 약 1,800배에 달하는 질량으로 뭉쳐지게 되는데 양전자가 1,800여 개의 개체가 하나의 덩어리로 뭉쳐지는 것이다. 물론 양전자덩어리는 크고 작게 뭉쳐질 것이라는 것은 불문가지이다.

예를 들면 빅뱅의 중심에는 양전자가 1,800여 개의 개체가 뭉쳐지는 것이 아니라 5,000개 아니 10,000개의 양전자의 개체가 뭉쳐졌을 것이라는 것이다. 그것에 대한 이야기를 하기로 하자.

우리는 옥수수를 팝콘으로 만들기 위해서 밀폐된 공간에 옥수수를 넣고 가열을 한 뒤에 기계 안쪽과 기계 바깥에 있는 기압을 이용하게 되는데 기계 내부의 압력을 최대한 높인 뒤에 갑자기 밀폐된 기계 안쪽의 압력을 낮은 바깥쪽의 압력에 노출을 시키는 것이다. 그렇게 되면 기계 안쪽에 있던 옥수수가 높은 기압에 노출되어 있다가 갑자기 낮은 기압에 노출되면 옥수수 내부에 깊숙이 침투해 있던 높은 기압이 옥수수 몸 밖으로 튀어나가는 것이다. 이때 옥수수는 기압을 견디지 못하고 옥수수의 몸이 기압에 의해서 끌어당겨지며 부풀어 오르는 것이다. 이것이 팝콘이 만들어지는 원인이다.

양전자도 옥수수와 별반 다를 것이 없다는 것이 필자의 생각이다. 극저온 상태 즉 더는 내려갈 수가 없는 온도 즉 절대온도에 노출이 된 양전자가 초전도를 일으켜서 거대한 에너지덩어리로 뭉쳐져 있다가 양전자덩어리와 음전자덩어리가 서로 부닥트렸다고 상상을 하여 보자. 우리 인간들로서는 상상조차 할 수 없는 일이 일어날 것이다.

따라서 빅뱅의 중심에는 둘의 전하덩어리들이 부닥트릴 때의 압력이 중심과 가장자리가 달랐을 것이라는 이야기가 되는데 빅뱅의 중심에는 양전자의 개체가 5,000개 10,000개 혹은 100,000개나 200,000개의 개체가 뭉쳐졌을 것이라는 이야기가 성립하는 것이다. 따라서 빅뱅이 일어나고 빅뱅의 중심에서부터 양성자가 덩어리를 먼저 만들게 되고 빅뱅의 중심에서부터 공간의 온도가 낮아졌을 것이다.

빅뱅으로 일어난 그것에 대한 설명을 하고 가기로 하자. 빅뱅이 일어나는 순간에 공간은 절대온도 상태에 있다. 우리 우주가 생성될 만큼의 양전자덩어리와 음전자덩어리가 서로 부닥트렸으니 그 압력은 상상을 초월할 것이다. 이때 공간은 절대온도 상태에 있다. 즉 0k인 켈빈 온도 즉 -273.16도의 온도가 빅뱅이 일어나자 갈 곳이 없었던 것이다.

자, 여기에서 잠시 생각을 해보자. 절대온도 상태의 공간에서 거대한 에너지덩어리들이 부닥트렸는데 공간에 있던 절대온도가 빅뱅의 압력이 발생을 하는 순간에 달아날 수가 있을 것인가를 말이다. 만약에 절대온도가 빅뱅의 압력으로 어디로 날아난다고 가정을 하면 어디로 날아날 것인가 하는 것인데 빅뱅의 공간이 너무도 방대해서 공간 그 어디에도 절대온도상태에 있으므로 절대온도는 공간 그 어디로도 날아날 수가 없었던 것이다. 따라서 절대온도가 고스란히 어디로 숨을 수밖에는 없는 것이다.

왜냐하면 빅뱅의 압력으로 공간이 갑자기 뜨거워졌는데 공간이 뜨거워진 것은 빅뱅의 압력으로 음전자덩어리가 산산이 부서지며 음전자가 운동을 일으켰기 때문이다. 음전자는 운동을 일으키면 뜨거워지는데 순간적으로 음전자가 빅뱅의 압력으로 운동을 일으키자 공간은 상상할 수 없는 온도로 높아졌기 때문인데 음전자가 빛으로 그것도 전자 빛으로 전화를 하였기 때문이다.

그러나 음전자덩어리가 부서지며 운동을 일으키기 바로 전에 빅뱅의 압력은 양전자를 납작하게 만들었는데 양전자의 여러 개체가 뭉쳐지며 만두피처럼 납작하게 펴졌던 것이다. 그리고 뒤이어서 음전자가 덩어리에서 부서지며 운동을 일으키자(이때도 공간은 절대온도 상태에 있음) 순간 공간은 상상할 수가 없는 온도로 높아졌던 것이다. 이때 만두피처럼 납작하게 펴졌던 양전자가 뜨거운 온도에 오그라들었는데 이때도 공간은 절대온도 상태에 있었으므로 공간에 있던 절대온도가 갈 곳이 없었던 것이다.

따라서 절대온도는 양전자가 만두피처럼 납작하게 펴졌다가 음전자의 운동으로 공간이 뜨거워지자 양전자의 몸속으로 피신을 했던 것이다. 그 절대온도를 끌어안고 양전자는 뜨거운 전자 빛에 의해서 오그라졌던 것이다. 따라서 양전자는 절대온도를 자신의 몸속에 가두어버리고 양성자로 만들어졌던 것이다.

그것의 증거는 기체물질 내부의 양성자가 극저온을 가지고 있는 것이 그 증거이다. 따라서 양성자가 절대온도를 가지고 있어야만 양성자는 핵력이 만들어지는 것이다. 만약에 양성자가 절대온도를 잃어버리면 양성자는 핵력을 잃어버리는데 양성자가 핵력을 잃어버리고도 전자를 끌어당기면 끌어당겨진 전자가 절대온도를 잃어버린 양성자를 상대로 척력을 만들어내지 못하는 것이다. 따라서 고체는 전자를 끌어당기기만 하므로 전기저항이 만들어지는 원인이다. 즉 양성자가 절대온도를 가지고 있으면 핵력을 만들어내지만 그 핵력에 의해서 끌어당겨진 전자는 척력을 만들어내는 것이다.

여기에서 잠시 초전도에 관한 이야기를 하고 빅뱅에 관한 이야기를 하기로 하자. 어떤 물질들을 혼합시키면 초전도체가 만들어진다. 그 초전도체를 극저온에 노출시키면 전기저항이 일어나지 않는 것을 목격을 하게 되는데 그 초전도체가 핵력을 가지는 것이다. 초전도체가 극저온 상태에 있게 되면 초전도체는 핵력을 회복을 하게 되기 때문인데 초전도체를 극저온상태에 두고 도체에 전자를 흘려보내면 전자가 초전도체를 상대로 척력을 만들어내는 것이다.

따라서 전기저항이 없어지는데 이때 전자는 도체의 핵력이 약하므로 전자가 자기력선을 만들어서 도체 밖에서 선을 따라서 움직이는 것이다. 이것이 전기저항이 없어지는 원인이다. 즉, 쿠퍼쌍이 아니라 전자가 양자를 상대로 척력을 만들어내는 것이다. 따라서 양성자가 만들어내는 핵력과 전자가 만들어내는 척력은 비례하는 것인데 그것이 절대온도에 있다. 즉 빅뱅의 공간이 절대온도 상태에 있었다는 것의 반증이다.

또한 기체물질을 만들어내는 양성자가 절대온도를 가지고 있는 것이 빅뱅의 공간이 절대온도 상태에 있었다는 것의 반증이다. 따라서 빅뱅을 설명할 수 있는 것이다. 빅뱅이 있고 얼마 지나지 않아서 빅뱅의 중심에는 우리 태양계에서는 볼 수 없는 물질인 커다란 옥수수가 만들어졌는데 그것이 음전자보다는 질량이 1,800배가 큰 양성자가 아니라 오천 배, 만 배는 더 큰 질량을 가진 양성자가 만들어졌을 것이다. 왜냐하면 빅뱅의 중심에서 제일 먼저 양성자가 뭉쳐졌기 때문이다.

이때 공간은 양성자가 전자를 끌어당겨서 기체물질로 결합을 할 수가 없었는데 전자가 운동을 일으키며 플라즈마 상태에 있었으므로 양성자는 전자를 포획할 수가 없었다는 것이다. 따라서 양성자들끼리 뭉쳐져서 덩어리를 만들고 있었는데 빅뱅의 중심에서 뭉쳐진 양성자덩어리가 가장 커다란 덩어리가 뭉쳐졌다는 것이다.

그 이유는 빅뱅의 중심으로부터 은하들이 밀어내졌기 때문이다. 따라서 은하들을 밀어낸 빅뱅의 중심에는 은하들이 가진 질량보다는 수십억 배에서 수백억 배에 달하는 질량으로 뭉쳐진 슈퍼 태양이 자리 잡고서 은하들을 상호질량에 따라서 밀어내서 거리를 만들었던 것이다.

따라서 빅뱅의 중심에 존재하는 슈퍼 태양이 은하들을 상호질량에 따라서 포획을 하고 슈퍼태양의 중심에 양성자가 전자를 끌어당겨서 가두어두고 전자를 양성자덩어리의 핵력으로 운동을 시키고 있으므로 은하들은 빅뱅의 중심에 슈퍼 태양이 일으키는 회전 방향을 따라서(슈퍼 태양 내부의 중심에 뭉쳐진 양성자덩어리의 회전 방향) 슈퍼 태양의 주위를 속절없이 끌려가며 공전을 하고 있는 것이다.

여기에서 아인슈타인이 말년에 완성을 시키지 못한 끈 이론에 관한 이야기를 잠시만 하기로 하자. 아인슈타인은 자신이 주창한 일반상대성이론이 미완의 이론이라는 것을 본인은 알고 있었다는 것이다. 왜냐하면 일반상대성이론으로는 자연이 가진 모든 것을 풀어낼 수가 없다는 것을 알았기 때문이다.

만약에 아인슈타인이 자신이 주창한 일반상대성이론이 완벽한 이론이라는 생각을 가지고 있었다고 한다면 아인슈타인은 끈 이론을 세우려고도 하지 않았을 것이라는 것이다. 따라서 아인슈타인은 일반상대성이론으로는 자연의 모든 것을 알 수가 없다는 것을 알았기 때문에 끈 이론을 세우려고 하였지만 끝내는 뜻을 이루지 못하고 타계를 했다는 것이다.

또한 아인슈타인이 말년에 세우려고 했던 끈 이론도 자연의 근본에는 다가가지 못한 이론으로서 이유는 중력의 실체가 무엇으로부터 시작되고 있는가를 알고 있지 못하기 때문이다. 다만 일반상대성이론보다는 진일보한 이론임에는 틀림이 없다는 것은 불문가지이다. 하지만 끈 이론도 중력의 실체를 정확하게 표현을 하고 있지 못하므로 미완의 이론이다. 아인슈타인은 끈 이론을 주창함에 있어서 중력에 대한 표현을 바이올린의 현에 비유를 하였는데 이때 차원이 등장을 하고 있다는 것이다.

하지만 우주에서 차원은 없다. 이유는 질량만이 있을 뿐이기 때문인데 천체가 가지는 질량이 크고 작을 뿐으로 즉 중력의 힘인 양성자질량과 전자질량만 있을 뿐이다 하는 것인데 끈 이론에서도 양성자질량과 전자질량에 관한 이야기는 어디에도 없다는 것이다. 즉 중력의 실체를 알고 있지 못함으로 해서인데 우주가 끈으로 이어져 있다는 것으로 표현을 했던 것이다.

따라서 그것을(중력) 끈과 차원으로 이야기를 하고 있는 것이다. 그러한 표현은 적절한 표현이 아니다. 왜냐하면 중력을 만들어내는 것의 실체에 관한 이야기는 없고 끈과 차원으로 이야기를 한다면 일반상대성에서 주장한 포괄적인 의미를 벗어날 수가 없는 것이다. 즉. 중력의 실체는 없고 중력의 언저리만을 이야기를 하고 있는 것이다. 추상적이다 하는 것이다.

무엇이 중력을 만들어내고 있으며 무엇이 운동을 일으키고 있으며 질량이 큰 천체는 빛을 어떤 이유로 만들어내고 있는가와 천체와 천체가 서로 서로 상호작용을 하며 거리를 유지하며 움직이는가를 설명할 수가 없는 것이다. 그것이 무슨 이론인가. 마땅히 물리이론이라고 한다면 실체를 밝혀야만 할 것이다. 따라서 끈 이론도 미완의 이론이다.

각설하고 빅뱅에 대한 이야기를 이어가자. 앞에서도 이야기를 하였지만 빅뱅을 일으킨 것은 양전자와 음전자이다. 이 둘의 전하들이 빅뱅을 일으키기 위해서는 필연적으로 온도가 동반이 되어야만 하는데 그것이 절대온도다. 양전자와 음전자는 질량대칭성을 가지면 대전되어 쌍소멸을 한다는 것은 모두가 알고 있는 사실이다. 그 질량대칭성은 양쪽의 질량이 비례하다는 이야기인 것인데 양전자나 음전자가 질량이 똑같다는 것이다.

이 둘의 전하들이 질량대칭성을 가지고 대전이 되면 우주의 그 무엇으로부터도 간섭을 받지 않으므로 우리는 그것이(대전된 양전자와 음전자) 쌍으로 소멸하는 것으로 알고 있다는 것이다. 하지만 음의 전하인 전자는 영원불멸의 존재이다. 따라서 양전자와 대전된다고 하여도 소멸하지 않는 것은 불문가지이다.

그러므로 둘의 전하들이 쌍소멸을 일으키는 것이 아니라 공간이라는 창고에 둘의 전하들은 대전되어 차곡차곡 쌓여가는 것이다. 즉 전자쌍의 밀도가 높아져 가는 것이다. 그렇게 되면 공간에서의 빛의 속도 또한 느려질 것은 자명하다 할 것인데 빅뱅이 있고 양성자들이 모여들며 뭉쳐지고 양성자덩어리가 핵력을 발호할 즈음에 공간의 온도가 낮아지기 시작하였는데 운동을 일으켜서 공간을 달구었던 전자가 차가워지기 시작했던 것이다.

이때 양성자덩어리들은 전자를 끌어당기기 시작하였는데 이때 끌려온 전자가 차가워져 있음으로 해서 운동을 하고 있지 않으므로 양성자는 전자를 끌어당겨서 전자를 포획했던 것이다. 이때 양성자와 음전자의 사이에는 불변의 룰이 만들어지는데 그것이 개체대칭성이다.

양성자는 어떤 일이 있든지 간에 전자를 한 개만을 끌어당기는데 양성자 한 개가 전자두 개를 포획할 수가 없다. 왜냐하면 양성자는 극성을 가지고 있어서인데 양성자가 가지고 있는 극성에 포획이 되는 전자 또한 극성을 가지고 있기 때문이다. 즉, 양성자가 가진 극성에는 전자를 한 개만을 포획할 수가 있는 것이다.

따라서 양성자는 전자를 극성에 따라서 전자가 가진 극성을 포획하는 것이다. 그러므로 둘의(양성자와 전자) 사이에는 그 어떤 일이 있더라도 일대일의(여기에서 중성자는 제외됨) 대칭성이 성립을 하는 것이다. 아니 양성자가 전자를 한 개 이상 포획할 수가 없는 것이다.

따라서 그 룰이 우주를 생성시킬 수가 있다는 이야기가 그것이다. 만약에 양성자 한 개가 전자를 한 개 이상 두 개나 세 개를 포획한다면 어떻게 천체가 만들어지겠는가? 천체가 만들어지기 위해서는 양성자가 전자를 핵력으로 끌어당기게 되었을 때에 양성자가 전자를 많이 포획해버리면 우주공간에는 이상한 기체물질들로 가득 채워질 것이기 때문이며 천체는 만들어지지도 않을 것이며 대칭성이 깨져버릴 것이기 때문이다.

따라서 양성자와 전자 간에는 개체대칭성이 존재하는 것이다. 따라서 양성자가 전자 한 개만을 포획하면 더는 전자를 포획할 수가 없게 되는 것이다. 따라서 빅뱅이 있고 공간의 온도가 하강을 하자 먼저 뭉쳐진 양성자덩어리가 핵력으로 전자를 끌어당기기 시작을 할 초기에는 양성자가 끌려온 전자를 포획해서 경수소로 결합을 했던 것이다.

이때부터 천체는 중력이 만들어지기 시작하였는데 먼저 양성자에 대한 이야기를 하고 전자와의 상관관계를 이야기를 하기로 하자. 빅뱅이 있고 공간은 양전자가 빅뱅의 압력으로 옥수수처럼 뻥 튀겨져서 공간에 있던 절대온도를 가지게 됨으로써 양성자로 만들어지면서 양성자가 핵력이라는 것을 가지게 되었다.

양성자가 가지는 핵력은 양성자는 물론이고 전자도 끌어당기지만 이때 공간은 빅뱅의 압력으로 전자가 격렬한 운동을 일으키고 있었으므로 전자가 뜨거워져서 플라즈마 상태에 있었으므로 양성자는 핵력이 있다고 하더라도 플라즈마인 전자를 끌어당길 수가 없었던 것이다. 따라서 양성자는 양성자들끼리 뭉쳐지며 덩어리를 만들었던 것이다.

그렇게 덩어리로 뭉쳐지던 공간이 차츰차츰 차가워지며 전자의 운동이 둔화되기 시작하자 양성자덩어리는 전자를 끌어당기기 시작하였는데 이때 끌려오는 전자는 소수였기 때문에 양성자덩어리에게 끌어당겨지는 전자를 양성자는 전자를 포획했던 것이다. 이때 양성자가 전자를 포획하면 천체의 중심에 양성자덩어리는 전자를 끌어당긴 만큼의 중력을 발호하게 되는데 중력에 관한 이야기를 먼저 하고 이야기를 이어가자.

중력은 양성자와 전자가 만들어내므로 핵력과 척력이다. 즉 양성자가 전자를 포획하면 수소가 만들어지는데 그것이 경수소다. 경수소는 우주에 존재하는 그 모든 기체를 만들어낼 수가 있는 기본 물질이다. 우주에 존재하는 그 어떤 기체도 경수소를 거쳐 가지 않고는 만들어질 수가 없기 때문이다.

따라서 경수소가 중수소로 삼중수소로 헬륨으로 산소로 질소로 만들어지기 때문이다. 따라서 경수소가 모든 기체의 어머니 기체인 것이다. 우리의 지구에는 수많은 고체들이 존재를 하지만 우주에서 고체는 만들어져서는 안 되는 물질이다. 왜냐하면 지구는 질량이 매우 작으므로 고체가 만들어져서 고체행성이 되었기 때문이다. 즉 천체가 가져야 할 질량이 턱없이 부족해서 일어난 일이다.

하지만 우리는 그 물질의 근본을 알고자 하는 데에 입자가속기를 만들어서 물질이(고체물질) 무엇으로 이루어져 있는가를 알고자 하지만 그것은 입자가속기로는 알 수가 없는 것이다. 즉 고체는 양성자가 가지고 있던 절대온도를 잃어버린 기형 물질이기 때문이다. 또한 고체를 속속들이 알아낸다고 한들 아무런 의미가 없다. 우리가 물질의 근본을 알기에는 고체로는 알아낼 수가 없기 때문이다. 즉 기형물질을 가지고 물질의 근본을 알아내겠다는 발상은 우리들로 하여금 물질의 근본을 알지 말자는 것에 다름 아니기 때문이다.

중력에 관한 이야기를 하는 과정에서 이야기가 옆으로 흘렀는데 중력에 관한 이야기를 하기로 하자. 중력이라는 것은 양성자와 전자 간에 대칭성이다. 즉 천체가 만들어지기 위해서는 양성자가 덩어리를 이루고 뭉쳐져야만 하는데 그 양성자덩어리가 무엇이든지 끌어당기는 핵력이다.

이때 양성자덩어리가 전자를 끌어당기면 양성자는 전자를 포획을 하게 되는데 이때 만들어지는 것이 기체인 경수소다. 경수소가 만들어지면 천체 내부의 양성자덩어리는 핵력으로 끌어당긴 전자질량에(양성자가 끌어당겨서 가두어진 전자 개체의 수) 따라서 중력을 발호하는데(이때 끌어당겨진 전자는 자유전자임) 결합된 경수소를 상호질량의 거리로(천체가 가진 양성자덩어리의 질량과 끌어당겨서 가두어진 전자질량) 밀어내는 것이다.

우리의 지구가 질소와 산소, 물 분자와 오존을 상호질량에 따라서 밀어내서 거리를 만들고 있는 그것이 즉 중력이다. 따라서 지구의 중심에는 양성자가 덩어리를 이루고 뭉쳐져서 전자를 끌어당겨두고서 중력을 발호하고 있는데 만약에 지구에 전자가 없다면 지구에는 중력은 없다는 것이다. 다만 양성자가 발호하는 핵력만 존재할 것이다.

양성자덩어리가 전자를 끌어당겨두고 있지 않으면 지구의 대기에 기체가 있다고 하여도 끌어당기지 못하고 또한 기체를 밀어내지 못할 것이다. 왜냐하면 기체는 개체대칭성을 가지므로 끌어당기지도 밀어내지도 못하는 것이다. 하지만 고체는 중력이 밀어내지는 못하고 끌어당기기만 하게 되는데 그 이유는 고체는 양성자가 절대온도를 잃어버렸기 때문이다.

따라서 고체는 절대온도를 가지고 있는 양성자처럼 핵력을 가지지 못하고 핵력을 잃어버린 것이다. 따라서 절대온도를 가지고 있던 양성자가 절대온도를 잃어버리면 고체가 되는데 고체는 고체끼리만 뭉쳐지기 때문이다. 즉 고체가 가지는 양자 질량에 비례해서 전자질량이 대칭성을 가지고 있지 못하기 때문이다. 따라서 중력은 고체를 밀어내지 못하고 끌어당기기만 하는 것이다.

그러므로 천체의 중심에 끌어당겨져서 가두어진 전자가 없다면 천체는 핵력만 있고 척력이 없으므로 중력은 만들어지지 않는 것이다. 따라서 천체가 천체를 밀어내서 거리를 만들게 되는 그것이 핵력과 척력이 상호작용을 함으로 해서인데 양성자덩어리와 전자덩어리 간에 초전도 상태에 있기 때문이다.

또한 기체물질도 초전도 상태에 있으므로 기체물질 내부에 양성자가 절대온도를 가지고 있기 때문이다. 이것이 중력이다. 그러므로 빅뱅이 일어난 뒤에 공간은 플라즈마 상태에 있었으므로 양성자가 덩어리를 이루고 뭉쳐졌다고 하여도 전자가 뜨거워져서 플라즈마 상태에 있었으므로 해서 양성자덩어리는 전자를 끌어당길 수가 없었던 것이다.

하지만 빅뱅이 일어나고 시간이 지나고 플라즈마였던 전자가 차가워지기 시작을 하자. 덩어리로 뭉쳐진 양성자덩어리가 전자를 끌어당기기 시작하였는데 전자가 끌려오자. 양성자는 차가워진 전자를 포획해버린 것이다. 그러자 기체인 경수소가 만들어졌는데 천체는 기체인 경수소를 끌어당겨진 전자구역 밖으로 밀어냈던 것이다.

이것이 빅뱅이 있고 최초의 중력이다. 하지만 경수소가 밀어내진 거리가 그리 멀리는 밀어내지는 못하였는데 이유는 양성자덩어리가 끌어당겨서 끌려오는 전자질량이 많지 않았기 때문이다. 즉 중력은 양성자의 개체가 100이라면 전자 또한 100이어야 중력의 힘은 최대치가 되는데 뭉쳐진 양성자덩어리가 처음으로 전자를 끌어당기는 시기에는 양성자덩어리의 양성자 개체와 끌어당겨진 전자의 개체가 비대칭이었기 때문이다. 물론 경수소를 밀어내는 와중에도 전자는 계속해서 양성자덩어리의 핵력에 끌어당겨진 것은 불문가지이다. 따라서 경수소가 결합을 하면 중력은 끌어당겨진 전자질량에 비례한 거리로 경수소를 밀어냈던 것이다.

천체의 중심에 양성자덩어리는 계속해서 전자를 끌어당기게 되고 끌어당겨진 전자의 밀도가 높아져갔는데 전자의 밀도가 높아져 가는 만큼 전자구역이 넓어지게 되고 전자구역 밖으로 밀어내지던 경수소가 전자구역을 벗어나지 못하게 되었는데 이때 끌어당겨진 전자가 양성자덩어리의 핵력에 운동을 일으키기 시작을 했던 것이다.

전자가 운동을 일으키면 전자가 뜨거워지는데 뜨거워진 전자는 플라즈마에 도달을 하게 되므로 양성자덩어리와 플라즈마의 전자덩어리 사이에는 강력한 기류가 만들어지게 되고 이때 빅뱅 이후 최초의 운동이 일어났던 것이다. 즉 천체가 회전운동을 일으키기 시작했던 것이다.

자, 생각을 해보자. 천체의 중심에는 절대온도를 가진 수많은 양성자가 모여 덩어리를 이루고 있으므로 차가운 온도이지만 끌어당겨져서 가두어진 전자덩어리는 양성자덩어리의 핵력으로 운동을 일으키는데 전자는 같은 극은 밀어내고 다른 극은 끌어당기는 운동을 일으키는 것이다. 이때 전자밀도는 양성자덩어리의 핵력에 비례한다는 것이다. 따라서 전자가 일으키는 운동은 양성자덩어리의 질량에 비례하므로 전자가 자기력선을 만들어내지 못하고 전자가 극성이 엇갈리는 운동을 일으키게 되는 것이다.

전자가 극성이 엇갈리는 운동을 일으키게 되면 전자는 뜨거워지는데 전자가 플라즈마에 도달을 하는 것이다. 따라서 전자가 플라즈마에 도달을 하는 조건은 양성자덩어리의 핵력에 비례하므로 양성자덩어리와 전자덩어리와의 사이에는 기류가 만들어지며 서로 반목을 하게 되고 둘의 덩어리들은 서로를 밀어내는 것으로 나타나는 것이다. 따라서 기류가 흐르는 곳으로 전자가 끌려 들어오면 양성자가 덩어리에서 떨어져 나와서 끌려 들어온 전자를 포획하는 것이다. 그것이 경수소다.

경수소가 결합을 하면 천체의 중심에 양성자덩어리는 경수소를 밀어내는데 밀어내지는 경수소의 위치는 양성자덩어리의 질량에 끌어당겨진 전자질량에 비례한 거리로 밀어내지는 것이다. 즉 그것이 중력인데 천체의 내부도 초전도 상태에 있고 결합된 경수소도 초전도 상태에 있으므로 천체의 중심에 양성자덩어리는 결합된 기체를 상호질량에 따라서 밀어내서 거리를 만들게 되는 것이다.

그런데 양성자덩어리의 질량이 크다면(항성인 경우) 전자는 계속해서 끌어당겨지므로 전자밀도는 높아지게 되고 전자구역이 넓어지는 것이다. 이때는 공간이 빅뱅이 일어나고 얼마 지나지 않았기 때문에 빅뱅의 압력으로 전자가 플라즈마 상태에 있었으므로 양성자덩어리가 끌어당기는 전자는 많지 않았을 것이다. 따라서 밀어내진 경수소가 플라즈마의 뜨거운 전자구역에 노출이 되었던 것이다. 그렇게 되자. 경수소는 견딜 수가 없었는데 경수소가 포획했던 전자를 놓아버리게 되고 전자를 놓아버린 경수소 내부의 양성자는 양성자 자신이 가지고 있던 절대온도를 지킬 수가 없게 되는데 양성자가 분열을 일으키는 것이다.

경수소 내부의 양성자가 분열을 일으키면 그 양성자가 둘로 쪼개지는데 쪼개진 둘의 양성자 가운데 한 개의 양성자가 가지고 있던 절대온도를 뜨거운 플라즈마에게 빼앗기게 되고 분열된 또 다른 양성자가 아직은 절대온도를 잃어버리지 않았기 때문에 온도를 먼저 잃어버린 양성자를 핵력으로 끌어당겨서 포획을 하는 것이다. 그 온도를 잃어버린 양성자가 온도를 잃어버림으로 해서 중성자가 되는 것이다.(중성자는 절대온도를 잃어버림으로 해서 핵력을 잃어버린 입자이므로 전자를 끌어당길 수가 없음. 그러므로 중성자임.)

이때 천체의 중심에 양성자덩어리는 중성자를 포획한 양성자를 기류가 흐르는 곳으로 끌어당기는데 기류가 흐르는 그곳에서 차가워지며 끌려 들어온 전자를 중성자를 포획한 양성자가 포획을 한다. 이때 만들어지는 기체가 중수소다. 중성자를 포획한 양성자가 전자를 포획하기를 기다렸다가 중성자를 포획한 양성자가 전자를 포획하면 천체의 중심에 양성자덩어리는 결합된 중수소를 밀어내는데 밀어내진 중수소의 거리가 뜨거운 플라즈마의 전자구역 안쪽인 것이다.

밀어내지던 중수소가 다시금 포획했던 전자를 뜨거운 플라즈마에게 빼앗기게 되고 전자를 빼앗겨버린 중수소 내부의 양성자와 중성자는 같은 처지의 중수소가 전자를 빼앗겨 버리면 결합을 하는 것이다. 그렇게 되면 양성자 두 개와 중성자 두 개가 결합을 하게 되는데 둘로 결합된 입자들을 천체의 중심에 양성자덩어리는 기류가 흐르는 곳으로 끌어당기는 것이다.

기류가 흐르는 곳으로 끌려 들어온 양성자 두 개와 중성자 두 개가 전자를 포획하는데 전자두 개를 포획하면 그것이 헬륨4다. 헬륨이 전자를 포획하면 다시 천체의 중심에 양성자덩어리는 헬륨을 밀어내는데 이때 밀어내진 헬륨을 플라즈마의 전자구역 밖으로 밀어냈는데 그것이 왜 그러냐 하면 끌어당겨진 전자구역의 범위와 양성자덩어리의 질량과 끌어당겨져서 가두어진 전자질량과 헬륨의 질량이 경수소가 밀어내지던 거리의 두 배가 되기 때문인데 우리 태양계의 공간에 분포하는 기체물질들이 태양이 생성되는 과정에서 천체의 질량과 기체의 질량에 따른 거리의 괴리가 만들어졌기 때문이다.

즉, 태양은 계속해서 주위에 산재해 있던 전자를 핵력으로 끌어당기는 시기이므로 태양의 중심에 양성자덩어리의 질량과 끌어당겨진 전자질량이 대칭성을 가지고 있지 못하였으므로 물질을 결합을 시킨 뒤에 중력으로 기체물질을 밀어내면 그 기체가 플라즈마의 전자구역 밖으로 밀어내졌던 것이다. 그 기체들이 태양계의 공간에 분포를 하고 있는 것이다.

태양은 계속해서 전자를 끌어당기게 되는데 전자구역이 넓어지므로 해서 태양은 헬륨을 플라즈마의 전자구역 밖으로 밀어내던 것을 멈추게 된다. 태양이 끌어당긴 전자구역이 넓어졌기 때문인데 밀어내지던 헬륨이 플라즈마의 전자구역 안쪽에 밀어내지자 헬륨은 포획했던 전자를 뜨거운 플라즈마에게 빼앗기게 된다.

이때 같은 처지의 전자를 떼어낸 헬륨 내부의 양성자 8개가 양자 결합을 하는 것이다. 즉 양성자 8개와 중성자 8개가 결합을 하게 되는데 결합된 입자 각각 8개가 결합을 하면 태양의 중심에 양성자덩어리는 8개로 양자 결합을 한 입자덩어리를 기류가 흐르는 곳으로 끌어당기게 된다. 그 양자 결합한 덩어리가 전자를 포획하는데 전자 또한 8개를 포획하는 것이다. 이것이 산소다.

태양의 중심에 뭉쳐진 양성자덩어리는 산소가 결합을 하자 중력으로 산소를 밀어냈는데 밀어내진 산소는 전자구역 밖으로 밀어내졌던 것이다. 그러자 태양이 생성 초기에 밀어냈던 경수소와 산소가 만나게 되는데 이때 둘은 화학적인 전기결합을 하게 된다. 그것이 물 분자다.

경수소와 산소가 결합을 하자 태양의 중심에 양성자덩어리는 물 분자를 상호 질량에 따라서 더욱더 멀리 밀어냈는데 물이 밀어내진 그 거리에서 지구가 만들어지기 위해서 양성자가 덩어리를 이루고 뭉쳐지는 과정에 있다가 밀어내진 물이 다가오자 물을 끌어당겼던 것이다. 그것이 지구가 물을 가지게 된 원인이다.

여기에서 한 가지 부연을 하자면 지구의 질량으로는 산소나 질소 같은 무거운 기체를 결합시킬 만한 질량을 가지고 있지 못하다는 것이다. 아니 지구의 질량은 턱없이 부족한 것이다. 따라서 물과 질소는 태양이 생성 초기에 결합을 시켜서 중력으로 밀어낸 것을 지구가 끌어당겼다는 것이다.

태양은 계속해서 전자를 끌어당기고 끌어당겨진 전자의 밀도가 높아지므로 전자구역 또한 넓어지게 되는데 이때 결합된 경수소가 헬륨으로 결합되는 것이 중단이 된다. 그런데 여기에서 중요한 문제는 경수소가 상위물질 즉 무거운 기체로 결합을 일으키려면 경수소든 중수소든 헬륨이든 포획한 전자를 버려야만 양자 결합을 할 수가 있다는 것이다. 왜냐하면 기체가 포획한 전자를 가지고 있는 상태에서는 양자 결합을 할 수가 없어서인데 기체가 무거운 기체로 결합을 이뤄나가려고 한다면 양자 결합 환경이 우선되어야만 한다. 그런데 우리 태양계의 행성들은 먼저 질량이 부족하므로(양성자질량과 양성자덩어리가 만들어내는 핵력의 부족으로 끌어당겨진 전자질량이 작음) 무거운 기체를 결합시킬 수가 없는 것이다.

즉, 기체가 포획한 전자를 떼어내지를 못하므로 상위물질 즉 무거운 기체물질로 결합을 시킬 수가 없는 것이다. 따라서 지구나 화성 목성이나 토성이 물을 가지고 있는 이유는 태양이 생성 초기에 만들어서 중력으로 밀어낸 것을 태양에 근접해서 생성되고 있던 행성들이 끌어당겨서 가지게 된 원인이다.

따라서 태양에게 근접해서 생성되던 수성, 금성, 지구, 화성, 목성, 토성은 태양에 매우 근접해서 양성자가 뭉쳐지고 있었다는 반증인데 이때 지구와 태양과의 거리는 약 150만–200만km의 거리에서 뭉쳐지고 있었지 않았나 하는 것이다. 물과 질소가 밀어내진 거리가 그 정도의 거리였지 않았나 하는 것이다.

또한 이때 태양의 중심에 양성자덩어리는 전자포획 사정거리가 반경 약 1,000

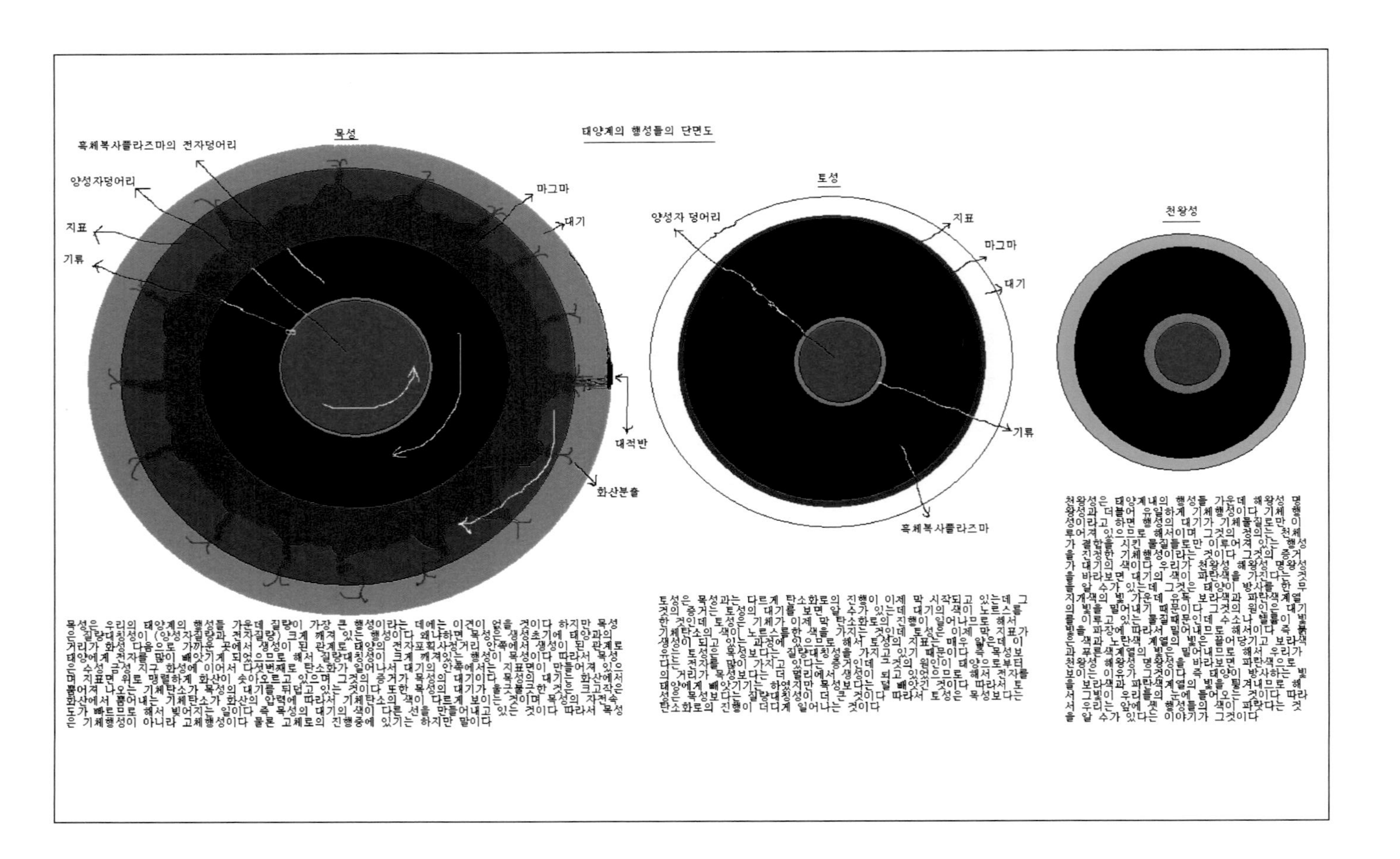
태양계의 행성들의 단면도
목성
흑체복사플라즈마의 전자덩어리
양성자덩어리
지표
기류
마그마
대기
대적반
화산분출
토성
양성자 덩어리
지표
마그마
대기
기류
흑체복사플라즈마
천왕성
목성은 우리의 태양계의 행성들 가운데 질량이 가장 큰 행성이라는 데에는 이견이 없을 것이다 하지만 목성은 질량대칭성이 (양성자질량과 전자질량) 크게 깨져 있는 행성이다 왜냐하면 목성은 생성초기에 태양과의 거리가 화성 다음으로 가까운 곳에서 생성이 된 관계로 태양의 전자포획사정거리 안쪽에서 생성이 된 관계로 태양에게 전자를 많이 빼앗기게 되었으므로 해서 질량대칭성이 크게 깨져있는 행성이 목성이다 따라서 목성은 수성 금성 지구 화성에 이어서 다섯번째로 탄소화가 일어나서 대기의 안쪽에서는 지표면이 만들어져 있으며 지표면 위로 맹렬하게 화산이 솟아오르고 있으며 그것의 증거가 목성의 대기이다 목성의 대기는 화산에서 뿜어져 나오는 기체탄소가 목성의 대기를 뒤덮고 있는 것이다 또한 목성의 대기가 울긋불긋한 것은 크고작은 화산에서 뿜어내는 기체탄소가 화산의 압력에 따라서 기체탄소의 색이 다르게 보이는 것이며 목성의 자전속도가 빠르므로 해서 빚어지는 일이다 즉 목성의 대기의 색이 다른 선을 만들어내고 있는 것이다 따라서 목성은 기체행성이 아니라 고체행성이다 물론 고체로의 진행중에 있기는 하지만 말이다
토성은 목성과는 다르게 탄소화로의 진행이 이제 막 시작되고 있는데 그것의 증거는 토성의 대기를 보면 알 수가 있는데 대기의 색이 노르스름한 것인데 토성은 기체가 이제 막 탄소화로의 진행이 일어나므로 해서 기체탄소의 색이 노르스름한 색을 가지는 것인데 토성은 이제 막 지표가 생성이 되고 있는 과정에 있으므로 해서 토성의 지표는 매우 얇은데 이유는 토성은 목성보다는 질량대칭성을 가지고 있기 때문이다 즉 목성보다는 전자를 많이 가지고 있다는 증거인데 그것의 원인이 태양으로부터의 거리가 목성보다는 더 멀리에서 생성이 되고 있었으므로 해서 전자를 태양에게 빼앗기기는 하였지만 목성보다는 덜 빼앗긴 것이다 따라서 토성은 목성보다는 질량대칭성이 더 큰 것이다 따라서 토성은 목성보다는 탄소화로의 진행이 더디게 일어나는 것이다
천왕성은 태양계내의 행성들 가운데 해왕성 명왕성과 더불어 유일하게 기체행성이다 기체 행성이라고 하면 행성의 대기가 기체물질로만 이루어져 있으므로 해서이며 그것의 정의는 천체가 결합을 시킨 물질들로만 이루어져 있는 행성을 진정한 기체행성이라는 것이다 그것의 증거가 대기의 색이다 우리가 천왕성 해왕성 명왕성을 바라보면 대기의 색이 파란색을 가진다는 것을 알 수가 있는데 그것은 태양이 방사를 한 무지개색의 빛 가운데 유독 보라색과 파란색계열의 빛을 밀어내기 때문이다 그것의 원인은 대기를 이루고 있는 물질때문인데 수소나 헬륨이 빛빛을 파장에 따라서 밀어내므로 해서이다 즉 붉은 색과 노란색 계열의 빛은 끌어당기고 보라색과 푸른색계열의 빛은 밀어내므로 해서 우리가 천왕성 해왕성 명왕성을 바라보면 파란색으로 보이는 이유가 그것이다 즉 태양이 방사하는 빛을 보라색과 파란색계열의 빛을 튕겨내므로 해서 그빛이 우리들의 눈에 들어오는 것이다 따라서 우리는 앞에 셋 행성들의 색이 파랗다는 것을 알 수가 있다는 이야기가 그것이다

만km는 되지 않았나 하는 생각을 가지게 하는데 이유는 수성, 금성, 지구, 화성, 목성, 토성의 순서로 탄소화가 일어날 만큼의 전자를 태양에게 수탈을 당하였기 때문이다. 즉, 행성들이 태양에게 근접한 순서에 따라서 탄소화가 빠르고 늦게 일어났기 때문이다.

또한 천왕성, 해왕성, 명왕성은 아직도 탄소화가 일어나지 않고 기체를 결합시켜서 대기로 밀어내두고 있는 점으로 미뤄서 행성 내부 중심에 양성자덩어리가 끌어당겨서 가두어둔 전자질량이 부족한 순서대로 행성들은 탄소화가 일어나고 있는 것이다. 따라서 태양계에서 가장 먼저 탄소화가 진행이 된 행성은 수성이며 그 다음이 금성, 다음이 지구이다. 뒤이어서 화성이 탄소화가 일어났으며 목성은 현재에 탄소화가 일어나고 있으며 목성의 대기 안쪽에서는 지표면이 만들어지며 그 표면위로 격렬하게 화산을 뿜어내고 있는 것이다.

또한 토성은 이제야 표면이 생성되고 있으며 토성의 대기의 색으로 보아서 목성보다는 탄소화가 느리게 진행이 되고 있는 것이다. 태양계의 행성들이 태양과의 거리에 따라서 탄소화가 빠르게 혹은 느리게 진행이 일어난 것은 태양계가 생성되던 초기에 태양의 전자포획 사정거리 안에서 양성자가 뭉쳐지고 있었기 때문인데 태양에 근접해서 생성되던 행성들은 태양의 전자포획 사정거리 안에서 생성이 되고 있었으므로 전자를 많이 끌어당길 수가 없었기 때문인데 태양에게 많은 전자를 빼앗겼기 때문이다.

행성이 기체를 결합을 시키는 조건이 양성자덩어리의 질량과 끌어당겨서 가두어진 전자질량이(양성자덩어리의 질량과 전자덩어리의 질량대칭성에 의한 플라즈마의 전자구역 반경) 무거운 물질로의 양자 결합을 시킬 수가 있는 조건이 되는 것이다. 즉, 끌어당겨져서 가두어진 전자가 운동으로 플라즈마 상태에 있어야만 하며 기체가 포획한 전자를 뜨거운 플라즈마의 전자구역 안에서만 떼어낼 수가 있기 때문이며 기체가 전자를 떼어내야만 양자 결합이 일어나기 때문이다.

따라서 천체의 내부에 갇혀 있는 전자덩어리의 질량 즉 전자구역의 넓이가 기체를 무거운 상위물질로의 결합을 시킬 수가 있는 조건이 되는 것이다. 즉 전자를 포획한 기체가 전자를 떼어내려면 전자가 플라즈마 상태에 있어야만 하고 일정 준위의 질량이 있어야만 하며 핵력을 발호하는 양성자질량에 비례한 전자질량이 있어야만 가벼운 기체에서 무거운 기체로의 양자결합을 시킬 수가 있다는 이야기다.

따라서 태양계의 행성들이 물이나 질소 같은 무거운 기체를 결합시킬 수가 없음에도 불구하고 가지고 있는 것은 태양이 생성 초기에 결합을 시켜서 중력으로 밀어낸 것을 끌어당겨서 가지고 있다는 이야기다. 그것의 증거는 천왕성, 해왕성, 명왕성이 가지고 있는데 이 셋 행성들은 태양계가 생성되던 시기에 태양으로부터 비교적 멀리에서 생성되고 있었으므로 태양의 전자포획 사정거리에서 벗어나 있었다는 증거이며 이 셋 행성들은 중심에 뭉쳐진 양성자덩어리에 의해서 끌어당겨져 가두어진 전자질량이 양성자덩어리와 거의 비례하고 있으므로 현재에도 기체를 결합을 시켜서 대기로 밀어내고 있는 것이다.

그것의 증거가 셋 행성들이 보여주는 대기의 색이다. 즉 이 셋 행성들이 나타내는 대기의 색은 태양이 방사한 빛을 파장에 따라서 밀어냄으로써 우리가 알 수가 있는 것이다. 또한 셋 행성들의 대기밀도가 매우 높고 수소와 헬륨으로만 이루어져 있으므로 태양이 방사를 한 빛인 보라색과 파란색 계열의 빛 즉 파장이 짧은 빛만을 튕겨내고 있는 것이다.

따라서 우리들의 눈에는 셋 행성들이 보라색과 파란색을 가진 행성으로 보이는 것인데 사실 기체가 나타내는 색은 기체 내부에 양성자가 보라색이나 푸른색을 가졌기 때문이다. 양성자가 절대온도를 가지고 있는 동안에는 보라색이나 푸른색을 밀어냄으로써(파장이 짧은 빛을 튕겨내는 것임) 우리의 눈에는 보라색이나 파란색으로 보이는 것이다.

그것에 대한 증거는 또 있다. 수소를 액화시키면 파랗게 보이는데 상위물질로 갈수록 그 색은 엷어진다는 사실이다. 즉 경수소의 색은 푸른색인데 반해서 중수소의 색은 경수소보다는 조금 더 밝은 색이다. 또한 삼중수소는 보라색이나 푸른색을 나타내는 것이 아니라 붉은색을 나타내는 것이다.

또한 헬륨은 중수소와 같은 색을 나타내지만 자세히 보면 중수소보다는 조금 더 어두운 색을 나타내는데 여기에는 이유가 있다. 물이 깊으면 파랗게 보이는 것은 모두가 알고 있는 사실이다. 물이 파랗게 보이는 이유는 물 분자 내부의 산소와 수소의 내부의 양성자가 푸른색을 가지고 있기 때문인데(사실은 보라색을 가지고 있음) 태양이 방사한 빛이 액화된 물 덩어리 속으로 투과가 되면 파장이 긴 빛은 물 분자 내부의 중성자가 끌어당기고 보라색과 파란색은 밀어내는 것이다.

사실 기체 내부에 중성자가 빛을 끌어당겨도 그 기체는 깨지지 않는데 이유는 그 빛이 중성자가 깨져서 만들어진 빛이기 때문이다. 그러므로 기체가 밀어낸 빛이 보라색과 파란색의 빛을 밀어냄으로써 우리들의 눈에 들어오는 빛은 보라색과 파란색으로 보이는 것이다. 사실은 거의 보라색이지만 우리의 눈은 보라색을 볼 수가 없도록 진화를 했기 때문에 우리는 보라색이 보라색으로 보이지 않고 파란색으로 보이는 것이다.

또한 하늘을 바라보면 대기의 질소와 산소가 나타내는 색 또한 파란색이지만 사실은 보라색의 빛이 압도적으로 많다는 것이다. 그것이 그렇다. 기체물질 내부의 양성자가 보라색을 가지고 있으므로 빛의 색이 보라색인 파장이 짧은 빛을 밀어내는 것인데 만약에 기체 내부의 양성자가 보라색이나 파란색을 받아들이면 그 기체는 깨지는 것이다.

다시 말해서 양성자가 보라색을 가지고 있으므로 보라색을 받아들이지 못하는 것이다. 보라색의 빛이 양성자와 가장 가까운 이웃이기 때문인데 보라색을 가진 양성자가 깨지면 만들어지는 것이 보라색이기 때문이다. 따라서 보라색과 기체 내부의 양성자는 코드가 같아서 서로를 밀어내는 것이다.

그러므로 중수소가 양자 결합을 한 산소보다 질소의 색이 더 밝은 색을 나타내는 이유인데 질소는 삼중수소가 양자 결합을 하여서 질소 내부의 양성자질량이 적으므로(산소의 양성자질량보다는 약 25%가 적으며 질소 내부의 중성자질량보다는 약 75%가 적다) 질소가 액화되어 있어도 산소보다는 훨씬 밝은 빛을 나타내는 것이다. 즉, 산소보다 빛을 밀어내는 힘이 적은 것이다. 따라서 우리의 눈에는 질소가 밝아 보이는 것이다.

우리가 우주공간을 관측을 하다가 항성을 볼 수가 있는데 우리에게 보이는 항성들은 하나같이 우리에게 전해오는 빛의 색이 다르다는 것을 알 수가 있는데 거기에는 이유가 있다. 항성이 가진 질량의 준위가 다르므로 방사되는 빛의 색이 다른 것인데 항성이 가지고 있는 질량이 적으면 보라색으로 파란색으로 보이다가 질량이 조금 더 크면 노란색으로 더 크면 빨간색으로 보이다가 더 크면 점점 밝은 색으로 보이다가 종국에는 백색으로 보이는 것인데 백색외성이 그것이다.

천체물리학자들은 백색을 띠는 외성이 별이 사망 직전에 있다고 주장하고 있다. 하지만 아니다. 백색외성의 주위에는 항성이나 행성들의 군락이 없이 외성이 홀로 있으므로 외성이 방사하는 빛이 우리에게 전해져 오는 것인데 사실은 백색외성은 질량이 매우 큰 항성이다.

따라서 외성이 방사하는 빛의 색은 백색이다. 즉 외성의 질량이 크므로 결합을 시키는 기체는 중성자질량이 큰 기체물질을 결합을 시킨 뒤에 그 기체를 붕괴를 시키므로 외성이 방사를 하는 빛의 색이 백색인 것이다.

그것의 증거가 삼중수소이다. 우리는 원자로에서 핵연료인 우라늄이나 플루토늄을 천천히 붕괴를 시켜서 생산되는 열로 터빈을 돌려서 전기를 얻는데 이때 원자로 내부에서 핵연료가 붕괴를 일으키는 과정에서 삼중수소가 만들어진다. 그 삼중수소 7개가 양자 결합을 하면 만들어지는 것이 질소다.

이 삼중수소는 중수소가 전자를 떼어낸 뒤에 양성자가 한 번 더 분열을 하는 것이다. 그런 뒤에 전자를 포획하면 그것이 삼중수소다. 삼중수소가 전자를 떼어낸 뒤에 7개가 양자 결합을 하려면 플라즈마의 전자구역이 방대해야만 가능해지는 것이다. 따라서 삼중수소가 만들어지는 것도 플라즈마의 전자구역이 방대해야만 하는데 우리의 태양계에서 삼중수소 7개를 결합시킬 수 있는 천체는 태양밖에는 없는 것이다.

따라서 질소는 태양이 빛을 방사하기 바로 전에 결합을 시킨 뒤에 중력으로 밀어낸 것을 지구가 끌어당겨서 대기로 삼은 것이다. 따라서 태양이 생성 초기에는 질소를 결합시킨 뒤에 질소를 붕괴시켜서 만들어진 빛은 보라색이나 파란색의 빛보다는 훨씬 밝은 빛을 만들어서 방사를 했다는 결론에 도달을 하는 것이다. 즉, 태양이 생성초기에 방사를 한 빛은 중성자가 압도적으로 큰 기체물질인 질소를 결합시킨 뒤에 그 질소를 핵력과 전자기력으로 붕괴를 시킨 것이다.

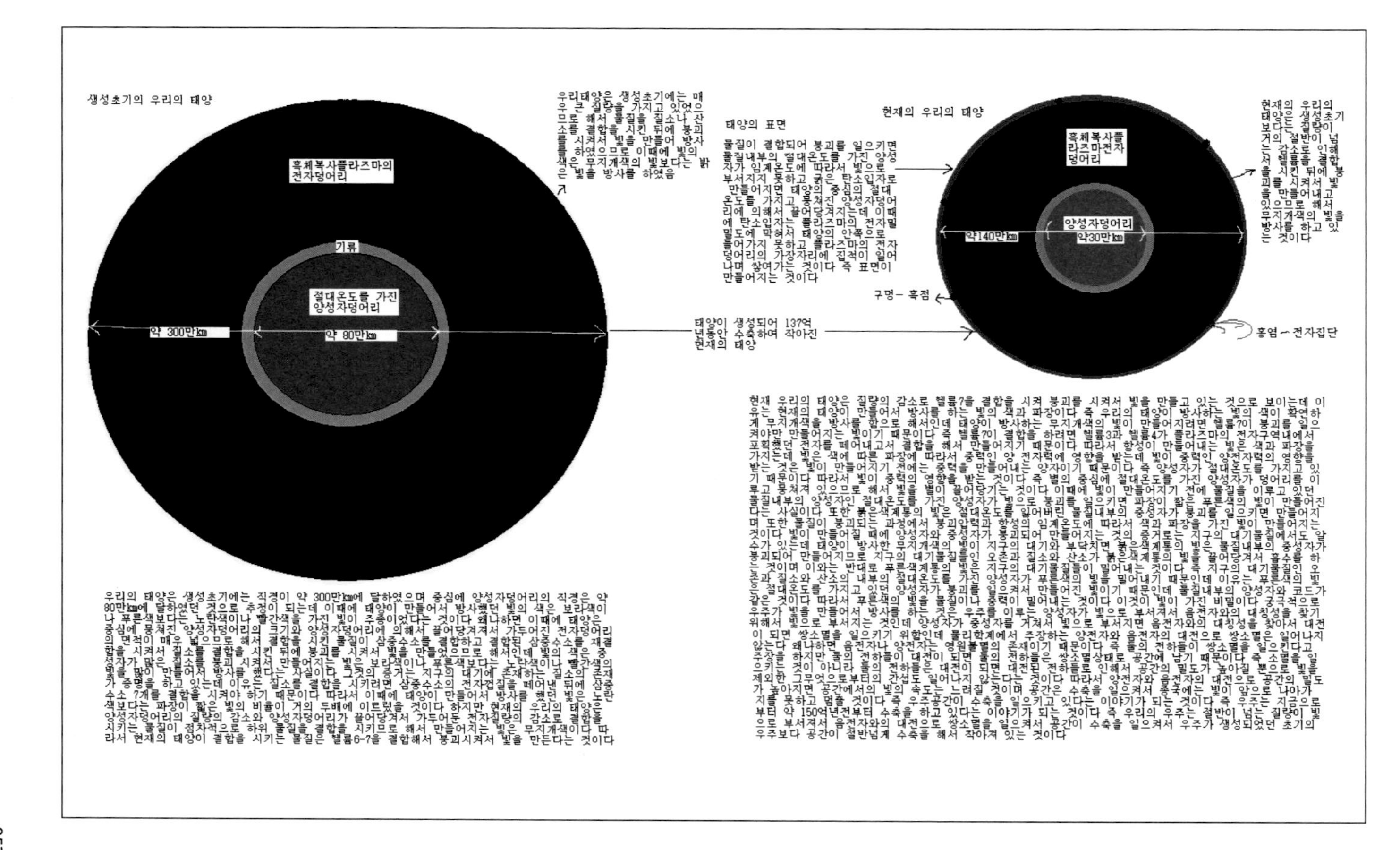

생성초기의 우리의 태양
흑체복사플라즈마의 전자덩어리
기류
절대온도를 가진 양성자덩어리
약 300만㎞
약 80만㎞
우리태양은 생성초기에는 매우 큰 질량을 가지고 있었으므로 해서 물질을 질소나 산소를 결합을 시킨 뒤에 붕괴를 시켜서 빛을 만들어 방사를 하였으므로 이때에 빛의 색은 무지개색의 빛보다는 밝은 빛을 방사를 하였음
태양의 표면
물질이 결합되어 붕괴를 일으키면 물질내부의 절대온도를 가진 양성자가 임계온도에 따라서 빛으로 부서지지 못하고 굵은 탄소입자로 만들어지면 태양의 중심의 절대온도를 가지고 뭉쳐진 양성자덩어리에 의해서 끌어당겨지는데 이때에 탄소입자는 플라즈마의 전자밀밀도에 막혀서 태양의 안쪽으로 들어가지 못하고 플라즈마의 전자덩어리의 가장자리에 집적이 일어나며 쌓여가는 것이다 즉 표면이 만들어지는 것이다
태양이 생성되어 137억년동안 수축하여 작아진 현재의 태양
현재의 우리의 태양
흑체복사플라즈마전자덩어리
양성자덩어리
약140만㎞
약30만㎞
구멍 - 흑점
홍염 - 전자집단
현재의 우리의 태양은 생성초기보다는 질량이 거의 절반이 넘는 감소로 인해서 헬륨을 결합을 시킨 뒤에 붕괴를 시켜서 빛을 만들어내고 있으므로 해서 무지개색의 빛을 방사를 하고 있는 것이다
우리의 태양은 생성초기에는 직경이 약 300만㎞에 달하였으며 중심에 양성자덩어리의 직경은 약 80만㎞에 달하였던 것으로 추정이 되는데 이때에 태양이 만들어서 방사했던 빛의 색은 보라색이나 푸른색보다는 노란색이나 빨간색을 가진 빛이 주종이었다는 것이다 왜냐하면 이때에 태양은 중심에 뭉쳐진 양성자덩어리의 크기와 양성자덩어리에 의해서 끌어당겨져서 가두어진 전자덩어리의 면적이 매우 넓으므로 해서 결합을 시킨 물질이 삼중수소를 결합하고 결합된 삼중수소를 재결합을 시켜서 질소를 결합을 시킨 뒤에 붕괴를 시켜서 빛을 만들었으므로 해서인데 빛의 색은 중성자가 많은 질소를 붕괴 시켜서 만들어지는 빛은 보라색이나 푸른색보다는 노란색이나 빨간색의 빛을 많이 만들어서 방사를 했다는 사실이다 그것의 증거는 지구의 대기에 존재하는 질소의 존재가 증명을 하고 있는데 이유는 질소를 결합을 시키려면 삼중수소의 전자껍질을 떼어낸 뒤에 삼중수소 7개를 결합을 시켜야 하기 때문이다 따라서 이때에 태양이 만들어서 방사를 했던 빛은 노란색보다는 파장이 짧은 빛의 비율이 거의 두배에 이르렀을 것이다 하지만 현재의 우리의 태양은 양성자덩어리의 질량의 감소와 양성자덩어리가 끌어당겨서 가두어둔 전자질량의 감소로 결합을 시키는 물질이 점차적으로 하위 물질을 결합을 시키므로 해서 만들어지는 빛은 무지개색이다 따라서 현재의 태양이 결합을 시키는 물질은 헬륨6-7을 결합해서 붕괴시켜서 빛을 만든다는 것이다
현재 우리의 태양은 질량의 감소로 헬륨7을 결합을 시켜 붕괴를 시켜서 빛을 만들고 있는 것으로 보이는데 이유는 현재의 태양이 만들어서 방사를 하는 빛의 색과 파장이다 즉 우리의 태양이 방사하는 빛의 색이 확연하게 무지개색을 방사를 함으로 해서인데 태양이 방사하는 무지개색의 빛이 만들어지려면 헬륨7이 붕괴를 일으켜야만 만들어지는 빛이기 때문이다 즉 헬륨7이 결합을 하려면 헬륨3과 헬륨4가 플라즈마의 전자구역내에서 포획했던 전자를 떼어내고서 결합을 해서 만들어지기 때문이다 따라서 항성이 만들어내는 빛은 색과 파장을 가지는데 빛은 색에 따른 파장에 따라서 중력인 양 전자력에 영향을 받는데 빛이 중력인 양전자력의 영향을 받는 것은 빛이 만들어지기 전에는 중력을 만들어내는 양자이기 때문이다 즉 양성자가 절대온도를 가지고 있기 때문이다 따라서 빛이 중력의 영향을 받는 것이다 즉 별의 중심에 절대온도를 가진 양성자가 덩어리를 이루고 뭉쳐져 있으므로 해서 빛을 별이 끌어당기는 것이다 이때에 빛이 만들어지기 전에 물질을 이루고 있던 물질내부의 양성자인 절대온도를 가진 양성자가 빛으로 붕괴를 일으키면 파장이 짧은 푸른색의 빛이 만들어진다는 사실이다 또한 붉은색계통의 빛은 절대온도를 잃어버린 물질내부의 중성자가 붕괴를 일으키면 만들어지며 또한 물질이 붕괴되는 과정에서 붕괴압력과 항성의 임계온도에 따라서 색과 파장을 가진 빛이 만들어지는 것이다 빛이 만들어질 때에 양성자와 중성자가 붕괴되어 만들어지는 것의 증거로는 지구의 대기물질에서도 알 수가 있는데 태양이 방사한 무지개색의 빛이 지구의 대기와 부닥치면 붉은색계통의 빛은 물질내부의 중성자가 붕괴되어 만들어지므로 지구의 대기물질들인 오존과 질소와 산소가 붉은색계통의 빛을 끌어당겨서 흡수를 하는 것이며 이와는 반대로 푸른색계통의 빛은 지구의 대기물질들이 밀어내는 것이다 즉 지구의 대기물질인 오존과 질소와 산소의 내부의 절대온도를 가진 양성자가 푸른색의 빛을 밀어내기 때문인데 이유는 푸른색의 빛은 절대온도를 가지고 있던 양성자가 붕괴를 일으켜서 만들어진 빛이기 때문인데 물질내부의 양성자와 코드가 같은 것이다 따라서 푸른색의 빛을 물질이나 중력이 밀어내는 것이다 이것이 빛이 가진 비밀이다 궁극적으로 우주가 빛을 만들어서 방사를 하는 것은 우주를 이루는 양성자가 빛으로 부서져서 음전자와의 대칭성을 찾기 위해서 빛으로 부서지는 것인데 양성자가 중성자를 거쳐서 빛으로 부서지면 음전자와의 대칭성을 찾아서 대전이 되면 쌍소멸을 일으키기 위함인데 물리학계에서 주장하는 양전자와 음전자의 대전으로 쌍소멸은 일어나지 않는다 왜냐하면 음전자나 양전자는 영원불멸의 존재이기 때문이다 즉 둘의 전하들이 쌍소멸을 일으킨다고 주장을 하지만 둘의 전하들이 대전이 되면 둘의 전하들은 쌍소멸상태로 공간에 남기 때문이다 즉 소멸을 일으키는 것이 아니라 둘의 전하들은 대전이 되면 대전된 전하들로 인해서 공간의 밀도가 높아질 뿐으로 빛을 제외한 그무엇으로부터의 간섭도 일어나지 않는다는 것이다 따라서 양전자와 음전자의 대전으로 공간의 밀도가 높아지면 공간에서의 빛의 속도는 느려질 것이며 공간은 수축을 일으켜서 종국에는 빛이 앞으로 나아가지를 못하고 멈출 것이다 즉 우주공간이 수축을 일으키고 있다는 이야기가 되는 것이다 즉 우주는 지금으로부터 약 150억년전부터 수축을 하고 있다는 이야기가 되는 것이다 즉 우리의 우주는 절반이 넘는 질량이 빛으로 부서져서 음전자와의 대전으로 쌍소멸을 일으켜서 공간이 수축을 일으켜서 우주가 생성되었던 초기의 우주보다 공간이 절반넘게 수축을 해서 작아져 있는 것이다

그러므로 질소가 붕괴를 일으키면 중성자 빛이 만들어졌던 것이다. 그 빛은 현재의 태양이 방사한 빛보다는 파장이 매우 길어서 지구에서도 많은 양을 끌어당겼다. 따라서 지구도 태양이 질소 빛을 방사하던 시기에는 수소나 헬륨을 결합시킨 뒤에 대기로 밀어내두고 있었으므로 해서 기체행성이었다는 사실이다.

그런 뒤에 시간이 흐르고 지금으로부터 약 60억 년 전부터 지구의 표면이 생성되기 시작하였는데 현재 우리가 암석의 생성 연대를 측정하면 약 46억 년으로 측정이 되는 이유가 그것이다. 지구의 표면이 생성되던 시기에 태양의 표면은 만들어지지 않아서 검은 태양이었는데 빛은 노란색에 가깝고 태양의 표면은 흑체복사플라즈마인 전자덩어리만 보이므로 흑점과 같은 검은 색을 가지고 있었다는 이야기다.

그것에 대한 이야기를 하나 더 하기로 하자. 우리의 태양계는 우리 은하에 속해 있으면서도 우리 은하의 중심을 볼 수가 없는데 여기에는 이유가 있다. 앞에서도 이야기를 하였지만 우리 은하의 중심에는 우리의 태양보다는 수십억 배에 달하는 질량을 가진 빅 항성이 자리를 잡고 있다. 물론 이 빅 태양도 빛을 방사하지만 우리는 그 빛을 볼 수가 없다는 것이다.

우리와 매우 가까운 거리에 빅 태양이 빛을 방사하고 있음에도 불구하고 우리가 빅 태양이 방사하는 빛을 볼 수가 없는 것은 빅 태양의 둘레를 겹겹이 둘러싸고 있는 은하수라고 명명된 별들의 군락이 둘러싸고 있어서인데 빅 태양이 방사한 빛을 모두 은하수가 끌어당기는 것이다. 따라서 빅 태양이 방사한 빛이 우리에게 도달하지 않으므로 우리가 빅 태양을 볼 수가 없는 것이다.

그 빅 태양을 천체물리학자들은 블랙홀이라고 명명하고 있는 것이다. 하지만 진정한 의미의 블랙홀은 없다. 다만 빅 태양이 방사한 빛이 우리에게 도달하지 못함으로 해서 우리가 빅 태양을 볼 수 없을 뿐이지 빅 태양은 존재를 하고 있다. 따라서 블랙홀이라고 명명된 천체는 항성이다.

빅 태양이 방사한 빛이 우리에게 도달하지 않는 이유는 빅 태양의 내부에서 결합되는 기체는 중성자질량이 큰 기체를 결합시켜서이며 중성자질량이 큰 기체를 붕괴시키면 만들어지는 빛은 파장을 가지지 않는 빛 즉 양전자 빛이다. 따라서 음전자와의 질량대칭성을 갖는 빛인 것이다. 따라서 양전자 빛을 천체가 끌어당기는 것이다.

천체에게 끌어당겨진 양전자 빛은 천체 내부의 음전자와 대전되어 쌍소멸을 하는 것이다. 따라서 우주는 수축을 일으키는 것이다. 즉 양전자 빛과 음전자인 전자가 질량대칭성을 가지고 대전되어 쌍소멸을 일으켜서 천체의 질량이 감소한 만큼 천체와 천체의 거리는 가까워지고 있는 것이다. 다만 우리의 시간인 백 년이 천체들에게는 1초도 되지 않으므로 우리가 천체들의 질량이 감소하고 있다는 것을 알 수 없다는 것이다.

우리의 태양이 질소를 결합시켜서 밀어낸 이야기를 하고 가기로 하자. 태양은 생성 초기에 결합시킨 경수소를 플라즈마의 전자구역 밖으로 밀어낸 이야기는 앞에서 하였다. 거기에서부터 이야기를 이어가기로 하자.

태양의 중심에 양성자덩어리는 핵력으로 전자를 끌어당기기 시작하면서 양성자를 더는 끌어당기지 않았는데 양성자덩어리가 전자를 끌어당기게 되면 양성자 또한 전자를 포획하게 된다. 이때 끌어 당겨둔 전자의 개체가 많지 않으므로 양성자가 전자를 포획해서 경수소로 결합하면 태양의 중심에 양성자덩어리는 끌어당겨둔 전자질량에 비례한 거리로 경수소를 밀어냈는데 경수소가 밀어내진 거리가 전자구역 밖으로 밀어냈던 것이다.

시간이 조금 지나자 양성자덩어리의 핵력에 끌려오는 전자의 개체가 많아지므로 전자구역이 넓어지게 되고 태양의 중심에 양성자덩어리는 더는 경수소를 밀어낼 수가 없었던 것이다. 이때 끌어당긴 전자가 운동을 일으키므로 뜨거워졌는데 밀어내지던 경수소가 전자구역 안쪽 즉 플라즈마의 전자구역 안쪽으로 밀어내졌던 것이다. 그러자 경수소는 플라즈마의 뜨거운 전자구역에서 포획한 전자를 플라즈마에게 빼앗기게 되는데 전자를 놓아버린 경수소의 양성자는 양성자 자신이 가지고 있는 절대온도를 지킬 수가 없게 된 것이다.

이때 양성자가 뜨거운 플라즈마의 열을 견디지 못하고 분열을 일으키는데 둘로 쪼개지는 것이다. 둘로 쪼개진 양성자가 둘 가운데 어떤 양성자가 먼저 가지고 있던 절대온도를 뜨거운 플라즈마에게 빼앗겨 버리면 아직은 절대온도를 잃어버리지 않은 양성자가 온도를 잃어버린 양성자 아니 온도를 잃어버려서 중성자가 된 중성자를 끌어당겨서 포획을 하는 것이다. 이것이 양자의 양자포획이다.

절대온도를 가지고 있는 양성자는 온도를 잃어버린 중성자를 포획을 한 뒤에 뜨거운 플라즈마로부터 자신이 가진 절대온도를 빼앗기지 않기 위해서 중성자를 방패막이로 삼아서 격렬하게 운동을 일으키면 태양의 중심에 양성자덩어리는 중성자를 포획한 경수소의 양성자를 기류가 흐르는 곳으로 중력으로 끌어당기는 것이다.

중성자를 포획한 양성자가 기류가 흐르는 곳으로 끌려 들어오는데 이때 절대온도를 가진 양성자덩어리가 차가우므로 양성자덩어리와 근거리에 있던 전자가 차가운 양성자덩어리의 온도에 차가워지며 기류가 흐르는 곳으로 끌려 들어오면 이때 중성자를 포획한 양성자가 전자 한 개를 포획하는 것이다. 이것이 중수소다.

경수소를 밀어내고 밀어내진 경수소가 전자를 빼앗긴 뒤에 분열을 하고 중성자를 한 개 만들어서 양자포획을 하고 다시금 전자를 포획하면 중심에 양성자덩어리는 중수소를 밀어내는데 중수소 또한 경수소와 질량이 거의(실제로는 미세하게 경수소보다 중수소의 질량이 작음) 같으므로 경수소가 밀어내진 거리로 중수소를 밀어내는 것이다.

이때 중수소도 경수소처럼 뜨거운 플라즈마의 온도에 포획했던 전자를 빼앗기게 되는데 중수소가 전자를 플라즈마에게 빼앗기게 되면 같은 처지의 중수소가 근처에서 전자를 빼앗기면 중수소 두 개는 결합을 하는 것이다. 즉, 양자결합이다. 양자결합을 한 중수소 두 개를 태양의 중심에 양성자덩어리는 또다시 기류가 흐르는 곳으로 양자결합한 중수소 두 개를 끌어당기는데 끌려 들어온 중수소 두 개가 다시금 전자를 포획하면 그것이 헬륨4다.

여기에서 잠시 수소가 헬륨으로 치환되는 과정에서 질량의 감소가 일어나므로 그 감소한 질량만큼의 에너지가 빛으로 전화되어 방사가 되고 있다는 주장을 하고 있는데 그것은 잘못 알고 있는 사항이므로 바로잡는 의미로 설명을 하기로 하자.

경수소가 중수소로 중수소가 헬륨으로 헬륨이 산소로 치환이 일어나는 양자 결합이 일어날 때에는 중성자가 만들어진다는 사실이다. 즉 경수소의 양성자가 분열을 일으키므로 가지고 있던 질량이 감소가 일어나는 것처럼 보이기만 할 뿐 실제 질량의 감소는 일어나지 않는다는 사실이다. 다만 양성자가 가지고 있던 절대온도를 잃어버리므로 질량이 감소가 일어나는 것처럼 보이는 것이다. 즉, 절대온도가 질량인 것이다.

물리학자들은 아인슈타인이 주장한 E=MC^2라는 수학공식을 확대해석을 통해서 없어진 질량이 어디로 갔느냐를 두고 토론을 벌인 끝에 감소된 질량만큼의 에너지가 빛에너지로 전화를 해서 방사되고 있다는 결론을 도출을 했던 것이다. 하지만 아니다. 기체인 경수소가 천체의 내부에서 결합을 하고 중성자를 만들어서 포획을 하고 또다시 포획했던 전자를 놓아버리고 양자결합을 해서 헬륨으로 치환이 일어날 때에도 질량은 유실되지 않으며 다만 중성자가 만들어지는 만큼의 질량인 절대온도가 유실이 일어나므로 질량의 감소가 일어나는 것처럼 보이는 것이다.

그것의 증거가 태양계의 공간에 분포하는 기체물질들의 면면을 보면 알 수가 있다는 것인데 공간에는 경수소와 헬륨 산소와 질소가 분포를 할 뿐으로 중수소나 삼중수소는 분포하고 있지 않다는 것이다. 왜냐하면 경수소가 결합을 할 시점에는 태양의 중심에 양성자덩어리가 끌어당겨둔 전자질량의 면적이 경수소를 밀어낼 만큼의 질량이었지만 시간이 지남에 따라서 양성자덩어리의 핵력으로 점점 더 많은 전자가 끌려옴으로 해서 전자구역의 범위가 넓어졌다는 의미인 것이다. 즉 경수소를 중력으로 밀어내다가 전자구역이 넓어지므로 경수소를 밀어내는 일을 못하게 되자 경수소가 분열을 일으켜버린 것이다.

또한 경수소와 중수소는 질량이 대동소이함으로 해서 중수소를 전자구역 밖으로 밀어낼 수가 없었던 것이다. 따라서 중수소가 전자를 놓아버리고 헬륨으로 치환이 일어나자 태양의 중심에 양성자덩어리는 헬륨을 전자구역 밖으로 밀어냈는데 헬륨의 질량이 경수소나 중수소의 배가 되기 때문에 경수소나 중수소가 밀어내진 거리 또한 배가 되었기 때문에 태양은 헬륨을 전자구역 밖으로 밀어냈던 것이다.

그러다가 계속해서 양성자덩어리는 핵력으로 전자를 끌어당기자 헬륨도 밀어낼 수가 없었는데 이때 경수소가 결합을 해서 중수소로 중수소가 결합을 해서 헬륨으로 결합을 해나가던 기체는 끌어당겨진 전자구역의 넓이와 전자밀도에 따라서 헬륨을 결합시켜서 전자구역 밖으로 밀어내던 것을 중단하게 되는데 전자구역이 넓어지므로 헬륨도 뜨거운 플라즈마의 포획했던 전자를 빼앗기는 일이 일어났던 것이다.

따라서 태양의 중심에 양성자덩어리의 핵력으로 끌어당겨진 전자구역의 넓이가 넓어짐에 따라서 뜨거운 플라즈마에게 헬륨도 전자를 빼앗기고 근처에 전자를 빼앗긴 같은 처지의 헬륨이 결합을 하게 되는데 헬륨4 네 개가 전자를 뜨거운 플라즈마에게 빼앗기고 양자결합을 했던 것이다.

그렇게 되자 그것이 산소인데 헬륨4 네 개가 결합을 해서 산소가 전자를 포획하자 중심에 양성자덩어리는 산소를 전자구역 밖으로 밀어냈던 것이다. 산소를 밀어내던 태양은 시간이 지남에 따라서 더욱 많은 전자를 끌어당기게 되고 전자구역의 범위가 넓어짐과 동시에 전자밀도 또한 조밀해지므로 태양은 산소를 밀어내는 것을 중단을 하게 된다. 이때 먼저 밀어내진 경수소에게 뒤에 산소가 밀어내지자 경수소와 산소가 화학적인 결합을 했던 것이다.

그로 인해서 물 분자가 만들어지자 태양은 물을 늘어난 질량만큼의 거리로 밀어냈던 것이다. 이때 물이 밀어내진 거리에서 지구가 뭉쳐지고 있었는데 이때 지구가 물을 끌어안은 것이다. 즉 지구가 물을 보유하게 된 이유이다. 그렇게 시간이 가고 태양은 전자구역이 넓어지고 전자밀도가 높아지므로 산소를 결합을 시키는 일을 중단하게 되는데 이유는 산소로 결합을 할 수 있는 중수소를 태양이 더는 결합을 하지 않았기 때문이다. 이유는 경수소가 결합을 해서 밀어내지던 전자구역의 넓이와 전자밀도로 말미암아서 경수소를 결합을 해서 밀어내면 경수소가 밀어내진 거리가 더욱 멀리로 밀어냈던 것이다.

태양의 핵력으로 끌려오는 전자질량이 더욱 커짐으로 해서 태양의 중심에 양성자덩어리의 중력이 끌려오는 전자질량에 비례함으로 해서 경수소가 플라즈마의 전자구역 깊이로 밀어내지자 경수소가 중수소로 되기 위해서 경수소의 양성자가 분열을 일으켰는데 중성자를 끌어당겨서 포획을 한 경수소의 양성자가 기류가 흐르는 곳으로 끌려 들어오는 과정에서 한 번 더 분열을 일으켰는데 즉 두 번째의 분열을 일으켰던 것이다.

따라서 태양의 중력이 최고조에 달해 있음을 말해주고 있는데 그것의 증거가 삼중수소의 존재이다. 삼중수소는 자연에서는 찾아볼 수가 없는 기체인데 인공적으로 만들어지는 곳이 원자로에서 우라늄이나 플루토늄을 분열을 시키는 과정에서 우라늄 내부의 양성자와 그 양성자가 포획한 중성자를 가진 양성자가 원자로 내부에서 분열을 일으키는 과정에서 양성자가 한 번 더 분열을 일으킨 뒤에 전자를 포획한 것이다.

모두가 알고 있다시피 우라늄 235는 중수소가 포획했던 전자를 떼어낸 뒤에 중수소의 양자가 결합해서 만들어진 기체인데 액화된 상태에 있는 것이다. 이 우라늄235에 중성자를 투입시키면 양성자의 핵력이 무력화되면서 분열을 일으키는 것이 핵분열이다. 우리는 그 우라늄이 일으키는 핵분열을 통해서 열을 만들고 만들어진 열로 터빈을 돌리는 운동을 일으켜서 전기를 생산을 하고 있는 것이다. 이때 우라늄 내부의 중수소 내부의 양성자가 전자를 포획하기 전에 또 한 번의 분열을 일으킨 뒤에 전자를 포획하면 그것이 삼중수소이다. 이 삼중수소는 질소로의 양자결합을 하게 되는데 다음 장에서 자세히 다루기로 하자.

자연이 전하는 메시지

6부

제21장 쌍소멸이 전하는 메시지, 우주의 소멸과 우주의 재탄생

앞 장에서도 이야기를 하였지만 삼중수소의 존재는 기체물질이 어떻게 진화를 하고 있는가를 알려주고 있는 증거가 되고 있는 것인데 이 장에서는 삼중수소와 무거운 물질로의 결합에 관한 이야기를 다루기로 하자.

삼중수소와 질소가 없다고 한다면 자연이 빚어낸 기체물질 가운데 산소가 기체물질 가운데 가장 상위에 랭크가 되었을 것이지만 자연에서도 삼중수소가 존재하며 그 삼중수소의 결합으로 질소가 만들어져 있으므로 질소보다 더 무거운 물질이 존재할 것이라는 것을 깨닫게 하여 주고 있는 것이다.

천체의 내부에서 삼중수소가 만들어지는 과정과 질소로의 결합을 끝으로 우리의 태양인 항성이 보여주는 증거를 알아보기로 하자. 앞 장에서도 이야기를 하였지만 우주에 존재하는 기체물질들은 모두 경수소가 전자를 떼어낸 뒤에 양성자가 분열을 일으켜서 중수소로, 헬륨으로, 산소로, 다시 중수소가 삼중수소로, 삼중수소가 질소로 결합하고 있다. 천체가 가지는 양성자덩어리의 질량에 따르고 양성자덩어리가 가지는 핵력에 따라서 전자질량이 끌어당겨져서 천체를 이루고 있다는 것 또한 앞 장에서 이야기를 하였다.

다만 우리들의 눈에 보이는 천체들의 모습은 양자로 이루어져 있지만 전자는 보이지 않는다는 것인데 전자는 양성자덩어리의 핵력에 의해서 천체 내부로 끌려들어가서 가두어져 있으므로 우리들 눈에는 보이지 않고 겉보기에 천체가 양자로만 이루어져 있는 것처럼 보이는 것이다.

하지만 물질을 이루는 양자에 전자가 조력을 하지 않는다는 가정을 하면 물질에 대한 설명을 할 수가 없다. 따라서 양자와 전자는 떼려야 뗄 수가 없다는 사실이다. 고체인 금속들이 모두 전자를 가지고 있지만 양자 질량에 비례해서 전자는 턱없이 부족함으로 해서 고체인 것이다.

만약에 금속에서 전자를 모두 떼어내면 고체는 고체가 아니다. 액체가 되는 것이다. 다시 말해서 고체를 뜨겁게 달구면 고체 내의 양자에게 포획되어 있던 전자가 뜨거워지면서 고체로부터 떨어져 나가는 것인데 그렇게 되면 고체는 액체가 된다. 결국에는 전자의 조력이 없어지므로 양자가 액화가 일어나는 것이다. 즉 전자가 없으므로 고체가 액체가 되는 것이다.

우리가 흔히 대장간에서 쇠를 달구어서 두드리면 그 쇠가 식었을 때에는 더욱 단단해지는 것을 목격하게 되는데 그것이 그렇다. 쇠를 불에 달구어서 액화되기 바로 전에 망치를 이용해서 두드리면 전자가 날아가고 없는 쇠를 이루는 양자가 망치의 두드림에 양자가 응축이 일어나게 되는데 양자의 간극이 좁아지는 것이다.

그런 다음 쇠가 차가워지면 쇠의 양자는 전자를 끌어당기게 되는데 달구어졌던 쇠의 양자를 천천히 식히면 쇠의 양자는 전자를 충분하게 끌어당길 수가 없으므로 쇠의 양자는 결속력이 떨어져서 무르고 만약에 달구어진 쇠의 양자를 물속에 넣어서 빠르게 식히면 달구어진 쇠의 양자와 물 분자가 부닥트리며 산소에게 달라붙어 있던 수소가 떨어져 나오면서 수소에게 포획이 되어있던 전자가 쇠의 양자의 이끌림에 끌려 들어가 포획이 되므로 쇠의 양자가 단단해지는 것이다.

물 분자를 이루던 산소와 수소는 뜨거운 쇠의 양자를 만나서 쇠의 양자에게 물 분자가 가지고 있던 전자를 일부를 떼어주게 되는 것이다. 그런 다음 물 분자는 수소와 산소가 분리가 되는 과정에서 여러 가지의 수소가 만들어지며 수소를 떼어낸 물 분자의 산소가 여러 개가 결합을 해서 오존이 만들어지기도 하는 것이다.

오존은 산소 원자 세 개가 화학적인 결합을 해서 만들어지는데 오존이 결합을 하면 지구의 중력은 오존을 지표면으로부터 약30km의 거리로 밀어내는 것이다.

오존이 성층권에 위치하는 원인이다. 즉, 오존이 결합을 하면 높은 지표면의 온도에 의해서 오존은 운동을 하게 되고 운동을 일으킨 오존을 지구의 중력은 상호질량대칭성에 따라서 오존을 성층권으로 밀어내는 것이다.

삼중수소에 대한 이야기를 하는 과정에서 이야기가 옆으로 흘렀는데 삼중수소에 대한 이야기를 하기로 하자. 삼중수소는 질소로 결합이 일어나는 원초적인 기체이다. 즉 삼중수소 7개가 천체의 내부에서 양자결합을 이루면 만들어지는 것이 질소다. 우리의 태양계의 공간에 질소가 존재하고 우리의 대기에 질소가 존재하는 이유가 태양이 생성되어 빛을 만들어서 방사를 하기 바로 전에 결합을 시켜서 중력으로 밀어낸 것을 태양에 근접해서 생성이 되던 지구가 끌어안았다는 이야기는 앞에서 하였는데 그것을 이야기를 하기로 하자.

우리의 태양은 생성 초기에 중력으로 경수소를 밀어내고 뒤이어서 헬륨을 결합시킨 뒤에 밀어내고 뒤이어서 산소를 밀어내고 먼저 밀어내진 경수소에게 산소를 밀어내자 수소와 산소가 만나서 물 분자로 화학적 결합을 한 것을 태양의 중력은 상호질량에 따라서 물 분자를 더욱 멀리에 밀어내므로 그 위치에서 지구가 뭉쳐지고 있었다는 이야기는 앞에서 하였다.

시간이 지나고 태양의 중심에 양성자덩어리는 핵력으로 더 많은 개체의 전자를 끌어당기므로 태양 내부의 전자질량이 커지고 전자구역이 넓어지므로 또한 전자밀도가 높아지므로 산소를 결합을 시키던 시스템이 바뀌게 되었는데 태양이 산소를 결합해서 밀어내던 것을 멈추고 산소를 이루던 내부의 중수소가 넓어진 전자구역과 전자밀도에 따라서 중수소가 전자를 떼어내고 한 번 더 분열을 일으켜서 중성자 두 개를 가진 양성자가 전자를 포획하면 만들어지는 것이 삼중수소라는 이야기 또한 앞에서 하였다.

하지만 물리학자들은 모든 기체가 개별적으로 만들어지는 것으로 알고 있다는 것이다. 즉 수소는 수소이고 헬륨은 헬륨이며 산소는 산소다, 하는 주장만 하고 있다는 것이다. 즉 경수소가 중수소로, 중수소가 헬륨으로, 헬륨이 산소로, 삼중수소가 질소로, 질소를 이루는 삼중수소 또한 경수소에서 중수소로, 삼중수소로 만들어진다는 것을 주장을 하고 있지 않는다는 것이다. 즉, 모든 기체가 경수소로부터라는 주장을 하면서도 경수소는 경수소이고 중수소는 중수소라는 것이 물리학자들의 주장하는 바의 요지이다, 하는 것인데 잘못된 주장인 것이다.

우주에 존재하는 모든 기체는 경수소가 진화를 해서 헬륨이고 산소고 질소고 결합을 이뤄낸다는 것이다. 경수소를 거쳐 가지 않는 기체는 존재를 할 수가 없다는 것을 말하고 있는 것이다. 따라서 우주에 존재하는 모든 기체뿐만 아니라 고체도 액체도 경수소로부터 시작해서 양자결합을 하고 상위물질로의 결합이 이뤄지는 것이라는 이야기다. 중수소가 만들어져 있는 것이 아니며 경수소가 중수소로 만들어지지 않으면 헬륨이고 산소고 결합할 수가 없다는 이야기인 것이다.

따라서 삼중수소가 만들어지지 않으면 질소 또한 없는 것이다. 그 삼중수소 또한 중수소가 없다면 만들어질 수가 없는 것이다. 그 중수소 또한 경수소가 없다면 만들어질 수가 없다는 이야기를 하고 있는 것이다. 따라서 우주에 존재하는 모든 기체를 비롯해서 고체이든 액체이든 모든 물질은 경수소로부터 시작을 하는 것이다.

따라서 천체의 중심에는 경수소의 원자핵이 되는 양성자가 절대온도를 가지고 덩어리를 이루고 뭉쳐져 있으며 그 양성자덩어리가 핵력으로 전자를 끌어당겨서 가두어 두고서 경수소를 결합시키고 있는 것이다. 따라서 천체가 가지는 질량 즉 양성자덩어리의 질량과 양성자덩어리가 가지는 핵력에 비례하는 전자질량이 같다면 즉(양성자의 개체와 전자의 개체가 정비례) 질량대칭성을 가지고 있다고 한다면 그 천체는 자연적인 것이다. 즉, 기형적인 것이 아니라는 이야기가 성립을 하는 것이다.

우리의 태양계에서 수성, 금성, 지구, 화성, 목성, 토성은 이 질량대칭성이(천체의 중심에 양성자덩어리의 질량과 양성자덩어리에 의해서 끌어당겨져서 가두어진 전자질량) 크게 깨져 있는 것이다. 따라서 천체가 만들어지고 얼마 지나지 않아서 천체의 중심에 양성자덩어리가 부족한 전자질량으로 말미암아서 기체를 결합시키지 못하고 양성자가 탄소화가 일어나서 고체행성이 된 것이라는 이야기가 그것이다.

따라서 우리의 태양계에서 진정한 기체 천체는 천왕성, 해왕성, 명왕성뿐이라는 것인데 우리의 태양조차도 질량이 적으므로 태양의 표면이 만들어지며 탄소 항성으로의 진행이 일어나고 있는 것이다. 항성에 표면이 만들어지고 있다는 이야기는 항성의 질량이 부족함으로 해서인데 항성이 결합시키는 물질에 따라서 항성의 표면이 만들어지고 안 만들어지고 한다는 이야기인 것이다.

그것에 대한 이야기를 하기로 하자. 우리의 태양은 질량이 매우 작은 항성이다. 따라서 항성이 만들어내는 빛 가운데 가장 파장이 짧은 빛인 보라색과 파란색을 주종으로 생산하는 항성이므로 우주에는 우리가 볼 수 있는 항성들 가운데 우리의 태양보다 질량이 작은 항성은 거의 없다는 것이 필자의 생각이다. 물론 우리의 태양과 거의 흡사한 질량을 가진 항성이 있을 것이지만 극히 드물다는 이야기를 하고 있는 것이다.

왜냐하면 우리가 밤하늘을 관측하면 우리와의 가까운 거리에서 빛을 방사하는 항성 가운데 우리 태양이 방사하는 빛 즉 보라색과 파란색이 주종을 이루는 빛을 방사를 하는 항성이 거의 없기 때문인데 우주에 분포하는 항성들의 색은 하나같이 밝은 빛 즉 노란색, 빨간색 또는 백색을 가진 빛을 방사하고 있기 때문이다.

따라서 우리가 우리의 태양계를 100광년 거리만 벗어나서 우리의 태양을 바라보면 우리의 태양이 방사하는 빛은 존재조차 희미할 것이기 때문인데 우리의 태양이 멀리에 있는 것처럼 보라색과 파란색의 빛을 방사를 하고 있을 것이기 때문이다. 우리의 태양의 질량은 매우 작은 항성이라는 것을 금방 알 수가 있다는 것이다.

만약에 우리가 밤하늘을 바라보았는데 우리와 가까운 거리에서 어떤 항성이 방사하는 빛이 보라색과 파란색의 빛을 방사한다면 그 항성은 우리의 태양과 질량이 거의 같을 것이라는 이야기가 그것이다. 즉, 항성이 가진 질량에 따라서 기체를 결합시키게 됨으로 해서이며 또한 결합시킨 기체를 붕괴시켜서 빛을 만들기 때문이다.

자, 삼중수소에 관한 이야기를 하기로 하자. 앞에서도 경수소가 중수소로 중수소가 헬륨으로 헬륨이 산소로 결합되어 나간다는 이야기는 하였는데 삼중수소는 산소를 결합시키는 시스템과는 판이하게 다르다는 것이다.

즉, 천체가 가진 질량이 일정 준위를 넘어서면 경수소에서 중수소로, 중수소에서 헬륨으로 헬륨이 산소로 결합을 일으키는 시스템에 변화를 일으키는데 양성자질량의 핵력에 끌어당겨져서 가두어진 전자질량의 구역의 넓이와 전자밀도가 높아지면 삼중수소로의 분열이 일어난다. 경수소가 중수소로 또다시 삼중수소로 분열이 일어나는 것은 천체의 중력과 밀접한 연관이 있다는 것인데 천체의 중심에 양성자덩어리가 끌어당기는 핵력에 의해서 끌어당겨지는 전자질량의 증가는 플라즈마의 전자구역의 넓이는 물론이고 전자밀도를 높이게 되며 전자질량과 밀도가 높으면 중력이 증가를 하는 것이다.

따라서 경수소를 결합시켜서 중력으로 밀어내면 경수소가 밀어내지는 거리가 양성자덩어리의 질량과 전자질량에 따라서 멀리에 밀어내지는데 그 거리가 경수소의 양성자가 전자를 떼어내고 기류가 흐르는 곳으로 되돌아와서 전자를 포획하기까지의 거리보다 더 멀리에 밀어내지는 것이다. 따라서 경수소의 양성자가 포획한 전자를 플라즈마의 뜨거운 온도에 빼앗기고 난 뒤에 양성자는 자신이 가진 절대온도를 방어할 수가 없으므로 양성자가 분열을 일으키는데 분열된 양성자 가운데 먼저 온도를 잃어버린 양성자를 아니 온도를 잃어버려서 중성자가 된 중성자를 분열되었지만 아직은 절대온도를 가지고 있는 양성자가 절대온도를 플라즈마의 뜨거운 온도에게 빼앗겨서 중성자가 된 중성자를 포획하는 것이다. 이것이 양자포획이다.

양자포획은 양성자가 가진 절대온도에 의해서 핵력이 발호가 되는 것인데 양성자는 무엇이든지 끌어당기는 것이다. 따라서 양성자는 중성자를 포획하게 되는데 이것이 양자포획이다. 중성자를 뜨거운 플라즈마의 전자밀도 속에서 중성자를 포획한 양성자를 천체의 중심에 양성자덩어리는 기류가 형성된 곳으로 중력으로 끌어당기는데 이때 경수소가 밀어내진 거리가 너무 멀리까지 밀어내진 관계로 기류가 흐르는 곳으로 끌려오던 중성자를 포획한 양성자가 다시 한 번 더 분열을 일으키는데 중성자는 그대로고 절대온도를 가지고 있는 양성자만 분열을 일으키는 것이다.

그렇게 되면 두 번째에 일으킨 분열로 절대온도를 가진 양성자의 질량이 경수소가 가지고 있던 양성자질량보다는 4분의 1로 줄어드는데 이때 중성자의 질량이 25% 증가되는 것이다. 절대온도를 뜨거운 플라즈마에게 빼앗기는 과정에서 질량이 줄어드는 것처럼 보이는 것인데 물리학자들은 이것을 두고 등가원리를 확대해석을 한 나머지 질량소실이다(질량결손) 하고 주장을 하는 것이다.

하지만 사실은 질량이 소실된 것이 아니라 소실된 질량은 온도이다. 즉 양성자가 가지고 있던 절대온도를(분열이 일어날 때에) 뜨거운 플라즈마에게 빼앗겨 버리면 절대온도를 빼앗긴 만큼의 질량이 줄어드는 것처럼 보이기만 할 뿐이라는 것이다. 따라서 소실된 질량은 없다는 것이다.

두 번째 분열을 일으킨 경수소의 양성자가 중성자포획하면 태양의 중심에 양성자덩어리는 분열을 일으킨 양성자 한 개가 중성자 두 개를 양자포획한 양성자를 기류가 흐르는 곳으로 끌어당기는데 그곳에서 차가워진 전자를 한 개를 포획하면 그것이 삼중수소이다.

삼중수소가 전자를 포획하면 태양의 중심에 양성자덩어리는 삼중수소를 또다시 밀어내는데 삼중수소가 밀어내진 곳이 뜨거운 플라즈마의 전자구역이므로 삼중수소는 포획했던 전자를 놓아버리게 되는데 삼중수소가 포획했던 전자를 놓아버리게 되면 같은 처지의 삼중수소 7개가 양자결합을 하는 것이다.

즉 양성자 7개 중성자 14개가 결합을 하면 태양의 중심에 양성자덩어리는 다시 양자결합한 양성자와 중성자를 기류가 흐르는 곳으로 끌어당기는데 결합한 양성자가 기류가 흐르는 곳으로 끌려 들어와서 전자 7개를 포획하면 그것이 질소다. 질소가 양자결합을 하고 전자를 포획하면 태양의 중심에 양성자덩어리는 질소를 상호질량에 따라서 밀어내는데 질소가 밀어내진 거리가 물 분자가 밀어내진 거리와 대동소이한 거리로 밀어냈던 것이다.

그 질소를 지구가 뭉쳐지기 위해서 양성자가 뭉쳐지고 있는 거리에까지 밀어냈던 것이다. 그것을 지구의 양성자덩어리가 끌어당겨서 포획했던 것이다. 이때 물과 질소를 끌어당긴 행성들이 여러 개가 있었는데 그 행성들은 지구와 화성이 물과 질소를 목성과 토성은 물을 많이 끌어당겼는데 물의 질량이 질소의 질량보다는 양자 질량이 더 크기 때문에 태양으로부터 밀어내진 거리가 질소보다 더 멀리에 밀어내졌기 때문이다.

이때 태양계의 공간은 전자가 플라즈마에서 전자로 되돌아오는 시기이므로 공간은 영상의 온도를 유지하고 있었으므로 물이 얼어붙지 않았을 것이다. 따라서 물은 분자 상태로 밀어내졌다는 이야기가 그것이다. 물론 지구에는 물이 많이 있지만 목성이나 토성에게 끌어당겨진 물의 양에 비례해서 작은 분량이다 하는 것이 필자의 생각이다.

지금은 목성이나 토성의 중력이 강력해서 자전운동을 강하게 일으키고 있으므로 물이 얼음 형태로 목성이나 토성의 위성으로 고리를 만들어내고 있지만 목성이나 토성이 계속해서 탄소화가 진행되어서 중력이 약화되면 물은 목성이나 토성의 지표면에 안착을 할 것이다. 지구에서처럼 목성이나 토성에서도 물이 지표면으로 액화되어 바다를 이룰 것이다 하는 것인데 따라서 목성이나 토성에서도 물이 상전이를 일으킬 것은 자명한 것이다.

물이 그러한 것은 앞 장에서 밝혔다. 물이 그러한 것은 물의 특성 때문이라는 이야기 또한 하였는데 물이 극저온을 가지고는 있지만 물은 물 외부로 극저온을 표출하지 못하므로 저온에 노출이 되면 고체로 고온에 노출이 되면 수증기로 왔다가 갔다가를 반복함으로써 지구의 표면에서 상전이를 일으킨다는 이야기를 하였다.

따라서 질소와 물은 우리의 태양계 내에서는 최상위에 위치한 상위물질이다. 그러므로 지구는 더더욱 물과 질소 산소를 양자결합을 시킬 수가 없으며 태양만이 물과 질소와 산소를 결합시켜서 밀어낸 것을 행성들이 끌어당겨서 포획하고 있는 것이다.

태양은 질소를 결합시켜서 밀어낸 것을 마지막으로 더는 기체를 전자구역 밖으로 밀어내는 것을 멈추게 되는데 그것의 증거는 태양계 내의 공간에 분포하는 기체물질들 가운데 질소보다는 상위물질이 없기 때문이다. 즉, 태양이 질소를 밀어낸 것을 마지막으로 태양은 빛을 만들어서 방사를 하였는데 그때 만들어진 빛은 삼중수소 7개를 양자결합 시킨 질소를 결합시킨 뒤에 태양의 중심에 양성자덩어리의 핵력으로 질소를 붕괴시키는 것이다.

따라서 태양이 처음으로 방사를 한 빛은 질소를 붕괴시킨 빛이므로 그 빛의 색은 노란색과 주황색 빨간색이 주종을 이루고 있었으며 빛의 양도 매우 풍부했다는 것을 알 수가 있다. 태양이 방사한 빛에 따라서 지구에서는 몸살을 앓기도 했다는 것을 알 수가 있는 것이다.

즉, 지구에서는 주기적으로 빙하기가 도래를 하였는데 지구에서 일어난 빙하기는 태양이 기체를 결합시키는 시스템이 바뀔 때마다 연례행사처럼 지구에는 빙하기가 도래했던 것이다. 즉, 태양의 질량이 일정수준으로 감소할 때마다 태양이 결합시키는 물질이 다르므로 만들어지는 빛은 빛이 가진 파장과 색이 달랐는데 지금으로부터 3,000만 년 전을 기점으로 태양은 질량의 감소로 기존에 결합시키던 기체를 결합시켜서 붕괴를 시켜서 빛을 방사하였지만 그 기체를 더는 결합시킬 수가 없었는데 태양이 그러한 것에 대해서는 그럴만한 증거가 있다는 것이다. 지구에서 생성 진화를 이어오던 생물체의 멸절이 그것인데 바로 공룡과 세쿼이아가 그것이다. 즉 둘의 생물체는 거의 같은 시기에 멸절되어버렸는데 그것의 이유가 태양이 방사하는 빛이 달라졌기 때문이다.

공룡은 알다시피 파충류이다. 즉 냉혈동물인데 냉혈동물은 빛을 몸에 쬐어 주어야만 몸속에서 에너지를 생성 순환을 할 수가 있다. 하지만 그 시절에 공룡은 초대형 몸을 유지하기 위해서는 많은 양의 빛을 몸에 쬐어 주어야만 함에도 태양이 방사한 빛은 파장이 짧은 빛을 방사하는 시스템으로 바뀐 것이다. 즉, 태양이 결합을 시키던 기체를 더는 결합에 이르게 할 수가 없었으므로 하위물질로 결합을 시키는 시스템으로의 전환되는 시기에 빛의 양이 줄고 빛의 파장이 짧은 빛 즉 빛의 질이(굵은 입자) 빛을 방사하였기 때문에 두 종류의 생물체가 멸절에 이르게 된 것이다.

태양은 결합을 시키던 기체를 결합시킬 수가 없어서 하위물질을 결합시켰던 것이다. 하위물질을 붕괴시켜서 만들어진 빛을 방사하자 공룡과 세쿼이아가 빛의 양과 빛의 질이 달라져서 더는 광합성과 거대한 몸을 지탱할 수가 없었던 것이다. 둘의 생물체가 지구에서 거의 동시에 멸절에 이르게 된 이유가 그것이다.

그 이후에 지구에는 새로운 식물과 동물이 출현했는데 태양이 방사하는 빛에 따라서 지구에는 새로운 종의 출현이 일어났던 것이다. 영장류의 출현이 그것이다. 영장류와 포유동물은 온혈동물이다. 즉 빛을 많이 받지 않아도 생명활동을 영위할 수 있는 생물체인 것이다.

현재 태양이 방사하는 빛은 빛이 가진 파장으로 미루어서 헬륨7 정도를 결합시킨 뒤에 그 헬륨7을 붕괴시켜서 만들어지는 빛은 무지개색이 선명한 빛이기 때문인데 헬륨7이 붕괴를 일으키면 그 기체가 가지는 양성자와 중성자가 빛으로 붕괴될 때에 만들어지는 것으로 추정이 되기 때문이다. 그것에 대한 이유는 현재의 태양이 방사를 하는 빛은 보라색과 파란색이 압도적으로 크기 때문이다.

우리의 태양계 질량은 여기까지이다. 우리의 태양계를 벗어나서 질량이 더욱 큰 항성계에서는 당연히 지구처럼 생명체가 있을 것이지만 그 항성계의 항성이 가진 질량에 따라서 기체를 결합시키는 시스템은 당연히 다를 것이다. 우리의 태양계에서 질소가 최상위의 기체물질임을 감안할 때에 항성이 가진 질량이 우리의 태양보다 큰 항성계에서는 결합시키는 기체도 당연히 무거운 기체를 결합시켜서 그 기체를 붕괴에 이르게 하여 빛을 만들어서 방사를 하므로 빛이 밝은 것이다. 즉, 항성이 가진 질량에 따라서 삼중수소를 넘어서 사중수소나 오중수소를 결합시킨 물질을 양자결합을 시킨 뒤에 붕괴시킬 것이기 때문이다. 따라서 질량이 우리의 태양보다는 질량이 큰 항성이 방사하는 빛은 파장이 긴 빛을 방사하는 것이다.

그것을 알 수가 있는 것이 우리의 태양계에서 결합된 삼중수소가 그 증거인데 정말 질량이 큰 항성이 방사하는 빛은 거의 백색의 빛을 방사하지만 그러한 항성은 백색외성인 경우가 많다는 것이다. 하지만 은하의 중심에 존재하는 빅 항성이 방사하는 빛은 우리가 볼 수가 없으므로 존재조차 알 수 없는 것이다. 물론 빅뱅의 중심 즉 우주의 중심에 슈퍼 태양이 존재하고 있음에도 불구하고 우리는 슈퍼 태양을 볼 수 없다는 것인데 슈퍼 태양이 방사를 하는 빛이 우리에게 도달하지 못하기 때문이다.

따라서 우리는 은하의 중심이나 우주의 중심에 슈퍼 항성이 자리 잡고 있는 것을 모르는 것은 당연한 것이다. 아니 알 수 없는 것 또한 당연한 것이다. 천문학자들은 은하의 중심에 무엇이 있다는 것을 어렴풋이 알고는 있지만 그것의 정체를 알 수 없으므로 그것을 블랙홀이라고 하는 것이다.

하지만 천체물리학자들이 주장하는 블랙홀은 없다. 왜냐하면 블랙홀은 무엇이든지 끌어당긴다는 천체이기 때문이다. 하지만 우주에 블랙홀과 같은 무엇이든지 끌어당긴다는 천체는 존재하지 않는다. 왜냐하면 천체가 무엇이든지 끌어당긴다면 우주가 어떻게 될 것인가. 닥치는 대로 끌어당겨서 몸집을 불리다가 우주를 통째로 잡아먹을 것이기 때문이다.

천체물리학자들은 블랙홀이 존재하고 있다는 생각을 굳게 믿고 있다. 또한 블랙홀이 존재하고 있다는 것을 정립화해서 대학에서 학생들에게 가르치고 있다. 하지만 정작 블랙홀이라는 천체는 존재하지 않고 우리가 볼 수 없는 항성이다. 질량이 큰 빅 항성이 방사를 하는 빛이 우리에게 도달하지 않으므로 우리가 질량이 큰 항성을 볼 수 없는 것이다. 그것의 증거가 우리와 매우 가까이에 있지만 우리가 볼 수 없는 우리 은하의 중심에 존재하는 빅 항성이다. 따라서 우리가 볼 수 없는 항성을 블랙홀이라고 한다면 엄청난 오류인 것이다.

우주에서 불확실한 것은 없다. 이 부분에서 아인슈타인은 확고한 신념을 가지고 있었던 것으로 보이는데 신은 주사위 놀음을 하지 않는다는 말을 했던 것이다. 필자도 아인슈타인과 같은 생각을 가지고 있다. 즉, 우주에서는 불확실한 것은 없다는 것이다. 우주는 한 치의 오차도 없이 주어진 질량에 따라서 팽창을 하고 질량에 준해서 운동을 일으키며 질량에 따라서 물질을 결합시키며 결합시킨 물질을 빛으로 부서트리고 있는 것이다.

질량에 따라서 부서트려진 빛이 우주를 수축하게 만들며 종국에는 우주가 질량의 감소로 소멸하게 되는 것이다. 그것을 말해주고 있는 것이 쌍소멸이다. 앞에서도 이야기를 하였지만 음전자는 불멸이다. 어떤 경우에도 음전자는 변형되지도 소멸되지도 커지지도 작아지지도 않으며 언제까지나 변하지 않는 그야말로 불멸의 존재이다. 따라서 우주가 생성되고 소멸을 할 수가 있는 것이다.

하지만 양자는 팔색조처럼 모습을 바꾸지만 결국에는 양자도 불멸의 존재이다. 왜냐하면 양자도 빅뱅의 압력으로 만들어진 존재이므로 양자가 회귀본능이 작동을 하는 것이다. 연어가 자신이 태어난 곳으로 되돌아와서 생을 마감하듯이 우주도 회귀본능이 작동되고 있는 것이다. 즉 빅뱅이 일어나기 전 상태로의 귀환이 그것이다.

빅뱅이 일어나기 전 쌍소멸 상태의 공간으로의 회귀를 하기 위해서 양자가 음전자의 조력을 받아서 양자가 빛으로 부서지고 있는 것이다. 따라서 빛으로 부서진 빛이 가진 질량이 음전자와 대칭성을 가진 빛이 음전자를 만나면 대전되어서 쌍소멸을 하는 것이다. 따라서 우주가 소멸에 이르는 것이다. 아니 공간으로 회귀하는 것이다.

우리 우주가 양자와 전자가 질량대칭성을 가지고 쌍소멸을 일으켜서 공간으로 되돌아간 뒤에 다시 공간은 또 다른 빅뱅을 준비할 것이다. 또다시 절대온도에 의해서 쌍소멸된 전자쌍은 초전도로 분리가 될 것이고 빅뱅이 일어날 것이다. 다시 일어난 빅뱅은 우리 우주보다 더욱 큰 빅뱅을 준비할 것이고 또다시 소멸하고 또다시 빅뱅이 일어나고를 반복할 것이다. 그것이 우주본색이다.

우주의 나이를 보면 우리 인간들의 생은 너무나도 짧은, 하루살이보다도 더 짧은 생을 산다. 여기에서 한 가지 전언을 하자면 하루살이가 메뚜기의 생을 모른다는 것이다. 그것은 하루살이가 내일이라는 단어를 모르기 때문이다. 메뚜기는 하루살이에게 내일이 있다고 주장을 하지만 하루살이는 하루만 살다가 죽어버리므로 내일을 모르는 것이다. 하지만 하루살이가 내일이라는 것이 있다는 것을 알려면 알 수가 있다는 것인데 그것은 어제와 오늘의 경계에서 태어난 하루살이로부터 전언이다. 나는 어제 태어났다든지 하는 이야기가 그것인데 어제와 오늘이 있다면 내일도 분명히 존재할 것이라는 이야기가 그것이다. 따라서 구전으로 전해지는 이야기를 듣고 내일이 있다는 것을 알 수 있는 것이다.

또한 메뚜기는 겨울을 모르는데 메뚜기가 개구리하고 놀다가 겨울이 오기 전에 개구리는 겨울잠을 자기로 하고 메뚜기에게 말하기를 아, 이제는 내년에 놀아야지 하는 것이다. 이때 메뚜기의 생에서 내년은 존재하지도 않고 내년이라는 단어 자체를 모른다는 것이다. 메뚜기는 개구리에게 내년이 뭐냐고 물어보지만 메뚜기는 알 수가 없는 것이다. 메뚜기는 같은 종족인 메뚜기로부터의 전언을 들을 수가 없기 때문이다.

따라서 이것이 하루살이와 메뚜기의 차이점이다. 하루살이는 오늘과 가까운 어제에 태어나서 오늘을 살고 있는 하루살이로부터 어제의 전언을 들을 수가 있지만 메뚜기는 그 전언을 들을 수가 없기 때문이다. 따라서 하루살이의 삶은 의문을 해소할 수가 있는 삶이고 메뚜기의 삶은 의문을 해소할 수 없는 삶이라는 엄청난 차이점이 있는 삶이라는 것이다.

우리의 삶도 마찬가지이다. 구전으로 전해지고 기록으로 전해지는 것으로 과거를 알며 미래를 예측을 하는 것이다. 하지만 구전과 기록으로 알 수 없는 것이 물리이론 즉 오류가 있는 이론이 우리들로 하여금 과거와 미래를 알 수가 없는 지경으로 내몰아서 자연을 이해할 수가 없도록 유도하고 있는 것은 아닐까? 하는 것이 필자의 생각이다.

우리들의 감성은 보이는 것에 집착을 하도록 진화를 하여 왔다는 것이다. 따라서 우리가 지닌 감성과 우리가 지닌 또 다른 창의성의 사이에는 커다란 장벽이 놓여 있다는 것이 필자의 생각이다. 창의력을 요구하는 것은 이론이며 그 이론을 이해하는 것은 감성이다. 따라서 이론이 올바르게 세워져야만 감성이 올바르게 따라가는 것은 아닐까 하는 것인데 우리들에 앞서서 물리학을 일으킨 선각자들의 사고와 창의력을 현재의 우리가 따라가지 못할 이유가 없는 것이다.

필자의 이 말은 양자역학과 일반상대성이론으로는 자연을 알 수가 없으므로 이제는 우리들의 창의력으로 미래를 해쳐나가야만 한다는 이야기인 것이다. 즉 철이 지나간 이론으로는 자연이 전하는 메시지를 올바르게 해석할 수가 없다는 이야기인 것이다. 필자가 양자역학과 일반상대성이론을 철이 지나간 이론이라는 표현을 하였는데 절대로 과장된 표현이 아니다. 혹자는 필자를 비난할지도 모르겠지만 말이다.

하지만 우리들의 당면과제는 양자역학과 일반상대성이론을 버리는 것이다. 왜냐하면 둘의 이론을 버리지 못하고 붙들고 있게 되면 물리학의 앞날은 암울할 것이기 때문인데 자꾸만 둘의 이론에 기대어서 오류가 있는 이론을 확대재생산을 할 수밖에는 없기 때문이며 또한 오류가 있는 이론으로 자연을 해석을 할 것이기 때문이다. 그로 인해서 자연이 전하는 메시지를 올바르게 해석할 수가 없기 때문이다. 이야기가 옆으로 흘렀는데 다음 장에서는 양자역학과 일반상대성 이론을 결합을 시켜보기로 하자.

제22장 물질과 중력과 빛과 운동이 전하는 메시지

필자가 1부를 시작으로 6부를 진행하는 동안에 여러 가지 이야기를 하였는데 이 장에서는 중력과 물질과 운동 그리고 빛이 만들어내는 하모니에 관한 이야기를 하기로 하자. 우주는 중력이 없으면 운동을 일으킬 수가 없으며 천체가 운동을 멈추면 빛을 만들어낼 수가 없으며 따라서 우주에는 물질이 존재할 수가 없다. 따라서 물질과 빛과 중력과 운동은 모두가 연결이 지어져 있는 것이다. 그것에 대한 이야기를 하기로 하자.

먼저 천체물리학자들은 우주가(천체) 생성되기 전에 물질이 먼저 결합하였다는 주장을 하고 있다. 자, 생각을 해보자. 천체가 만들어지기 전에 먼저 물질이 결합하였다는 가정을 하고 먼저 결합한 물질들이 뭉쳐져서 천체가 만들어졌다고 가정을 한다면 물질은 물질을 상대로 덩어리를 이루고 있어야만 하는데 왜 지구에서는 기체가 대기를 이루고 있을 수가 있느냐 하는 의문이 먼저 드는 것은 어떻게 설명을 할 것인가 하는 것이다.

그리고 수소나 헬륨 산소나 질소를 액화시켜서 용기에 담아서 덩어리를 만들면 이들 기체들이 액화가 일어나면 무엇이든지 끌어당겨서 뭉쳐지는 성질을 가져야만 하는데 이들 기체덩어리들은 아무것도 끌어당기지도 혹은 밀어내지도 않는다는 것이다. 이것을 어떻게 설명을 할 것인가.

기체든 고체든 액체든 물질이라면 아무리 큰 덩어리로 뭉쳐져도 무엇을 끌어당기거나 밀어내거나를 하지 않으므로 항성인 천체의 중심에 수소가 뭉쳐져 있다는 주장은 설득력이 없다는 것이다. 따라서 항성의 중심에는 수소가 뭉쳐져 있는 것이 아니라는 이야기가 되는 것이다.(태양의 중심에 수소가 뭉쳐져 있다면 중력은 없다.)

우리의 지구를 들여다보자. 물리학자들은 지구의 중심에는 철 원자가 덩어리를 이루고 뭉쳐져 있다는 주장을 하고 있는데 그것의 이유를 알고 보니 지구가 천연자석이다. 따라서 지구가 자기력선을 만들어내고 있으므로 철 원자가 뭉쳐져 있을 것이라는 주장이 그것이다. 그렇다면 지구의 중심에는 매우 뜨거운데 어떻게 철이 전자를 끌어당길 수가 있다는 것이냐 하는 것이다.

모두가 알고 있다시피 자석은 철과 비슷한 원소인 희토류라는 광석이 전자를 끌어당겨서 가지고 있는 것을 우리는 희토류를 압착시켜서 자석을 만들어서 전자를 얻어 전기를 사용하고 있다는 것은 삼척동자도 알고 있는 사실이다. 하지만 물리학자들의 주장대로라면 지구의 중심은 매우 뜨거운 온도를 가지고 있으므로 현재에도 지구의 표면으로 화산을 분출시키고 있는 것이 현실이다. 따라서 지구의 중심이 뜨겁다는 것은 주지의 사실이다.

그렇다면 필자가 한 가지 실험을 한 것을 소개하기로 하자. 필자가 초전도 실험을 하는 과정에서 자석을 불에 가까이 가져가는 일이 일어났는데 자석에게 자화되어 있던 전자가 온데간데없이 사라져 버렸는데 이유를 알고 보니 희토류가 끌어당겨서 포획을 하고 있던 전자를 희토류의 원자가 뜨거워지므로 전자를 놓아버리더라는 것이다. 따라서 전자는 날아가 버리고 희토류를 압착해서 만든 자석의 자력이 없어져 버리더라는 것이다.

이것을 어떻게 설명할 것인가. 즉 지구의 중심에 철 원자가 덩어리를 이루고 뭉쳐져 있는데 어떻게 지구의 대기에서 일어나는 방전에 의한 전자를(번개) 지표면 안쪽으로 끌어당길 수가 있다는 것이냐 하는 것이다. 도무지 이해를 할 수가 없는 주장을 물리학자들은 하고 있다는 것이다.

따라서 물리학자들이 주장하는 지구의 중심 내부가 뜨거워져 있다는 가정을 하면 지구가 자기력선을 만들어내고 있는 것을 설명할 수가 없는 것이다. 즉, 중력의 실체를 설명할 수 없으며 천체가 일으키는 운동을 설명할 수 없는 것이다.

따라서 지금까지 항성의 내부나 행성의 내부를 설명하는 이론에는 심각한 오류가 있는 것이다.

따라서 심각한 오류가 있는 이론으로 공부를 한다고 하면 우리들이 가지고 있는 창의력이나 이해력을 자연이 전하는 메시지를 상대로 발휘할 수가 없다는 것이 필자의 생각이다. 또한 오류가 있는 이론은 오류가 있는 이론을 양산한다는 사실이다. 따라서 우주에 관한 이론은 오류가 주류를 이루고 있다는 것이다.

한 가지를 더 설명하기로 하자. 지구의 표면에서 일어나는 운동은 대기가 일으키는 운동을 제외하면 우리들이 만들어내는 운동인데 즉 타격에 의한 운동이다. 망치로 말뚝을 지표면에 박는 운동이나 대포의 포신을 이용해서 포탄을 멀리에까지 운반하는 운동이나 로켓운동이나 자동차가 달리는 운동, 지구의 표면 위에서 인위적으로 일으키는 모든 운동은 타격에 의해서 일어나는 운동이다.

그런데 우리들이 타격을 이용해서 일으키는 운동은 영구적인 운동이 아니라 단발성 운동이다. 즉, 지구의 표면에서는 운동이 일어나려면 타격을 가해야만 운동이 일어나는 것이다. 하지만 이와는 반대로 타격을 가하지 않아도 일으키는 운동이 있는데 그 운동은 지구의 자전과 공전운동이 그것이다. 어떻게 그러한 영구적인 운동이 가능할까 하는 것인데 그것은 우리가 자각하지 못함으로 해서 영구적인 운동이라는 생각을 하는 것이라는 것이 필자의 생각이다.

따라서 우주에서 일어나는 그 어떤 운동도 타격운동이라는 사실이다. 즉 항성이나 행성들 또는 은하가 일으키는 운동 또한 타격에 의한 운동이라는 사실이다. 즉 운동은 타격이 아니고는 일어날 수가 없다는 사실이다. 필자의 이러한 주장을 두고 혹자는 이렇게 말을 할지도 모른다. 그것은 당신 생각이라고 말이다. 하지만 사실이다. 물론 타격의 성질만 다를 뿐이지만 타격으로 일어나는 것만은 틀림이 없다는 것이다. 그것을 설명하기로 하자.

모두가 알다시피 빛이 움직이는데 우리는 빛이 가지는 에너지가 선으로 연결되어 있는 것처럼 보이지만 사실은 불연속적인 것은 실험을 통해서 알고 있는데 빛은 입자로 되어 있기 때문이다. 따라서 우주에서는 연결 지어진 선은 없다는 것이다. 빛조차도 입자가 서로 떨어져서 움직이기 때문인데 하물며 천체의 내부에서 일어나는 운동의 근원이야 두말할 필요도 없이 불연속적이므로 타격인 것이다. 다만 천체가 운동을 연속적으로 일으키는 것처럼 보인다는 것일 뿐인데 우리들의 생각은 연속적으로 보이므로 영구적인 운동일 것이라는 생각을 가지게 된다는 것이다.

하지만 어떻게 영구적인 운동이 있을 수가 있다는 것이냐 하는 것인데 우리들의 사고는 우리들의 수명과 괘를 같이 한다는 것이다. 즉 선입견이 그것이다. 우리들의 수명은 길어봐야 백 년이다. 하지만 우주의 나이를 우리와 비교를 한다고 하면 그야말로 수십억 배의 수명을 가지고 있으므로 우리와 하루살이와의 나이를 비교해도 비교도 되지 않을 만큼 긴 수명을 우주는 가지고 있는 것이다. 그러한 우주를 상대로 우주가 전해오는 메시지를 이해하려면 모든 선입견을 버리고 자연이 전하는 메시지를 이해를 해야만 알 수 있다는 것을 이야기를 하고 있는 것이다.

자, 천체가 일으키는 운동이 왜 타격운동인가를 설명하기로 하자. 물리학자들이 주장하는 구조를 천체가 가지고 있다면 천체가 일으키는 운동을 설명할 길이 없다는 것이 필자의 생각이다. 즉, 우주의 천체가 일으키는 모든 운동은 타격이기 때문인데 생각을 해보자. 자동차가 움직이려면 석유를 밀폐된 좁은 공간에 기화된 상태를 만들고 그 기름을 부풀리는 것인데 순간적으로 부풀어 오르면 압력이 만들어지고 그 압력이 피스톤을 밀어내는 것이다.

이때 운동이 만들어지는데 그 운동을 이용해서 자동차를 움직이는 것이다. 그 운동이 연속적이지 않고 불연속적이지만 자동차는 움직이는 것이다. 이때 자동차는 불연속적인 운동으로 보이지 않는다는 사실이다. 즉 연속적인 운동을 일으키고 있는 것으로 보이는 것이다.

천체도 마찬가지이다. 천체도 중심에 수많은 입자가 덩어리를 만들고 핵력을 발호함으로 해서 전자를 끌어당겨서 가두어두고 전자를 핵력으로 운동을 시키는데 운동을 일으키는 전자 또한 연속적이지 않다는 사실이다.

그것에 대한 이야기를 하기로 하자. 천체의 중심에는 양성자가 전자를 포획해서 물질이 되기 전 상태에 있는데 입자덩어리 상태이다. 그것이 양성자덩어리이다. 이 양성자덩어리를 이루는 양성자는 각각의 양성자마다 온도를 가지고 있는데 그 온도가 0k 즉 절대온도를 가지고 있는 것이다. 따라서 양성자덩어리는 강력한 핵력을 발호하는데 그 핵력은 전자만을 끌어당기는 핵력이 아니다. 우주의 모든 입자와 물질을 끌어당기는데 천체물리학자들이 주장하는 블랙홀과 같이 이 양성자덩어리는 우주의 그 어떤 것도 끌어당기는 것이다.

하지만 이 양성자덩어리가 끌어당길 수가 없는 것이 있는데 그것이 물질이든 천체이든 대칭성을 가지고 있다면 양성자덩어리는 대칭성을 가진 물체를 끌어당길 수가 없다는 것인데 이것을 우리는 중력이라고 하는 것이다. 그 중력은 물질이 덩어리를 이루고 만들어내는 것이 아니라는 것이다.

즉, 중력은(양성자가 전자를 포획하면 우리는 그것을 물질이라고 명명하고 있음) 하지만 중력이 만들어지려면 양성자가 전자를 포획하여서 물질로 결합을 해버리면 아무리 많은 물질이 덩어리를 이루고 있다고 하여도 중력은 만들어지지 않는다는 사실이다. 따라서 일반상대성이론에서 물질과 물질이 상호작용으로 중력을 발호한다는 주장은 틀린 주장인 것이다. 즉 양성자가 전자를 포획하면 물질이고 양성자가 전자를 포획하지 않으면 그것은 입자인데 이 입자가 천체의 중심에 덩어리를 이루고 뭉쳐져 있는 것이다. 그것이 양성자덩어리인데 그 양성자덩어리가 절대온도를 가지고 있는 것이다.(그것의 증거는 기체물질들이 기체물질 외부로 극저온을 표출하고 있는 것이 그 증거이다.)

따라서 절대온도를 가진 양성자덩어리는 강력한 핵력을 발호하는 것이다. 그 양성자가 가진 절대온도가 핵력을 만들어내고 있는 것이다. 따라서 천체의 중심에는 절대온도를 가진 양성자덩어리가 핵력으로 전자를 끌어당겨서 가두어두고 있는 것인데 양성자덩어리의 핵력에 의해서 가두어진 전자는 양성자덩어리의 핵력에 의해서 운동을 일으키는데 양성자덩어리의 핵력이 전자에게 압력으로 작용을 하는 것이다.

이때 전자 또한 양성자덩어리의 핵력이 약하면 전자는 자기력선을 만들어내게 되는데 그것의 증거는 지구가 자기력선을 만들어내고 있는 것이 그 증거이다. 전자가 자기력선을 만들어내는 것은 전자에게 어떤 특성이 있기 때문인데 전자가 극성을 가지고 있다는 사실이다. 자석에게 자화된 전자가 선을 만들어내고 있다는 것은 모두가 알고 있는 사실이다. 또한 전자는 같은 극은 밀어내고 다른 극은 끌어당기는 것 또한 알고 있다. 전자가 그러한 것 또한 실험으로 증명이 된 사실이다.

따라서 천체의 중심에 양성자덩어리에게 끌어당겨져서 가두어진 전자는 양성자덩어리의 핵력에 의해서 운동을 일으키는 것이다. 이때 전자가 운동을 일으키면 전자가 뜨거워지는데 전자가 열을 만들어내는 것이다. 이때 전자가 만들어내는 열은 양성자덩어리의 핵력에 비례하고 전자가 만들어내는 온도는 천체의 운동량에 비례하는 것이다.

즉, 천체가 가지는 양성자덩어리의 질량과 끌어당겨져서 가두어진 전자질량에 비례해서 천체는 운동을 일으키는 것이다. 이때 천체의 중심에 양성자덩어리는 핵력으로 전자를 운동을 시키고 운동을 일으킨 전자가 플라즈마에 도달하면 양성자덩어리는 절대온도를 가지고 있으므로(양성자는 극저온 상태에 있다) 또한 전자는 운동으로 초고온 상태에 도달하여 있으므로 이때 양성자덩어리의 절대온도와 플라즈마의 전자덩어리는 서로 부닥치게 되는데 이때 천체의 운동이 일어나는 것이다.(서로 반목을 하므로)

이때 질량이 큰 천체가 질량이 작은 천체를 포획하게 되는데 질량이 큰 천체가 일으키는 운동 방향을 따라서 질량이 작은 천체는 속절없이 끌려가며 공전운동을 일으키는데 그 운동이 항성의 중심의(양성자덩어리의 운동이 행성들을 포획하고 있으므로) 공전하는 행성의 운동이다.

우리의 태양계의 행성들이 일으키는 운동을 두고 천체물리학자들은 해석하기를 태운동이라거나 원심력이라거나 하는 주장을 하고 있는데 그러한 주장의 이면에는 중력을 이해하지 못하고 있으며 천체의 내부를 알 수가 없으므로 그와 같은 주장을 하고 있는 것이라고 필자는 이해를 하고 있다. 하지만 그러한 주장은 중력하고는 정면으로 배치가 되는 주장이라는 것이다. 즉 천체가 일으키는 운동도 우리들이 일으키는 운동과 별반 다르지 않다.

천체가 일으키는 운동도 역시나 타격운동이다. 즉 천체의 중심에 양성자덩어리는 절대온도를 가지고 있는 데에 반하여서 끌어당겨져서 가두어진 전자는 뜨거운 플라즈마에 도달하여 있는 것이다. 따라서 양성자덩어리와 플라즈마의 전자덩어리는 서로 부닥치는 것이다. 그것이 핵력과 척력이다.

만약에 양성자덩어리가 핵력을 발호하지 않는다는 가정하면 전자를 끌어당길 수가 없으므로 천체의 운동은 일어나지 않을 것이다. 즉 기체를 극저온 상태에 놓아두면 기체는 운동을 일으키지 않고 액화가 되어버리는 것과 같은 이치인데 기체가 기체 외부의 온도가 극저온이면 기체는 운동을 일으키지 않는다는 사실이다. 즉, 기체가 가지고 있는 극저온과 같은 온도로 기체 외부의 온도를 맞추어 주면 기체는 기체의 중심에 양성자가 운동을 멈추는 것이다. 따라서 기체의 중심에 양성자가 운동을 멈추면 양성자에게 포획된 전자 또한 운동을 멈추는 것이다. 따라서 기체가 액화가 일어나는 것이다.

천체 내부의 중심에 절대온도를 가진 양성자덩어리가 운동을 멈추면 핵력은 발호되지 않는데 이유는 양성자덩어리에게 끌어당겨진 전자가 없다면 양성자덩어리는 운동을 멈추는데 그것의 증거가 태양에게 가까운 행성들에게 있다. 태양에 가까운 행성일수록 자전운동량이 작은 것이 그 증거인데 태양에게 근접해서 생성이 된 관계로 태양의 중심에 양성자덩어리의 전자포획 사정거리에 의해서 태양에게(태양계가 생성되던 시기) 전자를 많이 빼앗기는 일이 일어났던 것이다.

따라서 수성, 금성, 지구, 화성, 목성, 토성 순서로 전자를 태양에게 많이 빼앗기는 일을 당했던 것이다. 그로 인해서 수성부터 토성까지의 행성들이 태양과의 거리에 따라서 행성이 가지는 질량대칭성이(양성자덩어리와 전자덩어리의 개체대칭성) 깨져있는 것이다. 수성은 양성자질량에 비례한 전자질량이 거의 고갈상태에 있으며 토성이 목성보다도 더 질량대칭성이 충족이 되어 있는 것이다. 따라서 수성부터 토성까지의 자전속도가 모두 다른 것이다.(질량대칭성이 깨져 있는) 그 증거이다.

행성들의 운동량에서 보았듯이 천체의 내부에서는 절대온도 상태의 양성자덩어리와 그 양성자덩어리의 핵력에 의해서 끌어당겨져서 가두어진 전자덩어리의 플라즈마의 뜨거운 온도가 부닥치며(타격 운동을 일으키는 원인이다.) 이것을 태운동이라느니 원심력이라느니 하는 주장과 또는 일반상대성이론에서의 곡률에 의해서 곡률을 따라서 행성들이 운동을 일으키고 있다는 주장은 틀린 주장이다. 즉 오류인 것이다.

천체가 일으키는 운동에 대해서 알아보았는데 우주의 모든 운동은 타격에 의한 운동임을 메시지는 전하고 있는 것이다. 천체물리학자들이 주장하는 빅뱅이 일어나고 공간은 음전자가 빅뱅의 압력으로 강력한 운동을 일으켰으므로 음전자가 플라즈마 상태에 있었는데 이때 양성자는 핵력을 가지고는 있지만 전자를 끌어당길 수가 없었는데 그 이유는 전자가 플라즈마상태에 있으므로 양성자는 전자를 끌어당겨서 포획을 할 수가 없었던 것이다.

그로 인해서 양성자는 양성자를 끌어당겨서 뭉쳐지기 시작하였다. 이것이 천체의 모태가 되는데 양성자가 뭉쳐지며 덩어리를 이루는 동안에도 전자는 운동으로 플라즈마 상태를 유지하고 있었으므로 해서 양성자덩어리는 전자를 끌어당길 수가 없었는데 시간이 지나고 전자가 차가워지기 시작하자 양성자덩어리는 전자를 끌어당기기 시작했던 것이다. 따라서 빅뱅이 있고 공간에 양성자와 전자가 결합을 한 기체물질은 존재하지 않았다는 것이 필자의 생각이다. 왜냐하면 플라즈마 상태의 공간에서 천체의 모태가 되는 양성자덩어리가 뭉쳐지는 시간이 짧은 시간이 아니므로 또한 공간에서 전자의 플라즈마 상태가 짧은 시간이 아니었으므로 천체를 이루는 양성자덩어리가 뭉쳐질 수가 있었기 때문이다.

만약에 양성자덩어리가 천체가 만들어지기 위해서 뭉쳐지기도 전에 양성자가 전자를 포획하는 일이 일어났다는 가정을 하면 우주에는 천체는 없고 물질들만 가득한 우주도 무엇도 아닐 것이다. 한마디로 우주가 생성이 되지 않았을 것이라는 것이 필자의 생각이다. 그러한 이유로 천체가 만들어지기 위해서 양성자가 덩어리로 뭉쳐지는 시간에는 공간이 플라즈마 상태를 유지하고 있었을 것이라는 것이다.

이것을 천체물리학자들은 플라즈마 상태의 공간에서 전자가 차가워지기 시작하자 양성자가(입자) 전자를 포획해서 물질로 결합한 뒤에 물질들이 덩어리를 이루고 뭉쳐져서 천체를 만들어내기 시작했다는 주장을 하고 있는 것이다. 이러한 주장이 뒷받침되기 위해서는 지구의 표면에서 일어나는 일을 설명을 해야만 할 것이다. 즉, 물질의 근본인 수소를 비롯해서 헬륨 산소 질소가 덩어리로 뭉쳐지면(액화 상태) 무슨 일이든지 일어나야지만 물리학자들의 그러한 주장이 설득력이 있을 것이다.

하지만 지구의 표면에서는 기체물질들이 덩어리를 이루고 뭉쳐져도 아무런 일도 일어나지 않는다는 것에 대해서 설득력 있는 설명을 하여야 함에도 불구하고 그것에 대한 설명은 없고 물질과 물질은 상호작용을 한다는 주장을 되풀이하고 있는 것이다. 물리학자들의 그러한 주장을 뒷받침하는 근거는 아인슈타인이 주장한 중력이론인 일반상대성이론에 기인하고 있음은 주지의 사실이다.

물리학자들의 그러한 이면에는 아인슈타인의 상대성이론을 종교의 교리를 추종하는 신도들과 같이 신격화되어있기 때문으로 필자는 풀이를 하고 있다. 필자의 생각이 기우일까? 물리학을 공부하는 사람들의 생각이 어떻게 그럴 수가 있다는 것이냐 하고 필자는 의문을 가질 수밖에는 없었다는 것이다.

각설하고 물질의 근본에 대한 이야기를 이어가자. 앞 장에서도 이야기를 하였지만 물질의 시작점은 경수소다. 우주에는 경수소가 만들어지기 전에는 모두 입자만 존재하였다는 것인데 만약에 경수소가 만들어지지 않고는 그 어떤 물질도 존재할 수가 없다는 것을 이야기를 하고 있는 것이다. 즉 기체와 고체 액체 그 어떤 물질도 경수소가 진화를 해서 만들어진다는 것을 이야기를 하고 있는 것이다. 따라서 경수소가 물질의 시작점이다 하는 것이다. 따라서 가벼운 기체가 무거운 기체로 결합을 하기 위해서는 가벼운 기체가 포획한 전자를 떼어내야만 무거운 기체로의 양자결합이 일어날 수가 있다는 것이다.

예를 들면 밀폐된 공간에 기체인 중수소 두 개를 넣어두고 조건을 맞추어 주면(중수소가 포획한 전자를 떼어낼 수가 있는 조건) 두 개의 중수소는 포획했던 전자를 떼어내고 양자결합을 일으키게 되는데 양자결합을 한 기체는 헬륨4 한 개로 결합을 하는 것이다. 사실 헬륨4는 양성자 두 개와 중성자 두 개가 결합을 한 관계로 양성자가 둘에 중성자도 둘이다. 즉 중수소가 전자를 떼어내고 양자결합을 하였으므로 양성자가 둘이고 중성자가 둘인 것이다.

이것을 명명하기를 양성자와 중성자를 합한 양자 수가 4개이므로 헬륨4라고 했던 것인데 정작 중성자는(온도를 가지고 있지 않음) 양자이지만 양성자에게서 분열되어(절대온도를 잃어버린 관계로) 중성자가 되었으므로 헬륨2라고 명명을 했어야 한다는 것이다. 이유는 양성자에게서 분열되어 중성자가 만들어진 것이니 양성자나 중성자는 같은 것이다. 다만 중성자는 양성자처럼 절대온도를 가지고 있지 않으므로 전자에게 중성이다. 따라서 양성자와 중성자는 한 몸이나 같다는 이야기가 그것이다. 따라서 양성자와 중성자를 하나로 보아야 한다는 것이다.

물론 중수소 내부의 양성자와 중성자는 경수소가 전자를 떼어낸 뒤에 분열을 일으켜서 중성자를 만든 뒤에 전자를 포획하였으므로 중수소이기 때문이다. 따라서 기체의 시작점이 경수소로부터 중수소로 헬륨으로 산소로 다시 삼중수소로 질소로 양자결합을 해나가는 것이다.

그런데 이야기가 무언가 핀트가 맞지 않다는 것이 있다는 것을 알 수가 있는데 그것이 산소에서 갑자기 삼중수소가 등장을 하게 되고 뒤이어서 질소가 등장을 하는 것이 그것이다. 즉 경수소에서 중수소로 중수소에서 헬륨으로 헬륨에서 산소로 결합하던 물질결합시스템이 갑자기 질소가 아니고 삼중수소가 등장을 하게 되는데 그것이 그렇다. 질소가 결합을 하려면 삼중수소가 결합하여야만 가능하기 때문인데 경수소, 중수소, 헬륨, 산소를 결합을 시키던 천체의 물질결합시스템이 갑자기 삼중수소가 결합을 하여야 한다니 무슨 이야기이냐 하면 태양계의 공간에 분포하는 기체물질들을 살펴보면 수소, 헬륨4, 산소, 다음이 질소다. 이러한 태양계 내의 기체물질 분포도에서 보듯이 산소가 결합을 끝낸 뒤에 삼중수소가 결합이 되었다는 이야기가 성립을 하는데 이유는 산소 다음에 분포하는 물질이 질소이기 때문이다. 즉 태양이 생성되던 시기에 태양은 기체물질 내부를 이루는 양성자가 먼저 덩어리를 이루고 뭉쳐진 뒤에 전자를 끌어당겼다는 것을 알 수가 있다.

이때 끌어당겨지는 전자질량에 따라서 태양은 경수소를 결합을 시킨 뒤에 경수소를 밀어내는데 양성자덩어리가 끌어당겨진 전자구역 밖으로 경수소를 밀어냈다는 것의 반증이다. 태양은 경수소를 결합을 시켜서 전자구역 밖으로 밀어내던 것을 태양의 중심에 양성자덩어리가 끌어당기는 전자의 개체가 많아지므로 전자구역의 넓이가 커지므로 경수소를 전자구역 밖으로 밀어내는 일을 멈추게 되고 이때 경수소는 전자구역 안쪽에서 포획했던 전자를 뜨거운 플라즈마의 전자밀도 속에서 전자껍질을 벗어버린 뒤에 경수소의 양성자가 분열을 일으켜서 분열된 둘의 양성자 가운데 하나가 가지고 있던 절대온도를 뜨거운 플라즈마의 전자에게 빼앗겨 버리면 또 하나의 절대온도를 가진 양성자가 절대온도를 잃어버려서 중성자가 된 중성자를 포획을 하는데 이것이 양성자의 중성자포획이다.

이때 양자결합을 한 양성자와 중성자를 태양의 중심에 양성자덩어리는 끌어당기는데 이때 양자결합을 한 경수소의 양성자와 중성자를 천체의 중심 기류가 흐르는 쪽으로 끌어당기는 것이다.(천체의 중심에 양성자덩어리와 플라즈마의 전자덩어리와의 사이에 기류가 형성되어 있음) 절대온도를 가진 양성자덩어리와 운동으로 뜨거워진 전자덩어리와의 사이에 만들어진 기류가 형성되어 있는 곳으로 끌려 들어와서 차가워진 전자 한 개를 포획하면 그것이 중수소다.

그런데 천체의 중심에 양성자덩어리의 핵력에 의해서 끌어당겨지던 전자가 많은 양이 끌어당겨지므로 전자구역의 넓이가 넓어지는 일이 일어나자 결합되던 경수소가 밀어내지는 거리가 더 멀리에 밀어내졌던 것이다. 따라서 중수소를 결합시키던 태양은 삼중수소를 결합을 시키게 되는데 태양계의 공간에 분포하는 기체들이 그것의 증거가 된다. 그런데 산소를 결합시키던 태양은 중심에 양성자덩어리가 끌어당기던 전자의 질량이 많아지면서 플라즈마의 전자구역이 넓어지므로 태양의 중력이 최고조에 달하게 되는데 경수소를 밀어내지는 거리 또한 멀리에 밀어내지는 것이다.

따라서 밀어내지던 경수소가 전자껍질을 벗어버리고 양성자가 분열을 일으킨 뒤에 중성자와 양성자가 결합을 일으키면 태양의 중심에 양성자덩어리는 경수소의 양성자를 기류가 흐르는 곳으로 끌어당기는데 경수소가 너무 멀리에까지 밀어내지므로 끌려 들어오던 경수소의 양성자가 중성자를 포획한 상태에서 또 한번의 분열을 일으키는 것이다. 그렇게 되면 경수소의 양성자는 먼저 분열을 해서 중성자가 된 약 50%의 질량을 가진 중성자를 포획하고 있는 상태이고 양성자 또한 50%의 질량이지만 또 한 번의 분열로 양성자의 질량은 25%로 작아지고 두 번째에 분열해서 절대온도를 잃어버려서 중성자가 25%가 된 중성자를 포획하게 되는 것이다.

이때 태양의 중심에 양성자덩어리는 중성자 두 개를 포획한 양성자를 기류가 흐르는 곳으로 끌어당기게 되고 기류가 흐르는 곳으로 끌려 들어온 경수소의 양성자는 중성자 두 개를 포획한 상태에서 전자 한 개를 포획하는 것이다. 그렇게 되면 만들어지는 것이 삼중수소이다. 따라서 경수소의 질량과 중수소의 질량과 삼중수소의 질량은 거의 대동소이한 것이다.

하지만 물리학자들은 경수소와 중수소 삼중수소의 질량을 어떻게 측정을 하였는가를 필자는 알지 못한다는 것인데 이유는 수소 내부의 중성자질량이 클수록 무거운 수소라고 주장을 하고 있기 때문이다. 즉 경수소보다는 중수소의 질량이 거의 배가 무겁다는 주장을 하고 있기 때문이다. 하지만 정작 경수소의 질량보다는 중수소의 질량이 더 작으며 삼중수소의 질량은 중수소에 비례해서 더 작다는 사실이다. 그것에 대한 이유를 설명을 하기로 하자.

모두가 알고 있듯이 중성자는 음전자에게는 중성이다. 즉 중성자는 전자를 끌어당기는 핵력이 소실되어 없는 것이다.(절대온도를 잃어버렸으므로) 중성자가 핵력이 소실된 원인은 양성자가 분열을 일으키면 분열된 둘의 양성자 가운데 한 개가 먼저 가지고 있던 절대온도를 플라즈마에게 빼앗겨버리는 것이다. 그렇게 되면 중성자의 질량이 작아지는 것처럼 보이는데 실제로도 미세하게 질량에 차이가 나는 것처럼 보인다는 것이다.

하지만 실제로는 질량이 줄어들지는 않았다는 사실이다. 왜냐하면 분열된 양성자가 가지고 있던 절대온도를 잃어버린 만큼의 질량이 줄어든 것처럼 보이기만 할 뿐이라는 이야기가 되는 것이다. 따라서 물리학자들이 주장하는 질량결손은 없다는 사실이다. 또한 중수소가 포획한 전자껍질을 벗어버린 뒤에 양자결합을 하여서 헬륨4가 만들어져도 질량결손은 없는 것이다. 그럼에도 불구하고 물리학자들은 아인슈타인이 주장한 등가원리를 확대해석을 해서 결손된 질량이 어디로 갔느냐를 두고 논쟁을 벌인 결과 결손된 질량이 빛에너지로 전환이 된다는 주장을 하고 있는 것이다.

하지만 아니다. 경수소가 중수소로 중수소가 헬륨으로 양자결합을 하여도 질량소실은 일어나지 않으므로 태양이 만들어서 방사를 하는 빛에너지는 수소가 상위물질인 헬륨으로의 결합하는 과정에서 만들어지는 것이 아니라는 이야기가 되는 것이다. 그렇다면 태양이 만들어서 방사를 하는 빛은 어떻게 만들어지는 것이냐 하는 것인데 그것이 그렇다. 결합된 양성자와 중성자가 붕괴를 일으키는 것이다. 따라서 양성자가 붕괴를 일으키면 보라색과 파란색 계열의 빛이 만들어지고 중성자가 붕괴를 일으키면 노란색과 주황색 빨간색의 빛으로 붕괴를 일으키는 것이다.

여기에서 등가원리에 관한 이야기를 잠시만 하기로 하자. e=mc2라고 하는 수학식은 일반상대성이론의 주요 골자다. 아인슈타인은 일반상대성이론을 세상에 내놓으면서 이 수학식도 같이 내놓았다. 그런데 물리학자들은 이 등가원리를 확대해석을 한 것이다. 왜냐하면 아인슈타인은 중력과 관성을 같은 것으로 보았는데 이유는 중력이 물체를 잡아당기는 만큼 관성이 증가하므로 중력과 관성은 반비례한다는 주장이다.

또한 빛의 속도는 불변이며 물체는 중력에 끌리므로 그 중력의 끌림으로부터 벗어나려면 관성이 필요한데 그 관성의 에너지가 중력과 반비례한다는 주장이 일반상대성이론의 주요 골자이다. 여기에서 중요한 문제는 중력과 관성이 반비례한다는 것이다. 따라서 물체가 빛의 속도에 근접하는 만큼 물체의 질량이 증가한다는 것이 아인슈타인의 등가원리이다. 즉, 물체에게 중력이 작용을 하는 만큼 물체는 중력에게 끌려가지 않으려는 관성이 필요한데 관성의 그 힘을 중력과 동등하다고 본 것이다.

따라서 물리학자들은 아인슈타인의 그러한 주장에 관한 등가원리에 대한 실험을 하였는데 그 실험의 내용은 그렇다. 어떤 용기를 진공으로 만들고 지구의 중력을 이용해서 실험을 하였는데 이때 실험에 동원한 물체는 사과와 새의 깃털이다. 이 둘을 진공용기에 넣고 지표면으로부터 멀리 떨어진 곳에서 지표면 가까이로 떨어트리는 실험을 했던 것이다.

그 실험의 결과는 사과와 새의 깃털이 똑같이 떨어지는 것을 확인하였는데 이 실험은 매우 잘못된 실험이라는 것이 필자의 생각이다. 왜냐하면 사과와 깃털은 우리들의 눈으로 보기에는 매우 다른 질량을 가지고 있으므로 질량의 차이가 엄청난 것처럼 보인다는 것이다. 하지만 정작 사과와 깃털이 지구의 중력의 끌림에 같은 속도를 보였다면 사과와 깃털은 양자 질량과 전자질량이 같은 질량대칭성을 가지고 있다는 이야기가 성립을 하는 것이다.

이 말은 무슨 말이냐 하면 새의 깃털의 양자 질량이 100이라면 전자질량이 70 정도이고 사과의 양자 질량이 10,000이라면 전자질량이 9,000은 되는 것이다. 이것을 상호질량비로 계산을 하고 새의 깃털이 중력에 끌려가는 질량 즉 중력질량이 3이라면 사과 또한 중력질량이 3이었던 것이다. 따라서 깃털과 사과는 지구의 중력에게는 똑같이 작용했던 것이다.

그런데 누가 보아도 이 실험은 타당한 실험으로 보인다는 것이다. 누가 새의 깃털의 무게와 사과의 무게를 동등하다고 물리적 관점에서나 사고의 관점에서 사과와 새의 깃털이 가진 중력질량이 같을 것이라는 생각을 할 수가 있다는 것이냐 하는 것이다. 따라서 그 실험을 서로 질량비가 다른 실험물질로 재 실험을 할 것을 물리학계에 제안을 하는 바이다.

즉, 물체가 가지는 양자 질량과 전자질량이 현저히 차이가 나는 물체덩어리이면 되는데 사과와 탄소덩어리나(암석) 질량대칭성이 서로 다른 물질을 이용해서 재 실험을 하는 것이다. 즉 물질이 가진 양자 질량과 그 양자 질량에게 끌어당겨져서 뭉쳐진 전자질량비를 계산한 물체덩어리이면 무엇이든 된다. 그 물체가 가지는 질량대칭성에서(물체가 가지는 양자 질량과 전자질량비) 차이가 나는 물체이면 되는 것이다. 그렇게 되면 중력과 관성과의 상관관계를 알 수 있지 않을까 하는 것이다. 그러므로 등가원리는 틀린 주장이다.

등가원리가 틀린 부분은 또 있다. 등가원리에서는 빛의 속도가 불변이라는 전제가 바탕이 되어 등가원리가 성립하는 것이다. 하지만 빛의 속도는 불변이라는 주장은 틀린 주장이기 때문이다. 모두가 알고 있다시피 빛은 색에 따라서 각기 다른 파장을 가지는데 어떻게 빛의 속도가 일정하다는 주장을 할 수가 있다는 것이냐 하는 것이다.

빛이 가진 파장에 따라서 빛의 속도는 천차만별이다. 즉 보라색의 빛보다는 파란색의 빛이 파장이 길다. 따라서 보라색의 빛보다는 파란색의 빛이 빠르다. 이유는(우리들의 감성으로는 측정이 불가능함. 측정기 포함) 빛이 가진 파장에 있고 또한 중력과 상관관계가 있다. 물론 광원과 우리와의 거리가 가까우면 미세한 차이도 우리들의 감성이나 측정기구로는 그것을 알 수가 없다는 것이다.

하지만 우리와 광원과의 거리가 충분하게 떨어져 있다면 그 측정이 가능하다는 것이 필자의 생각이다. 하지만 우리는 지구의 밖으로 나가서 그러한 측정을 수행할 수가 없다는 것이다. 따라서 지구의 대기 안쪽에서 측정을 하여야만 하는데 그것이 무지개이다. 즉 빛의 스펙트럼선을 나타내는 것이 무지개인데 지금부터 빛이 가진 속도에 대한 이야기를 하기로 하자.

우리는 빛이 파장을 가지고 있다는 것을 잘 알고 있는데 또한 빛은 파장에 따라서 색을 가지고 있다는 것이다. 이것이 우연일까? 하는 것인데 아니다. 우연이 아니다. 또 빛은 어두운 색에서 점점 밝은 색으로 가면 갈수록 파장은 점점 길어진다는 것이다. 이것도 우연일까? 아니다.

그렇다면 왜 빛은 어두운 빛에서 밝은 빛으로 가면 갈수록 빛이 가진 파장이 길어지는 것일까? 빛이 그렇게 되어 있으니 빛에 대해서는 그렇게 알고 있으면 되지 뭘 더 알려고 하는 것이냐 하고 반문을 한다고 한다면 빛에 대해서 알지 말자는 것에 다름 아니다 하는 것이 필자의 생각이다.

따라서 우리들의 사고의 개념에 일대전환이 필요하다는 것이 필자의 생각이다. 빛은 왜 색을 가지는 것이며 빛은 왜 또 파장을 가지는 것이냐 하는 것인데 빛이 가진 파장과 색은 반비례한다는 것이다. 그런데 빛은 왜 색을 가지는 것일까? 하는 생각을 필자는 어려서부터(초등학교 때부터) 하였는데 그것의 비밀을 근 50년이 다 되어서야 해소할 수가 있었는데 그것이 그렇다.

빛은 빛으로 만들어지기 전에 물질 상태를 나타내는 것이라고 즉 태양에 헬륨이 있다는 것을 알게 된 것과 다를 바가 없다는 것인데 따라서 빛이 가진 색은 빛으로 전화하기 전 물질상태를 말해주고 있는 것이라는 전제하에 이야기를 풀어가 보자.

물리학자들은 등가원리를 해석하기를 수소가 헬륨으로 양자결합을 하는 과정에서 양자의 일부가 빛으로 전화가 된다는 주장을 하고 있는데 물리학자들이 주장하는 그러한 일은 일어나지 않는다는 사실이다. 왜냐하면 양자는 붕괴가 아니면 아닌 것인데 즉 전부가 아니면 전무하기 때문이다. 따라서 양자의 극히 일부만 빛으로 떨어져 나올 수는 없는 것이다.

그렇다면 빛은 어떻게 만들어질까? 그것에 대한 설명을 하기보다는 먼저 빛은 한번 만들어지면 영원히 빛으로 존재를 한다는 점이다. 즉 빛은 진화를 한다는 것이다. 태양이 방사를 한 빛이 지구의 대기로 들어오면 빛은 지구의 대기물질들과 부닥치는데 이때 대기물질인 질소와 산소가 빛이 가진 파장에 따라서 끌어당기고 밀어내고 하므로 빛이 산란이 일어나는 것이다.

지구의 대기가 파랗게 보이는 것이 그것인데 여기에는 우리가 알지 못하는 것이 있다. 그것이 무지개의 스펙트럼선이다. 태양이 방사한 빛이 지구의 대기로 들어와서 무지개를 만들면 우리들의 눈에 비치는 무지개의 색 배열은 보라색이 지표면을 향하고 빨간색의 빛이 우주를 향하고 있다. 빛이 무지개를 만들며 그러한 색의 배열을 우리에게 보여주는 것은 빛이니까 그냥 그러한 배열을 보여주기 위해서 무지개로 보여주는 것이 아니다. 빛이 중력과 물질과의 상관관계를 보여주고 있는 것이다.

즉, 태양이 만들어서 방사한 빛이 지구의 대기로 들어오면 무지개를 만들어내는데 그 무지개의 색 배열은 보라색의 빛이 지표면 쪽으로 배열이 일어나고 빨간색의 빛이 우주 쪽으로 배열이 일어나는 것을 목격할 수 있는데 무지개의 색 배열이 그러한 배열을 보여주는 것은 지구의 중력과 대기물질과 깊은 상관관계가 있다. 즉, 지구의 중력은 빛을 파장에 따라서 끌어당기기도 하고 파장에 따라서 밀어내기도 하는데 우리의 태양이 방사하는 빛은 지구의 중력으로는 밀어내지도 끌어당기지도 못할 만큼 미약하다. 태양이 만들어서 방사하는 빛은 우주에 존재하는 빛 가운데 가장 파장이 짧은 빛이기 때문이다.

이 말은 무슨 말이냐 하면 빛은 1,836종의 파장과 색이 존재한다는 이야기를 하고 있는 것이다. 즉 빛이 만들어지려면 빛의 시작은 보라색이고 빛의 끝은 백색의 빛이라는 이야기를 하고 있는 것이다. 그것이 왜 그러하냐 하면 빛 가운데 가장 파장이 짧은 빛이 보라색을 가진 빛이기 때문이고 백색의 빛이 빛 가운데 파장이 가장 길기 때문이다. 따라서 보라색의 빛과 백색의 빛 사이에는 1,836종의 파장과 색을 가진 빛이 존재를 하기 때문이다.

물론 이론적으로 그렇다는 이야기인데 이론적으로 1,836종의 색과 파장을 가진 빛이 존재하는 것이다. 이것은 또 무슨 말이냐 하는 것인데 빛이 무엇인가? 빛의 성질은 이미 정체가 밝혀진 것이 아니었던가? 하고 혹자는 반문을 할 수도 있을 것이다. 하지만 사실이다. 그것에 대한 설명을 하고 이야기를 이어 가기로 하자.

빛의 근원은 모두가 알고 있다시피 양자입자이다. 즉 빛이 입자로도 파장으로도 행동을 하는 이유가 그것인데 빛이 양자가 아니라면 무엇인가? 우리는 양자의 정의를 어떻게 내려두고 있을까? 양자는 물질을 이루는 근본을 이야기함이다. 따라서 물질은 양자로 이루어져 있고 그 양자덩어리 속에 전자가 있다는 것 또한 우리는 알고 있다. 다만 양자가 가지는 성질에 따라서 전자가 많고 없고가 결정이 된다는 것과 이에 해당하는 것은 고체에 해당한다는 사실이다. 즉 기체는 여기에 해당되지를 않는데 이유는 기체는 양성자 한 개에 전자 한 개만을 가진다는 것이다. 양성자 두 개가 전자를 한 개를 포획하는 일이 일어나지 않으며 양성자 한 개가 전자 두 개를 포획하는 일은 일어나지 않는 것이다. 즉 기체는 개체대칭성을(여기에서 중성자는 제외) 철저히 지킨다는 사실이다. 그것이 우주를 이루는 규율이며 규범이며 물질의 근본이다.

기체와 고체와 액체를 정의하자면 물질이 뭉쳐진(여러 개의 양자의 개체가 뭉쳐짐) 것을 고체라 하고 하나하나의 개체가 따로따로인 것을 기체라 하면 기체이면서 뭉쳐지는 것을 우리는 액체라고 하는데 이 모든 것의 시작은 경수소로부터 시작이 된다는 점이다. 즉, 물질의 시작점이 경수소라는 이야기가 그것이다.

자, 이야기가 조금 옆으로 흘렀는데 빛이 가진 파장과 색에 근거해서 이야기를 전개해 보기로 하자. 앞에서도 이야기를 하였지만 빛의 종류는 1,800여 가지가 넘는다는 이야기를 하였는데 그것이 그렇다. 입자인 양성자가 전자보다는 질량이 1,800여 배가 크기 때문인데 이유는 양성자가 전자와의 질량대칭성을 가지려면 전자만큼의 작은 입자로 부서져야만 가능하다는 것이다.

하지만 양성자는 아무리 작은 알갱이로 부서진다고 하여도 전자질량보다는 수백 배 내지는 수십 배의 질량을 가지고 크게 부서질 수밖에는 없다는 사실이다. 따라서 양성자가 전자와의 질량대칭성을 갖기 위해서 부서지려면 빛으로밖에는 부서질 수가 없다는 사실이다. 따라서 자연은 양성자를 빛으로 부서트리는 것이다. 이때 자연이 양성자를 전자와의 질량대칭성에 준하는 빛으로 부서트리려고 한다면 일정한 준위의 질량을 갖춘 천체만이 가능하다는 결론에 도달을 하는 것이다.

따라서 우리의 태양계에는 그러한 에너지준위를 가진 천체가 존재하지 않는 것이다. 즉, 우리의 태양이 가진 질량조차도 양성자를 빛으로 부서트리는 최저준위에 해당이 된다는 사실이다. 따라서 전자보다는 1,800여 배의 질량을 가진 양성자를 음전자와의 질량대칭성을 가진 빛으로 부서트리려면 최소한 우리 태양의 질량보다 1억 배는 큰 질량을 가진 항성이라야만 가능할 것이라는 것이 필자의 생각이다.

일례로 우리는 우리 은하계에 속해있는 항성계에 살고 있으면서도 우리 은하계의 중심에 존재하는 빅 태양을 볼 수가 없다는 사실이다. 왜냐하면 우리 은하의 빅 태양은 우리의 태양보다는 질량이 수십억 배 내지는 수백억 배에 이르지만 빅 태양이 방사하는 빛이 우리에게 도달하지 못함으로 해서 우리가 우리 은하의 중심에 존재하는 빅 태양을 볼 수가 없는 것이다.

왜냐하면 빅 태양이 만들어서 방사하는 빛은 음전자와의 질량대칭성을 충족하므로 빅 태양을 둘러싸고 은하수를 이루고 있는 천체들에게 모두 끌려들어가 우리에게 도달하지 못하는 것이다. 즉, 파장이 없는 빛을 만들어서 방사를 하는 것이다. 따라서 파장이 없는 빛은 항성이든 행성이든 위성이든 모든 천체에게 끌려들어가 음전자와의 대전으로 쌍소멸을 하는 것이다.

그것의 실체가 바로 파장이 없는 빛 양전자 빛이다. 따라서 음전자보다는

1,800여 배의 큰 질량을 가진 양성자가 빛으로 부서지고 있는 것이다. 이것을 두고 천체물리학자들은 빛이 무엇으로 왜 어떤 용도로 만들어지는가를 알지 못해서 수많은 추측과 억측을 확대재생산을 하고 있는 것이다.

예를 들면 태양의 중심에 수소가 뭉쳐져 있다는 주장을 시작으로 수소가 헬륨으로 융합하는 과정에서 양성자의 질량이 결손이 일어난다는 주장에 더해서 그 결손된 질량이 빛으로 전화가 된다는 주장은 오류에 오류가 더해지는 심각한 수준에 이르러 있는 것이 현실이다. 또한 일부 천체물리학자들은 수소가 헬륨으로 치환되는 과정에서 만들어지는 빛이 태양의 표면을 뚫고 바로 방사되는 것이 아니라 100만 년은 걸려야 태양의 표면으로 방사된다는 어처구니없는 주장을 하기에 이른 것이다.

필자는 천체물리학자들의 그러한 주장을 대하면서 '왜?' 라는 의문만이 증폭되고는 하였는데 도무지 믿을 수가 없었던 것이다. 그러한 시간이 근 30년은 지속되었을 것이라는 것인데 지금에 와서 생각해 보니 천체물리학자들이 왜 그러한 주장을 하였는가를 이해하였는데 그것이 일반상대성이론에 의하고 등가원리에 의해서였다는 것을 알게 된 것이 불과 4년 전의 일이다.

이때 필자는 플라즈마 핵융합연구소장으로 있는 서울대학교의 어떤 교수를 만난 적이 있는데 그때의 그 대화를 잠시만 소개를 하기로 하자. 필자가 그 교수에게 묻기를 플라즈마 핵융합은 어디에 근거해서 시작되었으며 플라즈마 핵융합이 오류가 없이 제대로 된 이론에서 출발을 하였는가를 물어보았다.

그 교수의 대답은 등가원리에 의해서라는 이야기와 오류는 당연히 없다는 이야기를 들을 수가 있었다는 것이다. 이때 필자가 아니다, 등가원리가 틀린 것이다, 하고 대화를 이어가기를 희망을 하였지만 그때에 그 교수는 등가원리를 부정하는 그 어떤 대화도 거부한다는 이야기만을 듣고 필자는 연구소를 나올 수밖에는 없었다.

각설하고 이야기를 이어가기로 하자. 등가원리는 일반상대성이론의 주요 골자다 하는 것은 모두가 알고 있는 사실이다. 하지만 등가원리는 오류를 가지고 있는 이론이다. 따라서 오류가 있는 이론을 바탕에 두고 플라즈마수소핵융합 프로젝트를 성공을 할 수가 없을 것이라는 것이 필자의 생각이다. 그것에 대해서 이야기를 하고 빛에 관한 이야기를 하기로 하자.

현재 플라즈마수소핵융합 프로젝트는 정부에서 산업계와 학계를 아우르는 조직으로 출범을 하여 현재에 상당한 진척을 이루고 있는 것이 사실이다. 그것이 k스타라고 하는 핵융합로이다.(토카막) 그 핵융합로를 이용해서 수소를 헬륨으로 융합시키고 결손이 일어나는 질량으로 빛을 만들어서 그 빛에너지를 이용하겠다는 원대한 계획을 세우고 실천에 들어간 것이 플라즈마 수소핵융합로이다.

그 프로젝트를 성공하기 위해서는 핵융합의 조건이 (토카막 내에) 만들어져야 함에도 불구하고 k스타로는 성공을 할 수가 없다는 것이 필자의 생각이다. 그것의 이유로는 단순하게 핵융합로의 온도를 높여주는 것만으로는 수소가 헬륨으로 융합할 수가 없기 때문인데 k스타는 아니 모든 나라의 핵융합로는 성공할 수가 없다는 것이다.

이유로는 핵융합로의 플라즈마의 생성이 천체의 내부에서 만들어지는 플라즈마와는 다르기 때문이다. 그것에 대한 이야기를 하기로 하자. 천체의 내부에 플라즈마는 양성자덩어리의 핵력이 전자를 끌어당겨서 가두어두고 있지만 플라즈마핵융합로는 초전도케이블에 전기를 흘려보내면 초전도체를 흐르는 전기가 자기장을 만들어내게 되고 그 자기장을 이용해서 플라즈마를 만들게 되는데 수소가 핵융합에 이르기에는 플라즈마의 전자밀도가 턱없이 부족할 것이라는 것이 필자의 생각이다.

왜냐하면 초전도케이블에 전기를 흘려보내서 만들어지는 자기장으로는 핵융합을 일으킬 수가 있는 플라즈마의 전자밀도를 만들어내지 못할 것이기 때문이다. 따라서 현재 k스타의 실험을 진행하는 연구는 단순하게 온도를 높이는 실험만을 되풀이할 뿐이라는 것이 필자의 생각이다.

그렇다면 k스타가 성공하기 위해서는 어떻게 해야 할까. 태양의 내부 조건과 k스타의 내부 조건과 맞추어주는 것이다. 즉 플라즈마의 전자밀도를 어떻게 높여야 할까를 연구를 하여야만 한다는 것인데 그것을 하기 위해서는 기체가 가지고 있는 양성자를 분리할 수가 있는 연구가 선행이 되어야만 하고 기체의 전자껍질을 벗겨낸 뒤에 양성자를 용기에 가두는 작업이 선행되어야 하며 k스타의 내부 중심에 전자껍질을 벗겨낸 양성자덩어리를 가두어 두고 전자를 투입을 하면 전자는 양성자덩어리의 핵력에 일정한 전자밀도를 유지할 것이다.

이때 수소를 k스타 내부로 투입시키면 수소가 붕괴를 일으키면서 빛을 만들어낼 것이다. 이것은 필자가 수소핵융합을 하기 위해서는 조건 없이 갖추어야 할 조건에 관한 이야기를 하여본 것이다. 하지만 굳이 이렇게 할 필요는 없다는 것이 필자의 생각이다. 왜냐하면 기체가 포획을 한 전자껍질을 벗겨내서 용기에 가두기만 하면 용기 내부의 양성자덩어리의 핵력이 전자를 끌어당길 것이다. 그렇게 되면 k스타와 같은 핵융합로와 같은 용기는 필요하지가 않을 것이기 때문인데 이유는 양성자덩어리의 핵력에 끌어당겨진 전자가 운동을 일으킬 것이고 운동을 일으킨 전자는 뜨거워질 것이기 때문이다.

따라서 수소핵융합을 일으킬 필요가 없다는 것이다. 왜냐하면 양성자의 전자껍질을 벗겨낸 양성자덩어리를 용기에 가두어두기만 하면 모든 것이 해결될 것이기 때문이다. 즉 양성자가 포획한 전자를 떼어내기만 하면 되는데 그렇게 되면 양성자는 양성자를 끌어당겨서 덩어리를 이루게 될 것이고 덩어리를 이루고 뭉쳐진 양성자덩어리는 핵력으로 전자를 끌어당겨서 전자를 운동시킬 것이기 때문인데 전자가 운동을 일으키면 전자가 뜨거워지고 전자가 뜨거워지면 플라즈마에 도달할 것이다.

그렇게 되면 굳이 수소를 헬륨으로 융합을 시키는 일을 하지 않아도 되는 것인데 이유는 양성자덩어리의 핵력에 끌어당겨진 전자가 일으키는 운동으로 전자가 뜨거워지면서 플라즈마에 도달할 것이기 때문이다. 따라서 뜨거운 열로 발전은 물론이고 우리에게 필요한 에너지를 얻을 수가 있을 것이기 때문이다.

자, 빛에 관한 이야기를 이어가기로 하자. 빛은 양자이다. 빛이 양자라면 경수소의 중심에 자리하고 있는 그 양성자가 빛으로 부서지고 있는 것이다. 왜냐하면 경수소의 양성자가 우주에 존재하는 모든 물질의 시작점이기 때문이다. 따라서 양성자가 절대온도를 가지고 있는 상태에서 빛으로 부서지면 빛이 가지는 파장과 색은 보라색과 파란색을 나타내며 파장은 빛 가운데 가장 짧은 파장을 가지는데. 그 빛을 기체물질에 투과를 시키면 보라색과 파란색의 빛은 산란을 일으키는 것이다.

파장이 짧은 빛이 기체물질에게 투과되면 빛이 산란을 일으키는 원인은 기체물질 내부의 양성자와 보라색과 파란색의 빛이 코드가 같은 것이다. 즉 기체물질 내부의 양성자가 보라색과 파란색의 빛을 받아들이면 기체물질이 깨지는 것이다. 따라서 기체물질은 파장이 짧은 빛을 받아들이지 못하고 밀어내는 것이다. 따라서 파장이 짧은 빛이 산란을 일으키는 것인데 지구의 대기가 보라색과 파란색으로 산란을 일으키는 원인이다.

또한 기체물질이 파장이 짧은 빛을 받아들일 수가 없는 원인으로는 절대온도를 가지고 있는 양성자가 붕괴를 일으켜서 빛으로 만들어지기 때문인데 파장이 짧은 빛이 만들어지므로 기체물질 내부의 양성자는 같은 코드의 파장이 짧은 빛을 받아들이지 못하고 밀어내는 것이다.

이와는 반대로 기체물질은 상대적으로 파장이 긴 빛 즉 빨간색 계열의 빛은 받아들이는데 이유는 기체물질 내부의 중성자가 파장이 긴 빛을 받아들이는 것이다. 그렇게 되어도 기체물질이 깨지는 일이 일어나지 않기 때문인데 기체물질이 가지는 핵력에 영향을 미치지 않기 때문이다.

그것의 증거는 태양이 방사를 한 빛이 지구의 대기권으로 들어올 때에 붉은색 계열의 빛이 지구의 대기물질인 오존과 질소와 산소에게 흡수, 제거되고 보라색과 파란색 계열의 빛만 지표면 가까이 들어오는 것이 그 증거이다. 또한 무지개의 스펙트럼선이 보라색과 파란색의 빛이 지표면 쪽으로 향하고 빨간색 계열의 빛이 우주공간 쪽을 향하는데 여기에도 우리가 상상할 수가 없을 만큼의 비밀이 감추어져 있다. 중력과 물질과 빛과의 상관관계를 보여주고 있다는 것이다.

그것에 대한 이야기를 하기로 하자. 태양이 방사한 빛이 지구의 대기로 들어오면 대부분의 파장이 긴 빛은 지구의 대기물질인 오존과 질소와 산소에 의해서 흡수, 제거가 되지만 나머지의 보라색과 파란색의 빛은 질소와 산소와 오존에 의해서 산란을 일으키며 지표면에 도달을 하게 된다. 이때 지구의 대기 중에 물방울이 포함되어 있다면 태양이 방사한 빛은 어떤 선을 만들어내게 되는데 그것이 무지개이다.

무지개는 우리가 알고 있다시피 빛이 파장에 따라서 선을 보여주는 것인데 우주에 존재하는 모든 빛은 파장이 각기 다르다면 빛은 배열을 나타낸다는 점이다. 그것이 스펙트럼선이다. 따라서 빛이 단일한 파장을 가진 빛이라면 빛이 만들어 내는 스펙트럼선은 나타나지 않고 하나의 선으로 나타나는 것이다.

하지만 태양이 방사를 한 빛은 빛이 색에 따른 파장이 제각각이므로 해서 파장에 따라서 선으로 나타내는 것인데 그 스펙트럼선이 지구의 중력과 대기물질인 기체물질에 의해서 나타내고 있는 것이다. 빛의 스펙트럼선이 그러한 것에 대한 설명을 하기로 하자.

우리들의 눈에 비치는 빛은 한가지의 빛이 아니다. 즉 여러 가지의 빛이 혼합되어 지구의 대기로 들어와서 산란을 일으키고 있는 것인데 어찌된 일인지 빛이 선으로 나타낼 때에는 빛이 파장에 따르고 색에 따라서 배열을 보여준다는 사실이다. 이것을 어떻게 이해를 해야만 할까? 이에 대한 생각으로 필자는 근 40년의 시간을 보냈는데 지금으로부터 4년 전까지는 그것에 대해서 알지 못했다는 것이다. 하지만 빛의 그러한 것에 대한 의문을 해소를 하였다는 것인데 그것이 빛이 가진 파장의 종류이다.

사실 우리가 지구에서 마주 대하는 빛은 종류가 한정이 되어 있다는 생각을 하기에 이른 것인데 그것이 그렇다. 빛이 가지는 종류가 몇 가지나 될까를 곰곰이 생각을 하다가 문득 빛은 수천 가지가 아닐까 하는 생각을 하고는 하였는데 이때 왜 지구의 색은 한결같이 파란색을 나타내는 것일까 생각하던 어느 날에 문득 지구의 초목이 하나같이 보라색과 파란색을 나타내는 데에는 원인이 있을 것이라는 생각이 미치기 시작을 했던 것이다.

즉, 태양이 방사를 하고 지구의 대기로 들어온 빛이 지구의 대기물질들에 의해서 산란을 일으키는데 그 빛 즉 보라색과 파란색이 지구의 대기물질들이 밀어내기 때문에 지구의 표면에 갇히는 것이라는 결론에 도달을 했던 것이다. 따라서 갇힌 빛 즉 보라색과 파란색 계열의 빛이 지구의 표면에서 진화를 하는 것이라는 생각이 들었다는 것이다. 따라서 보라색과 파란색의 빛이 진화를 하므로 지구의 지표면에서 생성 진화를 이어가는 초목이 모두 보라색과 파란색으로 물들고 있는 것이라는 생각을 하기에 이른 것이다.

자, 빛이 그렇다면 빛은 왜 초목으로 진화를 하는 것일까. 빛은 조건이 갖춰지면 어떤 형태로든 진화를 한다는 것인데 그것이 물이고 온도이다. 즉, 지구의 지표면에 온도와 물이 공존하고 있으므로 빛이 지표면에서 초목으로 진화를 하는 것이다. 따라서 초목의 색이 보라색과 초록색 파란색으로 진화를 하는 것이라는 결론에 도달을 했던 것이다. 그로 인해서 식물의 엽록체가 보라색과 파란색을 가지는 이유가 그것이다. 따라서 지구의 표면이 보라색과 파란색으로 물들고 있는 것이다.

그런데 빛이 초목으로 진화를 한다고 빛이 가진 특성이 끝이 난 것이 아니라는 사실이다. 빛이 지구의 표면에서 초목으로 진화하고 있는 것은 빛이 궁극적으로 추구하는 바를 암시한다는 것인데 빛이 더 작은 알갱이로 부서지기 위해서 진화하고 있다는 것을 말이다. 그것이 그렇다. 보라색의 빛과 파란색의 빛이 음전자와의 질량대칭성에 미치지 못한 빛이므로 즉 보라색과 파란색의 빛 입자 알갱이가 굵은 빛 입자이기 때문이며 또한 파장이 짧은 빛이므로 해서 더 작은 빛 입자로 깨지기 위해서 진화한다는 것을 말이다.

따라서 초목으로 진화한 빛이 초목을 연소시키게 되면 초목이 연소되면서 초목이 되기 전 빛의 특성으로 되돌아간다. 초목의 수분을 제거하고 불에 태우면 빛이 만들어지는데 그 빛이 초목으로 진화를 하기 전의 빛의 상태를 나타낸다는 사실이다. 또한 초목을 연소시키면 나타나는 빛의 특성은 초목으로 진화를 하기 전의 빛보다는 더 작은 알갱이를 가진 빛으로 나타나는 것인데 보라색의 빛 푸른색의 빛이 초목으로 진화를 한 뒤에는 초목을 연소시키면 나타나는 빛은 파장이 보라색이나 파란색의 파장보다는 더 긴 파장을 가진 빛으로 나타난다는 사실이다. 즉 한 단계 더 진화된 빛으로 더 작은 입자의 빛으로 나타난다는 것이다.

여기에서 한 가지 더 부연할 이야기는 빛이었다가 빛의 재료로 만들어진 초목은 빛으로 되돌아가면서 더 작은 알갱이의 빛으로 되돌아가려는 회귀본능이 작동이 되고 있다는 것을 말이다. 하지만 이에 반해서 애초에 빛이 아니었다가 만들어지는 빛을 목격하게 되는데 그것이 석탄과 석유 가스이다. 우리가 석탄과 석유와 가스를 연소시키면 나타나는 빛이 더욱 명확해지는 것을 목격을 하게 되는데 그것이 하나같이 파란 빛으로 나타난다는 사실이다. 그것이 왜 그러냐면 석유나 석탄과 가스는 빛이 되어 본 적이 없다는 사실이다.

석유나 석탄과 가스는 기체와 고체이다. 즉, 빛으로 만들어져 본적이 없다는 것이다. 따라서 한 번도 빛으로 만들어진 적이 없으므로 석유와 석탄과 가스는 양자 즉 절대온도를 가진 양성자에 가까운 것이다. 따라서 석유와 석탄과 가스가 만들어내는 빛은 파란색을 더 많이 만들어낸다는 것이다. 즉 양성자와 가깝다는 이야기는 온도를 가지고 있다는 이야기가 되는 것이다. 따라서 만들어지는 빛은 보라색과 파란색의 빛으로 만들어지고 있는 것이다.

양자가 온도를 가지고 있다면 그 양자가 만들어내는 빛은 보라색과 파란색 계열의 빛이 압도적으로 많이 만들어진다는 것은 무엇을 의미하는가는 말하지 않아도 알 것이다. 물질이 가진 온도가 빛으로 부서질 때에 빛 입자가 파장이 길고 밝은 빛으로 부서지지 못한다는 것을 의미하는 것이다. 따라서 천체가 가진 질량에 따르고 천체가 가지는 에너지 준위에 따라서 파장이 길고 짧은 빛을 만들어서 방사를 하고 있는 것이다.

궁극적으로 우주에 산재하여 있는 천체는 천편일률적이다. 다만 천체가 가지는 질량에 차이에 의해서 천체가 항성이기도 하고 행성이기도 하며 위성이기도 한 것이다. 즉 천체를 이루는 것은 모든 천체가 똑같은데 천체를 이루고 있는 질량이 크고 작을 뿐이라는 이야기가 그것이다.

따라서 천체물리학자들이 주장하는 항성의 내부 구조나 행성의 내부 구조는 천부당만부당한 구조라는 것이다. 천체물리학자들이 주장하는 천체의 구조에서는 중력도 천체의 운동도 없으며 빛은 더더욱 만들어 내지를 못하며 거기에 더하여 물질을 결합시킬 수가 없다는 것이다. 그럼에도 천체물리학자들은 자신들의 주장이 옳은 주장인양 체계화를 하고 정립을 시켜서 학생들에게 가르치고 있다는 것이다. 따라서 학생들은 오류를 가진 학설을 배워서 그 오류를 자기 것으로 만들고 있다는 것인데 그 악순환이 되풀이되고 있다는 것이다.

각설하고 지구의 표면에서 무지개의 스펙트럼선이 왜 보라색의 빛과 파란색의 빛이 지표면 쪽을 향하고 있으며 빨간색 계열의 빛이 우주 쪽으로 향하고 있는가를 설명하기로 하자. 먼저 태양이 방사를 한 빛이 지구의 대기물질들을 뚫고 지구의 표면에 도착하면 이때 무지개가 만들어지는데 왜 빛은 빛이 가진 파장에 따라서 배열을 나타내는 것이냐 하는 것인데 그것은 빛의 문제가 아니고 지구의 중력 때문이다. 즉 빛이 지구의 대기로 들어오기 전에는 먼저 도착을 하는 빛은 빨간색의 빛 즉 파장이 긴 빛이 지구의 대기와 부닥치는 것이다.

이때 지구의 대기밀도가 매우 높으므로 해서 빨간색 계열의 빛인 빨간색, 주황색, 노란색의 빛들이 지구의 대기물질들에게 흡수, 제거가 되는데 물론 일부의 파장이 긴 빛은 대기를 통과해서 지표면까지 도달을 하지만 약 70%의 파장이 긴 빛들이 지구의 대기물질인 오존과 질소와 산소에게 제거가 되고 일부가 지표면 가까이까지 도달을 하는 것이다. 이때 파장이 짧은 빛 즉 보라색과 남색, 파란색, 초록색의 빛들이 지구의 대기물질들이 튕겨냄으로 인해 산란을 일으키면서 지표면에 도달을 하는데 이때 빛의 스펙트럼선이 무지개라는 것으로 나타나는 것이다.

그 무지개의 색 배열을 들여다보면 보라색과 남색 파란색 초록색의 빛이 순서대로 지표면 쪽을 향하고 있다는 것을 목격을 할 수가 있다. 또한 노란색, 주황색, 빨간색의 빛들은 우주 쪽을 향하게 되는데 무지개의 이러한 색 배열은 우리가 알지 못하는 지구의 중력과 기체물질들에게 있다는 것이다. 지구의 중력은 질소와 산소 그리고 오존을 지구의 대기로 만들어두고 있는데 오존이 지표면으로부터 가장 먼 거리에까지 밀어내두고 있는 것은 오존의 질량이 가장 무겁기 때문이다.

여기에서 한 가지 짚고 가자면 물리학자들은 수소나 헬륨이 질소나 산소보다 가벼운 기체이므로 지구의 대기로 떠오른다는 주장을 하고 있다는 사실이다. 물리학자들의 그러한 주장은 중력이라는 것을 알지 못함으로 해서 그러한 주장을 하고 있다는 것인데 중력은 가벼운 물질은 지표면보다 멀리 대기로 밀어내지 못한다는 것을 알지 못함으로 그러한 주장을 하고 있는 것이다. 수소풍선이나 헬륨풍선이 대기로 떠오르는 것을 보고 그러한 주장을 하고 있다는 사실이다.

하지만 수소나 헬륨이 지구의 대기로 떠오르는 것은 가벼운 기체이기 때문이 아니라는 사실이다. 왜냐하면 수소나 헬륨이 개별적인 기체 형태로는(기구에 담겨지지 않은) 지표면에 노출되면 수소나 헬륨은 절대로 대기로 떠오르지 않는다는 사실이다. 수소와 헬륨이 질소나 산소처럼 대기로 떠오르지 않는 것은 수소나 헬륨의 질량이 가벼우므로 대기로 떠오르지 않는 것이다.

물리학자들은 거꾸로 주장을 하고 있는 것이다. 그러므로 물리학자들은 수소풍선이나 헬륨풍선이 대기로 떠오르는 것을 보고 물리학자들은 수소나 헬륨이 가벼운 기체이므로 대기로 떠오른다는 주장을 하고 있다는 것이다. 하지만 아니다. 필자가 주장한대로 수소나 헬륨은 가벼워서 떠오르는 것이 아니라 가벼워서 떠오르지 못하는 것이다.

그런데 수소나 헬륨을 밀폐된 기구에 가두고 일정한 압력을 만들어주면 거짓말처럼 대기로 떠오른다는 것이다. 따라서 물리학자들은 풍선 속에 가두어진 수소나 헬륨이 질소나 산소보다 가벼우므로 대기로 떠오른다는 주장을 하고 있는 것이다. 만약에 물리학들이 주장하는 바대로 수소와 헬륨이 가벼우므로 대기로 떠오르는 것이라면 지구의 대기가 어떻게 되겠는가하는 것인데 지구의 대기에는 각종 수소들이 질소와 산소와 섞여서 대기를 이루고 있을 것이다.

하지만 대기에서 수소는 미량만 검출될 뿐으로 그것은 화학공장이나 정유공장에서 배출된 수소가 질소와 산소 그리고 수증기에 실려서 대기에 미량이 포함되어 있는 것이다. 이것을 두고 물리학자들은 수소나 헬륨이 질소나 산소보다 가벼우므로 떠오른다는 주장은 오류가 있는 주장인 것이다.

그렇다면 왜 수소나 헬륨은(수소나 헬륨이 기구에 가두어지지 않은 상태) 지구의 대기로 떠오르지 않는 것일까. 지구의 중력의 범위는 질소나 산소에게는 지표면으로부터 약 15km이내이고 오존에게는 약 30km-50km 이내이다. 따라서 질소나 산소나 오존은 지구의 중력의 범위에까지 밀어내지고 있는 것이다. 하지만 수소나 헬륨은 질소나 산소에 비례해서 약 4분의 1에서 8분의 1의 질량밖에는 가지고 있지 않으므로 지구의 중력의 범위가 지표면 안쪽인 것이다. 따라서 수소나 헬륨은 질량이 작고 가벼우므로 지구의 중력이 수소나 헬륨을 질소나 산소처럼 대기로 밀어내지 못하는 것이다.

그렇다면 수소나 헬륨을 풍선에 가두어 일정한 압력을 만들어주면 대기로 떠오르는 것은 어떻게 설명을 할 것인가. 수소나 헬륨이 풍선 안쪽에서 수소들끼리 혹은 헬륨들끼리 압력에 의해서 운동을 일으키는 것이다. 수소나 헬륨이 풍선의 압력 속에서 운동을 일으키면 지구의 중력은 풍선을 단일한 기체로 보는 것이다. 따라서 지구의 중력은 풍선을 대기로 밀어내는 것이다. 즉 중력은 운동과 반비례하기 때문이다.

따라서 풍선 속에서 수소나 헬륨의 압력이 높아지면 수소나 헬륨은 운동을 일으키게 되는데 수소나 헬륨이 운동을 일으켜서 수소들끼리 혹은 헬륨들끼리 풍선 속에서 부닥치며 운동을 일으키게 되고 이때 지구의 중력은 풍선 속에 갇혀 있는 수소나 헬륨을 무거운 기체 즉 질량이 큰 하나의 기체로 인식을 하게 되고 대기로 밀어내는 것이다. 이것을 두고 물리학자들은 수소나 헬륨이 질소나 산소보다 가벼운 기체이므로 대기로 떠오른다는 주장을 하고 있는 것이다.

앞에서도 이야기를 하였지만 여기에서 중요한 문제는 중력의 실체이므로 중력이 무엇으로부터 발호되는가를 설명하고 가기로 하자. 지구가 만들어내고 있는 중력을 보면 왜 기체는 대기로 밀어내면서도 고체나 액체는 지표면으로 끌어당기는 것이냐 하는 것이다. 이것은 왜 그럴까?

일반상대성이론에서는 물질과 물질은 상호작용으로 중력을 만들어내고 있다는 주장을 하고 있다는 것이다. 물질과 물질이 상호작용을 해서 중력이 만들어지면 왜 고체나 액체는 끌어당기면서 유독 기체만을 밀어내는 것이냐 하는 것이다. 이에 대한 물리학자들의 생각은 물체가 가지는 질량이 물체의 문제라는 것으로 인식을 하고 있기 때문이다.

이 말은 무슨 말이냐 하면 즉 물체가 가지는 무게는 중력에게는 끌어당겨지는 것이라는 인식을 하고 있기 때문이라는 이야기가 그것이다. 따라서 기체는 고체나 액체보다는 상대적으로 가벼우므로 대기로 떠오르는 것이며 고체나 액체는 기체보다 무거우므로 중력이 끌어당긴다는 주장이다.

중력이 그렇다면 태양이 행성들을 궤도에 밀어내두고 공전을 시키는 것을 설명할 길이 없다는 것이 필자의 생각이다. 즉 중력에 대한 오류인 것이다. 만약에 일반상대성이론에서의 주장하는 바대로 또한 물리학자들이 주장하는 바와 같이 물질과 물질이 상호작용으로 중력이 만들어지고 물질에게 작용을 하는 것이라면 중력에 대한 것이 하나부터 열까지 설명을 할 수가 있어야만 함에도 불구하고 중력의 실체를 설명할 수가 없다는 것이다. 따라서 현재에 우리는 중력의 실체를 모르고 있다는 것이 필자의 생각이다.

중력에 대한 오류가 무엇인가를 이야기를 하고 가기로 하자. 앞에서도 이야기를 하였지만 아인슈타인의 일반상대성이론의 주요 골자인 물질과 물질이 상호작용을 한다는 주장은 오류이다. 만약에 물질과 물질이 상호작용을 하고 있는 것이 틀림이 없다면 중력에 관한 모든 것을 설명할 수가 있어야 한다. 하지만 현재의 중력이론은 중력을 모르고 있는 것이다. 즉 일반상대성이론은 중력을 설명함에 있어서 포괄적 의미를 부여하고 중력은 물질과 물질의 상호작용이라는 주장을 하고 있는 것이다. 따라서 물리학이 오류로 점철되고 있는 것이다.

이 시점에서 필자가 제안을 하나 하기로 하자. 물리학계에서 일반상대성이론을 검증하는 실험으로 우주에서 빛이 휘어진다는 주장을 실험하고 진공에서 사과와 깃털을 이용해서 중력실험을 해서 일반상대성이론이 오류가 없는 이론인 것처럼 우리들의 눈에 보였던 것은 잘못 된 실험 방법에 기인하므로 물리학자들이 주장하는 바대로 가벼운 기체 풍선이 진공에서도 사과와 깃털과 같이 중력에 어떻게 작용하는가를 실험하여 보자는 것이다.

왜냐하면 물리학자들이 일반상대성이론에 근거해서 수소나 헬륨이 지구의 대기물질인 질소나 산소보다 가벼우므로 대기로 떠오른다는 주장이므로 수소나 헬륨 풍선이 대기물질이 없는 진공에서도 떠오른다면 물리학자들이 주장하는 대기물질보다 가벼우므로 떠오른다는 주장이 오류이기 때문이다.

하지만 필자가 주장하는 바대로 물론 진공에서도 수소 풍선은 지구의 중력에 끌어당겨지지 않고 중력에 의해서 우주로 밀어내질 것이기 때문인데 만약에 진공에서도 수소 풍선이 떠오르지 않고 지구의 중력에 지표면 쪽으로 끌어당겨진다면 물리학자들이 주장하는 바대로 일반상대성이론이 옳은 것이다.

하지만 진공에서도 수소 풍선이 우주를 향해서 떠오른다면 일반상대성이론이 오류를 가지고 있는 것이기 때문인데 수소나 헬륨이 질소나 산소보다 가벼우므로 대기로 떠오른다는 주장이 오류이기 때문이다. 따라서 일반상대성이론에 의하고 물리학자들이 주장하는 대로 대기가 없는 진공에서는 수소나 헬륨 풍선이 우주 쪽으로 떠오르지 않아야만 되는 것이다.

그럼에도 불구하고 중력이 필자의 눈에는 일반상대성이론에서 밝힌 바와 같이 그러한 것이 아니므로 문제를 제기하는 것인데 중력은 물질과 물질이 상호작용을 하는 것이 아니라는 것이다. 즉 중력은 입자와(입자 한 개가 아닌 입자덩어리) 물질이 상호작용을 하는 것이다. 이때 물질은 중력에게 끌어당겨지거나 밀어내지거나 둘 가운데 한 가지의 행동을 나타내는데. 그것은 물질과 중력과의 상호작용에 의하여 물질이 끌어당겨지거나 밀어 내지거나 하는 것은 물질의 문제이다 하는 것이 필자의 주장이다. 즉 일반상대성이론에서는 중력이라는 것이 물질과 물질의 문제로 보았지만 필자가 보는 중력의 문제는 입자와 물질의 문제라는 것이다. 따라서 중력에게 물질은 물질이 가지고 있는 양자와 전자의 대칭성의 문제인 것이다.

중력은 일정한 힘이다. 왜냐하면 천체는 질량이 안정이 되어 있으므로 중력을 발호함에 있어서 변함이 없다는 사실이다. 지구로 예를 들면 지구가 만들어내는 중력은 일정하다. 이에 반해서 물질은 어떠한가? 그야말로 물질은 천차만별이며 천태만상이다. 다시 말하면 물질은 질량이 크고 작으며 물질이 가지는 양자 질량과 전자질량이 그야말로 천태만상이라는 것이 필자의 생각이다.

즉, 기체물질은 양자와 전자가(여기에서 중성자는 제외) 대칭성을 가지고 있다는 것이다. 하지만 고체는 그야말로 천태만상이다, 하는 것인데 고체 가운데에 대칭성을 가진 고체는 없다는 것이 필자의 생각이다. 왜냐하면 고체도 기체처럼 양자와 전자가 대칭성을 가진다면 중력은 고체도 지구의 대기로 만들어버릴 것이기 때문이지만 다행히도 고체가 양자와 전자가 대칭성을 가진 고체는 존재하고 있지 않은 것이다. 따라서 지구의 대기에 고체가 날아다니는 일이 일어나지 않는 것이다.

만약에 고체물질이 양자와 전자가 대칭성을 가지고 있다고 한다면 지구의 중력은 고체물질을 대기로 밀어낼 것이다. 따라서 고체물질이 지구의 대기에서 질소와 산소와 더불어서 상전이를 일으킬 것이기 때문인데 그렇게 되면 지구의 표면에서 동물들은 살아갈 수가 없을 것이다.

비는 액체이므로 맞으면서 살아갈 수가 있지만 딱딱한 고체덩어리가 대기와 함께 날아다닌다는 상상을 하면 끔찍할 것이다. 하지만 다행스럽게도 고체가 가지는 질량에 양자와 전자의 질량대칭성을 가진 고체는 존재하지 않는다는 사실이다. 따라서 지구의 중력은 고체를 끌어당기는 것이다. 즉, 고체는 중력에게 양자 질량이 큰 것이다. 따라서 중력은 양자 질량이 큰 고체를 끌어당겨서 지표면에 붙이는 것이다.

이에 반해서 기체는 양자 질량과 전자질량이 대칭성을 가지므로 상호질량에 따라서 대기로 밀어내는 것이다. 이것이 중력이다. 중력이 그러하므로 필자가 제안을 하나 하기로 하자. 기체인 경수소가 포획을 한 전자를 떼어내고 많은 개체의 경수소의 양성자를 용기에 가두기만 하면 일거에 모든 것이 해결될 것이라는 것을 말이다.

왜냐하면 많은 개체의 양성자를 용기에 가두게 되면 양성자덩어리는 핵력을 만들어낼 것이다. 양성자덩어리가 만들어내는 핵력은 전자는 물론이고 같은 양자도 끌어당길 것이다. 이때 양성자덩어리가 전자만을 끌어당기는 조건을 만들어주면 양성자덩어리의 핵력에 의해서 끌어당겨진 전자가 운동을 일으킬 것이고 운동을 일으킨 전자는 뜨거워질 것이다.

그렇게 되면 일거에 모든 것이 해결될 것인데 전기를 생산하는 발전이 비용 없이 이뤄질 것이고 냉방과 난방이 무료로 이뤄질 것이며 자동차나 비행기는 필요가 없어질 것이다. 즉 양성자덩어리와 그 양성자덩어리에 의해서 끌어당겨진 전자질량이 양성자질량과 대칭성을 가진다면 중력체가 만들어지는 것이다. 즉 천체의 중력을 이용해서 하늘을 안전하게 날아다닐 수가 있으며 우주여행도 얼마든지 할 수가 있을 것이다. 대기는 지표면에서 오염되는 일이 없을 것이며 그야말로 파라다이스가 펼쳐질 것이다. 필자가 잠시 감성에 젖어본 것이다.

각설하고 앞에서 하던 빛의 스펙트럼선에 관한 이야기를 이어가기로 하자. 태양이 방사한 빛이 지구의 대기로 들어오면 빛이 만들어내는 스펙트럼선의 배열은 보라색이 지표면을 향하고 빨간색의 빛이 우주 쪽을 향한다는 이야기는 앞에서 하였다. 그것은 왜 그럴까? 이렇게 생각을 해보자. 빛은 단일한 빛은 존재를 하지 않는 것이라고 말이다. 왜냐하면 태양계에서와 지구에서뿐만이 아니라 우주를 통틀어서 빛은 단일한 파장을 가진 빛은 존재를 하지 않는 것이다. 따라서 모든 빛은 여러 가지의 빛이 섞여 있다는 이야기가 되는 것이다.

우리가 아궁이에 땔감을 넣고 불을 지르면 그 나무가 타면서 만들어지는 빛은 여러 가지의 색을 가진 빛이다. 또한 여러 가지의 빛을 모아서 단일한 빛을 만들려고 프리즘을 통과한 빛이 가까운 거리에서는 모아지지만 거리가 점점 프리즘으로부터 멀어지면 빛은 빛이 가진 파장에 따라서 스펙트럼선을 만들어내는 것이다.

그렇다면 빛은 왜 그러한 성질을 가지는 것일까? 빛은 입자인데 빛으로 만들어지는 원료가 양자인 것이다. 따라서 빛은 양자 입자가 작은 알갱이로 부서지는 것이다. 이때 빛으로 일단 만들어지면 빛은 빛이 가진 고유한 파장을 가진다는 사실이다. 여기에 더해서 빛이 색을 가지는데 빛이 가진 색과 파장은 반비례하는 것이다. 즉 어떤 조건에서 만들어지는 빛이든지 간에 같은 색을 가진 빛이라면 그 빛이 가지는 파장 또한 같다는 것이다. 따라서 빛은 파장에 따라서 헤쳐모여를 하는 것이다.

또한 빛은 파장에 따라서 에너지 준위가 다른 것이다. 즉 보라색 빛에너지와 빨간색 빛에너지가 각기 다르다. 즉 빛이 물체를 통과하는 투과율이 다른 것이다. 예를 들면 보라색이나 파란색처럼 파장이 짧은 빛은 아무것도 통과를 못하지만 빨간색의 빛은 얇은 종이를 통과를 한다는 점이다. 또한 더욱 파장이 긴 빛은 아니 파장이 없는 빛은 모든 것을 뚫고 지나간다는 사실이다. 혹자는 설마 하겠지만 사실이다.

유령입자라는 말을 들어본 적이 있을 것이다. 즉 뉴트리노라는 입자다. 이 입자는 원전에서 만들어지는데 우라늄이나 플루토늄이 분열할 때에 만들어지는 입자다. 그런데 이 뉴트리노가 우주에 존재하는 모든 물체를 통과하는 입자다. 그로 인해서 물리학자들은 뉴트리노를 유령입자라는 닉네임을 붙여두고 있다는 것이다.

하지만 이 뉴트리노는 빛이다. 물론 입자이지만 우리가 빛이라는 자각을 못할 뿐 파장이 없는 빛인 것만은 틀림이 없는 사실이다. 따라서 질량이 매우 큰 항성은 뉴트리노처럼 파장이 없는 빛을 만들어서 방사를 하는 것이다. 즉 백색의 빛을 방사를 하는 것이다. 따라서 파장이 없는 빛은 천체들에게 끌려들어가서 음전자와의 대전으로 쌍소멸을 일으키는 것이다. 따라서 우리가 그 빛을 볼 수가 없는 것이다. 즉, 파장이 없는 빛이 천체들에게 끌려들어가기 때문인데 우리 은하의 중심에 있는 빅 항성이 만들어서 방사를 하는 파장이 없는 빛이 천체들에게 끌려들어가므로 우리가 볼 수조차 없으므로 빅 태양이 존재를 하고 있는지조차 알 수가 없는 것이다.

빛의 스펙트럼선에 대한 이야기를 하는 과정에서 옆으로 흘렀는데 스펙트럼선에 대한 이야기를 하기로 하자. 태양이 방사한 빛이 무지개를 만들며 우리에게 보여주는 것은 빛이 가진 파장을 보여주는 것이며 이에 더해서 빛의 속도를 보여주는 것이다, 하는 것이 필자의 생각이다. 즉 태양이 방사를 한 빛 가운데 빨간색의 빛이 가장 파장이 길다. 따라서 주황색의 빛보다는 빠른 속도를 가지는데 빛이 보여주는 스펙트럼만큼의 간극 즉 무지개의 배열에 나타나는 간극만큼 빠른 것이다.

우리와 태양과의 거리는 약 1억 5천만km이다. 빛이 이 거리를 날아오는 동안에 무지개가 보여주는 배열의 간극만큼의 빨간색의 빛이 주황색의 빛보다 속도가 빠른 것이다. 따라서 보라색의 빛과 빨간색의 빛의 속도는 무지개의 간극 배열이다.

그렇다면 왜 빛은 스펙트럼선을 만들어서 우리에게 보여주고 있는 것일까. 그것에 대한 이야기를 하기로 하자. 빛이 무지개의 스펙트럼선만큼의 속도가 파장에 따라서 서로 다르다면 여기에는 원인이 있을 것이다. 만약에 우주에 천체가 없다면 중력도 없다. 그렇다면 천체가 없는 공간에서의 빛의 속도는 지금의 속도인 약 30만km의 속도로 빛은 앞으로 나아갈 수가 있을까? 물론 그것을 아는 이는 아무도 없을 것이다. 아니 추론조차 할 수가 없을 것이다.

왜냐하면 천체가 없는 우주는 상상이 되지 않기 때문이다. 하지만 가정해서 추론하여 보자는 것이다. 만약에 우주 공간에 천체가 없다면 공간은 어떤 상태에 있을까. 공간은 아무것도 없는 듯이 보이지만 공간은 사실 우리 우주가 만들어질 만큼의 에너지가 채워져 있을 것이라는 것을 어렴풋이 알 수가 있다. 왜냐하면 우리 우주가 생성이 되려면 어떤 에너지가 있어야만 하기 때문이다.

이에 대해서 어떤 물리학자는 우주가 만들어지기 위해서는 공간에 에너지가 있어야만 하며 그 에너지를 끄집어낼 수가 있다면 우주는 만들어진다는 주장을 하면서 그 에너지는 쌍소멸 된 전자쌍을 이야기를 했던 적이 있었다.

그렇다. 우주가 생성되지 않아도 공간에는 우리 우주가 생성될 만큼의 에너지가 채워져 있다는 말이 된다. 그것이 우리가 알고 있는 쌍소멸된 전자쌍이다. 이 전자쌍은 우주의 그 어떤 물체와(천체 포함) 중력과도 간섭을 일으키지 않는다는 사실이다.

하지만 전자쌍이 빛에게 간섭을 일으키지는 않지만 빛이 앞으로 나아가는 것은 방해를 할 것이다. 왜냐하면 공간에는 전자쌍의 밀도가 높을 것이기 때문인데 이때 빛은 공간에서 앞으로 나아가지 못할 것이다. 전자쌍에 막혀서 우리의 지구의 지표면에서 안개가 자욱한 밤에 라이트를 비추면 라이트의 불빛은 안개에 막혀서 앞으로 나아가지 못하는 것과 같을 것이다. 그것이 빛이 일으키는 산란인데 빛이 일으키는 산란은 빛의 문제가 아니라 천체와 물질의 문제인 것이다. 7부에서 이어가기로 하자.

자연이 전하는 메시지

7부

제23장 물질과 중력과 빛과 운동이 전하는 메시지

앞 장에서 하던 이야기를 이어가자. 빛이 파장을 가지며 색을 가지는 것은 빛의 굵기이다. 즉, 빛이 파장을 가지는 것은 빛 입자가 음전자와의 대칭성에 미치지 못하기 때문이다. 따라서 빛이 파장을 가지는 것이며 빛이 가진 파장이 각기 다른 것이다. 즉, 빛 입자가 굵은 것이다.

자, 빛과의 중력과의 상관관계를 이야기를 하기로 하자. 빛이 중력에게는 끌어당겨지고 밀어내지는데 그것의 이유는 빛이 가진 파장에 있다는 것은 앞에서도 이야기를 하였다. 아인슈타인은 중력이 충분히 강하면 빛이 휘어질 것이라는 주장을 함으로써 그러한 주장에 대한 실험을 통해서 증명한 바가 있다.

그러나 중력이 빛을 휘어지게만 할까? 하는 것인데 중력이 빛을 휘어지게 한다면 역으로 빛을 밀어내기도 하지 않을까? 그렇다. 중력이 빛을 휘어지게도 하고 끌어당기기도 하며 역으로 빛을 밀어내기도 하는 것이다. 지구의 대기로 들어온 빛이 무지개를 만들며 스펙트럼선을 만들어내는 것이 그것에 대한 증거인데 앞에서도 이야기를 하였지만 빛이 지구의 대기로 들어오면 보라색의 빛이 지표면 쪽을 향하고 빨간색의 빛이 우주 쪽을 향한다는 것을 보아서 안다.

그런데 지표면의 대기에서 만들어지는 무지개의 색 배열은 필자가 주장하는 중력과 빛과의 상관관계에 대해서 무엇인가 핀트가 맞지 않는다는 것이다. 왜냐하면 무지개의 보라색의 빛이 왜 지표면 쪽을 향하는 것이냐 하는 것이다. 보라색은 파장이 가장 짧은 빛이므로 필자의 주장대로라면 지구의 중력이 파장이 짧은 빛을 밀어내야만 함에도 보라색의 빛이 지표면 쪽을 향하는 것은 지구의 중력이 보라색을 끌어당기므로 무지개의 배열이 그렇게 나타나는 것은 아닐까? 하는 것인데 아니다.

중력은 보라색, 남색, 파란색, 초록색의 빛을 끌어당기지 않고 밀어내기 때문이다. 그것의 증거는 우리로부터 멀리에서 오는 빛일수록 보라색과 푸른색의 빛이 우리에게 도달을 하기 때문인데 그것은 우주에 산재하여 있는 천체가 중력으로 빛을 밀어내므로 파장이 짧은 빛 즉 보라색이나 남색, 파란색, 초록색의 빛이 우리에게까지 도달을 하는 것이다.

만약에 파장이 짧은 빛도 중력이 끌어당긴다는 가정을 하면 우리는 멀리에서 우리에게 도달하는 빛 즉 보라색과 같은 파장이 짧은 빛을 우리가 볼 수가 없을 것이다. 따라서 중력은 파장이 짧은 빛을 밀어내는 것이다. 즉, 강한 중력의 천체일수록 파장이 짧은 빛을 강하게 밀어내는 것이다. 따라서 지구의 대기에서 질소나 산소가 보라색과 파란색 계열의 빛을 밀어내서 산란을 일으키는 것과 같이 천체의 중력이 강하면 파장이 짧은 빛을 강하게 밀어내는 것이다.

따라서 우리로부터 멀리에 떨어져 있는 광원에서 우리에게 도달하는 빛은 하나같이 파란색계열의 빛이 도달한다거나 정말 멀리에 있는 광원에서 우리에게 도달하는 빛은 보라색의 빛이 우리에게 도달하는 것이 천체가 빛을 밀어내는 것의 증거이다. 만약에 일반상대성이론에서 주장하는 바대로 천체가 빛을 끌어당기기만 한다는 가정을 하면 우리를 향해서 멀리에서 오는 빛이 없을 것이기 때문이며 따라서 우리는 멀리에 있는 천체를 볼 수가 없을 것이다. 하지만 파장이 짧은 빛은 우리에게 도달하므로 우리는 멀리에 있는 천체를 볼 수 있는 것이다.

이야기가 잠시 옆으로 흘렀는데 지구의 대기에서 일어나는 빛의 스펙트럼선에 대한 이야기를 이어가기로 하자. 지구의 대기에서 만들어지는 무지개의 색 배열은 필자가 주장하는 중력과 빛과의 상관관계에서는 반대로 나타나는 것이므로 그것에 대한 설명을 하고 이야기를 이어가기로 하자.

앞에서도 이야기를 하였지만 지구의 대기에서 무지개가 우리에게 보여주는 스펙트럼선은 지구의 중력이 작용을 하는 것이 아니라 지구의 대기물질에게 먼저 영향을 받으므로 보라색의 빛이 지표면을 향하는 것이다. 그것에 관한 이야기를 하기로 하자.

태양이 방사한 빛은 지구의 대기로 들어오기 전에는 지구의 중력의 영향을 먼저 받는데 이때 빛의 스펙트럼선은 지구의 중력이 밀어내는 빛 즉 보라색과 파란색 계열의 빛이 우주 쪽을 향하는데 지구의 중력이 파장이 짧은 빛을 밀어내는 것이다. 따라서 무지개의 스펙트럼선의 배열이 보라색이 우주와 가장 가까운 곳에 다음이 남색, 파란색, 초록색 순서로 배열이 나타나는 것이다. 즉, 지구의 중력이 파장이 짧은 빛을 밀어내기 때문에 빛의 배열이 보라색이 우주 쪽으로 나타나는 것이다.

그런데 빛이 지구의 대기로 들어오면 빛의 스펙트럼선이 반대로 나타난다. 여기에는 우리가 알지 못하는 중력과 빛과 물질이 만들어내는 삼각함수가 작용을 하는 것인데 그것이 그렇다. 빛이 지구의 대기권으로 진입을 하기 전에는 지구의 중력의 영향을 먼저 받으므로 보라색이 우주 쪽을 향하게 되고 빛이 일단 대기로 진입을 하면 지구의 대기물질인 질소와 산소의 영향을 받게 되는데 지구의 대기밀도가 매우 높으므로 빛은 대기물질인 질소와 산소로부터 밀어내지는 것이다. 따라서 보라색의 빛이 지표면 쪽으로 밀어내지는 것이다.

이에 무지개의 스펙트럼선이 보라색이 지표면을 향하고 빨간색의 빛이 지구의 대기물질들을 향하게 되는데 이때 빛은 지구의 중력보다는 중력에 의해서 대기를 이루고 있는(질소와 산소) 대기물질들의 영향을 받는 것이다. 따라서 무지개의 스펙트럼선의 배열이 반대로 나타나는 것이다.

이번에는 빛이 가진 편이현상과 도플러편이를 알아보기로 하자. 우주에서 우리에게 도달하는 빛이 우리로부터 멀리에 있는 광원에서 우리에게 도달하는 빛은 하나같이 어두운 색을 가진 빛이라는 사실이다. 예를 들면 우리와의 거리가 137억 광년 거리에서 우리에게 도달하는 빛은 천편일률적으로 보라색의 빛이라는 것이다. 빛이 그러한 것은 천문학자들이 보라색을 띤 빛이라는 주장을 해서이다.(물론 필자는 멀리에서 우리에게 도달하는 그 어떤 빛도 망원경을 통해서 본 적이 없다. 왜냐하면 필자는 그냥 밤하늘의 별을 유관으로만 보았기 때문이다.

따라서 필자는 천문학자가 아니다.)

또한 우리로부터 100억 광년 거리에서 우리에게 도달하는 빛은 남색을 띤 빛이고, 70억 광년 거리에서 우리에게 도달하는 빛은 파란색의 빛이며, 40억 광년 거리에서 우리에게 도달하는 빛은 초록색의 빛이다. 20억 광년 거리에서 우리에게 도달하는 빛은 노란색의 빛이며, 10억 광년 거리에서 우리에게 도달을 하는 빛은 주황색의 빛이다. 1억 광년 거리에서 우리에게 도달하는 빛은 빨간색의 빛이며, 천만 광년, 백만 광년의 거리에서 우리에게 도달하는 빛은 점점 더 밝은 빛이다.

이것을 두고 천문학자들은 빛이 우리에게 도달하는 동안에 편이를 일으킨다는 주장을 하고 있다는 사실이다. 예를 들면 우리와의 거리가 10억 광년 거리에서 빛이 출발할 때에는 어두운 빛이 출발을 하였지만 우리에게 날아오는 동안에 빛이 한쪽으로 치우쳐서(적색편이) 빨간색의 빛이 우리에게 도달한다는 주장이 그것이다.

그런데 어느 날부터인가 천문학자라는 사람들이 우리로부터 멀리에서 오는 빛이 파란색을 띠기 때문에 100억 광년 거리에 있는 광원의 천체가 우리와 가까워지고 있으므로 빛이 한쪽으로 편이를 일으키는데 빛이 청색 쪽으로 치우치는 청색편이다, 하는 주장을 하기 시작을 한다는 것이다. 이 청색편이는 멀리에 있는 광원에서 빛이 출발할 때에는 밝은 빛 즉 빨간색의 빛이나 더 밝은 빛이 출발하였지만 빛이 우리에게 오는 동안에 파란 빛으로 편이를 일으켜서 우리에게 도달한다는 주장을 하고 있다는 사실이다.

그것의 원인으로는 광원을 출발시켰던 천체가 우리와의 거리가 가까워지므로 해서 빛이 밝은 빛이 출발을 하였지만 광원의 천체가 우리와 가까워지는 만큼의 빛이 편이를 일으킨다는 주장이다. 즉 빛이 변해버린 것이다. 빛이 가진 파장도 색도 변화를 일으켰다는 주장이다.

그런데 빛이 청색편이를 일으킨다는 천문학자들의 주장은 얼마 되지 않았다. 처음 빛이 편이를 일으킨다는 주장을 했던 천문학자는 허블이다. 그것을 천체물리학자들이 해석을 하기를 우주가 팽창을 하는 것의 증거라는 주장과 함께 현재에도 우주가 빛이 편이를 일으키는 속도로 팽창하고 있다는 주장을 하고 있다는 사실이다. 그것이 적색편이다.

사실 우주가 팽창하고 있다는 주장에 근거해서 빅뱅우주론이 탄생했다는 것은 부인할 수 없을 것이다. 왜냐하면 빅뱅은 기정사실이기 때문이다. 따라서 빅뱅이 일어난 것을 알게 하여준 것이 적색편이이며 적색편이에 근거해서 우주가 팽창을 하고 있다는 주장이 설득력이 있다는 판단을 한 천체물리학자들의 의기가 투합이 된 결과물이 빅뱅론을 이끌어냈기 때문이다.

사실 적색편이가 많은 것을 알게 하여주는 계기가 되었다는 것은 부인할 수 없을 것이라는 것이 필자의 생각이다. 하지만 정작 빛은 편이를 일으키지 않는다. 천체물리학계에서는 빛이 공간을 이동하는 동안에 빛이 늙는다는 주장을 하기도 하는데 천부당만부당한 주장이다. 빛이 늙는다면 빛이 수명이 있다는 말이냐 하는 것인데 실소를 금치 못하게 하는 주장이라는 것이다.

그것의 실체를 알아보기로 하자. 여기에서 중요한 문제는 왜 우리와 광원과의 거리가 멀면 빛이 청색편이를 일으켜서 우리와 가까워지는 것이며 광원과 우리와 가까운 거리에서 우리에게 도달하는 빛은 하나같이 적색편이를 일으켜서 우리와 광원과의 거리가 멀어지고 있는 것이냐 하는 것이다. 이같이 이율배반적인 주장을 천체물리학자들은 하고 있다.

처음에는 빛이 적색편이를 일으키므로 우주가 팽창하고 있다는 주장을 하다가 망원경의 발달로 먼 거리에서 오는 빛의 색을 보니 하나같이 파란색 계열의 빛이나 보라색 계열의 빛이 관측이 되므로 반대로 청색편이다, 하고 주장하고 있다는 것을 어떻게 받아들여야 하는 것이냐 하는 것인데 왜 우리로부터 멀리에 있는 천체는 우리와 가까워지는 것이며 우리와 가까이에 있는 천체는 우리로부터 멀어지는 것이냐 하는 것이다.

이것을 필자의 머리로는 도무지 이해할 수 없는 주장이다. 어떻게 그럴 수가 있다는 것이냐 하는 것인데 필자의 생각은 그렇다. 천체물리학자들이 그동안 적색편이만을 주장하다가 빛이 청색 쪽으로도 치우친다는 주장을 함으로써 자신들이 주장했던 오류를 덮어보려는 얄팍한 주장에 다름 아니다 하는 것인데 자기

합리화를 하고 있는 것이라고 말이다. 즉, 어떻게든 설명을 하여야만 하는데 설명할 길이 없다는 것이다.

따라서 청색편이라고 주장을 하였는데 청색편이는 적색편이와는 역방향으로 빛이 편이를 일으키므로 청색편이를 일으키는 천체가 우리와의 거리가 가까워지는 것이라는 주장을 하기에 이른 것이다 하고 말이다. 그런데 왜 유독 우리와의 거리에 따라서 청색편이고 거리에 따라서 적색편이냐 하는 것인데 과연 빛이 편이를 일으키기는 하는 것이냐 하는 것이다. 그것이 이 장에서의 최대의 쟁점이다.

허블은 망원경으로 별을 들여다보다가 빛이 편이를 일으키는 것으로 알고 천체물리학자 그룹에 이야기를 하게 되고 천체물리학자 그룹들은 이를 두고 해석하기를 빛이 편이를 일으키는 것은 우주가 현재에도 팽창을 하고 있다는 결론을 도출했던 것인데 그것이 도플러편이를 대입해서 해석을 했던 것이다. 즉, 도플러편이에 의하면 광원이 우리로부터 멀어지고 있으므로 빛이 적색 쪽으로 편이를 일으키는 것이라는 결론에 도달했던 것이다.

하지만 도플러편이는 지구의 중력장속에서 음파가 일으키는 소리의 편이를 증명하는 이론이다. 다시 말해서 음파가 우리에게 가까워지는 소리와 멀어지는 소리가 편이 되는 것을 증명을 해낸 이론인 것이다. 도플러편이는 지구의 중력장속에서만 소리가 편이를 일으키는 것에 대한 설명을 한 이론이라는 것이다. 이 도플러편이를 천체물리학자들은 우주로 끌고 나가서 빛에게 적용을 시킨 것이다.

따라서 소리파가 일으키는 편이는 소리를 전달하는 매질이 있어야만 하며 매질은 소리가 편이를 일으키는 것으로 작용을 하고 우리들의 귀에 소리가 편이를 일으키는 것을 알려주는 이론에 다름 아니기 때문인데 따라서 도플러편이는 지구의 중력장 내에서만 성립을 하는 것이다. 그럼에도 불구하고 천체물리학자들은 굳이 도플러편이를 우주로 끌고나가서 빛에게 적용을 시킨 결과가 빛도 편이를 일으킨다는 것으로 해석을 했던 것이다. 도플러편이를 우주로 끌고 나가서 빛에게 적용을 시키고 보니 우주가 팽창을 하더라는 것이다.

자, 이 시점에서 생각을 정리해 보자. 과연 지구의 중력장 속에서 일어나는 소리파의 편이와 우주에서의 빛의 편이가 과연 같은 것이냐 하는 것을 말이다. 우주공간은 지구의 대기와는 천지 차이이다. 왜냐하면 우주공간에도 기체물질은 존재하지만 지구의 중력장 속에서 분포하는 대기인 기체물질의 분포도와는 전혀 딴판이다. 밀도 차이가 다이아몬드의 밀도와 빵의 밀도에 비견될 만하다는 것이 필자의 생각이다.

예를 들면 태양계의 공간에 분포하는 기체는 1제곱미터 당 기체의 분포도가 예를 들어서 1이라면 지구의 대기밀도는 1제곱미터 당 기체의 분포도는 수십 억 기체이다. 즉, 조건이 흔히 말하는 하늘과 땅 차이가 아니라 천체와 천체 차이인 것이다. 그럼에도 불구하고 천체물리학자들은 도플러편이를 우주로 끌고 나가서 빛에게 대입을 시켰던 것이다. 그리해서 빛이 편이를 일으킨다는 주장을 했던 것이다.

따라서 빛이 적색편이를 일으키는 만큼의 거리가 우리로부터 멀어지고 있다는 결론을 도출하고 우주가 현재에도 팽창하고 있다는 주장을 하게 되었는데 시간이 지나고 망원경을 만드는 기술의 발달로 빛이 우리에게 도달을 하는 천체라면 보지 못할 곳이 없이 관측을 할 수가 있게 되고 이어서 우리에게 도달을 하는 빛이 우리로부터 멀리에 떨어진 천체로부터 우리에게 도달하는 빛을 보고는 청색편이라고 했던 것인데 멀리에서 우리에게 도달하는 빛은 하나같이 보라색이나 푸른색을 가진 빛이더라는 것이다. 그것에 따라서 해석하기를 청색편이는 광원이 우리에게 가까워지는 것이라는 주장을 하게 된 것이다.

참으로 편리한 주장이라 아니할 수가 없다는 것인데 그것이 그렇다. 천체물리학의 특성상 우리가 알 수 있는 것은 제한적이다. 왜냐하면 모든 것을 망원경에 의존할 수밖에는 없기 때문인데 필자의 생각은 그렇다. 천문학이 우리가 직접 확인할 수 없는 특성으로 인해서 올바른 이론이 매우 중요한데 그 이론이 오류를 가지고 있다고 한다면 천지가 개벽을 하는 것을 넘어서 우주가 개벽을 하기 때문이다. 즉, 잘못된 이론 하나가 수없이 많은 오류가 있는 이론만을 확대재생산을 한다는 점이다. 따라서 처음에 시작된 이론의 오류를 바로잡지 못한다면 천체물리학은 오류의 잡초 밭이 되고 말 것이라는 것이다. 따라서 처음 시작된 오류를 바로잡는 작업을 하여야만 할 것이다. 그것이 적색편이이며 청색편이이다.

필자는 사실 빛이 편이를 일으킨다는 천체물리학자들의 주장을 받아들이기가 어려웠는데 이유는 필자가 가지고 있는 신념 때문이다. 필자가 가진 신념은 아인슈타인의 신념과 비슷한 신념인데 아인슈타인은 우주가 정적인 우주일 것이라는 주장을 함과 동시에 우주는 불확정적이지 않으며 한 치의 오차도 없는 우주라는 주장을 하였다. 아인슈타인은 자신의 신념의 표시로 일갈하기를 신은 우주를 상대로 주사위 놀음은 하지 않는다는 말을 했다.

따라서 필자는 우주가 천체물리학자들이 주장하는 것처럼 우주가 팽창하는 것이 아니라 수축하는 것이라는 신념 때문이다. 필자의 그러한 신념은 태어나면서부터 그러한 신념을 가지게 되었는데 모든 것이 없어지기 때문이다. 즉, 어머니의 젖이 줄어들어서 고갈이 되었으며 밥을 먹으면 밥그릇이 비워지고 나이든 노인들은 어김없이 사망을 하였으며 지구에서 모든 것이 없어지고 줄어들며 하나부터 백 가지 아니 천 가지, 만 가지가 소멸을 하며 수축을 하는 것을 보고 들으며 하나의 신념이 필자의 마음속에서 자라나기 시작을 했던 것이다. 따라서 필자의 신념은 우주가 팽창하기보다는 정적이거나 수축하는 것이라는 신념이 있었는데 나중에 알고 보니 우주는 빅뱅이 있고 137억 년 가까이 지나는 동안에 절반이 넘는 우주에너지가 소멸을 하여서 수축하고 있었다는 것을 알게 되었다는 것이다.

자 그렇다면 빛이 일으키는 적색편이와 청색편이에 대한 이야기를 하기로 하자. 우리는 별을 망원경을 통해서 관측하는데 망원경의 렌즈에 잡히는 것은 천체의 형태가 아니라 빛이다. 그 빛이 만들어내는 빛의 잔영을 통해서 천체가 가지는 질량을 유추하고 천체와의 거리를 측정하며 그 천체가 위치하는 곳을 알아내기도 하는데 이때 우리에게 도달하는 빛은 하나같이 우리로부터 멀리에서 우리에게 도달하는 빛은 파장이 짧은 빛 즉 보라색이나 파란색의 빛이 도달을 한다는 사실이다.

이것을 어떻게 해석을 해야만 할까? 우리와 멀리에 떨어진 천체에서 우리에게 도달을 하는 빛이 이러한 것을 천체물리학자들은 설명을 하여야만 한다는 것이다. 왜냐하면 지금까지는 천체물리학자들이 적색편이에 대한 주장만을 하였지만 망원경의 발달로 멀리에 있는 천체를 볼 수가 있기 때문인데 우리에게 도달하는 빛이 보라색이나 파란색의 빛이지만 그 빛에 대한 설명이 없다면 지금까지의 주장인 적색편이마저도 이상할 것이다. 따라서 천체물리학자들은 빛이 적색으로 편이를 일으킨다고 한다면 멀리에서 우리에게 도달하는 빛이 청색으로도 편이를 일으킬 것이라는 주장을 하고 그 빛에(파란색의 빛이나 보라색의 빛) 대한 설명을 했던 것이다.

하지만 빛에 대한 그러한 해석은 더 큰 문제를 야기할 뿐이라는 것이 필자의 생각이다. 왜냐하면 천체물리학자들의 입맛에 맞는 해석은 우주이론에 오류가 만들어지고 그 오류가 있는 이론으로 우주를 해석을 한다면 우주는 개벽을 일으킬 것이기 때문이다. 즉, 우주에 대해서 알 수 없는 방향으로 천체물리 이론이 오류에 오류가 더해지는 악순환이 발생할 것이기 때문이다.

그럼에도 불구하고 천체물리학자들은 빛이 청색 쪽으로도 편이를 일으키며 빛이 청색편이를 일으키는 것은 청색의 빛을 보내고 있는 광원과 우리와의 거리가 가까워지므로 해서 빛이 청색편이를 일으키는 것이라는 주장을 하고 있다. 즉 청색편이를 일으킨 빛이 사실은 광원으로부터 출발을 할 시점에서는 파장이 긴 빛이 출발하였지만 우리에게 도달하는 동안에 빛이 변화를 일으켰다는 주장이며 청색편이를 일으키는 광원이 우리와 가까워지므로 해서 빛이 청색 쪽으로 편이를 일으킨다는 주장을 하고 있는 것이다.

사실 필자는 천체물리학자들의 그러한 해석을 이해할 수가 없었다는 것인데 이유는 어떻게 빛을 방사하는 광원이 우리에게 다가오면 청색편이를 일으키고 우리로부터 멀어지면 적색편이를 일으킬 수가 있다는 것이냐 했던 것이다.

자, 생각을 해보자. 왜 우리로부터 멀리에서 오는 빛은 하나같이 청색편이를 보이는 것이며 우리와의 가까운 거리에서 우리에게 도달하는 빛은 하나같이 적색편이를 보이는 것이냐 하는 것이다. 필자의 머리로는 이해할 수 없는 주장을 천체물리학자들은 자신들의 입맛에 맞게 해석하고 입맛에 맞게 편집해서 대중에게 전파하고 있는 것이다.

천체물리학자들의 그러한 주장은 한마디로 아니다. 빛은 편이를 일으키는 것이 아니라는 것이 필자의 생각이다. 왜냐하면 빛은 한번 만들어지면 빛이 가진 파장은 바뀌지도 늙지도 편이를 일으키는 것은 더더욱 아니며 빛이 편이 되는 것처럼 보이지만 사실은 빛이 편이를 일으키는 것이 아니라 빛이 우주공간을 이동하는 동안에 파장이 긴 빛들이 천체의 중력이나 천체의 대기물질들에게 끌려들어가서 제거가 되는 것이다.

그것에 대한 설명을 하기로 하자. 우리로부터 멀리에 있는 광원에서 우리에게 도달하는 빛이 청색이나 보라색인 이유는 빛이 편이를 일으켜서가 아니라 천체가 파장이 짧은 빛을 밀어내기 때문에(빛이 산란을 일으키는 것임) 그 빛이 우리에게 도달하는 것이다.

만약에 아인슈타인의 주장이 옳다고 가정을 하고 중력이 강한 천체가 빛을 끌어당기기만 한다면 멀리에서 우리에게 도달하는 청색의 빛이나 보라색의 빛은 우리에게 날아오는 동안에 천체에게 끌려들어가서 우리에게 도달하지 못할 것이기 때문이다. 하지만 137억 광년 거리에서 출발한 빛이 우주공간을 이동해서 우리에게 도달하는 것은 천체가 혹은 천체의 대기가 파란색 계열의 빛 혹은 보라색 계열의 빛을 밀어내기 때문에 그 빛이 우리에게 도달을 하는 것이다.

그런데 이 빛을 보고 천체물리학자들은 청색편이라고 주장하고 있다. 천체물리학자들이 그러한 주장을 하는 이면에는 우리가 알지 못하는 말 못할 속사정이 있는 것이라는 것인데 그것이 그렇다. 지금까지는 천체물리학자들이 적색편이를 주장하였는데 정작 멀리에서 오는 빛은 하나같이 보라색이나 파란색의 빛이 도달을 하므로 보라색이나 파란색의 빛을 보고서 적색편이에 배치되는 빛이 우리에게 도달하므로 해서 그것에 대한 설명을 해야만 했기 때문인데 빛이 적색 쪽으로 편이를 일으킨다면 빛이 청색 쪽으로도 편이를 일으킬 수가 있을 것이라는 생각에서 궁여지책으로 청색편이를 주장하고 그 광원의 천체가 우리에게 가까워지고 있는 것이라는 주장을 하기에 이른 것이다.

하지만 아니다. 137억 년 전에 광원의 천체로부터 출발한 빛은 여러 가지의 빛이었을 것이다. 하지만 빛이 공간을 이동을 하는 동안에 파장이 긴 빛들은 천체들에게 끌려들어가서 제거가 되고 천체가 밀어낸 빛인 보라색이나 파란색의 빛이 우리에게 도달하고 있는 것이다. 그것의 증거는 우리의 태양계에서 찾아볼 수가 있다. 태양이 방사한 무지개색의 빛 가운데 빨간색, 주황색, 노란색 빛의 대부분이 지구의 대기로 들어오는 동안에 지구의 대기물질들인 오존에게 일차적으로 흡수, 제거되고 질소와 산소에게 끌어당겨져서 2차로 제거가 되고 보라색 빛과 파란색 계통의 빛이 질소와 산소에게서 밀어내져서 산란을 일으키다가 지표면 가까이까지 들어와서 무지개의 스펙트럼선을 만들어내는 것처럼 우리로부터 멀리에 있는 천체에서 우리를 향해서 오던 무지개와 같은 여러 가지의 빛이 우리에게 날아오는 동안에 파장이 긴 빛들을 천체들이 끌어당겨서 제거를 했던 것이다.

따라서 우리에게 도달한 빛은 우리와의 거리가 충분히(100억 광년 거리 정도) 떨어져 있다면 보라색이나 파란색의 빛이 우리에게 도달하는 것이다. 즉, 우리와의 거리에 따라서 빛이 청색 쪽으로 편이를 일으키는 것처럼 보인다는 것이다. 우리로부터 멀리에서 우리에게 도달하는 빛을 그러한 해석이 아니라면 빛에 대한 것을 설명을 할 수 없다는 사실이다. 즉, 빛이 가진 파장이 긴 빛은 천체가 끌어당기고 파장이 짧은 빛은 천체가 밀어내는 것이다. 따라서 파장이 짧은 빛이 우주공간에서 산란을 일으키다가 우리에게 도달하는 것이다.

다음은 빛이 적색 쪽으로 치우친다는 적색편이를 들여다보기로 하자. 모두가 알고 있다시피 빛이 적색 쪽으로 치우치는 것이라는 빛은 아이러니하게도 우리와의 거리에 따라서 빛이 편이를 일으키는 것처럼 보인다는 것인데 이것은 왜 그러는 것일까? 빛이 적색편이를 보이는 빛은 항상 우리와의 거리에 따라서 빛이 많이 치우치기도 하고 덜 치우치기도 하는 것처럼 보이고 있다는 것인데 빛이 우리와의 거리가 매우 가까운 거리에서 우리에게 도착을 하는 빛은 항상 파장이 긴 빛이 우리에게 도달하고 있다는 것이다. 이것은 왜 그럴까?

그것이 그렇다. 빛은 사실은 편이를 일으키지 않는다는 것이다. 어떻게 빛이 고유한 파장을 가지고 만들어졌는데 그 고유한 파장이 바뀔 수가 있다는 것이냐 하는 것인데 빛은 한번 만들어진 파장과 색을 절대로 바꾸지 않는다는 것이다. 다만 우주공간에 산재하여 있는 천체들에게 빛이 가진 파장에 따라서 끌려들어가 제거가 된 뒤에 우리와 광원과의 거리에 따라서 제거되지 않은 빛 즉 파장이 짧은 빛이 우리에게 도달하는 것이다. 즉, 우리와 광원과의 거리에 따라서 파장이 긴 빛이 제거되기도 하고 거리에 따라서 파장이 긴 빛이 제거되지 않고 우리에게 도달을 하기도 하는 것이다.

이 말은 무슨 말이냐 하면 예를 들어서 100광년 거리에서는 우리에게 도달하는 빛 가운데 파장이 긴 빛이 제거가 되지 않은 상태에서 우리에게 도달하는 것이고 200광년 거리에서는 밝은 빛 즉 파장이 긴 빛이 조금 제거되고 우리에게 도달하는 것이며 1000광년 거리에서는 파장이 긴 빛이 조금 더 많이 제거된 뒤에 파장이 짧은 빛이 우리에게 도달하는 것이다.

따라서 우리와 광원과의 거리가 10억 광년 거리에 있다면 그 거리에서 우리에게 빛이 도달하는 과정에서 1억 광년 거리를 이동을 하는 동안에 빛은 파장이 거의 없는 밝은 빛은 먼저 천체에게 끌려들어가서 제거가 되고, 빨간색의 빛이 우리에게 도달하는 과정에서 3억 광년을 진행을 하면 빨간색의 빛이 제거가 되고, 5억 광년을 진행하는 동안에는 주황색의 빛이 제거가 되며, 8억 광년을 진행하는 동안에는 노란색의 빛이 제거가 되고, 10억 광년을 날아온 뒤에 우리에게 도달하는 빛은 초록색의 빛인 것이다. 즉, 광원과 우리와의 거리에 따라서 제거되는 빛은 빛이 가진 파장과 거리에 반비례하는 것이다.

따라서 광원과 우리와의 거리가 가까울수록 빛은 파장이 긴 빛이 우리에게 도달하게 되고 점차적으로 광원과 우리와의 거리가 멀리에서 우리에게 도달하는 빛은 파장이 긴 빛이 제거된 뒤에 점차적으로 파장이 짧은 빛이 우리에게 도달한다는 이야기인 것이다. 따라서 빛은 편이 되지 않는다는 것이다. 다만 우주에 산재하여 있는 천체들에게 중력에 의하고 천체에 존재하는 기체물질들에게 흡수, 제거된 뒤에 우리와 광원과의 거리에 비례하는 파장을 가진 빛이 도달하는 것일 뿐이라는 이야기인 것이다. 따라서 천체물리학자들이 주장하는 적색편이나 청색편이는 일어나지 않으므로 우주가 팽창하고 있다는 주장은 오류인 것이다.

앞에서도 이야기를 하였지만 적색편이가 우주의 생성 조건 가운데 한 가지인 빅뱅을 예견하게 한 일등공신이기는 하지만 오류는 오류인 것이다. 현재의 우주는 팽창을 하지 않으며 팽창은 이미 137억 년 전에 끝이 나고 뒤이어서 우주는 총질량의 소멸로(양전자와 음전자의 대전으로 쌍소멸됨) 수축에 수축을 거듭하고 있는 것이다. 즉, 천체가 만들어서 방사를 하는 빛 에너지 만큼의 질량이 매시 매초 감소를 일으키므로 우주는 매시 매초 수축을 일으키는데 우리들의 감성과 측정 장치로는 우주가 수축을 하고 있다는 것을 알 수가 없을 만큼 천천히 수축을 하고 있다는 것이다.

우리의 태양계가 생성 초기에 가지고 있던 질량과 현재의 질량을 비교하면 우리의 태양계의 질량은 거의 절반에 육박하는 아니 절반이 조금 넘는 질량의 감소를 보이고 있다는 사실이다. 그것의 증거가 태양계의 공간에 존재하는 기체물질의 분포이다. 앞에서도 이야기를 하였지만 우리 태양계의 공간에 분포하는 수소와 헬륨 그리고 무거운 기체인 산소와 질소의 존재와 물의 존재인데 태양계의 그 어떤 행성도 산소와 질소 그리고 물을 결합시킬 수가 없다는 사실이다. 질소와 산소 그리고 물을 결합시킬 수가 있는 질량을 행성들은 가지고 있지 못하다는 것이다.

그렇다면 질소와 산소 물을 결합시킬 수가 있는 질량을 가진 천체는 태양계 내에서 태양밖에는 없는 것이다. 따라서 태양계의 공간에 분포하는 기체물질 가운데 질소가 가장 상위물질인데 이유는 삼중수소 7개가 전자껍질을 벗어버린 뒤에 양자결합을 한 물질이 질소이기 때문인데 그 질소가 양자결합을 이뤄내기 위해서는 천체의 질량의 직경이 최소한 300만km는 되어야만 가능하기 때문이다. 따라서 태양계의 공간에 질소가 분포하는 것인데 태양이 생성되어 전자를 끌어당기는 막바지에 질소를 결합시켜서 그 질소를 태양의 표면 밖으로 밀어낸 것을 태양에 근접해서 뭉쳐지고 있던 지구의 양성자덩어리가 질소를 끌어당겨서 대기로 삼았으며 지구가 질소를 모두 끌어당기지는 못해서 태양계의 공간에 질소가 미량이 남아 있는 것이다.

물론 질소뿐만이 아니라 산소와 물 또한 질소보다는 많은 양이 태양계의 공간에 존재하는 이유이기도 한 것인데 태양은 생성되던 초기에 공간은 플라즈마 상태에 있었으며 이때는 양성자가 전자를 끌어당길 수가 없었다. 전자가 플라즈마 상태에 있었기 때문이다. 따라서 양성자는 양성자들끼리 끌어당겨서 양성자가 덩어리를 이루고 뭉쳐지자 전자포획 사정거리가 만들어지며 핵력으로 끌려오던 전자가 끌려오기 시작을 하자 태양은 끌려오는 전자가 양성자덩어리에게 근접해서 끌려오면 차가워지게 되었다.

이유는 양성자덩어리가 절대온도를 가지고 있으므로 끌려오던 전자가 차가워지면 양성자는 전자를 포획하게 되는데 그것이 경수소다. 경수소가 전자를 포획해서 기체물질로 만들어지면 중력은 경수소를 하나의 천체로 인식을 하는 것이다. 따라서 경수소를 중력은 상호질량에 따라서 밀어내는데 경수소가 플라즈마의 전자구역에서 운동을 일으키므로 태양의 중심에 뭉쳐진 양성자덩어리의 질량과 양성자덩어리의 질량의 핵력에 의해서 끌어당겨진 전자질량에 의하고 경수소가 가지는 양성자의 질량과 경수소가 포획한 전자질량에 비례한 거리로 경수소를 밀어내게 되는데 태양의 중심에 양성자덩어리와 끌어당겨서 플라즈마 상태에 있는 전자질량이 초전도상태에 있으므로 또한 경수소가 초전도상태에 있으므로 태양과 경수소는 상호질량에 따라서 서로를 밀어내게 되는 것이다. 이것이 중력이다.

그런데 이때 태양의 중심에 양성자덩어리와 끌어당겨서 플라즈마 상태에 있는 전자덩어리의 질량에 중력이 발호되는 거리에 괴리가 발생을 하게 되고 밀어내지던 경수소가 플라즈마의 전자구역 밖으로 밀어내지는 것이다. 그것의 증거는 태양계의 행성들에게 있는데 그 행성들은 기체행성들이다. 천왕성, 해왕성, 명왕성이 그 증거인데 태양계의 이 셋 행성들은 기체를 결합시키면 중력으로 기체를 밀어내는데 그 거리가 끌어당겨서 가두어진 플라즈마의 전자구역 밖으로 기체를 밀어내는 것이다.

이 셋 행성들은 그것을 보여주고 있는 것인데 이 셋 행성들은 기체를 결합시켜서 결합된 기체를 대기로 만들어두고 있는 것이다. 물론 우리의 지구도 태양계가 생성되던 초기에는 기체를 결합시키면 그 기체를 지구의 대기로 밀어냈는데 태양과 가까운 거리에 있는 관계로 결합된 기체가 태양이 방사하는 빛에 의하고 지구가 탄소화의 진행이 일어나는 과정에서 지구가 결합해서 밀어낸 기체는 분열되어 사라지고 없는 기체인데 그 기체는 수소다. 즉, 지구도 생성된 직후에는 천왕성이나 해왕성, 명왕성이 대기로 밀어낸 기체처럼 결합한 기체를 대기로 밀어내서 대기로 만들어두고 있었다는 것이다. 그때에 태양과 지구와의 거리는 약 3억 5천만km의 거리로 밀어내져 있었지만 태양의 질량이 감소하고 지구의 질량이 감소하므로 현재에는 태양과 지구와의 거리는 약 1억 5천만km의 거리로 지구가 태양에게 끌어당겨져 있는 것이다.

하지만 우리는 우리들의 감각과 측정기로는 태양계의 수축을 알 수도 측정할 수도 없다는 것이 필자의 생각이다. 이유는 앞에서도 이야기를 하였지만 태양계의 운동이 행성들의 공전으로 말미암아서 들쭉날쭉하기도 하지만 우리들의 수명과 기록이 우주와 태양계의 나이와 수축을 따라가지 못하기 때문이다. 우리들의 수명은 길어봐야 1백 년에 불과하지만 우주의 수명은 137억 년이기 때문인데 우리들로서는 상상을 하기조차 버거운 수명을 자랑하는 것이다.

따라서 우리 인간들이 우주가 수축하는 것을 감지하고 측정할 수가 있는 우리들의 수명이 1만 년은 되어야 측정과 기록으로 감지할 수가 있다는 것이 필자의 생각이다. 즉, 우주의 나이로 보아서 1만 년의 시간에도 우주는 미세한 수축만이 감지가 될 것이라는 것이다. 따라서 우리들의 수명 내에서 우주의 변화는 느낄 수가 없으므로 감지가 불가하며 계측기를 이용한 측정 또한 불가한 것이다.

하루살이가 우리 인간들의 삶을 이해하지 못하는 것은 당연한 것이다. 그럼에도 불구하고 현대물리학은 우주의 변화를 측정하고자 측정기를 발명하고 그 측정에 나타나는 기록을 토대로 우주가 팽창을 하고 있다는 주장을 하고 있다. 우주의 나이로 볼 때에는 참으로 가소로운 행태인 것이다. 물론 그렇다고 손을 놓고 있을 수는 없겠지만 어림없다는 것이 필자의 생각이다.

각설하고 마지막으로 우주의 종합 편으로 우리 우주가 생성되는 과정과 운동의 근원과 팽창과 수축을 설명하고 중력과 물질과 빛의 상관관계를 종합적으로 설명하고 마치기로 하자. 빅뱅이 일어나기 훨씬 전에 공간은 정중동의 시간을 가지는데 이때 공간에는 우리 우주의 어머니 우주가 소멸을 하면서 남겨둔 전자쌍으로 가득 채워져 있었다. 이때의 공간에도 온도는 존재를 하고 있었다는 것이다. 사실 온도는 공간이 있다면 어디에나 존재를 하지만 이때 공간은 우주 온도를 유지하고 있었다.

그 온도는 약 -270도 현재 우리의 태양계의 공간에서 나타나는 온도 -160도 정도를 유지하지 못하고 거의 -100도는 더 아래로 내려간 온도를 공간은 가지고 있었는데 그 -270도의 온도는 아무것도 할 수 없는 온도인 것이다. 왜냐하면 우리는 0k라는 온도를 보지는 못하였지만 예측을 하고는 있다는 것인데 그것이 절대온도라는 것은 직감적으로도 알 수가 있다는 것이다.

즉, 현재에는 이론적으로만 존재를 하는 0k이지만 앞으로 우리는 그 온도를 현실에서 맞이할 것이라는 것이 필자의 생각이다. 왜냐하면 그 온도를 가지고 있는 것이 있기 때문이다. 그것이 기체이다. 즉 기체도 아무 기체나 그 온도를 가지고 있는 것이 아니고 오로지 경수소만이 그 온도를 가지고 있다는 것인데 우리가 경수소가 포획하고 있는 전자를 온전히 떼어내는 방법만 알아낸다면 0k를 만나게 될 날도 멀지 않았다는 것이 필자의 생각이다.

절대온도라는 것이 그것인데 왜 필자가 경수소가 온전히 절대온도를 가지고 있다고 했느냐 하면 경수소는 양성자 한 개가 전자 한 개를 포획하고 있기 때문인데 경수소 내부의 양성자가 오직 양성자만 있으므로 해서이다. 이 말은 중성자를 포함하고 있지 않기 때문인데 경수소를 제외한 그 어떤 기체도 중성자를 가지고 있으므로 온전히 절대온도를 보존하고 있지 못하기 때문에 필자가 그러한 표현을 한 것이다.

물리학자들은 양성자를 이루는 여러 가지의 입자가 따로 따로 존재한다는 주장을 하고 있지만 사실이 아니다. 기체의 내부에 양성자는 그냥 양성자만 있다는 것이다. 그것의 증거가 양성자가 가진 온도가 그것인데 경수소의 내부의 양성자만이 온전하게 -273.16도를 가지고 있기 때문이며 오로지 그 온도를 보존하고 있는 양성자만이 경수소를 만들고 있기 때문이다.

따라서 경수소가 포획했던 전자껍질을 벗겨버리고 절대온도를 가진 양성자가 분열을 일으키면 중성자가 만들어지는데 분열된 양성자는 중성자를 포획하는 것이다. 이것이 양성자의 중성자 포획이다. 이때 양성자가 중성자를 포획하고 다시 떼어냈던 전자를 포획하면 만들어지는 것이 중수소다.

이해를 돕기 위해서 필자가 현실에서 일어나는 기체의 결합에 대한 이야기를 하고 가기로 하자. 우리는 화학공장이나 정유공장에서 간혹 아주 간혹 수소가 누출되는 사고를 경험하게 되는데 이때 결합되는 수소는 그 종류가 다양하다. 알다시피 원유가 정제되는 과정에서 생성되는 여러 가지의 성질을 가지는 수소가 파이프 관을 통과하는 과정에서 파이프가 뚫어진다거나 하면서 그 틈으로 수소가 누출되는 경우가 종종 일어나는데 이때 결합되는 수소는 여러 가지이다. 또한 그 수소는 경수소와 중수소와는 삼중수소와는 또 다르게 생명체에게 매우 위험한 수소가 누출이 되기도 하는데 대표적인 것이 황화수소이다.

이 수소는 사람이 1,000밀리리터만 마셔도 사람의 생명을 빼앗아간다. 이 수소는 폭발을 일으키며 또한 액화를 시키지 않는데 이유는 경제성이 없어서 높은 곳으로 끌어올려서 태워버린다. 그런데 이 황화수소가 만들어지는 것은 수소 내부에 양성자만 있는 것이 아니라 중성자가 포획되어 있는데 그 중성자가 여러 가지 섞여 있다는 사실이다. 따라서 이 수소는 자연에서는 결합되지 않는다는 것이다. 즉 기형적인 물질결합 시스템에서만(열역학 반응에 의해서) 결합을 일으키는 수소인 것이다.

물론 황화수소 말고도 화학공장이나 정유공장에서는 여러 가지의 성질을 가지는 수소가 결합을 한다. 따라서 온전히 자연에서 결합을 일으키는 수소는 경수소와 중수소 삼중수소를 제외하면 그 어떤 수소도 기형적인 수소인 것이다. 따라서 경수소가 경수소 외부로 표출을 하는 온도는 정해져 있는 것이다. 물론 중수소도 가지고 있는 온도가 일정하며 삼중수소 역시 가지고 있는 온도가 일정하다. 그것으로 경수소, 중수소, 삼중수소를 증명하는 것이다. 그 이외의 수소는 기형적인 수소인 것이다. 즉, 화학반응에 의해서 생성되는 기형적인 수소이므로 자연에서는 결합되지 않는다는 사실이다. 사실 지구의 내부에서 끓어오르는 마그마에 의해서 생성되어 화산으로 솟아오르는 수소 역시 기형적인 수소인 것이다.

이야기가 옆으로 흘렀는데 이야기의 주제로 되돌아가서 이야기를 이어가자. 그렇게 정중동의 시간을 보내고 있던 공간이 일순간 변화의 조짐이 보이기 시작하였는데 그것이 공간의 온도가 -273.16도에 도달했던 것이다. 공간의 온도가 절대온도에 도달하자 그동안에는 미동도 하지 않던 공간에 가득 채워진 전자쌍이(대전되어 쌍소멸 상태의 전자쌍) 서로 분리가 되기 시작하였는데 전하들이 초전도를 일으키기 시작하면서 분리가 되었던 것이다. 양전자는 양전자를 서로를 끌어당기며 뭉쳐지고 음전하는 음전하대로 서로를 끌어당기며 덩어리를 이루고 뭉쳐지고 있었는데 빅뱅을 일으키기 위한 작업을 공간은 착실하게 진행했던 것이다. 아니 온도가 그것도 절대온도가 빅뱅을 준비하고 있었던 것이다.

이 -273.16라는 온도에는 현재의 우주에서 그 어떤 물질도 자유로울 수가 없다는 것이 필자의 생각이다. 왜냐하면 우주가 생성 진화를 이어온 것의 근원이 절대온도에 의해서 전자쌍이 초전도를 일으키며 분리가 되었기 때문이다. 따라서 우주의 생성은 양전자의 특성과 음전자의 특성이 더해지고 절대온도가 연출을 하였으며 공간이 방조를 해서 만들어진 뮤지컬이기 때문이다.

빅뱅을 두고 필자가 감성적인 표현을 하였지만 사실이다. 이야기를 이어가자. 절대온도에 의해서 초전도를 일으키며 분리된 양전자덩어리와 음전자덩어리는 우리 우주가 생성될 만큼의 에너지 덩어리로 커져갔는데 그렇게 초전도를 일으키며 분리가 되던 양전자덩어리와 음전자덩어리가 어떤 원인으로 둘의 덩어리가 부닥트렸는가는 솔직하게 필자도 모르겠다.

어쨌거나 둘의 에너지덩어리들은 서로를 향해서 부닥트렸던 것이다. 이때 우리 인간들의 사고로는 상상을 유추할 수조차 없는 일이 벌어졌는데 그것이 빅뱅이다. 솔직히 필자는 빅뱅의 순간을 표현을 못 하겠다는 것인데 필자로서도 상상이 가지 않기 때문이다. 하지만 그렇게 빅뱅은 일어났고 일순간 공간은 빛이 번쩍 하면서 강력한 압력이 발생했던 것인데 그 압력이 발생을 하자 음전자덩어리가 산산이 부서지며 음전자가 흩어지며 운동을 일으키게 되었다. 음전자가 흩어지는 것이 음전자의 운동으로 작용을 하며 음전자가 빛으로 전화를 했던 것이다.

따라서 번쩍 하는 섬광과 함께 전자가 빛으로 전화를 하자 공간은 상상할 수가 없는 온도로 상승을 하였는데 물리학계에서는 음전자의 운동으로 높아진 온도는 10조 도까지 올라갔다는 주장을 하기도 하는데 그것 또한 역시 필자는 모르겠다. 왜냐하면 우리 우주가 생성될 만큼의 에너지덩어리가 부닥트렸는데 어찌 우리 인간이 그것을 예측을 할 수 있다는 것이냐 하는 것인데 필자의 추론이나 상상력으로는 빅뱅의 순간을 표현할 수가 없음이다. 그런데 양전자덩어리와 음전자덩어리가 서로를 향해서 달려가서 부닥트리고 압력이 발생하고 빛이 만들어지고 하는 일련의 순간이 지나가는 동안에 빅뱅의 현장에서는 우리가 상상할 수 없는 일이 벌어지고 있었는데 그것이 그렇다.

양전자덩어리와 음전자덩어리가 서로를 향해서 달려가서 부닥트리는 순간 강력한 압력이 만들어졌는데 그 압력이 발생을 하자 양전자가 1,836개가 뭉쳐졌는데 순간 납작하게 펴졌던 것이다. 양전자 1,800여 개가 뭉쳐지며 납작하게 펴지는 거의 같은 순간에 음전자가 빛으로 전화를 일으키며 공간의 온도가 10조 도(?) 그 정도로 올라갔는가를 필자는 상상이 가지 않지만 어쨌거나 높은 온도였던 것만은 틀림이 없다는 것이다.

음전자가 높은 온도를 만들어내며 공간을 순식간에 뜨겁게 달구자 이때 공간에서는 매우 특이한 일이 일어났는데 만두피처럼 납작하게 펴졌던 양전자가 뜨거운 전자 빛의 온도에 오그라들었던 것이다. 그 빅뱅을 일으켰던 양전자가 납작하게 펴졌던 양전자가 오그라들면서 공간에 있던 절대온도를 끌어안고 오그라들었던 것이다. 그러자 공이 만들어졌는데 그것이 기체물질을 이루는 양성자다. 음전자보다는 질량이 1,836배의 질량을 가진 양성자가 절대온도를 품고서 공으로 만들어졌던 것이다.

그러한 일은 양전자덩어리와 음전자덩어리가 부닥치는 순간과 음전자가 빛으로 전화를 일으킨 순간의 시간은 필자가 알 수는 없지만 어쨌거나 그렇게 양성자가 만들어졌는데 그 양성자가 음전자보다는 질량이 1,836배에 이르렀는데 그 양성자가 핵력을 가지고 생성이 된 것이다. 따라서 양성자가 핵력을 가지게 된 것은 양성자가 절대온도를 품어버렸기 때문이다.

만약에 양성자가 절대온도를 잃어버리면 양성자는 핵력을 잃어버리는데 그것이 양성자핵력소실이다. 하지만 핵력을 잃어버린 양성자는 없다는 것인데 우리의 주위에는 없다. 왜냐하면 우리는 양성자가 핵력을 잃어버리면 그 양성자는 전자에게는 중성이 되는데 그 온도를 잃어버린 양성자가 기체에 들어 있다면 우리는 그것을 중성자라고 명명하고 있는 것이다.

또한 기체에 포함되지 않은 양성자를 즉 절대온도를 잃어버린 양성자를 우리는 양자라고 명명하고 있다는 것이다. 따라서 양성자가 핵력을 가지는 것은 절대온도를 가지므로 핵력이 발호되는 것이다.

빅뱅으로 핵력을 가진 양성자가 만들어지고 공간은 음전자의 운동으로 전자가 뜨거워져 있으므로 플라즈마 상태에 있게 되는데 이때 양성자들은 핵력으로 양성자들끼리 끌어 당겨서 뭉쳐지기 시작을 했던 것이다. 따라서 이때 양성자는 전자는 끌어당길 수가 없었는데 양성자가 핵력을 가지고는 있지만 전자가 뜨거운 플라즈마 상태에 있었으므로 해서 양성자는 전자를 끌어당기지 못하고 양성자는 양성자를 끌어당겨서 덩어리로 뭉쳐졌던 것이다.

그것이 오늘날에 천체의 모태가 되는데 우주에 존재하는 모든 천체는 중심에 절대온도를 가진 양성자가 덩어리를 이루고 뭉쳐져서 핵력을 발호하고서 전자를 끌어당겨서 가두어두고 있는 것이다. 빅뱅이 일어나고 얼마 지나지 않아서 공간에는 우후죽순처럼 양성자덩어리가 뭉쳐지기 시작을 하고 빅뱅의 중심에서는 초대형 양성자덩어리가 뭉쳐지기 시작을 하였는데 이것이 슈퍼 태양의 모태이다.

즉, 은하들을 밀어낸 항성 그 슈퍼 태양이 빅뱅이 일어나고 제일 먼저 뭉쳐졌는데 그 증거는 은하들을 상호질량에 따라서 슈퍼 태양이 밀어냈기 때문이다. 그것에 대한 이야기를 하기로 하자. 빅뱅이 일어나고 공간은 한동안 혼돈이 있었지만 절대온도를 품은 양성자는 양성자를 끌어당기며 뭉쳐지기 시작을 하고 빅뱅의 공간에서 제일 먼저 뭉쳐진 슈퍼 태양의 모태가 한 발 앞서서 덩어리로 뭉쳐진 것은 빅뱅이 일어날 때에 제일 많은 양성자가 빅뱅의 중심에서 만들어졌다는 것의 반증이다.

다시 말하면 뻥튀기의 기계 속과 같은 좁은 공간에서도 압력이 균일하지 않은 것의 반증인 것이다. 하물며 빅뱅이 일어난 공간에서야 당연히 중심에서 많은 개체의 양성자가 절대온도를 품고서 만들어진 것의 반증이라는 이야기가 그것이다. 따라서 빅뱅의 중심에서 제일 먼저 양성자가 덩어리를 이루고 뭉쳐졌을 것이라는 것이다. 그리고 은하들의 모태가 되는 양성자덩어리가 크고 작은 질량으로 뭉쳐졌는데 시간이 지나자 공간의 플라즈마를 만들어내던 전자가 차가워지기를 시작을 하자 양성자덩어리는 전자를 끌어당겼던 것이다.

양성자덩어리가 전자를 끌어당기자 중력이 만들어졌는데 제일 먼저 양성자덩어리가 뭉쳐진 슈퍼 태양의 양성자덩어리가 제일 먼저 전자를 끌어당기게 되고 뒤이어서 전자를 끌어당긴 은하들을 상호질량에 따라서 밀어냈던 것이다. 이것이 1차 은하들의 팽창이다.

빅뱅의 중심에 슈퍼 태양은 슈퍼 태양이 가진 양성자덩어리의 질량과 그 양성자덩어리의 질량의 핵력에 끌어당겨진 전자질량에 비례하고 은하의 중심에 뭉쳐진 양성자덩어리의 질량과 그 양성자덩어리의 핵력에 끌어당겨진 아니 끌어당겨지기 전에 이미 양성자덩어리의 전자포획 사정거리가 만들어지면 그 사정거리의 공간이 슈퍼 태양으로부터 떨어져 나오며 슈퍼 태양으로부터 상호질량에 따라서 밀어내졌던 것이다.

이 같은 은하들의 팽창이 빅뱅의 중심을 기준으로 등방성을 보이며 은하들이 빅뱅의 중심으로부터 밀어내지며 팽창을 했던 것이다. 이때 은하가 밀어내지는 속도는 현재의 빛의 속도보다는 수십 배에서 수백 배는 빠르게 밀어내졌다는 것이다. 즉, 현재의 우주공간에서의 빛의 속도는 초속 약 30만km 정도 이지만 은하들의 팽창 속도는 천체가 가지는 질량에 비례하므로 빛의 속도보다 빠르게 밀어내졌던 것이다.

왜냐하면 137억 광년 거리에서 현재에 우리에게 도달을 하는 빛은 137억 년 전 그때의 은하의 상황을 보여주고 있는 것인데 그때의 은하가 방사를 한 빛이 137억 년의 시간이 지나고서 현재의 우리에게 도달하고 있으므로 은하의 팽창 속도가 빛의 속도를 앞지르는 상황이 아니라는 가정을 하면 우리는 137억 년 전에 방사한 빛을 볼 수가 없다는 것이다. 그때의 은하가 방사를 한 빛은 우리를 지나쳐서 그 은하가 훨씬 뒤에 방사한 빛을 보고 있을 것이기 때문인데 만약에 빛이 팽창 속도보다 빠르다는 가정을 하면 우리에게 도달하는 빛은 원시 은하가 방사하는 빛이 아니라 은하가 팽창을 모두 끝낸 뒤에 방사를 한 빛이 우리에게 도달할 것이기 때문이다.

따라서 은하의 질량과 슈퍼태양의 질량의 상호작용으로 팽창하는 속도는 슈퍼 태양의 질량과 은하의 질량에 비례하므로 은하의 팽창 속도가 빛의 속도보다 훨씬 빠른 속도를 보였다는 것이 필자의 생각이다. 물론 소형 은하의 팽창 속도보다는 대형 은하의 팽창 속도가 빨랐음은 불문가지이다.

그렇게 빅뱅의 중심으로부터 밀어내지는 은하는 팽창하는 과정에서 은하의 곳곳에서 항성계의 태양의 모태가 되는 양성자덩어리가 뭉쳐지고 뒤이어서 행성들의 모태가 되는 양성자가 덩어리를 이루고 뭉쳐지는 과정에서 양성자덩어리가 전자를 끌어당기자 은하의 중심에 빅 태양은 항성들을 밀어내게 되는데 이것이 2차 팽창이다. 물론 은하의 중심에 빅 태양에게 중력으로 포획된 항성들은 항성의 중심에 양성자덩어리가 뭉쳐지고 그 양성자덩어리가 발호하는 핵력으로 전자 포획 사정거리가 만들어지면 은하의 중심에 빅 태양은 항성계의 항성이 가지는 전자포획 사정거리의 공간까지 밀어냈던 것이다.

은하로부터 밀어내진 항성계의 태양은 행성들의 모태가 되는 양성자덩어리가 뭉쳐지고 그 양성자덩어리가 전자를 끌어당겨서 가두면 항성계의 태양은 행성들을 밀어내는데 이것이 3차 팽창이다. 물론 2차 팽창과 3차 팽창은 은하계 내에서 이루어지므로 은하계의 팽창이다. 또한 우리의 태양계를 보면 행성들에게 포획된 위성들이 팽창을 하게 되는데 이것이 4차 팽창이다.

이러한 팽창이 시간을 길게 가지고 팽창이 진행이 된 것이 아니다, 하는 것인데 우주에 존재하는 모든 천체의 중심에 뭉쳐진 양성자덩어리가 뭉쳐지는 시간과 양성자덩어리가 핵력을 발호하여 전자를 끌어당기는 시간에 따라서 모든 팽창은 끝이 났다는 것이다. 따라서 빅뱅이 있고 우리 우주가 생성되어 팽창을 한 시간은 1억 년도 채 걸리지 않았다는 사실이다.

양성자가 덩어리로 뭉쳐지고 그 양성자가 핵력으로 전자를 끌어당겨서 가두는 시간이 우주가 팽창을 모두 끝을 낸 시간이므로 그 시간이 팽창에 걸리는 시간이므로 필자가 최대한으로 길게 시간을 유추하는 시간이 약 1억 년은 걸렸을 것이라는 것이 필자의 생각이지만 최소한의 시간을 예측하라고 한다면 지구의 시간으로 수백만 년에 걸쳐서 양성자덩어리가 뭉쳐지고 전자를 끌어당겨서 가두고 팽창했을 것이라는 것이다.

따라서 빛보다는 최소한 수십 배에서 수백 배는 빠르게 팽창했을 것이라는 것이다. 필자는 우주의 총질량이 있다는 것을 알게 된 것은 얼마 되지 않았는데 우주가 팽창이 끝나면 그 팽창이 끝나는 지점이 반환점이다. 즉, 우주 에너지의 총량에 따라서 우주는 팽창에서 수축으로 돌아서는데 원인은 에너지의 소멸이다.

우리 우주의 중심에 뭉쳐진 슈퍼 태양의 질량과 우주의 곳곳에 산재하여 있는 은하들의 질량을 합한 질량이 우주의 총질량인데 이때(항성이나 행성이나 위성들의 질량은 은하에 속해 있음) 빛을 만들어서 방사를 하는 항성들의 질량과 빛을 만들어내지 못하는 행성들의 질량이 빛에 의해서 감소를 일으키는데 이때 일정 에너지 준위의 항성이 방사를 하는 빛은 음전자와의 질량대칭성에 준하는 빛이 만들어져 방사를 함으로 해서 그 빛이 에너지 준위가 낮은 항성이나 행성에게 끌려들어가서 항성이나 행성의 내부에 갇혀 있는 전자와의 대전을 일으켜서 쌍소멸을 하기 때문이다. 따라서 우주의 에너지 총량은 감소를 일으키는 것이며 우주는 질량에 감소로 수축을 하는 것이다.

우주가 그러함에도 천체물리학자들은 지금도 우주가 팽창하고 있다는 주장을 하고 있는 것이다. 즉, 도플러편이에 의해서 빛이 편이를 일으키므로 빛이 편이를 일으키는 원인이 우리에게 도달을 하는 빛의 광원이 우리로부터 멀어지므로 빛이 편이를 일으키는 것이다. 따라서 우주가 팽창을 하고 있다고 주장을 하고 있는 것이다.

앞에서도 이야기를 하였지만 한번 잘못 적용된 이론은 뒤이어서 파생되는 이론들이 모두 오류를 가지는 것은 당연한 것이다. 따라서 천체물리학이 우주를 해석을 함에 있어서 오류가 있는 이론으로 해석을 하게 되고 해석된 우주의 미로는 풀어낼 수가 없는 지경으로 내몰리는 것이다. 따라서 현재의 우주이론은 오류에 오류가 더해져서 돌이킬 수가 없는 지경에 있다는 것이 필자의 생각이다.

각설하고 천체가 일으키는 운동의 근원에 대한 이야기를 하기로 하자. 앞에서도 이야기를 하였지만 천체물리학자들이 주장하는 천체가 일으키는 운동에 대한 설명을 이해할 수가 없다는 것인데 어떻게 그럴 수가 있다는 것이냐 하는 것이다. 즉, 원심력이라거나 태운동이라거나 하는 주장이 그것인데 운동은 근원이 없는 운동은 일어날 수도 일어나서도 안 되는 것이라는 것에 대해 어떻게 물리학을 공부하는 사람들이 그러한 주장을 할 수가 있다는 것이냐 하는 것인데 필자의 사고로는 상상이 가지 않는다는 것이다. 즉, 천체가 일으키는 운동은 태운동이 아니며 원심력은 더더욱 아니다. 왜냐하면 원심력은 힘이 전달이 될 때에만이 가능하며 또한 태양계가 생성될 때에 에너지가 뭉쳐지는 과정에서 회전운동을 일으켰던 태운동이 수십억 년 동안 운동을 일으킬 수는 없는 것이다. 따라서 두 가지 모두 아니다.

그렇다면 일반상대성이론에서 주장한 곡률이 천체가 일으키는 운동의 근원이라는 것이냐 하는 것인데 아니다. 아인슈타인은 일반상대성이론을 주장함에 있어서 천체가 일으키는 운동에 대한 설명을 해야만 하는 당위성을 가지고 있으므로 그것을 설명을 하기를 중력이라는 틀에 빛과 곡률을 끼워 넣어야만 했던 것이다. 즉 아인슈타인은 중력이론이라고 세상에 내놓을 이론인 일반상대성이론을 완벽한 이론으로 꾸며야만 했던 것인데 사실 아인슈타인은 중력이 무엇으로부터 발호가 되는가 하는 중력의 실체를 알고 있지 못하였다는 것이다.

따라서 중력을 설명하기를 물질과 물질이 서로 상호작용을 하는 것이라는 포괄적인 의미를 부여했던 것이다. 일반상대성이론은 뉴턴의 만유인력에서 벗어나지 못하고 있다는 것이다. 그럼에도 불구하고 곡률과 빛을 끌어들였는데 일반상대성이론의 중력의 실체에 대해서 설명하지 못한 부분인 물질과 물질이 상호작용을 하는 것이라는 포괄적으로 주장을 한 중력의 실체를 설명할 수가 없었으므로 빛을 끌어들이고 곡률을 끌어들여서 포장을 했던 것이다. 사실 일반상대성이론이 옳은 부분은 빛이 중력에 의해서 끌어당겨질 것이라는 주장만 옳은 것인데 그것도 50%만 옳은 주장이라는 것이다. 즉, 100% 맞는 주장이 아니라는 것이다.

다시 말하면 중력이 무엇에 의해서 발호되는가를 설명할 수가 없었으므로 빛과 곡률로 중력을 설명하고자 했던 것이다. 하지만 일반상대성이론은 중력을 포괄적으로만 설명을 하고 무엇에 의해서 중력이 발호되는가를 설명하지 못하고 있으므로 미완의 이론이다 하는 것이다.

자, 그렇다면 그 중력의 실체를 설명하고 천체가 일으키는 운동에 대한 설명을 하기로 하자. 필자가 자연이 전하는 메시지 7부 22장을 기술하는 과정에서 중력의 실체에 대한 설명은 여러 번에 걸쳐서 기술을 하였는데 이 장을 마지막으로 설명을 하고 가기로 하자.

우리는 우리가 살고 있는 태양계에서도 지구라는 행성에 살고 있다. 사실 지구라는 행성은 우리 우주에서 먼지 한 톨에 비견될 만큼 미미한 존재이다, 하는 것은 모두가 자각을 하며 살아갈 것이다. 즉 우리 인간은 지구라는 행성의 수십억 내지는 수백억 개의 물웅덩이에 살고 있는 올챙이와 같이 웅덩이 밖으로 나가본 적이 없다는 것이다. 따라서 우리의 사고는 극히 추상적이며 제한적이라는 것이 필자의 생각이다.

그럼에도 불구하고 우리 인간은 끊임없는 사고력의 증진으로 우리가 존재하고 있는 우주라는 알에 대해서 알고자 부단한 노력을 경주하고 있다는 것은 모두가 알고 있을 것이다. 하지만 우리가 우주에 대해서 알고자 추구하는 그것을 방해를 하는 것이 바로 우리들이라고 필자는 주장을 하고 싶다. 이유는 물리학이 본격적으로 진전을 이루기 시작하여 지금에 이르기까지 구전과 기록으로 남겨지고 전해진 이야기로 우리들은 사고의 진전을 이루고 우주를 알아가고 있는 것이다.

여기에서 중요한 부분은 기록으로 남겨지는 이론이다. 그 이론이 오류를 가진다고 생각을 하면 우리들의 사고력에 미래는 없다는 것이다. 왜냐하면 우리들의 사고는 기록으로 남겨지는 이론에 바탕을 두고 사고를 진행을 할 수밖에는 없기 때문이다. 그로 인해서 천체의 내부 구조를 오판을 하고 오판된 천체의 내부 구조에 따라서 천체가 일으키는 운동에 대한 설명을 할 수가 없으며 중력의 실체는 더더욱 설명을 할 수가 없는 것이다. 그러한 오류는 더욱 기상천외한 오류가 있는 이론이 출현하게 되는데 그것이 블랙홀이라는 천체가 존재를 하지만 볼 수가 없다는 주장을 하며 대중을 현혹하는 단계에까지 도달을 하였다는 사실이다. 사실 지금까지 나열한 오류를 가진 이론은 빙산의 일각이다. 즉, 이러한 오류를 가진 큰 줄기의 이론에서 파생된 이론들이 하나같이 오류를 가지고 있다는 것이다.

사실 그와 같은 오류를 가진 이론이 출연하고 대중에게 설파가 되고 필자에게까지 전달이 되었을 때에 필자는 이해할 수가 없었는데 그래도 뉴턴의 만유인력은 만유인력만이 주장하는 부분은 이해가 되었지만 즉 물체와 물체는 서로를 끌어당긴다는 만유인력이 모두 옳은 것은 아니지만 뒤이어서 세상에 출연한 일반상대성이론은 필자에게 근 40여 년을 사고에 사고를 진행하게 만들었다는 점에서는 성공한 이론이다, 하는 생각을 갖게 만든 이론이 중력이론이라는 일반상대성이론이다.

이와 같이 일반상대성이론이 필자에게 40여 년의 시간 동안에 의문을 부여했던 것이다. 사실 필자는 학교에서 주입식 교육과 세뇌 교육을 받지 않았으므로 40여 년의 시간이 지나고 나서야 일반상대성이론의 무엇이 오류이고 무엇이 오류가 아닌가를 알게 되었다는 점에서는 필자에게는 홍복이라는 생각을 가지게 되었다는 것이다. 그로 인해서 필자에게 어느 날 각성이라는 것이 일어났는데 그 각성의 내용은 모든 천문, 물리, 기술적인 부분의 즉 자연에 대한 의문이 풀어지며 각성이 일어나는 시점에 있었다.

필자가 서울대학교의 어느 물리학 교수에게 자문을 구하기 위해서 전화로 연락을 하였더니 그 교수는 필자에게 학교는 어디까지 다녔느냐, 공부는 어디에서 하였느냐, 이렇게 물어왔다. 필자는 학교에서 한 공부가 아니라고 이야기를 하였다. 그랬더니 그 교수가 말하기를 체계적인 공부를 하지 않았다면 이해할 수가 없다는 것과 따라서 필자가 생각을 하는 내용은 자기가 보고 듣지 않아도 올바른 생각이 아니며 필자에게 틀렸다는 이야기를 하고는 전화를 끊었다.

이때 필자가 받은 충격은 어떻게 대학 교수라는 사람이 그러한 질문과 그러한 결론을 도출하고 일방적으로 자신의 말만 하고 상대를 깔아뭉개느냐에 분노하기보다는 그 교수의 사고방식과 그가 교수이지만 그도 배우는 사람이 어떻게 그러한 생각을 할 수가 있을까에 화가 치밀었다.

필자의 생각으로는 물리학을 공부하는 사람들은 교수이든 학생이든 일반인이든 배우는 부분에서는 자유로울 수가 없다는 것이다. 즉 물리학을 진전을 시키기 위해서는 그 누구도 배우지 않고는 안 되는 것이다. 따라서 그 교수는 학생을 가르칠 자격이 없다는 것이다. 또한 학교에서 가르치는 오류가 있는 이론의 바탕 위에서 물리학을 주입식으로 세뇌를 시키고 있으므로 학생들에게 창의력을 발휘하라는 것은 어불성설이다. 즉 오류를 가르치면서 물리학의 진전을 바란다면 크나큰 착각이다, 하는 것이 필자의 생각이다.

각설하고 중력의 실체를 알아보기로 하자. 앞에서도 중력에 대한 이야기는 하였지만 우리는 우주를 추상적인 사고로 바라보며 천체가 운동을 일으킨다는 것에 대해서는 매일 해가 떠오르므로 또한 지구의 위성인 달이 한 달에 한 바퀴 지구의 주위를 도는 것을 목격함으로써 우리들의 사고에는 선입견이 자리하고 있다는 것이다. 따라서 우리의 눈으로 직접 보지 않으면 추상적으로 사고를 진행한다는 점이다. 물론 그것이 옳지 않은 것은 아니고 다만 추상적인 사고를 진행하려면 선행적인 사고에 바탕에서 사고가 이루어져야 한다는 점이다.

하지만 그 선행적인 사고가 이론인데 이론에 오류가 있다면 추상적인 사고는 엉터리로 일어날 수밖에는 없는 것이다. 그로 인해서 우리는 천체가 일으키는 운동의 근원을 추론조차 할 수가 없는 것이다. 은하에서건 우리의 태양계에서든 또한 모든 은하들을 통틀어서 우주에서건 운동은 근원이 없이 원심력이니 태 운동이니 하는 주장은 운동의 근원을 알자는 것에 대하여서 아무런 도움이 되지 않으며 되레 운동의 근원을 알고자 하는 우리들로 하여금 운동의 근원을 알지 못하게 방해하는 것으로 나타난다는 것이다.

그러므로 필자는 우리들의 그러한 선입견을 배제하고 중력을 설명하기로 하자는 것이다. 중력은 얼핏 생각으로는 아인슈타인이 주장한 바대로 물질과 물질이 상호작용을 하는 것으로 생각이 된다는 점이다. 하지만 단언컨대 아니다. 절대 아니다. 왜냐하면 우리가 물질이라는 것을 명명하고 있는 것은 양자가 전자를 포획을 하고 있다면 우리는 그것을 물질이라고 명명하고 있다는 것이다. 그런데 그 물질이 기체인 경우는 운동을 스스로 일으키는 것처럼 보인다는 것이다.

사실 기체가 일으키는 운동의 근원을 설명을 하지 않는다거나 또한 기체가 일으키는 운동을 두고 이해하기를 기체이므로 운동을 일으킨다거나 기체는 운동을 할 수밖에 없는 물질이라거나 하는 주장은 중력이나 운동의 근원을 알지 말자는 쪽으로 해석된다는 것이다. 따라서 우리들의 그러한 편견을 배제하고 운동의 근원에 접근하여 보자는 것이 필자의 생각이다.

앞에서 이야기를 한 바대로 기체이므로 기체가 운동을 일으키는 것을 배제하고 기체가 그렇다면 기체는 왜 스스로 운동을 일으키는 것처럼 행동을 하는 것이냐 하는 것인데 기체가 운동을 일으키는 원인이 있을 것이다. 필자는 그것을 이렇게 해석을 하여 보았는데 그것은 기체가 가지고 있는 극저온 때문이다, 하는 생각을 하기에 이른 것이다.

왜냐하면 먼저 기체가 왜 극한의 온도를 가지고 있느냐와 또한 기체가 가진 온도가 지구의 지표에서 흔히 접할 수 없는 온도 즉 극저온이라는 데에 초점을 맞추고 분석을 하였는데 사실은 기체가 표출하는 온도 즉 극저온은 어디에서 오는 것일까에 초점을 맞추었던 것인데 사실 필자도 근 40여 년을 기체가 가진 극저온에 대한 생각으로 필자의 뇌를 괴롭혀온 것이 사실이다. '왜?'라는 의문부호를 달고 살았다는 것이 옳을 것이다 하는 것인데 기체가 표출을 하는 극저온은 어디에서 오는 것이냐 했던 것이다.

만약에 기체를 이루는 양성자가 극저온을 가지지 않았다는 가정을 하면 도무지 기체를 설명할 수가 없었다는 것인데 필자는 그 문제를 가지고 필자의 나이 15세 때부터 뇌를 괴롭히기 시작을 해서 지금으로부터 4-5년 전까지 그 문제로 매달렸다는 사실이다. 거의 35년에서 40년에 이르는 시간을 그 문제로 고민에 고민을 거듭하다가 지금으로부터 4년 전에 기체의 내부에 존재하는 양성자가 절대온도를 가지고 있다는 결론에 도달하게 되었다.

그때부터 기체가 왜 운동을 일으키는가와 이에 더해서 천체의 운동의 근원이 파노라마처럼 떠오르는 현상을 겪으며 필자는 3일 낮과 밤을 꼬박 새우는 각성이 일어나며 풀어지지 않던 모든 물리현상들이 동시에 이해가 되는 것을 경험하였는데 나중에 알고 보니 그것이 각성이라는 것을 경험을 했던 것이다. 그런데 필자가 일으킨 각성은 필자가 거의 40여 년을 '왜?'라고 하는 의문을 달고 살았기 때문은 아니었을까를 말이다.

각설하고 기체가 운동을 일으키는 근원에 대해서 이야기를 먼저 하고 중력과 운동과의 상관관계를 설명을 하기로 하자. 기체는 기체가 지니는 질량이 있는데 그것에 대해서는 이미 물리학자들에 의해서 밝혀져 있으므로 제처두고 먼저 지구의 대기에는 기체의 종류가 다양하게 분포를 하고 있다는 것이다. 따라서 그 기체가 운동으로 순환을 하고 있는데 그것이 기체물질의 상전이다. 우리 지구의 대기에 분포하는 기체는 먼저 질소와 산소 그리고 물 분자와 오존이다. 이 네 가지의 기체가 주류를 이루고 있는데 이 기체들 가운데 오존은 지표면으로부터 약 30km에서 50km의 거리로 밀어내져서 분포를 하고 있으며 또한 오존의 운동반경은 약 20km에 걸쳐서 움직이고 있다.

다음은 물 분자인 수증기인데 물 분자인 수증기는 질량은 질소나 산소보다 무겁지만 대기로 밀어내지는 거리는 질소나 산소보다 더 멀리에 밀어내지지는 않는데 거기에는 우리가 알지 못하는 부분이 있다. 그것이 기체가 가지는 온도이다. 즉 물 분자는 질소나 산소 오존과 같이 극저온을 분자 외부로 표출을 하지 않으므로 해서 중력은 물 분자를 양자 쪽으로 인식을 하는 것이다. 즉, 물 분자 내부의 산소와 수소가 극저온을 가지고는 있지만 물 분자는 분자외부로 극저온을 표출하지 못함으로 해서 물 외부의 온도에 중립을 나타내며 따라서 물은 물 외부의 온도에 민감하게 반응을 하지 않고 무디게 반응을 하는 것이다. 즉 물은 온도에 중립인 것이다.

따라서 물은 자신이 가진 온도의 임계점에 노출이 되면 기체가 되고 액화가 일어나서 액체가 되고 또는 고체가 되기도 하는 것이다. 물의 이러한 특성은 지구의 대기로 밀어내지는 다른 기체들과는 다른 특성을 보이는 것이다. 즉, 물은 물 자신이 가진 극저온이 있음에도 불구하고 물 자신의 외부로 표출할 수가 없으므로 해서 물은 지구의 중력으로부터 인식이 되기를 지구의 중력의 범위가 지표면 안쪽인 것이다. 물이 액체일 때에는 말이다.

그런데 물은 태양의 복사열이나 지구의 내부에서 솟아오르는 뜨거운 마그마에 노출이 되면 액화가 일어난 상태에서 기화가 일어나는데 이때 물은 수증기로 되면서 물 덩어리에서 떨어져 나오는 것이다. 그런데 물이 덩어리에서 떨어져 나오는 것은 물 자신이 가진 임계점을 넘어가면 물은 달구어지는데 물 분자가 덩어리에서 떨어져 나오게 되는 것은 물 분자가 운동을 일으키는 것인데 이때 지구의 중력이 물 분자를 인식을 하는 것이다. 지구의 중력질량과 물 분자가 가진 질량이 서로 상호작용을 하는 것이다.

따라서 지구의 중력은 물 분자를 상호질량에 따라서 밀어내면 물 분자는 대기로 떠오르는 것이다. 이것이 중력질량에 의한 상호작용이다. 따라서 지구의 중력이 물 분자를 대기로 밀어내면 밀어내지던 물 분자가 운동을 일으키는 동안에는 지표면 위로 끌어당겨지지 않는데 이유는 물 분자가 운동을 이어가면 지구의 중력은 물 분자를 계속해서 대기에 밀어내두게 되는데 그것은 물 분자가 운동을 하는 동안이다.

그러나 지구의 중력에 밀어내지던 물 분자가 지표면을 떠나서 대기로 밀어내지면 물 분자는 자신이 가진 임계온도에 노출이 되는데 이때 물 분자의 운동량이 저하가 되는 것이다.(지표면의 온도와 지구 대기의 온도가 다르므로) 그렇게 되면 물 분자는 다른 물 분자를 끌어당기게 되는데 물 분자의 운동량에 따라서 대기 위에서 액화가 일어나는 것이다. 물 분자가 서로 끌어당겨서 뭉쳐지며 덩어리를 이루게 되면 지구의 중력은 물 분자 여러 개가 뭉쳐서 질량이 증가를 하므로 지표면으로 끌어당기는 것으로 잘못 알고 있다는 것이다.

하지만 물이 지구의 대기에서 지표면으로 끌어당겨지는 것은 물의 질량이 증가해서가 아니다. 근본적으로 물이 액화가 일어나는 것은 물이 물 외부로 온도를 표출하지 않는다는 것이다. 따라서 물은 운동을 일으키지 않아도 되고 이때 지구의 중력은 물을 기체로 보지 않으므로 양자 질량으로만 보는 것이다. 따라서 중력은 물을 상호질량에 따라서 끌어당기는 것이다. 이것이 물과 중력과의 상관관계이다. 따라서 물이 대기로 밀어내졌다가 다시 지표로 끌어당겨지는 상전이는 물의 특성으로 인해서 일어나는 일이다, 하는 것이다.

다음은 질소와 산소가 대기로 밀어내지는 현상에 대한 이야기를 하기로 하자. 질소나 산소는 모두가 알고 있다시피 극저온을 물질 외부로 표출을 한다는 점이다. 따라서 질소와 산소는 지구의 대기에서 운동을 일으키는데 지구의 대기가 질소와 산소의 입장에서는 매우 뜨겁기 때문이다. 따라서 질소와 산소가 운동을 일으키면 지구의 중력과의 상호질량에 따라서 밀어내지게 되는데 지표로부터 약 15km의 거리로 밀어내지면 질소와 산소는 운동량이 저하가 되는데 지표로부터 고도가 높아지면 질소와 산소의 운동량이 급감을 하게 되는데 원인은 지표로부터 15km를 벗어나면 대기의 온도가 -100도 넘어가기 때문이다.

이때 고도가 높아지면 온도가 질소와 산소가 표출하는 온도와 가까워지므로 질소와 산소가 운동량이 급감하는 것이다. 그렇게 되면 지구의 중력은 질소와 산소를 끌어당기는데 중력은 질소와 산소를 양자 질량으로 인식을 하는 것이다. 따라서 지구의 중력은 질소와 산소를 지표면으로 끌어당기는 것이다. 질소와 산소가 지표면 가까이로 끌어당겨지면 지표면의 온도에 질소와 산소는 노출이 되고 이때 질소와 산소의 운동량이 증가를 하면 지구의 중력은 질소와 산소를 다시 높은 고도로 밀어내는 것이다. 그로 인해서 질소와 산소가 상전이를 일으키는 원인이 되는 것이다. 만약에 물이나 기체물질이 차가운 곳으로 움직인다는 가정을 하면 중력과의 상관관계를 증명할 수가 없다는 것이다. 이유는 지구의 대기를 기체나 물이 벗어나서 우주로 나갈 것이기 때문이다.

자, 이제는 오존에 대한 이야기를 하기로 하자. 오존은 산소 원자 세 개가 물처럼 전기적인 결합을 한 화합물이다. 하지만 물처럼 극저온을 표출하지 않은 것이 아니라 오존은 극저온을 표출한다는 사실이다. 따라서 지구의 대기에서 오존은 상당량의 운동량을 가지고 있는 것이다. 따라서 지구의 중력과는 상호질량에 따라서 밀어내지는데 지표로부터 약 50km의 거리에까지 밀어내지면 오존은 대기의 온도에 따라서 지표면 쪽으로 약 30km의 거리로 끌어당겨졌다가 다시 대기의 온도에 따라서 오존의 운동량이 증가를 하면 다시 중력은 오존을 50km의 거리로 밀어내기를 반복하는 것이다. 이것이 지구의 중력이 기체물질들을 대기로 만들어버린 원인이다.

만약에 중력이 운동을 하지 않는 기체가 있다고 가정을 하고 그 기체가 운동을 하지 않는다면 중력은 그 기체를 지표면으로 끌어당길 것이다. 물이 그것의 증거이다. 따라서 고체나 액체를 중력은 끌어당기는 것인데 고체나 액체는 운동량이 없으므로 해서 중력은 고체나 액체를 양자 질량으로만 인식을 하는 것이다.

자, 천체가 일으키는 운동의 근원에 대한 이야기를 하기로 하자. 지구가 위성인 달을 약 38만km에 밀어내두고 지구의 주위를 공전을 시키고 있는 것은 달의 중심에 절대온도를 가진 양성자가 덩어리를 이루고 전자를 끌어당겨두고 있으므로 달의 내부에서는 운동을 일으키고 있는 것이다. 따라서 지구의 중력과 달의 중력이 상호작용을 하는 것인데 지구의 질량이 달이 가진 질량보다는 거의 10여배에 이르고 달은 지구의 중력인 양성자덩어리에게 포획이 되어 있으므로 달이 지구의 주위를 공전하는 것은 달의 의지로 공전을 할 수가 없다. 따라서 지구의 중력은 달을 약 38만km의 거리로 밀어내두고 지구의 주위를 공전을 시키는 것인데 이때 달은 지구의 중력에 포획이 되어 있으므로 지구의 중심에 양성자덩어리가 회전하는 방향을 따라서 속절없이 지구의 주위를 공전을 할 수밖에는 없는 것이다.

지구의 중심에 뭉쳐진 절대온도를 가진 양성자덩어리는 기체물질내부의 양성자와 같이 절대온도를 가지고 있으며 양성자덩어리가 가지는 절대온도는 양성자덩어리로 하여금 핵력을 만들어내는데 그 핵력은 무엇이든지 끌어당기는 것이다.(고체 기체 액체) 그 양성자덩어리의 핵력에 의해서 끌어당겨진 전자는 핵력에 의해서 가두어지게 되는데 이때 전자는 양성자덩어리의 핵력의 압력에 운동을 일으키게 되고 운동을 일으킨 전자는 뜨거워지는데 전자가 플라즈마에 도달을 하는 것이다.

우리의 지구의 플라즈마의 온도는 어림잡아서 약 수백만도의 온도에 도달해 있는데 이때 지구의 중심에 양성자덩어리는 절대온도를 가지고 있으므로 양성자덩어리와 끌어당겨져서 가두어진 플라즈마의 전자덩어리와는 반목을 하게 되는데 이때 상대를 서로 밀어내는 것으로 나타나는 것이다. 이 끌어당기고 밀어내는 힘 이것이 핵력과 척력이다. 따라서 지구의 중심에 절대온도를 가진 양성자덩어리는 뜨거운 플라즈마의 전자덩어리가 밀어내는 방향으로 달을 포획을 한 채로 동쪽에서 남쪽을 지나서 서쪽으로 회전운동을 일으키는 것이다.

이와는 반대로 플라즈마의 전자덩어리는 지구 내부의 마그마와 지구의 표면을 끌고 서쪽에서 남쪽을 지나서 동쪽으로 회전운동을 일으키는 것이다. 따라서 지구의 중심에 절대온도를 가진 양성자덩어리가 일으키는 회전속도는 약 29일 동안에 360도 회전운동을 하는데 플라즈마의 전자덩어리는 24시간에 360도 회전운동을 일으키는 것이다. 이것이 지구의 자전과 달이 공전을 하는 원인이다.

이때 태양의 중심에 뭉쳐진 양성자덩어리는 태양계의 행성들을 포획한 채로 운동을 일으키므로 행성들은 속절없이 태양의 주위를 공전을 할 수밖에는 없는 것이다. 따라서 지구가 태양의 주위를 360도 공전을 하려면 365일이 걸리는 것이다. 필자의 설명에서 보았듯이 운동은 근원이 없다면 운동은 일어날 수가 없다는 것이다.

뉴턴이 만유인력으로 주장하여 오늘에 이르고 있는 지구의 표면에서 일어나는 조석력에 대해서 알아보자. 지금도 바닷물이 12시간을 주기로 수위가 높아졌다가 낮아졌다 반복하는 조석력, 즉 월력이라는 것에 대해서 이야기를 하여 보자.

우리는 지금으로부터 350여 년 전에 뉴턴이 주장하고 지금까지도 물리학자들이 주장하는 월력이라는 밀물과 썰물의 정체를 알아보기로 하자. 앞에서도 이야기를 하였지만 중력은 입자가 덩어리를 이루고 뭉쳐지면 그 입자덩어리가 핵력으로 전자를 끌어당겨서 가두어둔 전자질량에 따라서 상호중력의 힘이 세지기도 약해지기도 하는데 그것을 입자의 대칭성이라는 이야기는 앞에서 하였다.

또한 중력을 발호하는 양자입자인 양성자는 액체이다. 양자입자인 양성자가 액체인 것은 양성자가 절대온도를 가지고 있기 때문이다. 만약에 양성자가 절대온도를 가지고 있지 않다고 가정을 하면 양성자는 고체이다. 그렇게 되면 기체는 만들어질 수가 없다. 따라서 양성자덩어리가 액체인 것이다. 양성자는 풍선처럼 공 모양을 하고 내부에 절대온도를 가두어두고 있으므로 여러 개체의 양성자가 뭉쳐서 덩어리를 이루게 되면 풍선처럼 원형도 되었다가 타원형도 되었다가 하게 되는데 젤리 형태인 것이다.

따라서 이 젤리 형태인 양성자덩어리가 조석력의 원인이다. 앞에서도 이야기를 하였지만 물은 액체산소나 액체질소, 액체수소, 액체아르곤처럼 극저온을 물질 외부로 표출을 하지 않는다는 것이다. 따라서 물은 온도에 중립이라는 이야기는 하였다.

물이 그러한 것은 산소와 수소가 전기적인 결합을 한 관계로 물은 극저온을 물 내부의 수소와 산소 원자가 가지고는 있지만 물 외부로 표출을 할 수가 없다는 것이다. 따라서 물 분자가 운동을 멈추면 물은 액체가 되는데 물이 액화가 일어나는 것은 물 외부의 온도에 기인하는 것이다. 즉 지구의 대기의 온도에 따라서 물은 운동을 일으켜서 기체로 행동을 하기도 하고 온도에 따라서 액화를 일으키고를 반복을 한다는 이야기를 또한 앞에서 하였다.

물이 그러한 것의 원인은 물이 온도를 잃어버렸기 때문이다, 하는 이야기 또한 앞에서 하였다. 즉 물이 극저온을 가지고는 있지만 물은 물외부로 가지고 있는 극저온을 표출을 할 수가 없으므로 해서 물이 액화가 일어나는 것이며(물 분자가 운동을 멈추기 때문임) 물이 액화가 되면 물은 양자덩어리로만 행동을 하고 중력을 발호하는 지구의 중심에 뭉쳐진 양자입자덩어리 또한 액화된 물을 양자덩어리로 인식을 하는 것이다. 따라서 지구의 중력은 물을 지표면에 끌어당겨두고 있는 것이다.

지구의 표면에서 액화가 일어난 상태를 보이는 물은 액체이므로 움직일 수밖에는 없다는 것은 모두가 알고 있는 사실이다. 따라서 액화된 물은 지구의 중력으로 봐서는 지표면이 물과 중력과의 상호작용의 거리이다. 이 말은 무슨 말이냐하면 지구의 중력을 발호하는 양자입자덩어리와 물과의 상호작용의 거리는 지구의 표면이다, 하는 것이다.

그런데 지구의 중력과 물과의 상호작용의 거리가 지표면임에도 불구하고 지구의 중력보다는 거의 10분의 1에 해당하는 중력을 가진 달이 지구의 표면에 위치한 물을 끌어당길 수는 없는 것이다. 왜냐하면 달이 가진 중력의 범위의 거리에 물은 위치를 하고 있지 않기 때문이다.

자, 그 부분을 설명을 하기로 하자. 지구의 표면에서 액화된 상태의 물이 일으키는 조석력은 설명을 하기가 매우 복잡한 구조로 이루어져 있는데 이유는 중력의 힘 즉 물체를 끌어당기는 힘과 중력에 반응하는 양자와의 상호작용 그리고 천체와 천체의 상호질량이 만들어내는 하모니이기 때문이다. 따라서 태양과 지구와 달과의 삼각함수가 작용을 하는 구조로 이루어져 있다는 것을 미리서 밝히고 이야기를 이어가기로 하자.

태양은 지구를 1억 5천만km의 거리로 밀어내두고 지구를 태양 자신의 둘레를 공전을 시키고 있는데 이때 태양이 가진 중력질량에 의하고 지구가 가진 중력질량에 의해서 지구는 태양에게 포획이 된 상태에 있다는 것인데(질량이 큰 중력체가 질량이 작은 중력물체를 포획함) 따라서 지구는 태양을 벗어날 수가 없는 것이다. 즉 질량에 의해서 포획이 되어 있으므로 해서이다.

또한 지구의 위성인 달은 지구의 중력질량에 의해서 포획이 된 상태에 있으므로 달은 지구의 위성궤도를 벗어날 수가 없다. 또한 기체 액체 고체는 지구를 벗어날 수가 없다. 다만 중력질량을 이기고 지구를 벗어나려면 타격을 가해서 중력질량을 이기는 방법 밖에는 없는 것이다.

자, 지구의 표면에서 12시간을 주기로 물의 수위가 높아졌다가 낮아졌다 반복을 하는 물이 일으키는 조석력에 대해서 알아보자. 물은 기체로 갔다가 액체로 갔다가 고체로 갔다가를 자유자재로 하는 것은 물이 가진 특성 때문인데 물이 온도에 중립을 지키기 때문이다, 하는 이야기는 앞에서 하였는데 따라서 물이 12시간을 주기로 움직이는 원인이다, 하는 것이다. 즉 물이 가지고 있는 극저온을 물외부로 표출을 한다는 가정을 하면 물은 지표면에서 액화가 되어 바다를 이루고 있을 수가 없다는 사실이다.

물은 기화가 되어서 질소나 산소보다 더 멀리에 밀어내두고 있을 것이기 때문이다. 하지만 물은 온도를 표출을 할 수가 없다. 따라서 물은 지구의 표면에서 액화된 상태에 있기 때문에 물은 12시간을 주기로 밀물이 되고 썰물이 되는 것이다. 그것을 설명을 하기로 하자.

앞에서도 이야기를 하였지만 지구의 중심에 절대온도를 가진 양성자덩어리는 핵력을 발호하고 그 핵력으로 전자를 끌어당겨서 가두어 두고 전자를 운동을 시키는데 전자는 운동을 일으키면 전자가 뜨거워지는 것인데 그것이 플라즈마이다. 따라서 지구의 중심에 뭉쳐진 양성자덩어리는 직경이 약 1,500km에 이르고 끌어당겨져서 가두어진 전자구역의 반경이 1,000km에 이르는 것으로 추정이 되는데. 나머지 지구의 두께는 마그마와 지각 지표로 구성이 되어 있다.

이때 지구가 가지는 중력질량은 달을 약 38만km의 거리에 밀어내두고 있다. 이때 달의 중력질량이 없고(중력질량은 양성자덩어리의 질량과 끌어당겨져서 가두어진 전자질량을 합해서 중력질량이라 함) 양자 질량만이 존재를 한다고 가정을 하면 지구는 달을 지표면에 끌어당겨서 표면으로 삼았을 것이라는 것이다. 하지만 달은 지구의 중심에 있는 양성자덩어리처럼 뭉쳐져서 전자를 끌어당겨서 가두어 두고 있으며 달의 중심에서는 운동을 일으키고 있다.

따라서 지구의 중력질량이 달을 운동체로 인식을 하므로 지구의 중력질량은 달을 약 38만km의 거리로 밀어내지는 상호작용을 하는 것이다. 이때 지구의 중력질량에 의하고 액체인 물의 중력질량과의 상호작용의 거리는 지표면이다. 그것의 원인은 앞에서도 이야기를 하였지만 물이 온도를 표출하지 못하므로 지구의 표면에서 운동을 일으킬 수가 없기 때문으로 지구의 중력질량은 물을 양자로만 인식을 하므로 물을 지구의 표면에 끌어당겨서 붙여두고 있는 것이다. 이때 달의 중력질량은 지구의 6분의 1 수준으로 지표면에 위치한 물과의 거리는 달의 중력질량이 미치지 못하는 거리에 위치하여 있는 것이다. 따라서 달의 중력질량이 물을 끌어당길 수가 없는 것이다.

그렇다면 무엇이 물을 움직이게 할까? 앞에서도 이야기를 하였지만 달은 지구의 최대의 위성이다. 물론 달이 지구의 하나밖에 없는 위성이기는 하지만 어쨌거나 달은 지구의 중력질량으로 보아서는 최대의 중력질량의 상호작용의 상대이다. 따라서 지구의 중심에 중력을 발호하는 양성자덩어리는 상시적으로 달을 향하고 있는 것이다.

달 또한 지구가 최대의 모 행성이다. 이 말은 무슨 말이냐 하면 지구와 달은 중력의 힘이 전달이 되는 제일 가까운 중력을 발호하는 천체이므로 지구와 달은 떼려야 뗄 수가 없는 사이인 것이다. 따라서 지구와 달의 중심에 뭉쳐진 양성자덩어리는 상시적으로 상대의 중력질량을 향하게 되는 것이다. 따라서 지구의 중심에 뭉쳐진 양성자덩어리는 24시간 달을 향하고 달의 중심에 뭉쳐진 양성자덩어리 또한 상시적으로 지구를 향하는데 이때 달을 향하고 지구를 향하는 양성자덩어리는 타원형으로 찌그러지는 것이다. 즉, 양성자덩어리가 타원형의 럭비공 형태를 하고 지구와 달의 중심에서 회전 운동을 일으키는 것이다.

이때 지구의 표면의 물과 지구의 중심에 양성자덩어리와의 상호 중력질량의 거리가 가까워지는 것이다. 즉, 지구의 중심에 양성자덩어리가 상시적으로 달을 향하는 한편 달을 향해서 양성자덩어리가 럭비공 형태로 찌그러지고 회전운동을 일으키게 되고 이때 플라즈마의 전자덩어리와 지구의 표면은 양성자덩어리의 반대 방향으로 회전운동을 일으키는데 양성자덩어리가 럭비공 형태로 달을 향해서 찌그러져 있으므로 바닷물을 밀어내면서 회전운동을 일으키는 것이다.

따라서 바닷물은 지구의 중심에 양성자덩어리의 부풀어 오른 돌기부분에 의해서 밀어내지는 것이다. 또한 지구의 양성자덩어리가 달을 향하는 방향과 달의 반대 방향으로도 럭비공 형태를 하게 되므로 달의 반대 방향으로도 물이 밀어내지는 것이다.

따라서 지구의 표면의 회전속도는 거의 일정하므로 또한 달의 위치가 지표면의 자전시간인 24시간의 약50분 움직이는 거리로 이동을 하는 관계로 지구의 중심에 양성자덩어리의 돌기부분이 달을 향해서 움직이므로 해서 바닷물의 수위와 시간의 변화가 일어나는 것이다. 그로 인해서 바닷물이 움직이게 되는데 한 달에 두 번의 최저 수위와 두 번의 최고 수위를 보이는 변화를 만들어내고 있는 것이다.

그것을 설명하기로 하자. 우리는 지구의 자전 속도에 따라서 시간을 만들어두고 있으며 지구의 공전 속도에 따라서 날짜를 만들어두고서 계산을 하고 있는데 그 시간과 날짜를 이용해서 설명을 하기로 하자.

먼저 달이 달의 그림자에 가려져서 우리들의 눈으로는 달이 보이지 않는 그믐이 되면 달의 위치는 지구와 태양의 가운데에 끼이게 되는 것이다. 이때는 바닷물의 수위가 월중 가장 높은 수위를 나타내는데 이것을 사리라고 하는데 이때는 바닷물의 수위가 만수위를 보이게 되는데 이때 지구의 중심에 양성자덩어리가 달과 태양과 일직선상에 놓이게 되는 것이다.

따라서 우리들이 정하여 놓은 그믐이 되면 지구와 달과 태양이 일직선상에 놓이게 되는데 이때 지구의 중력질량인 중심에 양성자덩어리가 달을 향하고 달의 중력질량 또한 지구와 태양을 향하게 되는데 이때 지구의 중심에 양성자덩어리와 달의 중심에 양성자덩어리 그리고 태양의 중심에 양성자덩어리가 달과 지구를 향해서 상호작용을 하는데 태양은 양성자덩어리가 찌그러지는가는 필자가 알 수가 없고(태양의 질량은 워낙 크므로) 달과 지구의 중심에 양성자덩어리는 럭비공 형태로 더욱 찌그러지는데 달은 태양을 향하고 지구를 향해서 최대로 찌그러지고 지구의 양성자덩어리는 달을 향하고 태양을 향해서 최대로 찌그러지는 일이 일어나는 것이다.

그것의 원인은 태양의 중력이 달을 향해서 지구로 전달이 되므로 지구의 중심의 양성자덩어리가 달과 태양을 향해서 더욱 찌그러지는 것이다. 그렇게 찌그러지는 양성자덩어리가 달을 향하고 있으므로 또한 지구의 표면은 지구 내부의 중심에 양성자덩어리에 반발해서 회전운동 즉, 자전을 하므로 달을 향해서 바닷물의 높이가 최대치가 되는 것이다.

그렇게 시간이 가고 그믐이 지나가면 그믐의 최대치의 수위보다는 낮아지는 동시에 24시간에서 50분가량이 늦어지는 조금이 진행이 되는 것이다. 즉 최대치로 높아졌던 수위가 낮아지기 시작을 하는데 그 원인은 태양과 지구의 사이에 끼어 있던 달의 위치가 지표면의 자전속도의 24시간에 약 50분가량의 자전속도로 일직선에서 비켜서게 되므로 지구의 중심에 양성자덩어리가 지구와 달 태양이 일직선을 유지할 때보다 럭비공 형태의 꼭짓점이 완만해지기 때문이다.

따라서 양성자덩어리의 꼭짓점이 완만해지는 속도에 따라서 바닷물의 수위가 낮아지기 시작을 하는데 매일 달은 태양과 지구의 사이에서 점차적으로 벗어나게 되고 달이 지구와 태양의 위치에 삼각 형태가 만들어지며 바닷물의 수위는 낮아지다가 달의 위치가 지구와 태양과의 거리가 같은 평행을 이루는 위치에 오게 되면 바닷물의 수위가 최저 수위를 나타내는 것이다.

이때 달과 지구와 태양은 이등변삼각 형태가 되는데 이때를 기점으로(음력으로 7일과 8일 사이) 지구의 중심에 양성자덩어리는 삼각 형태를 가지게 되므로 바닷물의 수위는 다시 높아지기 시작을 하는데 24시간 동안의 지표면이 움직이는 거리의 50분 거리 만큼씩 계속해서 높아지던 물의 수위는 음력 15일에는 월

중에 두 번째의 높은 수위를 보이게 되는데 달과 태양의 가운데에 지구가 끼이는 것이다.

즉, 월중에 달과 지구와 태양이 일직선을 이루게 되는데 이때 지구의 중심에 양성자덩어리가 달과 태양을 향해서 럭비공 형태로 찌그러지는 것이다. 따라서 바닷물의 수위는 월중에 두 번째로 높은 수위를 보이게 되는데 이때는 달이 지구와 태양의 사이에 끼이는 것보다는 낮은 수위를 보이는데 그것의 이유는 지구의 질량보다 태양의 질량이 더 크므로 지구의 중심에 양성자덩어리가 태양을 향하고 또한 태양의 반대편에 위치한 달에게 쏠리는 것이다. 즉, 지구의 중력질량이 달과 태양에게 분산이 되는 것이다.

따라서 그믐 때의 수위보다 조금 아주 조금 낮은 것이다. 그런 뒤에 달이 지구의 자전과 달의 공전으로(이때 달의 공전은 지구의 중심에 양성자덩어리가 달을 포획하고 회전하므로 달이 끌려가며 공전을 일으킴) 태양과 지구와 달의 삼각함수가 작용을 하게 되고 달은 점차적으로 일직선에서 벗어나게 되면 지구의 중심에 양성자덩어리는 럭비공 형태에서 삼각형 형태로 원만하게 변화를 일으키는 것이다.

이때를 같이 해서 바닷물의 수위도 점차적으로 낮아지다가 22일과 23일 사이에 다시 수위는 높아지기 시작을 하는 것이다. 계속해서 그믐날까지 높아지던 수위는 태양과 지구의 사이에 달이 끼이면 바닷물의 수위는 최고 수위에 있게 되는 것이다. 이렇게 반복을 해서 지구의 표면에 위치한 바닷물은 밀물과 썰물을 나타내게 되는 것이다.

또한 일 년 중에 바닷물의 수위가 최저 수위를 보이는 일이 일어나는 원인은 태양과 달과 지구의 사이에 금성이나 화성이 간접적으로 끼어드는 것이다. 즉 달과 지구와 태양의 삼각함수관계에 영향을 미치는 것인데 지구의 중심에 양성자덩어리가 사각형 형태가 만들어지며 지구의 중심에 양성자덩어리의 모양이 삼각형에서 사각형을 띠게 되며 각형의 꼭지 점 부분이 완만해지며 이때 지역에 따라서 바닷물의 수위가 최저 수위를 보이기도 하는 것이다.

따라서 지구의 표면에서 일어나는 조석력 즉 밀물과 썰물은 달이 바닷물을 끌어당겨서 일어나는 것이 아니라 지구의 중심에 뭉쳐진 양성자덩어리가 바닷물을 밀어내므로 바닷물이 솟아오르면 지구의 표면이 자전에 의해서 회전을 일으키게 되고 이때 바닷물과 지구의 중심에 뭉쳐진 양성자덩어리의 럭비공 형태의 돌기 부분의 양쪽을 바닷물이 타고 넘어가는 것이다. 따라서 바닷물의 움직임은 12시간의 주기를 가지는 것이다.

만약에 지구의 자전 속도가 12시간에 360도를 회전한다는 가정을 하면 바닷물의 밀물과 썰물의 주기는 6시간의 주기를 갖게 될 것이다. 또한 달의 공전이 24시간 동안에 50분 거리를 공전하는 것이 아니라는 가정을 하고 6시간의 공전주기를 갖는다고 가정을 하면 바닷물의 밀물과 썰물의 주기는 6시간에 한 번씩 일으킬 것이며 따라서 하루 24시간 동안에 4번의 주기를 만들어낼 것이다. 왜냐하면 달을 끌고 공전을 시키는 것은 지구의 중심에 양성자덩어리이기 때문이다. 따라서 현재에는 24시간 동안에 두 번의 주기를 갖는 것이다. 이것이 밀물과 썰물의 실체이다.

이제는 천체가 일으키는 운동의 근원에 대해서 이야기를 하기로 하자. 우리는 천체의 운동과 중력과는 상당한 거리를 두고 별개의 것이라는 생각을 지금까지는 하였는데 사실은 둘의 관계는 떼려야 뗄 수가 없는 관계에 있다는 것이다. 즉 중력이 천체의 운동을 관여를 하지 않는다는 가정을 하면 즉 (태운동이니 원심력이니 하고 가정을 하면) 천체가 일으키는 운동에 대해서도 설명을 할 수가 없고 중력을 설명하기는 더욱 어렵다는 것이 필자의 생각이다.

운동과 중력은 불가분의 관계에 있는 것이다. 따라서 둘의 연관된 부분을 집중적으로 해부하여 설명을 하여 보기로 하자. 우리는 지금까지 중력의 실체 즉 중력을 무엇이 만들어내고 있는가를 알고 있지 못하다는 것이 필자의 생각이다. 왜냐하면 유일한 중력이론이라는 일반상대성이론이 중력의 실체를 정확하게 밝히지 못하고 있기 때문인데 따라서 우리는 중력을 만들어내는 것의 정체를 알지 못하고 그저 포괄적으로만 알고 있다는 것인데 그것이 물질과 물질이 상호작용을 하는 것이라는 주장이 그것이다. 왜 필자가 또다시 되풀이해서 일반상대성이론에 대한 이야기를 하느냐는 말은 하지 않아도 알 것이다.

즉 중력을 만들어내는 것의 실체를 알아야만 하기 때문인데 물질과 물질이 상호작용을 한다는 포괄적인 의미의 중력이론은 이제는 그만 논할 때가 된 것이기 때문이다. 계속해서 물질이 물질을 상대로 중력을 만들어내는 것이라는 주장을 되풀이 하게 되면 우리는 영원히 중력을 이해할 수가 없을 것이기 때문이다.

따라서 중력을 무엇이 어떻게 만들어내고 있는가를 설명을 하기로 하자. 우리는 밤하늘을 바라보고(망원경으로 보든 유관으로 보든) 별들의 움직임을 관찰과 관측을 동시에 병행을 해서 천체들이 일으키는 운동의 근원을 알아내고자 부단히 노력을 한 결과는 한마디로 낙제점이다. 왜냐하면 전적으로 망원경에 의존해서 별의 움직임을 관찰을 한 뒤에 추론을 통해서 결론을 도출을 하고 있지만 사실은 얼토당토않은 어처구니없는 결론을 도출을 하고 있다는 것이 필자의 생각이다.

그로 인해서 빛의 실체를 알 수가 없었으며 물질의 근본을 알 수가 없었다는 것은 물론이고 천체가 일으키는 운동의 근원과 중력의 실체는 더더욱 알 수가 없는 미로에 갇혀버리고 말았다는 것이 필자의 생각이다. 따라서 중력이론의 중요성은 굳이 필자가 말하지 않아도 알 것이다. 중력이론이 바로 서지 않으면 모든 것의 실체를 알기에는 요원한 이야기가 될 것이기 때문이다. 따라서 중력을 일으키는 것의 실체를 올바로 알고 가야만 하므로 그것에 대한 설명을 하기로 하자는 것이다.

물론 앞에서도 중력에 대한 이야기는 여러 차례에 걸쳐서 피력을 하였지만 마지막으로 하기로 하자. 중력이라는 것은 한마디로 말해서 물질이 아닌 입자가 만들어내는 것인데 그 입자가 천체들의 중심에 덩어리를 이루고 뭉쳐져 있는 것이다. 그 입자의 근원은 빅뱅에 의해서 만들어졌는데 그 입자는 음전자와는 반대가 되는 입자이다. 그 입자는 우리가 흔히 말하는 양자라는 입자이다. 다만 우리가 말하는 양자라는 입자는 천체의 중심에 뭉쳐져 있는 입자는 아니고 천체의 중심에 뭉쳐진 입자의 후신이다 하는 것이다.

왜냐하면 우리가 말하는 양자라는 입자는 온도를 가지고 있지 않기 때문인데 그 양자라는 입자가 만들어진 것은 천체의 중심에 뭉쳐진 입자가 가지고 있는 절대온도를 어떤 경로를 통해서 잃어버리고 나서 양자라는 입자가 만들어졌기 때문이다. 따라서 우리가 말하는 양자라는 입자는 천체의 중심에 덩어리를 이루고 뭉쳐져 있는 그 양자의 후신이다.

다시 말해서 천체의 중심에 뭉쳐져 있는 양자입자는 온도를 가지고 있는 입자이고 우리가 말하는 양자라는 입자는 온도를 가지지 않은 아니 온도를 가지고 있었지만 어떤 경로를 통해서 천체의 중심에 뭉쳐진 온도를 가진 양자입자가 온도를 잃어버리면서 우리가 말하는 양자입자가 만들어진 것이다 하는 것이다. 따라서 우리는 천체의 중심에 뭉쳐진 양자입자를 볼 수가 없는데 이유는 천체의 중심에 뭉쳐져 있기 때문이다. 그러므로 우리가 말하는 양자입자와 천체의 중심에 뭉쳐진 양자입자는 다른 입자이다 하는 것이다. 즉 우리가 말하는 양자입자의 전신이다 하는 것이다.

그렇다면 왜 천체의 중심에 뭉쳐진 양자입자는 온도를 가지고 있는 것이냐 하는 것이 궁금한 대목으로 다가오는데 그것이 그렇다. 천체의 중심에 뭉쳐진 양자입자는 빅뱅 이후 한 번도 혼자서는 천체 밖으로 나오지 못하였는데 이유는 전자에게 갇혀 있다는 표현이 올바른 표현이지 않을까 싶다.

왜냐하면 천체의 중심에 뭉쳐진 양자입자는 온도를(극저온은 핵력임) 가지므로 즉 극저온인 절대온도를 가지게 됨으로 해서 핵력으로 먼저 뭉쳐져 버렸기 때문이다. 또한 양자입자가 뭉쳐져서 덩어리를 만들어 버리자 그 덩어리는 강력한 핵력을 가지게 되었는데 그것의 원인이 절대온도에서 만들어지는 것이다.

또한 빅뱅의 공간에서는 음전자가 플라즈마 상태에 있었으므로 해서 물질로 결합하지 못하는데 빅뱅의 공간에서 양성자덩어리는 핵력을 발호하게 되고 이때 음전자가 덩어리로 뭉쳐진 양성입자의 핵력에 끌려가며 양성자덩어리를 감싸게 되고 그로 인해서 천체의 중심에 양성자덩어리는 빅뱅 이후 뭉쳐져 덩어리를 이루고 전자를 핵력으로 끌어당겨서 전자에게 붙잡혀 있는 것이다. 그것이 곧 중력이다.

다시 말해서 덩어리로 뭉쳐진 양성자덩어리가 핵력으로 전자를 끌어당기면 끌어당겨진 전자질량에 비례해서 상호작용이 일어나는데 질량이 큰 천체가 질량이 작은 천체를 상호질량에 따라서 밀어내게 되는 것이다. 이것이 중력이며 우주가 팽창을 한 원인이다 하는 것이다. 따라서 우주에 존재하는 모든 천체는 중심에 절대온도를 가진 입자가 덩어리를 이루고 뭉쳐져 있는데 그 절대온도를 가진 입자가 전자를 포획하면 기체로 만들어지는 것이다. 따라서 기체의 내부에 입자가 극저온인 절대온도를 가지고 있다는 것을 알 수가 있는 것이다.

우주에 존재하는 모든 기체는 온도를 가진다는 것인데 이유는 전자를 포획할 수가 있는 입자는 어김없이 극저온의 온도를 가져야만 전자를 포획할 수가 있다는 이야기가 되는 것이다. 따라서 그 극저온인 절대온도가 곧 핵력이라는 이야기인 것이다. 따라서 천체의 중심에는 절대온도 상태에 있는 것이다. 즉, 이론상에서만 존재하는 온도 그 절대온도가 천체의 중심에 입자에게 갇혀서 밖으로 나올 수가 없는데 그 입자 하나하나가 모두 절대온도를 가지고 있으므로 입자는 입자를 끌어당기는 핵력을 가지게 된 것이다. 따라서 그 입자를 기체의 내부에 존재하는 입자 그 입자를 우리는 양성자다 하고 명명해두고 있는 것이다.

즉 기체의 내부에 존재하는 그 양성자가 기체 외부로 극저온을 표출을 하는데 기체가 표출하는 온도를 우리는 지금까지 기체가 왜 온도를 가지고 있으며 기체가 왜 온도를 표출하는가를 알려고 하지 않았다는 것이다. 다만 기체는 온도를 가지는 것이며 기체에 따라서 표출되는 온도가 각기 다르다는 것만을 이야기를 하고 있었던 것이다.

여기에 우리들의 문제가 발생하는데 그것이 기체가 왜 극저온을 기체 외부로 표출하는가? 또한 기체가 어떤 원인으로 극저온을 가지고 있게 된 것인가 하는 의문을 가져야만 함에도 불구하고 우리는 그렇게 하지 않았다는 것에 대해서 필자가 지적을 하는 것이다. 즉 어떤 사안에 의문을 가지지 않는다면 그 문제는(기체가 온도를 가진 원인) 영원히 알 수가 없는 것이다. 따라서 의문은 곧 문제해결의 시발점이다 하는 것이다.

따라서 기체가 만들어내는 극저온은 기체의 내부에 존재하는 양성자가 온도를 가지고 있지 않다는 가정을 하면 기체물질을 설명할 수도 없으며 또한 기체의 근원은 더더욱 알 수가 없으며 또한 운동의 근원도 역시 알 수가 없으며 양성자가 가진 핵력도 이해할 수가 없으며 따라서 중력 또한 이해할 수가 없는 것이다. 필자는 그것을 지적을 하고 싶다는 것이다.

자, 중력에 대한 이야기가 거의 실체에 도달을 하고 있다는 것을 실감하게 되므로 중력과 운동과의 상관관계를 알아보기로 하자. 사실 중력의 시발점은 양전자와 음전자로부터 시작을 하고 있지만 우리는 그것을 자각을 하지 못하고 있는 것이 현실이다. 그 내용부터 이야기의 실마리를 찾아보고 양전자는 무엇이고 음전자는 무엇인가를 통해서 이야기를 풀어가 보자.

필자가 여러 차례에 걸쳐서 양전자와 음전자가 가지는 특성을 이야기를 하였는데 양전자는 입자인데 더는 작아질 수가 없는 입자인 것이다. 즉 마지막까지 도달을 한 입자인 것이다. 그것이 양의 전하를 띤 입자 즉 양전자이다. 단적으로 표현을 하자면 양전자를 양성자와 질량비교를 하자면 1,836배의 질량의 차이가 나는 입자이다. 그렇다면 양성자와 양전자는 같은 부류의 것이냐 하는 것인데 답은 그렇다.

왜냐하면 양전자가 가지는 특성은 언제든지 양전자가 어떤 조건을 만나면 변화를 일으킨다는 점이다. 따라서 양전자의 변화의 변의 길이는 1,836미터이다. 이 말은 무슨 말이냐 하면 양전자는 마지막 끝에 도달을 하여 있으므로 양전자가 1미터라고 가정을 하고 기체의 기본을 이루는 양성자가(경수소 내부의 양성자) 음전자보다는 질량이 1,836배에 이르고 있으므로 양전자는 질량이 1인 것이다. 즉, 양전자와 음전자의 질량은 같은 것이다.

이 말은 무슨 말이냐 하면 양전자는 음전자와 질량이 같으므로 대칭성을 갖춘 것이다. 하지만 양성자는 음전자보다는 질량이 1,836배가 크므로 양성자와 음전자는 질량대칭성이 깨진 것이다. 즉 둘의 사이에 질량대칭성이 깨져 있으므로 대전이라는 결합을 할 수가 없는 것이다. 따라서 양성자가 핵력으로 음전자를 끌어당기면 음전자는 양성자의 핵력에 끌려는 가지만 둘이 대전을 일으킬 수가 없는 것이다. 즉 질량대칭성이 깨져 있으므로 해서 음전자가 양성자를 상대로 척력을 만들어버리는 것이다. 따라서 양성자가 음전자를 끌어당기면 둘은 핵력과 척력으로 기체가 만들어져 버리는 것이다. 이것이 기체가 만들어지는 근원이다.

그런데 양전자와 음전자가 만나면 둘은 대전되어서 쌍소멸이라는 것을 일으키는데 이 쌍소멸이라는 것을 일으키는 것을 두고 우리 우주에서 그 무엇으로부터도 간섭을 받지 않으므로 쌍소멸을 일으킨 것처럼 보인다는 것이다. 하지만 정작 양전자와 음전자가 대전을 일으키면 쌍소멸을 일으키는 것이 아니라. 서로 대전이 되면 둘은 질량대칭성이 충족이 되므로 그 무엇으로부터도 간섭을 받지 않으므로 쌍소멸을 일으키는 것처럼 보이는 것이다.

또한 우리는 대전된 둘의 전하들이 공간에 존재를 하고 있는지 없는지조차도 알 수가 없다는 사실이다.(우주의 그 무엇으로부터도 간섭을 받지 않으며 그 어떤 측정기에도 검출되지 않으며 우리들의 감성으로도 알 수가 없는 그야말로 소멸이 일어난 것처럼 보이는 것임) 따라서 물리학자들은 둘의 전하들이 쌍소멸을 일으킨다는 주장을 하고 있는 것이다. 궁극적으로 양전자와 음전자가 대전되어 쌍소멸을 일으키면 양전자와 음전자의 임무는 끝이 나는데 현재의 우주는 쌍소멸의 임무를 수행하고 있는 과정에 있으며 그 임무가 끝이 나는 과정에서 공간이라는 무대에서 양전자의 후신인 양성자와 불변인 음전자 둘의 역할이 주연이므로 모든 과정들에 관여를 하게 되는 것이다.

그러므로 양성자가 만들어지게 된 원인이 어떤 결론에 도달하게 되는데 그것이 빅뱅이다. 빅뱅의 공간에서만이 양성자가 공간에 있던 절대온도를 가질 수가 있었으며 양성자가 절대온도를 가지게 된 순간부터 우주는 생성되어 팽창을 하여 현재에 이르렀으며 미래에는 우주가 소멸할 것이라는 것을 우리에게 알려주고 있는 것이다. 따라서 우주라는 공간의 무대에서 양전자와 음전자라는 배우가 주연을 하여 우주라는 드라마를 만들고 절대온도가 연출을 하고 운동이 안무를 생명체가 관객이며 빛은 무대와 관객을 잇는 가교 역할을 맡았으며 불이 꺼지면 무대는 어둠의 공간으로 사라지는 뮤지컬에 다름이 아니다 하는 것이 필자의 생각이다. 마치기로 하자.